普通高等教育“计算机类专业”规划教材

Java程序设计与项目实训教程

（第2版）

张志锋 邓璐娟 张建伟 宋胜利 等编著

清华大学出版社
北 京

内容简介

本书旨在培养学生的Java工程实践能力和计算机系统能力。

全书理论联系实践，基于以项目为驱动的教学模式，详细、系统化讲解Java技术。全书共12章，主要内容包括Java语言的基础知识、Java的常用开发工具、Java语言的基础语法、Java核心技术、Java语言的异常处理、Java语言的图形用户界面组件、数据库编程技术、流与文件、多线程以及网络编程技术。本书以项目实践贯穿知识体系。通过2个实践项目的练习，使学生能够在掌握基本理论知识的同时，培养和提高综合应用实践能力。

本书可作为普通高等院校的Java程序设计相关课程教材，也可作为Java工程实践教材以及Java软件开发人员的参考书。

图书在版编目(CIP)数据

Java程序设计与项目实训教程/张志锋等编著. —2版. —北京：清华大学出版社，2017(2024.8重印)
(普通高等教育"计算机类专业"规划教材)
ISBN 978-7-302-47311-4

Ⅰ. ①J… Ⅱ. ①张… Ⅲ. ①JAVA语言－程序设计－高等学校－教材 Ⅳ. ①TP312.8

中国版本图书馆CIP数据核字(2017)第124420号

责任编辑：白立军
封面设计：常雪影
责任校对：白 雷
责任印制：沈 露

出版发行：清华大学出版社
网 址：https://www.tup.com.cn，https://www.wqxuetang.com
地 址：北京清华大学学研大厦A座 **邮 编**：100084
社 总 机：010-83470000 **邮 购**：010-62786544
投稿与读者服务：010-62776969，c-service@tup.tsinghua.edu.cn
质量反馈：010-62772015，zhiliang@tup.tsinghua.edu.cn
课件下载：https://www.tup.com.cn，010-83470236
印 装 者：涿州市般润文化传播有限公司
经 销：全国新华书店
开 本：185mm×260mm **印 张**：29.75 **字 数**：685千字
版 次：2012年1月第1版 2017年8月第2版 **印 次**：2024年8月第9次印刷
定 价：79.00元

产品编号：070256-03

前　言

本书的编写宗旨是：切实贯彻、实践“工程教育认证”的理念，加强学生的专业应用能力、系统设计能力和工程实践能力培养。本教材引进以项目为驱动的教学模式，通过2个完整的项目和127个应用示例的实践训练，使读者在学习Java技术知识体系的同时，结合工程实践加深理解和巩固所学知识，同时培养学生的工程意识、协作精神以及综合应用所学知识解决实际问题的能力。

作者编写的Java方向系列教材与本教材具有同样的风格，均基于以项目为驱动的教学模式，属于同系列的教材。

本书主要章节以及具体安排如下。

第1章介绍Java语言的基础知识。通过本章学习，读者能够对Java技术有初步的了解。

第2章介绍Java常用开发工具，如JDK、NetBeans、Eclipse。

第3章介绍Java语言的基本语法。

第4章介绍Java技术核心内容。本章是面向对象程序设计的基础。

第5章介绍Java语言的异常处理机制。

第6章介绍Java语言常用的图形用户界面组件，为第8章和第12章的项目实训奠定基础。

第7章介绍使用JDBC技术连接MySQL、SQL Server数据库，使学生掌握数据库编程基本技能，为后面的项目实训奠定基础。

第8章通过一个项目综合练习前7章所学知识。可以在讲解前几章之前先介绍第8章的项目，也可以把第8章的内容分解到前7章中，结合该项目实现的各个环节讲解前面各章的知识点。

第9章介绍Java语言中流与文件的使用。

第10章介绍Java语言的多线程相关技术。

第11章介绍Java语言的网络编程相关技术。

第12章是一个综合项目开发实例。在第8章项目实训的基础上，整合前11章的内容，实现一个多线程的C/S模式网络应用程序(网络聊天系统)。

本书由张志锋、邓璐娟任主编，张建伟、宋胜利、孙玉胜、武丰龙任副主编。参与本书编写的有马军霞、梁树军、郑倩、马欢和连清平。

在本书的编写和出版过程中得到了郑州轻工业学院、清华大学出版社的大力支持和帮助，在此表示感谢。

由于编写时间仓促，水平有限，书中难免有疏漏之处，敬请读者不吝赐教。

除了配套制作的教学课件、教学日历、教学大纲、实验大纲、期末试卷外，本书还提供书中示例的源代码、课后习题参考答案、电子版课后习题以及其他未收入教材的Java实训项目(可在清华大学出版社网站下载：www. tup. com. cn)，并为教师提供服务QQ和邮箱(2394115659. qq. com)，以提供更多更便捷的教学资源服务。

编　者

2017年1月

目　　录

第1章 Java语言概述

Java语言作为一种优秀的面向对象语言,具有简单、稳定、可移植、多线程和网络安全等优良特性,已经成为目前软件开发首选的面向对象语言。Java语言不仅可以开发大型的商业应用软件,也可以开发应用于Jave Web网站的应用软件。本章主要讲解Java语言的相关概念、原理和简单程序设计。

本章主要内容:

- 计算机语言的发展。
- Java语言的发展。
- Java语言的特点。
- Java语言的工作原理。
- Java应用程序。
- 程序中常见问题及解决方案。

1.1 计算机语言的发展

计算机的运行离不开软件,软件是计算机的灵魂。软件由一系列程序和相关的数据组成。用来编写程序的技术称为计算机语言,又称为程序设计语言。随着计算机技术和操作系统的发展,不同风格的程序设计语言不断出现。计算机语言经历了由低级语言到高级语言的发展过程。按其是否接近人类自然语言,可将计算机语言划分为三大类:机器语言、汇编语言和高级语言。

1. 机器语言

软件的产生始于早期的机械式计算机的开发。从19世纪起,随着机械式计算机的更新,出现了穿孔卡片,这种卡片可以指导计算机进行工作。

但是直到20世纪中期现代化的电子计算机出现之后,软件才真正得以飞速发展。1946年,第一台计算机(ENIAC)在美国宾夕法尼亚州诞生,在ENIAC上使用的也是穿孔卡片,在卡片上使用的是专家们才能理解的语言,由于它与人类语言的差别极大,所以称之为机器语言。机器语言也就是第一代计算机语言。

这种机器语言是最原始的计算机语言,是直接用二进制代码指令表达的计算机语言。指令是用0和1组成的一串代码,它们有一定的位数,并分成若干段,各段的编码表示不同的含义。例如,某台计算机字长为16位,即由16个二进制数组成一条指令或其他信息。16个0和1可组成各种排列组合,通过线路变成电信号,让计算机执行各种不同的操作。如某类型计算机的指令1011011000000000表示让计算机进行一次加法操作,而指令1011010100000000则表示进行一次减法操作。它们的前8位表示操作码,而后8位表示地址码。从上面两条指令可以看出,它们的差别只是操作码中从左边第0位算起的第7和第8位不同。

机器语言是计算机唯一可直接识别的语言，或者说用机器语言编写的程序可以在计算机上直接执行。用机器语言编写程序是十分困难的，也容易出错，不易修改，程序可读性极差。另外，由于不同类型的计算机具有不同的指令系统，在某一类计算机上编写的程序不能够在另一类计算机上运行，可移植性差。这种语言本质上是计算机能识别的唯一语言，但人类却很难理解它。以后的计算机语言就是在这个基础上，将机器语言越来越简化到人类能够直接理解的、近似于人类语言的程度，但最终送入计算机的工作语言还是这种机器语言。高级语言的任务就是将它翻译成人类易懂的语言，而这个翻译工作可以由计算速度越来越高、工作越来越可靠的计算机自己来完成。

2. 汇编语言

计算机语言发展到第二代，出现了汇编语言。汇编语言是一种符号语言，使用一些容易记忆的助记符来代替机器指令。用汇编语言编写的程序相对于机器语言来说可读性好，容易编程，修改也方便。但是计算机不能够直接执行用汇编语言编写的程序。汇编语言源程序必须通过语言处理程序将其翻译成对应的机器语言，才能被计算机识别、执行。汇编语言和机器语言没有本质的差别，基本上一条语句对应着一条指令。用汇编语言编程最主要的缺点是程序与所要解决问题的数学模型之间的关系不直观，编程难度较大。和机器语言一样，汇编语言程序的可移植性也差。

比起机器语言，汇编语言大大前进了一步，尽管它还是太复杂，人们在使用时很容易出错误，但毕竟许多编码已经开始用字母来代替。简单的0、1数码谁也不会理解，但字母是人们能够阅读并拼写的。第二代计算机语言仍然是“面向机器”的语言，但它已注定要成为机器语言向更高级语言进化的桥梁。

一般把机器语言和汇编语言称为低级语言。

3. 高级语言

当计算机语言发展到第三代时，就进入了“面向人类”的语言阶段。在最初与计算机交流的过程中，人们意识到，应该设计一种语言，该语言接近于人的自然语言，同时又不依赖于计算机硬件，编出的程序能在所有机器上通用，这就是高级语言。

高级语言又称为算法语言，它是独立于机型、面向应用、实现算法的语言。高级语言从根本上摆脱了指令系统的束缚，语言描述接近于人类语言，人们不必熟悉计算机具体的内部结构和指令，只需把精力集中在问题的描述和求解上。

FORTRAN语言是世界上第一个被正式推广使用的高级语言。它是1954年被提出来的，1956年开始正式使用，至今已有60多年的历史，仍历久不衰，始终是数值计算领域所使用的主要语言。

几十年来，共有2600多种高级语言出现，其中具有代表性的语言如下。

1954年FORTRAN语言诞生，1958年ALGOL语言诞生，1960年LISP和COBOL语言诞生，1962年APL和SIMULA语言诞生，1964年BASIC和PL/I语言诞生，1966年ISWIM语言诞生，1967年Simulator语言诞生，1970年Prolog语言诞生，1972年C语言诞生，1975年Pascal和Scheme语言诞生，1977年OPS5语言诞生，1978年CSP和FP语言诞生，1980年dBASE Ⅱ语言诞生，1983年Smalltalk-80、Ada和Parlog语言诞生，1984年Standard ML语言诞生，1986年C++、CLP(R)和Eiffel语言诞生，1987年Perl语言诞生，1988年CLOS，Mathematica和Oberon语言诞生，1990年Haskell语言诞生，1991年Python语

言诞生，1995 年 Java、PHP 和 Ruby 语言诞生，2002 年 C# 语言诞生。

高级语言程序设计思想又经历了面向问题、面向过程和面向对象的发展过程。随着 Windows 操作系统的普及，又出现了面向对象的可视化编程语言，比较流行的有 Visual Basic、Visual C++、Visual C# 和 Java 等。

20 世纪 60 年代中后期，软件越来越多，规模越来越大，而软件的开发基本上是各自为战，缺乏科学规范的系统规划与测试、评估标准，其恶果是大批耗费巨资建立起来的软件系统，由于含有错误而无法使用，甚至带来巨大损失，软件给人的感觉是越来越不可靠，以致几乎没有不出错的软件。这一切，极大地震动了计算机界，史称“软件危机”。人们认识到，大型程序的编制不同于编写小程序，它应该是一项新的技术，应该像处理工程一样处理软件研制的全过程。程序的设计应易于保证正确性，也便于验证正确性。1969 年，提出了结构化程序设计方法，1970 年，第一个结构化程序设计语言——Pascal 语言出现，标志着结构化程序设计时期的开始。

20 世纪 80 年代初期开始，在软件设计思想上又产生了一次革命，其成果就是面向对象的程序设计。在此之前的高级语言几乎都是面向过程的，程序的执行是流水线似的，在一个模块被执行完成前，人们不能干别的事，也无法动态地改变程序的执行方向。这和人们日常处理事物的方式是不一致的，对人而言是希望发生一件事就处理一件事，也就是说，不能面向过程，而应是面向具体的应用功能，也就是对象（object）。其方法就是软件的集成化，如同硬件的集成电路一样，生产一些通用的、封装紧密的功能模块，称之为软件集成块或模块，它与具体应用无关，但能相互组合，完成具体的应用功能，同时又能重复使用。对使用者来说，只关心它的接口及能实现的功能，至于它是如何实现的，那是它内部的事，使用者完全不用关心，C++、Visual Basic、Delphi、C# 和 Java 就是典型代表。

下一代语言（又称为第四代）是使用第二代和第三代语言编制而成的，每一种语言都有其特定的应用范围。实际上，语言发展到今天已出现了一些有实用性的第四代语言。第四代语言的特点就是它们只需要操作人员输入原始数据，并命令它们执行。至于怎样执行则由语言本身来决定，它已经在相当程度上替代了人脑的工作。第四代语言的特点还在于：操作者几乎不需要经过特殊训练，几乎所有的“实用语言”都有“帮助”功能，可以遵照计算机给出的指示来完成工作。

高级语言的下一个发展目标是面向应用，只需要告诉程序要干什么，程序就能自动生成算法，自动进行处理，这就是非过程化的程序语言。

计算机语言的未来发展趋势：面向对象程序设计以及数据抽象在现代程序设计思想中占有很重要的地位，未来语言的发展将不再是一种单纯的语言标准，将会完全面向对象，更易于表达现实世界，更便于编写，其使用者将不再只是专业的编程人员，人们完全可以以制定真实生活中一项工作流程的简单方式来完成编程。

计算机技术的飞速发展，离不开人类科技知识的积累，离不开许许多多热衷于此并呕心沥血的科学家们的探索。正是一代代技术的积累才构筑了今天的信息化成就。

1.2 Java 语言简介

Java 语言是由原 Sun 公司于 1995 年 5 月推出的 Java 程序设计语言和 Java 平台的总称。

Java 平台由 Java 虚拟机(Java Virtual Machine, JVM)和 Java 应用编程接口(Application Programming Interface, API)构成。Java 应用编程接口为 Java 应用提供了一个独立于操作系统的标准接口,可分为基本部分和扩展部分。在硬件或操作系统平台上安装一个 Java 平台之后,Java 应用程序就可运行。现在 Java 平台已经嵌入了几乎所有的操作系统。这样 Java 程序只需编译一次,就可以在各种系统上运行。

Java 分为 3 种平台:Java SE(Java Platform Standard Edition, Java 标准版平台)、Java EE(Java Platform Enterprise Edition, Java 企业版平台)和 Java ME(Java Platform Micro Edition, Java 微型版平台)。

1. Java SE

Java SE 以前称为 J2SE。主要用于开发和部署在桌面和服务器端的 Java 应用程序。Java SE 包含了支持 Java Web 服务开发的类,并为 Java EE 提供基础。本书使用的是 Java SE。

2. Java EE

Java EE 以前称为 J2EE。主要用于开发和部署企业版可移植的、健壮的、可伸缩的且安全的服务器端 Java 应用程序。Java EE 是在 Java SE 的基础上构建的,它提供 Web 服务、组件模型、管理和通信 API,可以用来实现企业级的面向服务体系结构(Service-Oriented Architecture, SOA)和 Web 2.0 应用程序。

3. Java ME

Java ME 以前称为 J2ME。主要用于开发和部署移动设备和嵌入式设备(如手机、PDA、电视机顶盒和打印机)的 Java 应用程序。

1.2.1 Java 语言的发展

Java 语言起源于 1991 年,是原 Sun 公司为一些智能消费性电子产品设计的一个通用语言(Oak)。Oak 语言是 Java 语言的前身。当时,Oak 并没有引起人们的注意,项目最初的目的只是为了开发一种独立于平台的软件技术,而且在网络出现之前,Oak 可以说是默默无闻,甚至差点夭折。但是,网络的出现改变了 Oak 的命运。

在 Java 出现以前,Internet 上的信息内容都是一些静态的 HTML 文档。这对于那些迷恋于 Web 浏览的人们来说简直不可容忍。他们迫切希望能在 Web 中看到一些交互式的内容,开发人员也很希望能够在 Web 上创建无须考虑软硬件平台就可以执行的应用程序,当然这些程序还要有极大的安全保障。对于用户的这种要求,传统的编程语言显得无能为力。1994 年,随着互联网和 Web 技术的飞速发展,Sun 公司用 Java 编制了 HotJava 浏览器,得到了 Sun 公司首席执行官 Scott McNealy 的支持,得以研发和发展。为了促销和法律的原因,1995 年 Oak 更名为 Java。很快 Java 被工业界认可,许多大公司如 IBM、Microsoft、DEC 等购买了 Java 的使用权,并被美国 PC Magazine 评为 1995 年十大优秀科技产品。

Java 发展历程中的重大事件如下。

1995 年 5 月 23 日,Java 语言诞生。

1996 年 1 月,第一个 Java 语言开发环境 JDK 1.0 诞生。

1996 年 4 月,10 个最主要的操作系统供应商声明将在其产品中嵌入 Java 技术。

1996 年 9 月,约 8.3 万个网页应用了 Java 技术来制作。

1997年2月18日，JDK 1.1发布。

1997年4月2日，JavaOne会议召开，参与者逾万人，创当时全球同类会议规模纪录。

1997年9月，JavaDeveloperConnection社区成员超过十万。

1998年2月，JDK 1.1被下载超过2 000 000次。

1998年12月8日，Java 2企业平台J2EE发布。

1999年6月，Sun公司发布Java的3个版本：标准版(J2SE)、企业版(J2EE)和微型版(J2ME)。

2000年5月8日，JDK 1.3发布。

2000年5月29日，JDK 1.4发布。

2001年6月5日，Nokia公司宣布，到2003年将出售1亿部支持Java的手机。

2001年9月24日，J2EE 1.3发布。

2002年2月26日，J2SE 1.4发布，自此Java的计算能力有了大幅提升。

2004年9月30日，J2SE 1.5发布，成为Java语言发展史上的又一里程碑。为了表示该版本的重要性，J2SE 1.5更名为Java SE 5.0。从此，Java的各种版本全部更名，以取消其中的数字2：J2EE更名为Java EE，J2SE更名为Java SE，J2ME更名为Java ME。

2005年6月，JavaOne大会召开，Sun公司公开Java SE 6(1.6)。

2006年12月，Sun公司发布JRE 6.0。

2009年4月20日，甲骨文(Oracle)公司宣布收购Sun公司。该交易价值约为74亿美元。

2010年1月21日，甲骨文公司宣布正式完成对Sun公司的收购。昔日的"红色巨人"Sun公司走过了Java发展的核心时期。"太阳落山了，红色巨人崛起"也许是未来人们对此次收购的评价。Sun公司的负责人说"这是一个旅途的开始"，希望红色巨人能够崛起，希望这场旅途不会结束。我们期待Java能够迎来新的发展机遇。正如甲骨文公司CEO拉里·埃里森(Larry Ellison)所说，"我们收购Sun公司将改变IT业，整合第一流的企业软件和关键任务计算系统。甲骨文公司将成为业界唯一一家提供综合系统的厂商，系统的性能、可靠性和安全性将有所提高，而价格将会下滑。"自2005年以来，甲骨文公司已经收购了51家公司，如仁科、BEA、MySQL等，Sun公司是第52家。一旦被收购者的产品线一旦整合完成，甲骨文公司就有了成为IT界巨人的资格。

原Sun公司宣布，2010年9月，JDK 7.0发布。但由于甲骨文公司收购的原因，JDK 7.0被推迟到2010年底才发布。

2014年3月，甲骨文公司发布JDK 8。

1.2.2 Java语言的特点

Sun公司对Java的定义是："Java：A simple，object-oriented，distributed，robust，secure，architecture-neutral，portable，high-performance，multi-threaded and dynamic language."即Java是一种简单的、面向对象的、分布式的、健壮的、安全的、体系结构独立的、可移植的、高性能的、多线程的动态语言。

1. Java语言是简单的

Java语言是在C和C++语言的基础上进行简化和改进的新的语言。Java去掉了C和C++中的不易掌握和理解的多继承、指针和内存管理等。Java提供了自动的"垃圾"回收机制，使程序员不必为内存管理而担忧。Java 的简单性降低了学习的难度，提高了程序的性能。

2. Java 语言是面向对象的

面向对象是 Java 语言的重要特征。Java 语言没有采用传统的以过程为中心的编程方法，而是采用以对象为中心的、模拟人类社会和人解决实际问题的方法的面向对象的程序设计语言。因此 Java 语言编程更符合人们的思维习惯。

3. Java 语言是分布式的

Java 从诞生之日就与网络联系在一起，Java 的主要优点是面向网络的编程，Java 支持网络应用程序的编程，使其成为一种分布式程序设计语言。Java 语言支持包括 HTTP 和 FTP 等基于 TCP/IP 的子库，在基本的 Java 网络编程中有一个网络应用编程接口，它提供了用于网络应用编程的类库，包括 URL、URLConnection、Socket、ServerSocket 等，使程序人员方便快捷地编写分布式应用程序。

4. Java 语言是健壮的

健壮性又称为稳定性。Java 语言在编译和执行过程中进行严格的语法检查，以减少错误的发生。Java 语言利用自动"垃圾"回收机制管理内存，防止程序员在管理内存时产生错误。使用 Java 异常处理机制捕获并响应异常情况，从而使程序在发生异常时能够继续运行。另外，Java 语言设计者在设计 Java 语言的过程中就已考虑如何减少编程过程中可能产生的错误。

5. Java 语言是安全的

Java 通常被用在网络环境中。为此，Java 提供了一个安全机制以防止恶意代码的攻击。除了 Java 语言具有的许多安全特性以外，Java 对通过网络下载的类具有一个安全防范机制并提供安全管理机制。在执行 Java 程序过程中，Java 虚拟机对程序的安全性进行检测。一般来说，Java 程序是安全的，它不会访问或修改不允许访问的内存或文件。

6. Java 语言是体系结构独立的

Java 源代码不会针对一个特定平台进行编译，而是被转换成一种中间格式——字节码。字节码与体系结构无关，可以在任何有 Java 虚拟机的计算机上运行，而 Java 虚拟机与平台相关。Java 程序在虚拟机上运行；Java 虚拟机在操作系统上运行，用来解释和执行 Java 字节码。

只要安装 Java 虚拟机，就可以运行 Java 字节码，Java 虚拟机可以在各种平台上运行。

7. Java 语言是可移植的

这种可移植性来源于体系结构独立性，另外，Java 语言的设计目标就是让程序不用修改就可以在任何平台上运行。

8. Java 语言是解释型的

Java 程序在 Java 平台上被编译为字节码格式，然后可以在安装 Java 平台的任何系统中运行。在运行时，Java 平台中的 Java 解释器对这些字节码进行解释执行，执行过程中需要的类在连接阶段被载入到运行环境中。

这是 Java 语言的一个缺点，因为解释执行的语言一般会比编译执行的语言（如 C 和 C++）执行效率低。

9. Java 是高性能的

为了提高运行速度,Java 语言提供一种即时编译(Just-In-Time,JIT)编译器技术,随着 JIT 编译器技术的发展,Java 程序执行速度越来越接近于 C++ 。

10. Java 语言是多线程的

多线程是指在一个程序中可以同时运行多个任务。C 采用单线程体系结构,而 Java 语言支持多线程技术。采用多线程机制能够提高程序运行效率,充分发挥硬件资源,但同时也增加了程序的设计难度。

11. Java 语言是动态的

Java 语言的设计目标之一是适应动态变化的环境。Java 程序需要的类能够动态地被载入到运行环境中,也可以通过网络来载入所需要的类,这也有利于软件的升级。

Java 语言的优良特性使得 Java 应用具有无比的健壮性和可靠性,这也减少了应用系统的维护费用。Java 对面向对象技术的全面支持和 Java 平台内嵌的 API 能缩短应用系统的开发时间并降低成本。Java 的"编译一次,到处运行"的特性使得它能够提供一个随处可用的开放结构和在多平台之间传递信息的低成本方式。特别是 Java 企业应用编程接口(Java Enterprise APIs)为企业计算及电子商务应用系统提供了有关技术和丰富的类库。

1.2.3 Java 程序的工作原理

Sun 公司设计 Java 语言的目标是实现良好的跨平台性。为了实现这一目标,Sun 公司提出了一种 Java 虚拟机(JVM)机制。其工作流程和原理如图 1-1 所示。

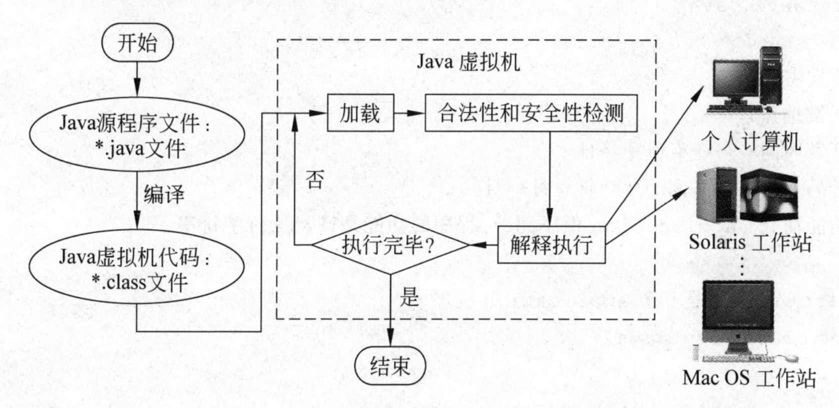

图 1-1　Java 虚拟机的工作原理及流程图

Java 虚拟机是软件模拟的计算机,是编译和运行 Java 程序等的各种命令及其运行环境的总称,可以在任何处理器上(如在计算机或其他电子设备中)安全地执行保存在.class 文件中的字节码。Java 虚拟机的"机器码"保存在.class 文件中,有时也可以称之为字节码文件,字节码实际上是一种与平台无关的伪代码。这些伪代码最终是在本地的计算机平台上运行的,但 Java 程序就好像是在这些 Java 命令的基础上运行的,因此这些 Java 命令的集合好像是采用软件技术实现的一种虚拟计算机,这就是 Java 虚拟机名称的由来。

Java 程序的跨平台特性主要是指字节码文件可以在任何有 Java 虚拟机的计算机或电子设备上运行,Java 虚拟机中的 Java 解释器负责将字节码文件解释成为特定的机器码进行运行。因此在运行时,Java 源程序需要通过编译器编译成为.class 文件。Java 虚拟机的建立需要针对不同的软硬件平台来实现，既要考虑处理器的型号，也要考虑操作系统的种类。在SPARC结构、X86结构、MIPS和PPC等嵌入式处理芯片上，在UNIX、Linux、Windows和部分实时操作系统上都可安装Java虚拟机。

1.3 Java应用程序

Java程序有两种形式：Application（应用程序）和Applet（小应用程序）。Java应用程序是能够独立运行的Java程序；Java小应用程序是嵌入Web页面的Applet程序，不能独立运行，需要嵌入超文本（HTML）中，由浏览器运行显示或者通过IDE工具进行显示。

1.3.1 Application应用程序

开发Application（应用程序）和Applet（小应用程序）的过程主要有3步：编辑、编译和运行。

1. 编辑Java源程序

编辑就是使用编辑器编写Java源代码，编辑器可以是记事本，也可以是IDE工具。本章使用记事本编写程序。用记事本新建一个文本文件并命名为FirstJava.java，注意把扩展名改为java。扩展名为java的文件，又称为Java源文件。FirstJava.java源文件中的代码见例1-1。

【例1-1】 Application程序（FirstJava.java）

```
//FirstJava.java
/*
    开发者：***
    开发地点：***
    开发时间：****年**月**日
    最后一次修改时间：****年**月**日
    功能简介：Application 程序例子，程序的功能是输出三行字符串
 */
/** FirstJava 类是一个 Application 程序 */
public class FirstJava
{
    public static void main(String args[]){
        System.out.println("欢迎学习 Java 程序！");
        System.out.println("一分耕耘，一分收获！");
        System.out.println("我将成为一名优秀的 Java 程序员！");
    }//main()方法结束
}//类 FirstJava 结束
```

下面对例1-1中的源程序进行解释。使用Java语言编写程序应当尽量规范，有关Java语言规范性写法请参考《Java语言规范（第三版）》（由Java技术的发明者所著）。本书限于篇幅不再介绍。

1）注释

一个良好的程序应当包含详尽的注释，注释是为了提高程序的可读性、可维护性和可扩

展性。尤其对于大型项目来说，注释在维护和性能扩展上起到良好的帮助和指导作用。在业界常说"代码不值钱，注释值钱"，由此也可看出注释的重要性。

Java 有 3 种注释形式。

(1) 单行注释。格式如下：

```
//FirstJava.java
```

所有从//符号开始到行末的字符将被编译器忽略，这些字符起到解释说明的作用。

(2) 多行注释。格式如下：

```
/*
    开发者：***
    开发地点：***
    开发时间：****年**月**日
    最后一次修改时间：****年**月**日
    功能简介：Application 程序例子，程序的功能是输出三行字符串
*/
```

所有位于"/*"和"*/"之间的字符被编译器忽略。一般在项目开发中，类定义前会添加多行注释，注明类的开发者、开发时间、修改时间以及类的功能。当项目需要维护和扩展的时候注释能够提供帮助。另外，该注释方式也常用于程序的调试。

(3) 文档注释。格式如下：

```
/** FirstJava 类是一个 Application 程序 */
```

注释符号"/**"和"*/"之间的内容可以通过 javadoc 指令生成 Java 文档。Java 的 API 就是通过该注释方式生成的。

2) 类的声明

```
public class FirstJava
{
    ⋮
}
```

在 Java 语言中所有的数据要先声明后使用，类也是一样。

public 和 class 是 Java 语言中的关键字，Java 语言中关键字都是小写。Java 语言是大小写敏感的语言，关键字大小写不能混淆，如将 public 写成 Public 或 PUBLIC 将产生语法错误，无法编译通过。public 用于声明公有属性，class 用于声明类。

标识符 FirstJava 指定所声明的类，即类名。Java 语言规范中约定，类名首字母要大写；若类名由几个单词组成，则每个单词首字母都要大写，如 FirstJava。

一个 Java 程序中可以包含多个源文件。一个源文件可以包含多个类，但是每个文件最多只能包含一个公共类，而且这个公共类必须与其所在的文件同名，如果需要修改公共类的名称，则需要同时修改该公共类所在的文件名。除内部类外，一般不建议在一个源文件中包含多个类。

此外，整个类体的声明由{}括起来。

3）main()方法

main()方法是所有 Java 应用程序执行的入口，但不是 Java 小应用程序的入口，因此可以运行的 Java 程序必须包含一个 main()方法。

main()方法是类 FirstJava 的一个组成部分，main()方法也称为 main 成员方法。

```
public static void main(String args[]){
    ⋮
}//main()方法结束
```

main()方法前面有 3 个必不可少的关键字，这是 Java 语言所规定的。

(1) public。

指明成员方法 main()具有公共属性，是一个公有的方法，能够被任何其他对象调用，也能够被 Java 虚拟机调用，它的参数 args 可以接受操作系统的赋值。

(2) static。

指明 main()方法是一个静态类方法。静态方法不用实例化对象就能够直接调用。

(3) void。

指明 main()方法无返回值。

main()方法的形参 args 是参数变量，参数类型是 String[]。参数类型不可修改，参数变量名可以改变，一般不修改 main()方法的参数变量名称。参数变量可以接受操作系统传送来的字符串类型的参数，这些参数之间需要用空格或制表符分开。该数组长度可以随着操作系统传送参数的数目自动增加，以防止溢出。

【例 1-2】 通过命令行参数传值(MainArgu.java)

```
//MainArgu.java
/*
    开发者：***
    开发地点：办公室
    开发时间：****年**月**日
    最后一次修改时间：****年**月**日
    功能简介：通过命令行传送参数。在程序编译后，运行程序时可以输入参数，并把输入的参数保
    存在命令行数组中。通过 for 语句把输入的数据输出。
*/
public class MainArgu
{
    public static void main(String args[]){
        //声明字符串 str
        String str="";
        //控制语句和数组遍历将在第 3 章学习
        for(int i=0;i<args.length;i++)
        {
            //遍历数组并通过"+"把字符串连接起来
            str+=args[i]
        }//for 结束
        System.out.println(str);
```

```
    }//main()方法结束
}//类 MainArgu 结束
```

4) main()方法中的语句

```
System.out.println("欢迎学习 Java 程序!");
System.out.println("一分耕耘,一分收获!");
System.out.println("我将成为一名优秀的 Java 程序员!");
```

这3条语句使用了系统提供的 System. out. println()方法,该方法用于输出数据。每对双引号及其内部的字符共同构成一个字符串。System 是 Java 提供的类,out 是"标准"输出,println()是 out 所属类的方法。

2. 编译 Java 源程序

程序编辑完成后,必须对源程序进行编译以生成字节码。编译 Java 源程序的编译器是 JDK(JDK 部分请参考第2章)提供的 javac. exe 命令。编译源代码 FirstJava. java 和 MainArgu. java 的过程如图1-2所示。这里使用的是 Microsoft Windows 系列操作系统提供的 DOS 命令行窗口。也可以使用 Linux 或 UNIX 操作系统下的 Shell 或 XTerm 的控制台窗口。

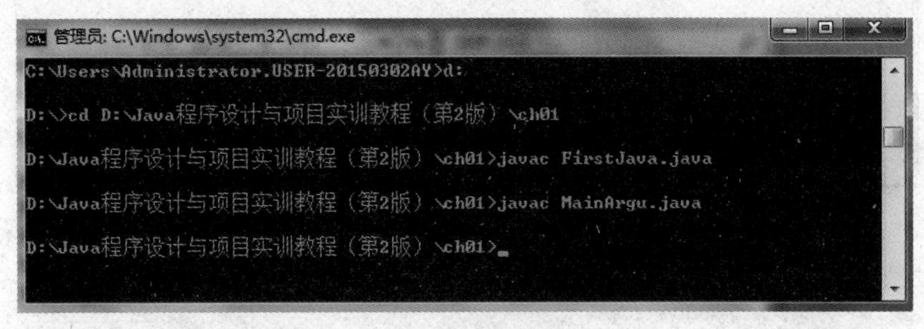

图1-2 源代码编译

注意:文件名必须输入正确,否则会抛出异常信息,提示找不到该 Java 源文件。如果编译成功就能够在当前目录下生成同名的. class 文件。

3. 运行 Java 应用程序

Java 源程序编译完成后才可运行,可以使用 JDK 提供的解释器解析执行字节码文件(. class 文件),Java 解释器是 java. exe 工具。运行结果如图1-3所示。

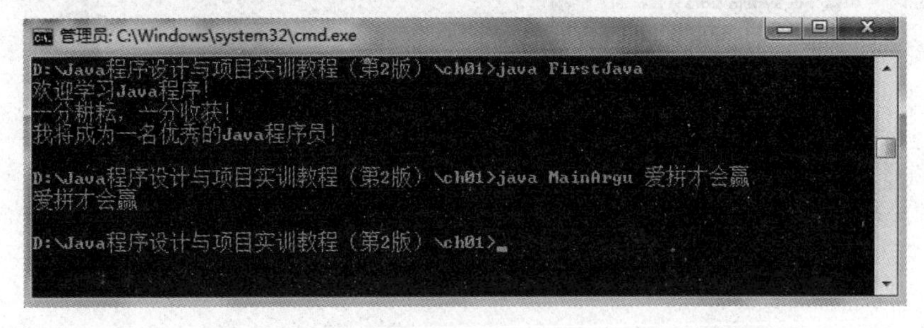

图1-3 运行 Java 应用程序

1.3.2　Applet 小应用程序

Applet 小应用程序是嵌入在网页中的 Java 程序，所以开发 Applet 小应用程序的第一步是编写 Java 源程序，第二步是编写 HTML(Hypertext Markup Language，超文本标记语言或超文本链接语言)文件或使用 NetBeans、Eclipse 工具显示。

本例是 Applet 的简单应用，使用 NetBeans 8 和 Eclipse 4 开始，项目结构图以及运行效果如图 1-4 和图 1-5 所示。

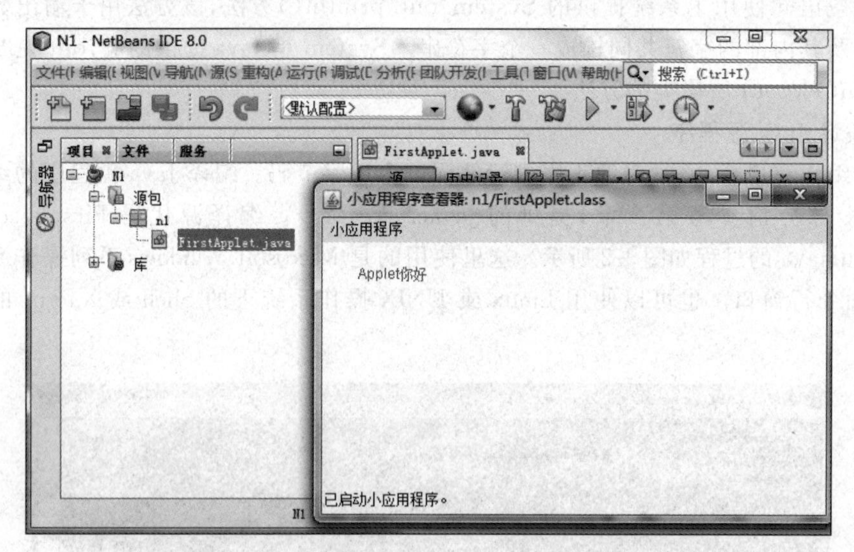

图 1-4　使用 NetBeans 8 的项目结构图以及运行效果

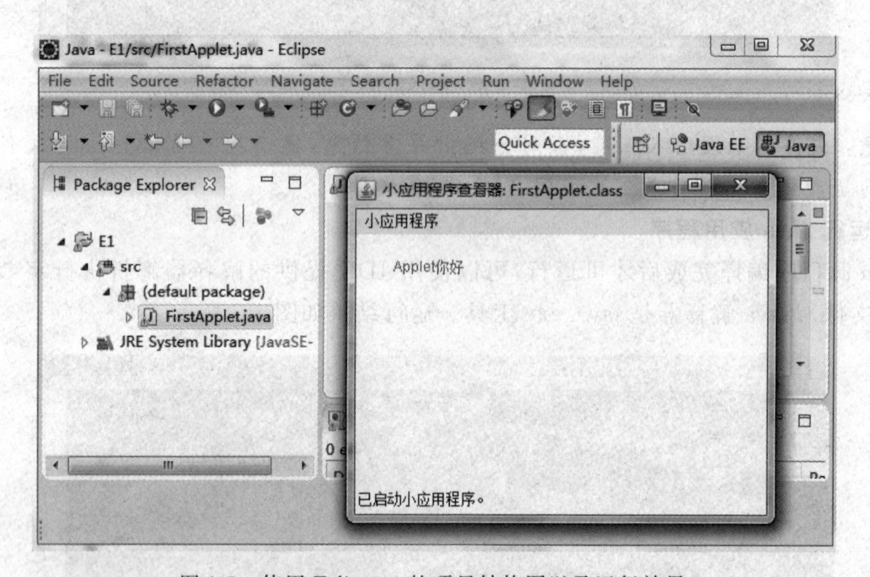

图 1-5　使用 Eclipse 4 的项目结构图以及运行效果

【例 1-3】 Applet 小应用程序(FirstApplet.java)

```
package n1;
```

```
/*
    开发者: ***
    开发地点: ***
    开发时间: ****年**月**日
    最后一次修改时间: ****年**月**日
    功能简介: Applet 小应用程序
*/
import javax.swing.JApplet;
import java.awt.Graphics;
import java.awt.Color;

public class FirstApplet extends JApplet
{
    //重载父类 JApplet 中的 paint()方法
    public void paint(Graphics g)
    {
        //设置字符串的颜色
        g.setColor(Color.red);
        //在页面上显示字符串并设置字符串的位置
        g.drawString("Applet 小应用程序",30,30);
    }// paint()方法结束
}//类 FirstApplet 结束
```

1) 包的创建

例 1-3 中的"package n1;"用于创建包,使用包来组织和管理类。

2) 类的导入

例 1-3 中的"import javax. swing. JApplet;""import java. awt. Graphics;"和"import java. awt. Color;"用于导入 JDK 类库提供的 JApplet 类、Graphics 类和 Color 类,".*"表示导入包中的所有类。例 1-1 和例 1-2 中用到的 System 类在 java. lang 包中,Java 规定该包中的类自动导入,因此不必用 import 关键字导入。

3) 类的继承

```
public class FirstApplet extends JApplet
{
    ⋮
}
```

extends JApplet 表示声明的 FirstApplet 类继承了 JApplet 类,extends 是关键字。FirstApplet 类是 JApplet 类的子类,通过继承声明的 FirstApplet 类就是 Applet 小应用程序。

4) 类的方法

Applet 程序中没有 main()方法。

覆盖父类 JApplet 中的 paint(Graphics g)方法。g 为 Graphics 类的对象。Graphics 类是所有图形的父类或超类,允许应用程序在组件上进行绘制。

g. setColor(Color. red)表示 g 对象调用方法 setColor(Color. red)将此图形上的当前颜

色设置为指定的颜色。

g. drawString("Applet 小应用程序",30,30)是 g 对象调用方法 drawString("Applet 小应用程序",30,30),使用该方法能够设置字体以及字符的位置,显示由指定字符串给定的文本。最左侧字符的基线位于此图形的(x, y)位置处。

1.4 一切皆为对象

面向对象的第一个原则是把数据和对该数据的操作都封装在一个类中,在程序设计时要考虑多个对象及其相互间的关系。有些功能并不一定由一个程序段完全实现,可以让其他对象来实现。

1. 所有的东西都是对象

在现实生活中,人们周围的事物都是一个个的对象,例如,学习 Java 课程、用一个手机打电话、用一台计算机编程等。在以面向对象技术开发的应用程序中,人们把实现某一功能的程序封装成一个类,使用对象来完成对数据的处理和操作。可以将对象想象成为一种新型变量,它保存着数据,而且还可以对自身数据进行操作。

2. 程序是对象的组合

应用程序在完成一项业务时,通过消息传递,各对象知道自己应该做些什么。如果需要让对象做些事情,则须向该对象"发送一条消息"。具体来说,可以将消息想象成一个调用请求,它调用的是从属于目标对象的一个方法,最后通过应用程序完成了一项功能。

3. 每个对象都有自己的存储空间

对象都有自己的存储空间,对象本身也可容纳其他对象,或者说通过封装现有的对象可以生成新的对象。因此,尽管对象的概念非常简单,但是经过封装以后却可以在程序中实现复杂的业务操作。

4. 每个对象都属于某个类

在现实生活中,人们接触的任何对象都是属于某个类或来自某个类。在 Java 中把功能都封装到类中,通过对象调用实现功能。因此每个对象都是某个"类"的一个"实例"。一个类的最重要的特征就是"能将什么消息发给它?",也就是类本身有哪些操作。

1.5 常见问题及解决方案

(1) 异常信息提示如图 1-6 所示。

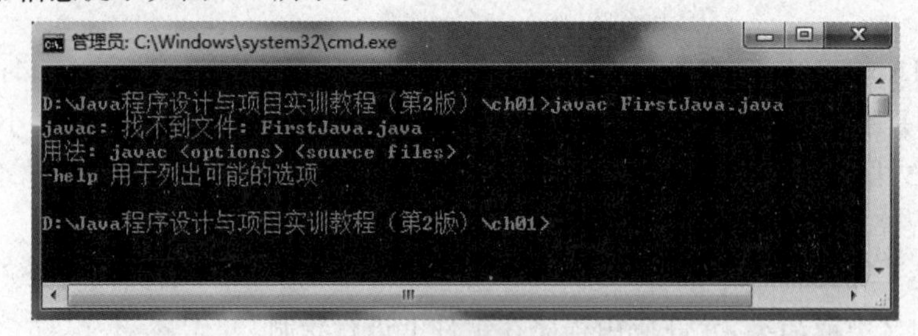

图 1-6 异常信息提示(1)

解决方案：原因可能是Java文件路径不对、文件名错误或文件不存在。请选择正确的路径，或者输入正确的文件名。

(2) 异常信息提示如图1-7所示。

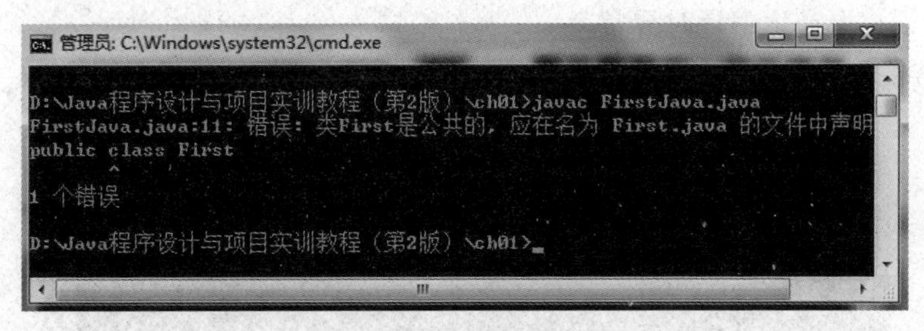

图1-7　异常信息提示(2)

解决方案：类名First和文件名FirstJava.java不一致，Java中规定公共类应和所在的Java源文件名一致。

(3) 异常信息提示如图1-8所示。

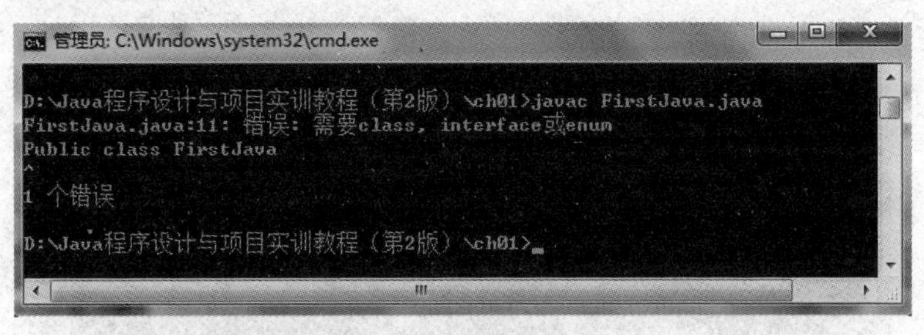

图1-8　异常信息提示(3)

解决方案：类的声明中使用的关键字应是小写，Java语言严格区分大小写。应把Public改为public。切记public不能拼写错，否则也会产生编译时异常。其他情况也会发生类似的异常。

(4) 异常信息提示如图1-9所示。

图1-9　异常信息提示(4)

解决方案：类的声明中使用的关键字应是小写，Java 语言严格区分大小写。应把 Class 改为 class。另外，在多个错误处理中，一般先解决第一个错误，修改程序后保存文件，再重新编译。如图 1-9 提示中有“5 错误”，其实只有关键字写错这一处错误。切记 class 不能拼写错，拼写错误也会产生编译时异常。

(5) 异常信息提示如图 1-10 所示。

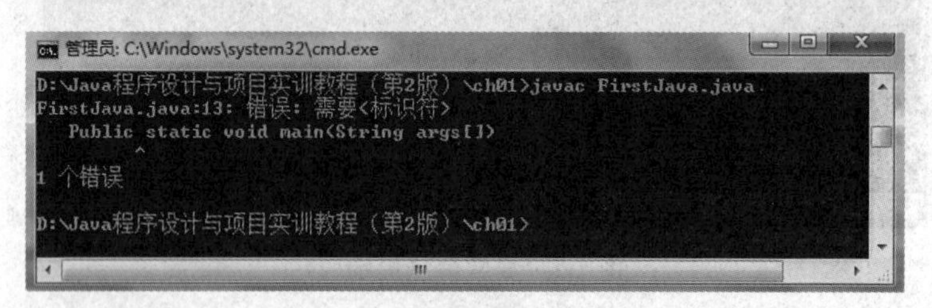

图 1-10　异常信息提示(5)

解决方案：类的声明中使用的关键字应是小写，Java 语言严格区分大小写。应把 Public 改为 public。切记 public 不能拼写错误，拼写错误也会产生编译时异常。

(6) 异常信息提示如图 1-11 所示。

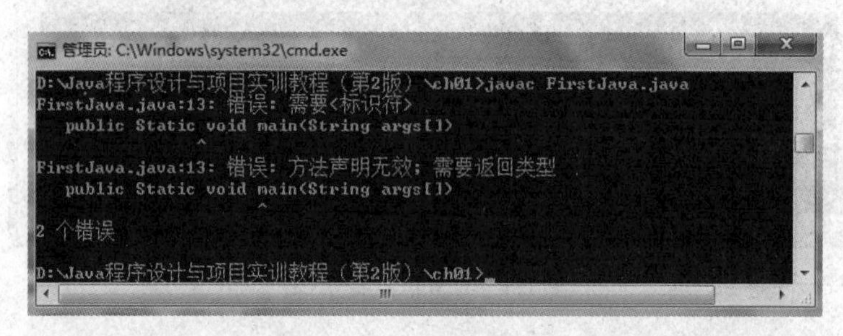

图 1-11　异常信息提示(6)

解决方案：类的声明中使用的关键字应是小写，Java 语言严格区分大小写。应把 Static 改为 static。切记 static 不能拼写错误，拼写错误也会产生编译时异常。

(7) 异常信息提示如图 1-12 所示。

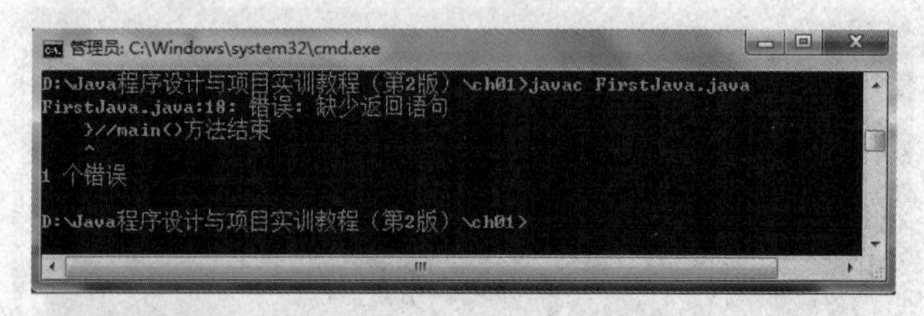

图 1-12　异常信息提示(7)

解决方案：类的声明中使用的关键字应是小写，Java 语言严格区分大小写。应把 Void 改为 void。切记 void 不能拼写错误，拼写错误也会产生编译时异常。

(8) 异常信息提示如图 1-13 所示。

解决方案：类的声明中使用的关键字应是小写，Java 语言严格区分大小写。应把 string 改为 String。切记 String 不能拼写错误，拼写错误也会产生编译时异常。

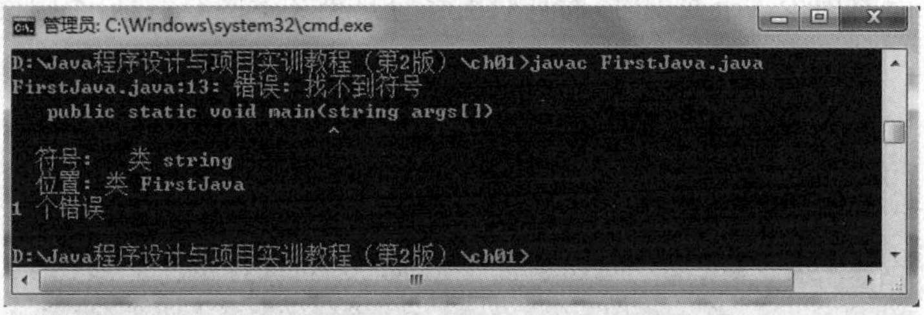

图 1-13　异常信息提示(8)

(9) 异常信息提示如图 1-14 所示。

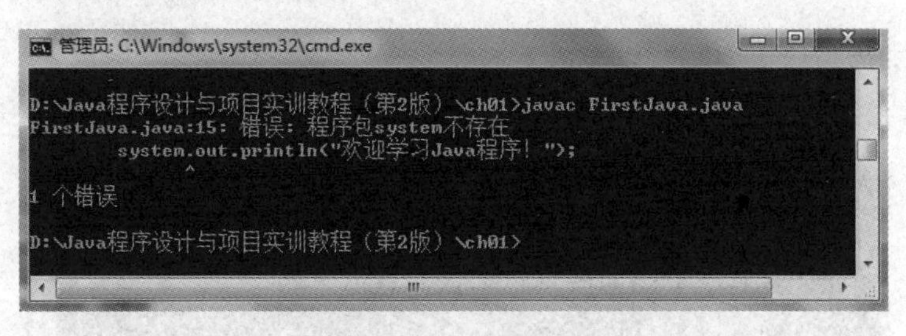

图 1-14　异常信息提示(9)

解决方案：类的声明中使用的关键字应是小写，Java 语言严格区分大小写。应把 system 改为 System。切记 System 不能拼写错误，拼写错误也会产生编译时异常。

(10) 异常信息提示如图 1-15 所示。

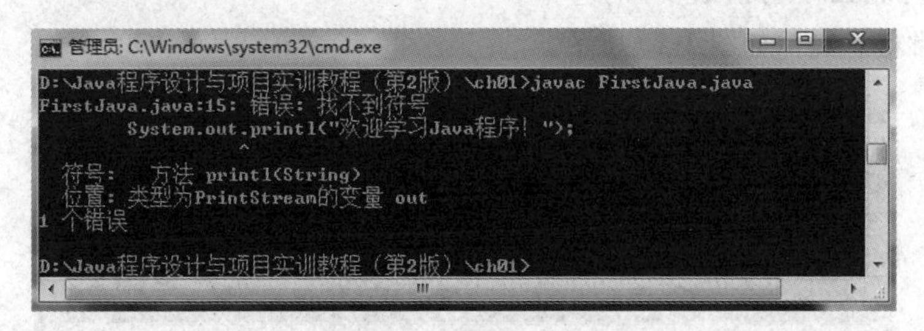

图 1-15　异常信息提示(10)

解决方案：printl()方法名写错，改为 println()。

(11) 异常信息提示如图 1-16 所示。

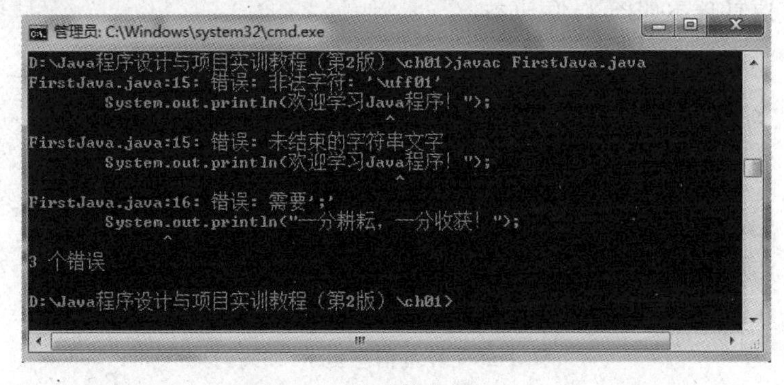

图 1-16　异常信息提示(11)

解决方案：字符串少一个双引号，而且双引号应是英文下的双引号，否则也会抛出异常。

(12) 异常信息提示如图 1-17 所示。

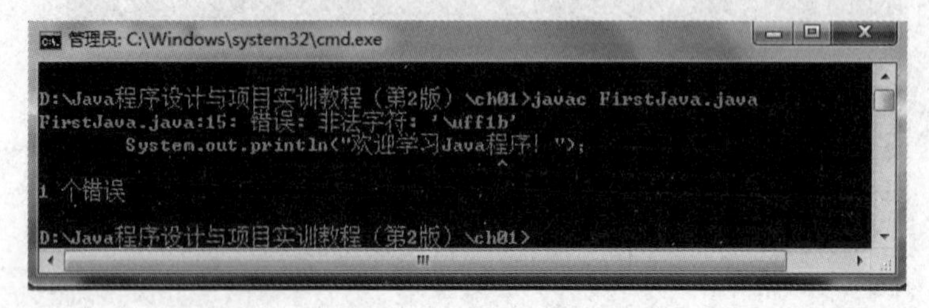

图 1-17　异常信息提示(12)

解决方案：语句后面的"；",应为英文下的";"。

(13) 异常信息提示如图 1-18 所示。

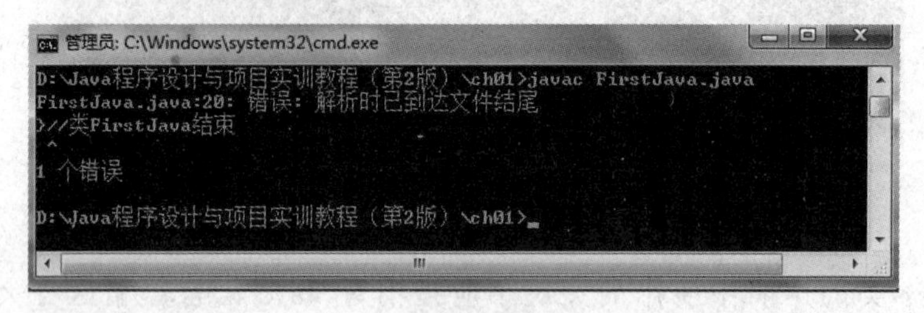

图 1-18　异常信息提示(13)

解决方案：main()方法缺少},加上。

(14) 异常信息提示如图 1-19 所示。

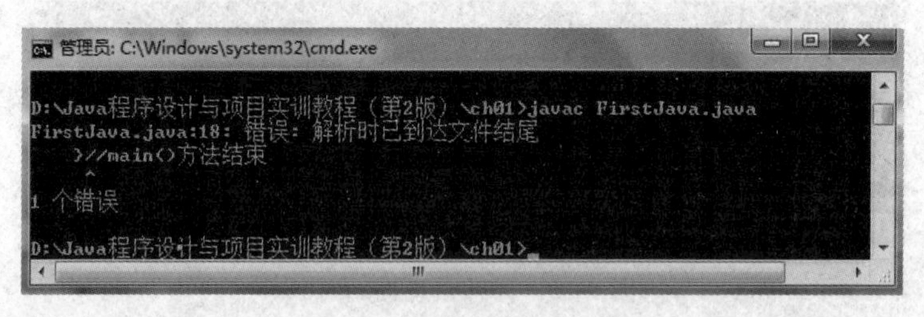

图 1-19　异常信息提示(14)

解决方案：类缺少},加上。

(15) 异常信息提示如图 1-20 所示。

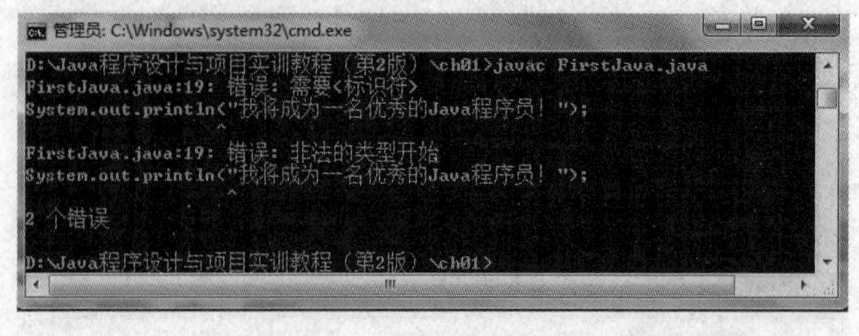

图 1-20　异常信息提示(15)

解决方案：在类中请勿将 System. out. println()写到 main()方法外，否则将出现异常。

(16) 异常信息提示如图 1-21 所示。

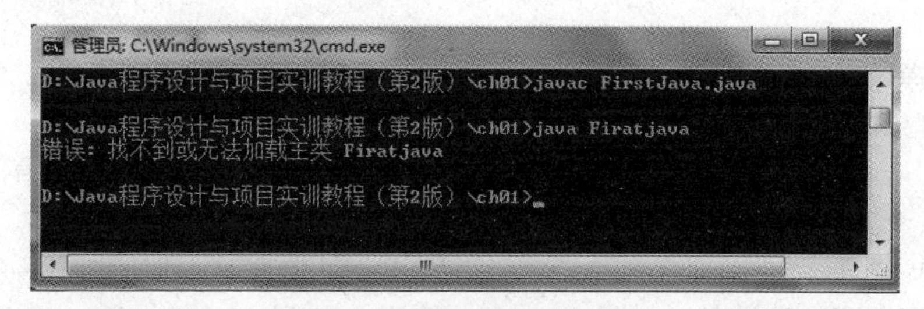

图 1-21　异常信息提示(16)

解决方案：原因可能是 Java 文件路径不对、文件名错误或文件不存在。请选择正确的路径，或者输入正确的文件名。

(17) 异常信息提示如图 1-22 所示。

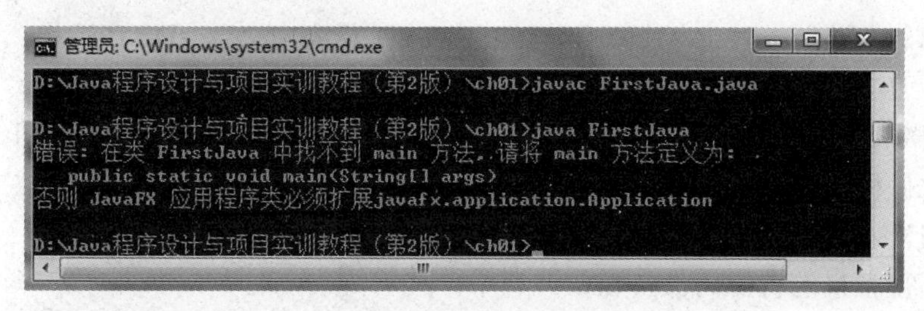

图 1-22　异常信息提示(17)

解决方案：程序在编译时能通过，在运行时不一定能运行，图中运行异常是由于类中的 main()方法拼写错误，修改正确即可。

1.6　本章小结

Java 起源于 Sun 公司为智能电子产品推出的语言，在其发展初期遇到很大的挫折，但随着网络的兴起改变了 Java 的发展。在短短几十年的发展历程中，Java 语言以其自身的优点逐步成为网络时代信息化技术中的首选语言。本章简要介绍了 Java 语言。通过本章的学习，应该了解和掌握以下内容。

- 计算机语言的发展史。
- Java 的发展。
- Java 的 3 种平台：Java SE、Java EE 和 Java ME。
- Java 语言的特点。
- Java 程序的工作原理。
- Java 程序的编写、编译、运行以及常见问题及解决方案。

本章内容是对 Java 程序开发以及后续学习的一个铺垫，通过学习本章，能够初步了解 Java 语言的基本知识。

1.7 习　　题

一、选择题

1. 计算机能够直接执行的语言是(　　)。

A. Java 语言　B. 机器语言　C. 汇编语言　D. 高级语言

2. 第一个完全脱离机器硬件的高级语言是(　　)。

A. C 语言　B. Pascal 语言

C. FORTRAN 语言　D. Java 语言

3. 独立于机型、面向应用、实现算法的高级语言又称为(　　)。

A. 面向过程语言　B. 面向对象语言

C. 面向应用语言　D. 算法语言

4. Java 语言诞生于(　　)。

A. 1991 年　B. 1995 年　C. 1997 年　D. 1998 年

5. 2009 年宣布收购 Sun 公司的是(　　)。

A. 微软公司　B. IBM 公司　C. 甲骨文公司　D. HP 公司

6. 用软件模拟计算机对 Java 进行编译和运行的是(　　)。

A. JVM　B. javac　C. java　D. exe

7. Java 虚拟机的机器码保持在(　　)中。

A. .java 文件　B. .class 文件　C. .doc 文件　D. .txt 文件

8. 下列 main()方法使用正确的是(　　)。

A. public static void main(String args){}

B. public static void main(String[] arg){}

C. public void main(String args[]){}

D. public static main(String args[]){}

9. FirstJava.java 编译成功后在当前路径上生成的文件是(　　)。

A. FirstJava.java　B. Firstjava.class

C. First.class　D. FirstJava.class

10. 编写 Application 应用程序,类的声明为 public class HelloWorld,该程序应保存的文件名是(　　)。

A. helloWorld.java　B. HelloWorld.java

C. Helloworld.java　D. Helloworld.class

二、填空题

1. 计算机语言可划分为机器语言、________和________。

2. 用来编写程序的技术称为计算机语言,又称为________。

3. 高级语言的下一个发展目标是________。

4. Java 语言是________和________的总称。

5. Java 平台由________和________构成。

6. Java 的 3 种平台是________、________和________。

7. Java 程序有两种形式：________和________。

8. Java 语言是采用以对象为中心的、模拟人类社会和人解决实际问题的方法________的程序设计语言。

9. Java 注释有 3 种形式：________、________和________。

10. Java 源文件中最多只能有一个________类,可以包含多个其他类。

三、简答题

1. 简述什么是机器语言、汇编语言和高级语言。
2. 简述 Java 的 3 种平台。
3. 简述 Java 语言的发展。
4. 简述 Java 语言的特点。
5. 简述 Java 程序的工作过程。
6. 简述 Java 程序的两种形式。
7. 简述 Java 的 3 种注释形式。
8. 简述什么是“一切皆为对象”。

四、实验题

1. 编写一个 Java 应用程序,程序运行后在命令行输出“知识改变命运,技术改变生活!”。

2. 编辑、编译并运行以下程序,并说明程序的功能。

```
//Sum.java
/*
    开发者: ***
    开发地点: 办公室
    开发时间: ****年**月**日
    最后一次修改时间: ****年**月**日
    功能简介: ?
*/
public class Sum
{
    public static void main(String args[]){
        int i=1,n=10,s=0;
        System.out.print("Sum("+n+")=");
        for (i=1;i<n;i++)
        {
            s+=i;
            System.out.print(i+"+");
        }
        System.out.println(i+"="+(s+i));
    }
}
```

第2章　Java语言开发环境

开发Java应用程序可以运用多种工具和技术，如NetBeans、Eclipse等集成开发平台。本章主要介绍开发和运行Java应用程序所需的常用软件。

本章主要内容：

- JDK安装配置。
- NetBeans开发环境。
- Eclipse开发环境。

2.1　JDK安装配置

JDK是开发Java语言必备的工具，须安装JDK后才能开发Java应用程序。

2.1.1　JDK简介与下载

JDK是一个可以编译、调试、运行Java应用程序或Applet小应用程序的开发环境。它包括一个处于操作系统层之上的运行环境以及开发者编译、调试和运行Java程序的工具。自从Java推出以来，JDK已经成为使用最广泛的Java SDK。

从JDK 5.0开始，其版本不再延续以前的1.2、1.3、1.4，而是变成了5.0、6.0、7.0、8.0了。从6.0开始，其运行效率得到非常大的提高，尤其是在桌面应用方面。

1999年，Sun公司推出的JDK 1.3将Java平台划分为J2ME、J2SE和J2EE，使Java技术获得了最广泛的应用。

从JDK 5.0后，一般把这3个平台称为Java ME、Java SE、Java EE。

本书使用的是支持Win7操作系统的JDK 8。Java SE的JDK 8可以在http://www.oracle.com/technetwork/java/javase/downloads/index.html网站下载。本书下载的是JDK 8，如图2-1所示。

备注：因为2014年4月微软公司正式让Windows XP退役，所以JDK 8不支持Windows XP，安装JDK 8时需要更高版本的Windows操作系统支持，如Windows 7、Windows 8等。

2.1.2　JDK安装与配置

1. JDK的安装

在下载文件夹中双击文件jdk-8-windows-i586.exe即开始安装。具体安装步骤如下。

(1) 双击jdk-8-windows-i586.exe文件，弹出“安装向导”，如图2-2所示。

(2) 单击图2-2中的“下一步”按钮，弹出图2-3，单击“更改”按钮可以选择JDK的安装路径，也可以使用默认安装路径。

(3) 单击图2-3中的“下一步”按钮，弹出图2-4，选定安装路径，单击“下一步”按钮继续安装，安装完成后弹出图2-5。

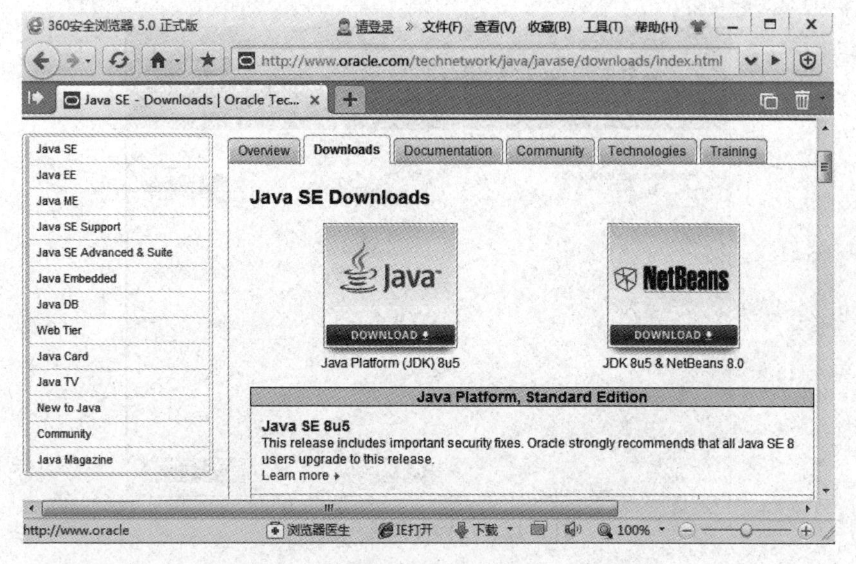

图 2-1　JDK 下载

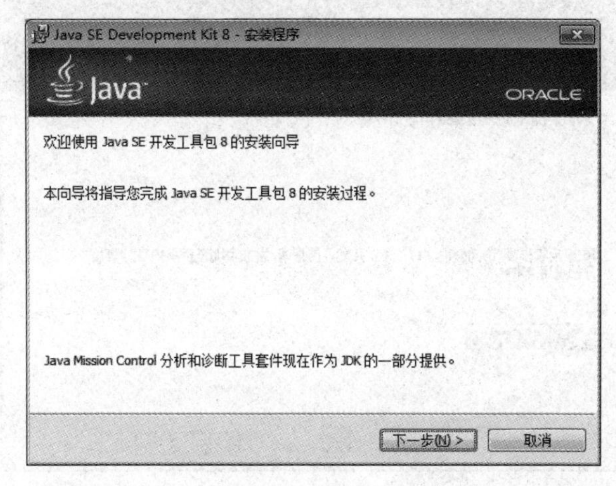

图 2-2　安装向导

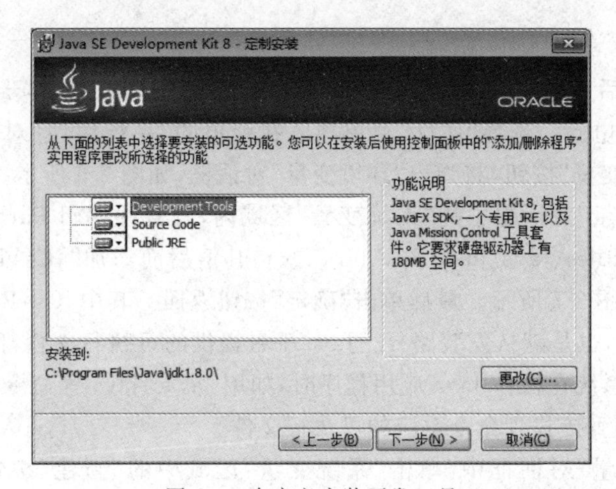

图 2-3　自定义安装开发工具

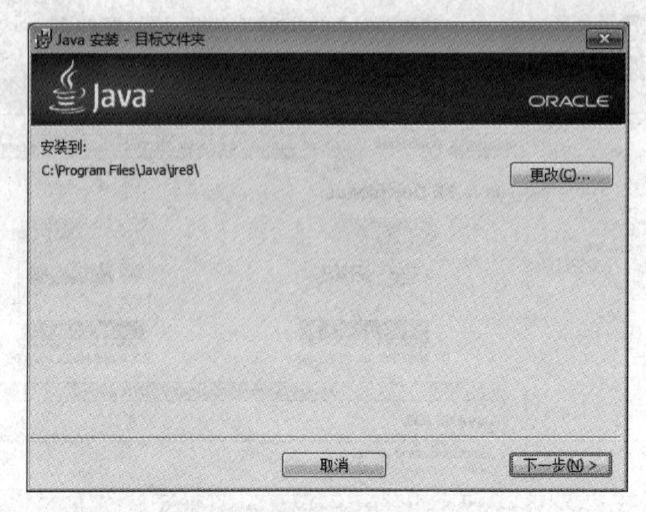

图 2-4 “目标文件夹”对话框

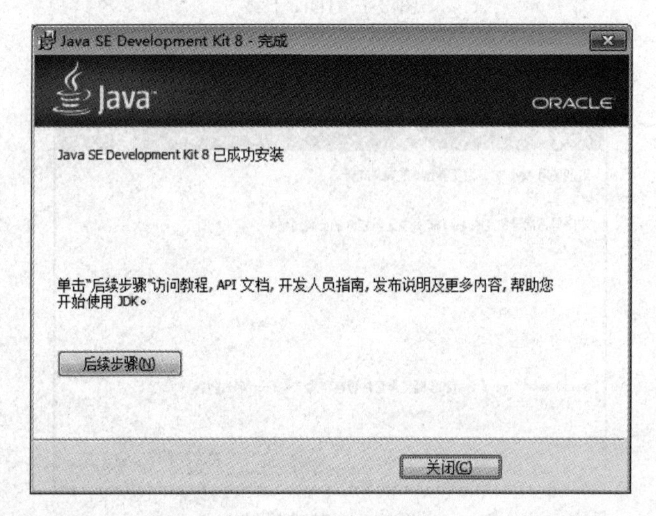

图 2-5 “完成”对话框

2. JDK 的配置

JDK 安装完成后,设置环境变量并测试 JDK 配置是否成功的具体步骤如下。

(1) 右击“我的电脑”,选择“属性”菜单项。在弹出的“系统属性”对话框中选择“高级”选项卡,单击“环境变量”按钮,将弹出“环境变量”对话框,如图 2-6 所示。

(2) 在“环境变量”对话框中的“系统变量”区域内,查看并编辑 Path 变量,在其值前面添加“C:\Program Files\Java\jdk1.8.0\bin;”或在其值后面添加“;C:\Program Files\Java\jdk1.8.0\bin”,如图 2-7 所示。最后单击“确定”按钮返回。其中“C:\Program Files\Java”是 JDK 安装的路径,也是默认安装路径。Java 平台提供的可执行文件都放在 bin 包内。配置好 Path 变量后,系统在操作 Java 应用程序时,如用 javac、java 等命令编译或者执行 Java 应用程序时,就能够直接找到命令对应的可执行文件。

(3) 在“环境变量”对话框中,单击“系统变量”区域中的“新建”按钮,将弹出“新建系统变量”对话框。在“变量名”文本框中输入 classpath,在“变量值”文本框中输入“.;C:\

图 2-6 “环境变量”对话框

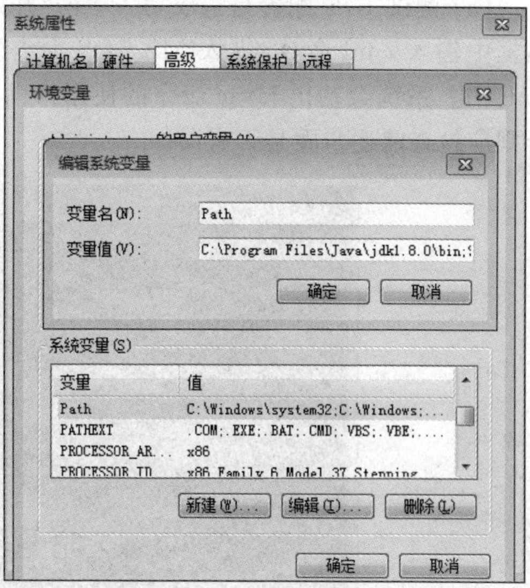

图 2-7 编辑 Path 变量

Program Files\Java\jdk1.8.0\lib”,最后单击“确定”按钮完成 classpath 的创建。如图 2-8 所示。其中“.”代表当前路径。lib 包是 JDK 类库的路径。JDK 提供了庞大的类库供开发人员使用,当需要使用 JDK 提供的类库时,需设置 classpath。

(4) 新建一个系统变量,在“变量名”文本框中输入 JAVA_HOME,在“变量值”文本框中输入 C:\Program Files\Java\jdk1.8.0,如图 2-9 所示。设置 JAVA_HOME 是为了方便引用路径。例如,JDK 安装在 C:\Program Files\Java\jdk1.8.0 目录里,则设置 JAVA_HOME 为该路径,那么以后要使用这个路径的时候,只需输入%JAVA_HOME%即可,避免每次引用都输入很长的路径串。

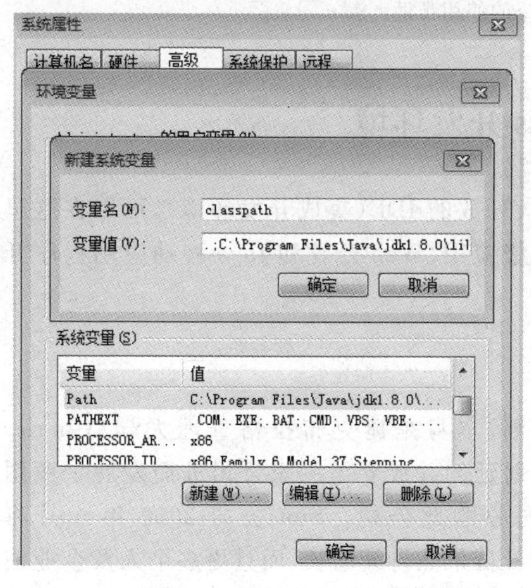

图 2-8 设置 classpath

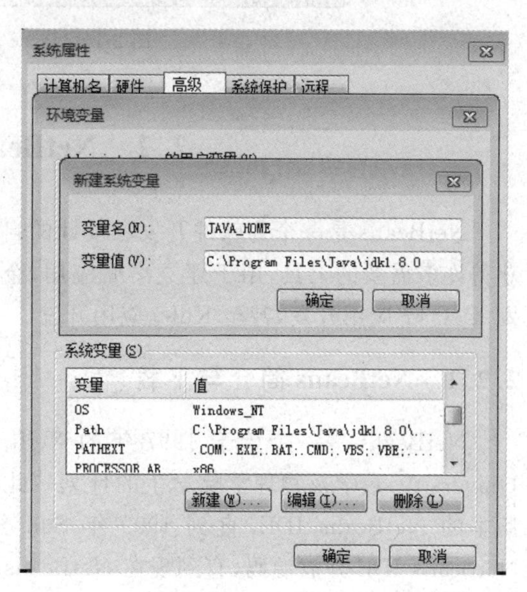

图 2-9 设置 JAVA_HOME

(5) 测试 JDK 配置是否成功。单击“开始”菜单中的“运行”菜单项,在弹出的“运行”对话框中输入 cmd 命令,进入 MS-DOS 命令窗口。进入任意目录下后输入 javac 命令,按 Enter 键,系统会输出 javac 命令的使用帮助信息,如图 2-10 所示。这说明 JDK 配置成功,否则应检查前述步骤是否有误。

```
管理员: C:\Windows\system32\cmd.exe
Microsoft Windows [版本 6.1.7601]
版权所有 (c) 2009 Microsoft Corporation。保留所有权利。

C:\Users\Administrator>javac
用法: javac <options> <source files>
其中, 可能的选项包括:
  -g                         生成所有调试信息
  -g:none                    不生成任何调试信息
  -g:{lines,vars,source}     只生成某些调试信息
  -nowarn                    不生成任何警告
  -verbose                   输出有关编译器正在执行的操作的消息
  -deprecation               输出使用已过时的 API 的源位置
  -classpath <路径>            指定查找用户类文件和注释处理程序的位置
  -cp <路径>                   指定查找用户类文件和注释处理程序的位置
  -sourcepath <路径>           指定查找输入源文件的位置
  -bootclasspath <路径>        覆盖引导类文件的位置
  -extdirs <目录>              覆盖所安装扩展的位置
  -endorseddirs <目录>         覆盖签名的标准路径的位置
  -proc:{none,only}          控制是否执行注释处理和/或编译。
  -processor <class1>[,<class2>,<class3>...] 要运行的注释处理程序的名称;
认的搜索进程
  -processorpath <路径>        指定查找注释处理程序的位置
  -parameters                生成元数据以用于方法参数的反射
  -d <目录>                    指定放置生成的类文件的位置
  -s <目录>                    指定放置生成的源文件的位置
  -h <目录>                    指定放置生成的本机标头文件的位置
  -implicit:{none,class}     指定是否为隐式引用文件生成类文件
  -encoding <编码>             指定源文件使用的字符编码
  -source <发行版>              提供与指定发行版的源兼容性
  -target <发行版>              生成特定 VM 版本的类文件
  -profile <配置文件>            请确保使用的 API 在指定的配置文件中可用
  -version                   版本信息
  -help                      输出标准选项的提要
  -A关键字[=值]                  传递给注释处理程序的选项
  -X                         输出非标准选项的提要
  -J<标记>                     直接将 <标记> 传递给运行时系统
  -Werror                    出现警告时终止编译
  @<文件名>                     从文件读取选项和文件名
```

图 2-10　javac 命令的使用帮助

2.2　NetBeans 开发环境

NetBeans 是一个为软件开发者设计的自由、开放的 IDE(集成开发环境),可以在这里获得许多需要的工具,用于建立桌面应用、企业级应用、Web 开发和 Java 移动应用程序开发、C/C++ 应用开发,甚至 Ruby 应用开发。

2.2.1　NetBeans 简介与下载

NetBeans 是一个始于 1997 年的 Xelfi 计划,本身是捷克布拉格查理大学(Charles University)数学及物理学院学生的计划。此计划延伸并成立了一家公司进而发展了商用版本的 NetBeans IDE,直到 1999 年 Sun 公司收购此公司。Sun 公司 2000 年 6 月将 NetBeans IDE 开放源码,直到现在 NetBeans 的社群依然持续增长,而且更多个人及企业使用 NetBeans 作为程序开发的工具。NetBeans 是开源社区以及开发人员和客户社区的家园,旨在构建世界级的 Java IDE。NetBeans 当前可以在 Solaris、Windows、Linux 和 Macintosh OS/X

平台上进行开发，并在SPL(Sun公用许可)范围内使用。已经获得业界广泛认可，并支持NetBeans扩展模块中大约100多个模块。

作为一个全功能的开放源码Java IDE，NetBeans可以帮助开发人员编写、编译、调试和部署Java应用，并将版本控制和XML编辑融入其众多功能之中。NetBeans可支持Java平台标准版(Java SE)应用的创建、采用JSP和Servlet的两层Web应用的创建，以及用于两层Web应用的API及软件的核心组件的创建。此外，NetBeans最新版本还预装了多个Web服务器，如Tomcat和GlassFish等，从而免除了烦琐的配置和安装过程。所有这些都为Java开发人员创造了一个可扩展的、开放源代码的、多平台的Java IDE，以支持他们在各自所选择的环境中从事开发工作。

NetBeans官方网站下载地址是https://netbeans.org或者www.oracle.com，其中一个下载界面如图2-11所示。可根据需要下载合适版本的NetBeans。本书使用的是NetBeans 8.0版本。

图2-11　NetBeans下载站点

2.2.2　NetBeans的安装与使用

1. NetBeans的安装

在下载文件夹中双击文件netbeans-8.0-windows.exe即开始安装。具体安装步骤如下。

(1) 双击netbeans-8.0-windows.exe文件，进行参数传送后，弹出如图2-12所示的"安装程序"对话框，单击"定制"按钮，可以对需要安装的功能进行选择，单击"下一步"按钮，弹出如图2-13所示的"许可证协议"对话框。

(2) 选择了图2-13中的"我接受许可证协议中的条款"复选框后，单击"下一步"按钮，弹出如图2-14所示的"JUnit许可证协议"对话框，根据需要选择要安装或者不安装JUint后，单击"下一步"按钮，弹出如图2-15所示的"选择安装文件夹和JDK"对话框，选择NetBeans安装路径和使用的JDK，也可以使用默认路径。单击"下一步"按钮，弹出"GlassFish 4.0安装"对话框，选择要安装的GlassFish文件的路径，也可以使用默认路径并单击"下一步"按钮，将弹出"概要"对话框并单击"安装"按钮，安装数分钟后将弹出如图2-16所示的"安装完成"对话框。

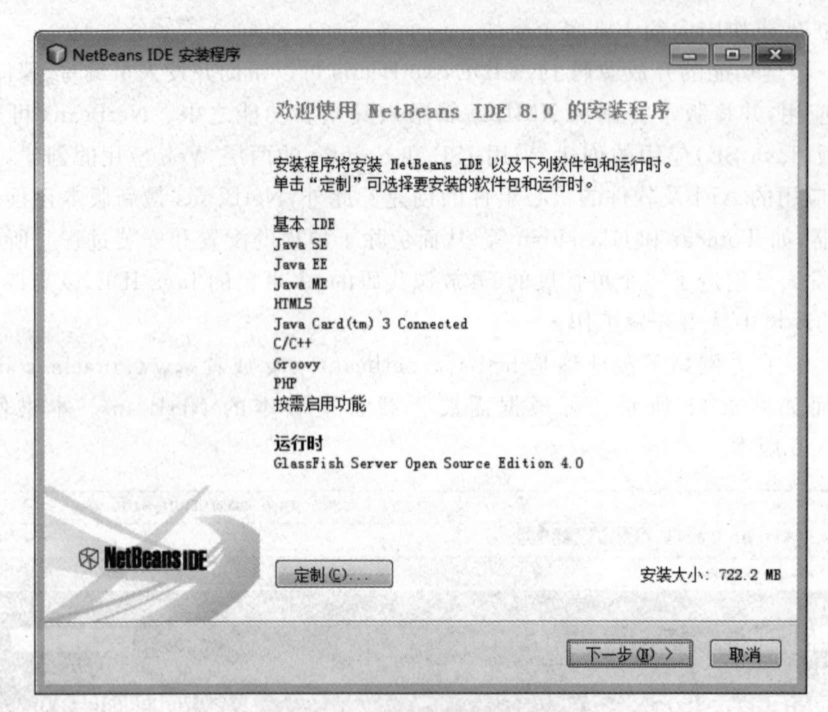

图 2-12 “安装程序”对话框

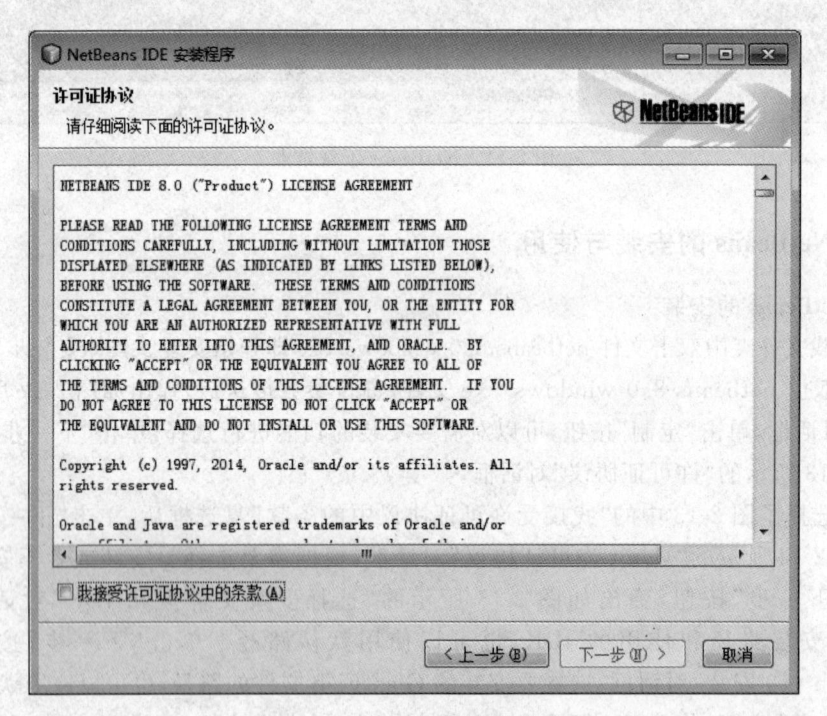

图 2-13 “许可证协议”对话框

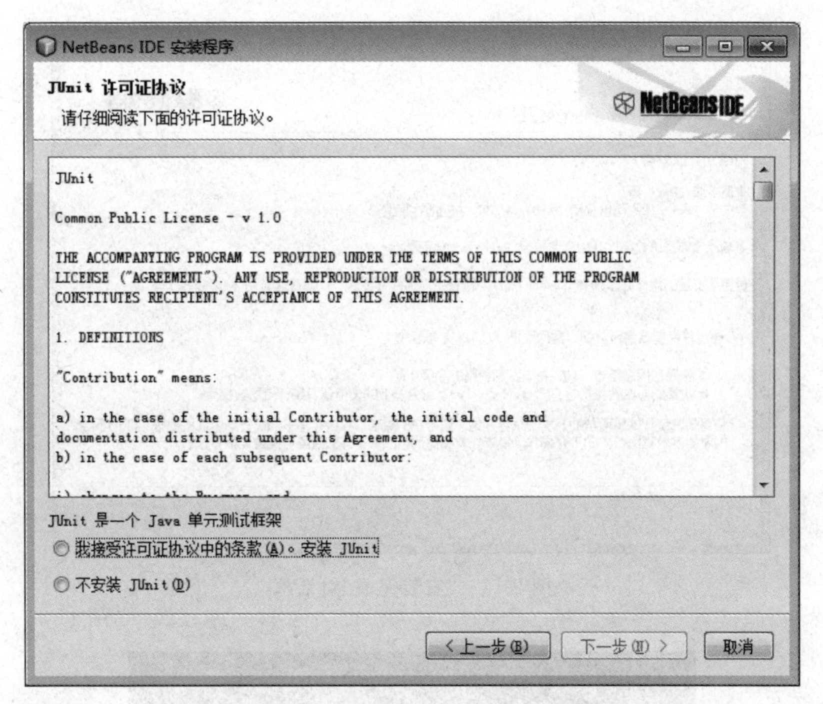

图 2-14 “JUnit 许可证协议”对话框

图 2-15 “选择安装文件夹和 JDK”对话框

2. NetBeans 的使用

NetBeans 安装后，双击打开，出现如图 2-17 所示的 NetBeans 启动界面。启动后出现如图 2-18 所示的主页面，可以使用菜单项对 IDE 进行设置并使用。

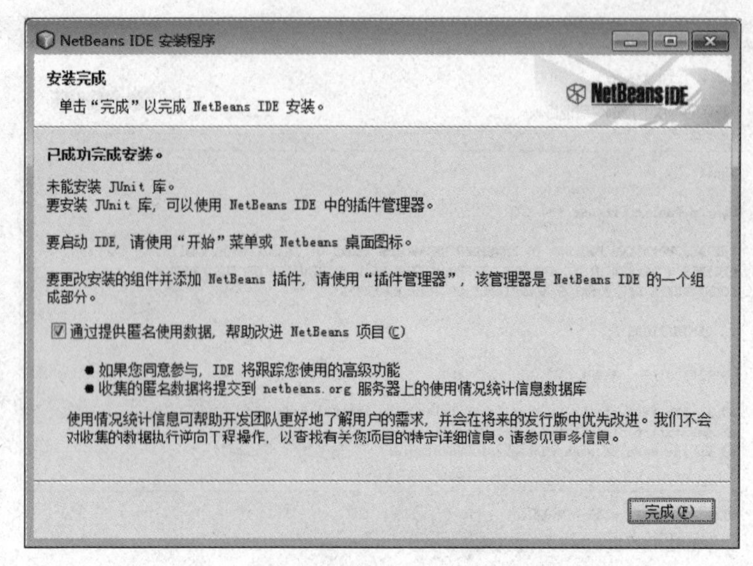

图 2-16 "安装完成"对话框

图 2-17 NetBeans 启动界面

图 2-18 NetBeans 主页面

(1) 单击图 2-18 中的菜单“文件”→“新建项目”，弹出图 2-19，在“选择项目”中的“类别”框中选择 Java，“项目”框中选择“Java 应用程序”，单击“下一步”按钮弹出图 2-20。

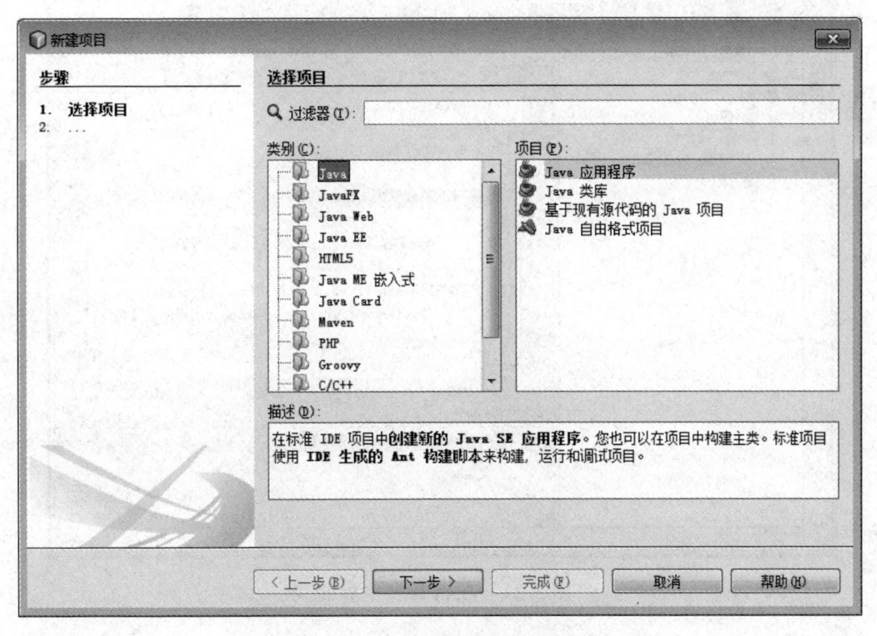

图 2-19　项目类别选择

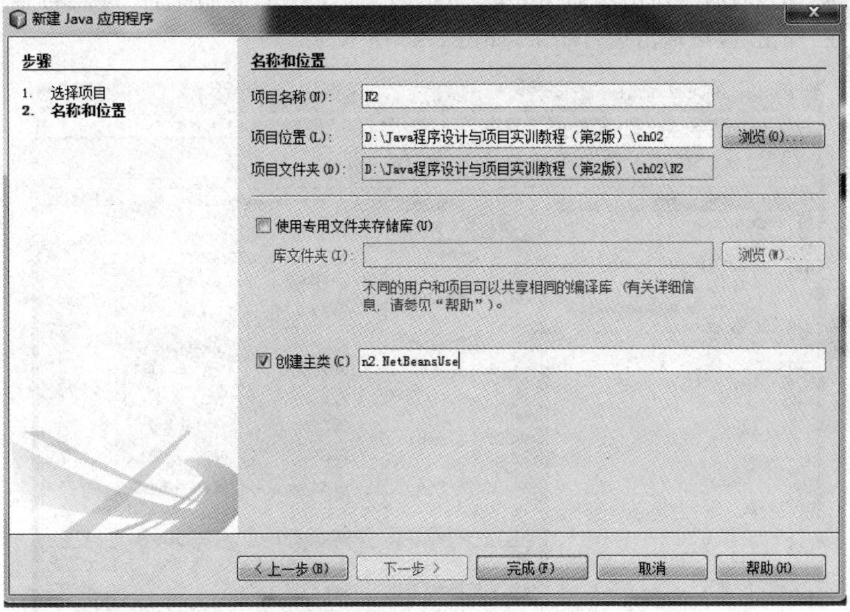

图 2-20　项目命名和路径选择

(2) 在图 2-20 中，可以对项目的名称以及路径进行设置。在“项目名称”文本框中为 Java 应用程序项目命名，可以使用项目默认名字，也可以自己根据项目的需要命名；在“项目位置”文本框中对项目位置进行选择，可以使用默认路径，也可以自己选定路径；也可以给主类命名，单击“完成”按钮弹出图 2-21。

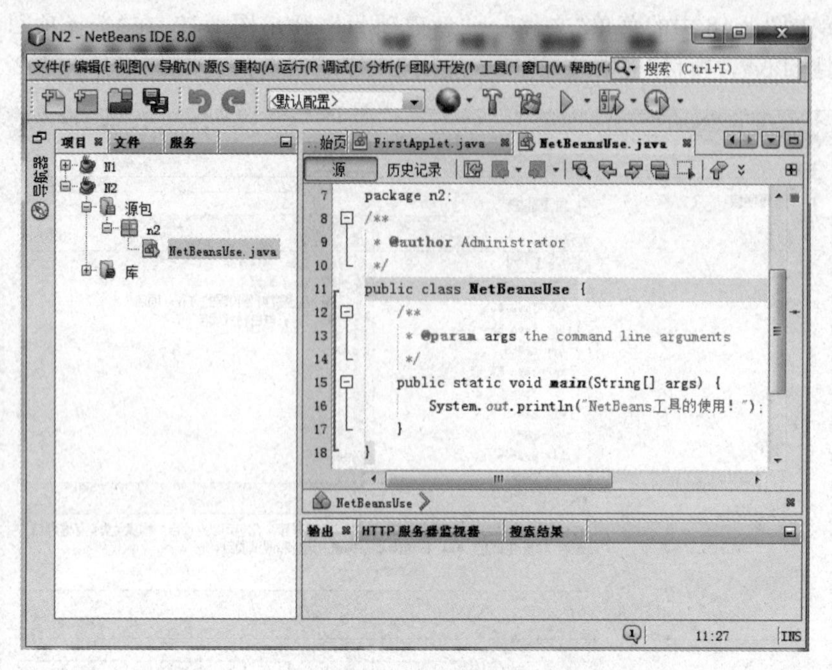

图 2-21　项目开发主界面

(3) 在图 2-21 中的 NetBeans 编辑器中,输入“System.out.println("NetBeans 工具的使用!");”。编写后右单击出现如图 2-22 所示的菜单,单击“运行文件”即运行程序。成功运行后将在“输出”区域输出运行结果,如图 2-23 所示。

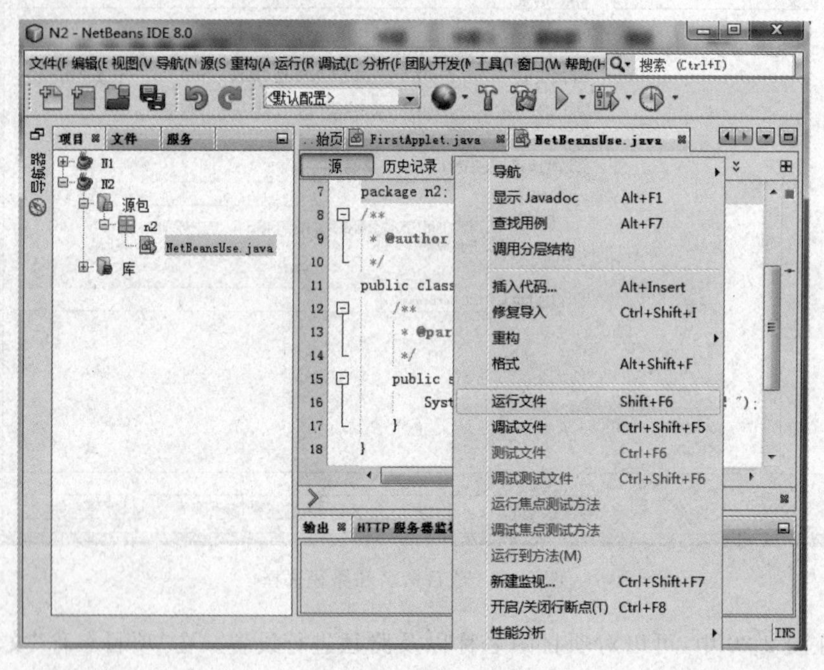

图 2-22　程序运行

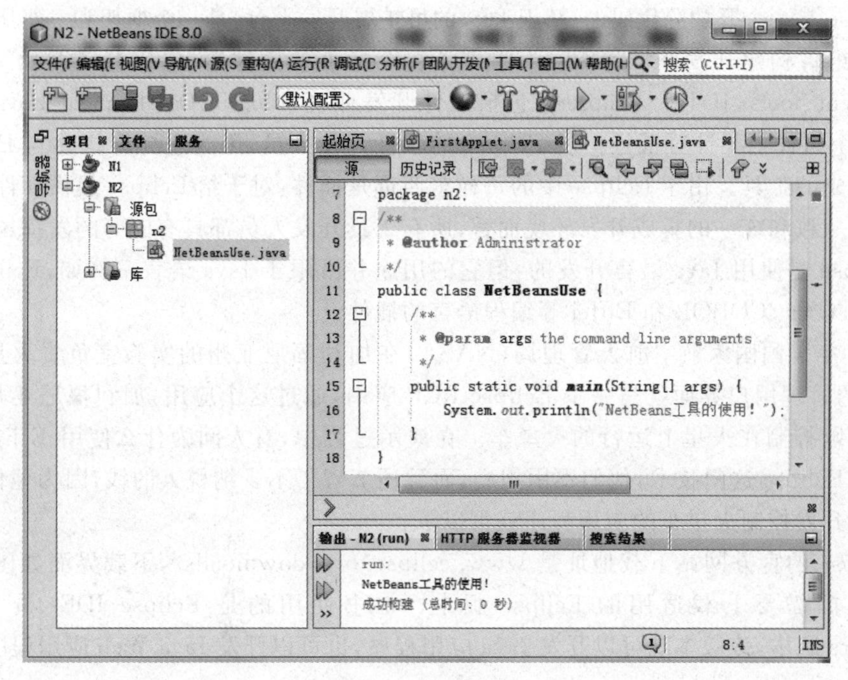

图 2-23　运行结果

2.3　Eclipse 开发环境

Eclipse 平台是 IBM 公司向开源社区捐赠的开发框架，它是一个成熟的、精心设计的、可扩展的体系结构。

2.3.1　Eclipse 简介与下载

1998 年，IBM 公司开始了下一代开发工具技术探索之路，成立了一个项目开发小组。经过两年的发展，2000 年，IBM 公司决定给这个新一代开发工具项目命名为 Eclipse。Eclipse 当时只是内部使用的名称。这时候的商业目标就是希望 Eclipse 项目能够吸引更多开发人员，发展起一个强大而又充满活力的商业合作伙伴。同时 IBM 公司意识到需要用它来“对抗”Microsoft Visual Studio 的发展，因此从商业目标考虑，通过开源的方式 IBM 公司最有机会达到目的。

2001 年 12 月，IBM 公司向世界宣布了两件事：第一件事是创建开源项目，即 IBM 公司捐赠价值 4000 万美元的源码给开源社区；另外一件事是成立 Eclipse 协会，这个协会由一些成员公司组成，主要任务是支持并促进 Eclipse 开源项目。

Eclipse 经过了 2.0 到 2.1 的发展，不断收到来自社区的建议和反馈，终于到了一个通用化的阶段。在 3.0 版本发行时，IBM 公司觉得时机成熟，于是正式声明将 Eclipse 作为通用的富客户端(RCP)和 IDE。

从 Eclipse 3.0 到 3.1 到 3.5，富客户端平台应用快速增长，越来越多的反馈帮助 Eclipse 完善和提高。

Eclipse 是一个开放源代码的、基于 Java 的可扩展开发平台，是一个框架和一组服务，用于通过插件组件构建开发环境。Eclipse 附带了一个标准的插件集，包括 Java 开发工具(Java Development Tools，JDT)。Eclipse 还包括插件开发环境(Plug-in Development Environment，PDE)，这个组件主要针对希望扩展 Eclipse 的软件开发人员，因为它允许构建与 Eclipse 环境无缝集成的工具。由于 Eclipse 中的每样东西都是插件，对于给 Eclipse 提供插件，以及给用户提供一致和统一的集成开发环境而言，所有工具开发人员都具有同等的发挥场所。

Eclipse 是使用 Java 语言开发的，但它的用途并不限于 Java 语言。例如，Eclipse 也支持诸如 C/C++、COBOL 和 Eiffel 等编程语言的插件。

2005 年美国国家航空航天管理局(NASA)在加利福尼亚州的实验室负责火星探测计划，他们的管理用户界面就是一个 Eclipse RCP 应用，通过这个应用，加利福尼亚州的工作人员就可以控制在火星上运行的火星车。在演示过程中，有人问为什么使用 Eclipse，回答是：使用 Eclipse 这门技术，他们不用担心，而且还节省了不少纳税人的钱，因为他们只需要集中资源开发控制火星车的应用程序就可以了。

Eclipse 的官方网站下载地址是 www.eclipse.org/downloads/，下载界面如图 2-24 所示。可根据需要下载适用的 Eclipse 版本。本书使用的是 Eclipse IDE for Java EE Developers 版本，该版本既可以开发 Java 应用程序，也可以开发 Java Web 应用程序。

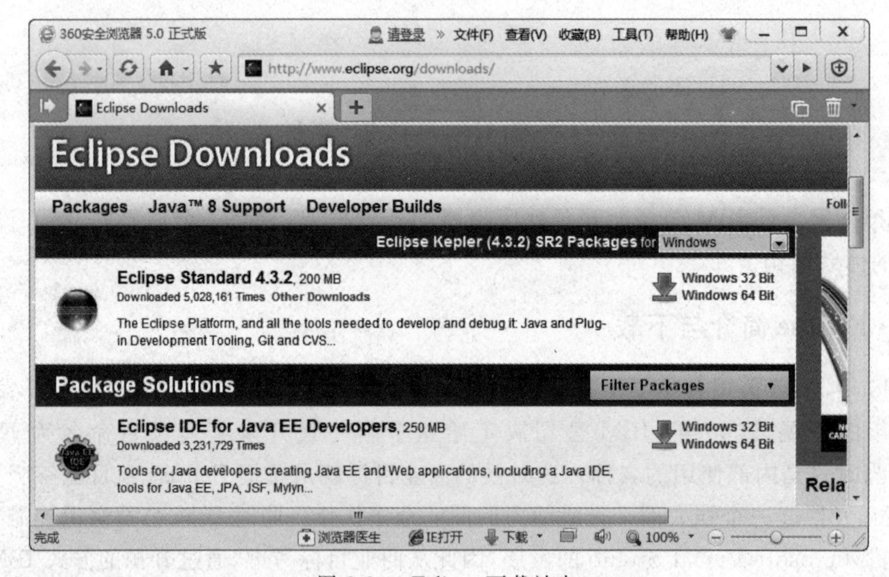

图 2-24 Eclipse 下载站点

2.3.2 Eclipse 的使用

Eclipse 是免安装的 IDE，在下载文件夹中双击文件 eclipse-jee-mars-1-win32-x86_64.zip 进行解压缩，然后双击文件 eclipse.exe 即可运行，运行界面如图 2-25 所示。

Eclipse 启动后出现图 2-26，要求选择工作区路径。可以选择默认的工作区路径，也可以把工作区设置到别的路径。

选定好工作区路径后，单击 OK 按钮，出现图 2-27。可以使用菜单项对 IDE 进行进一步设置。

图 2-25　Eclipse 启动界面

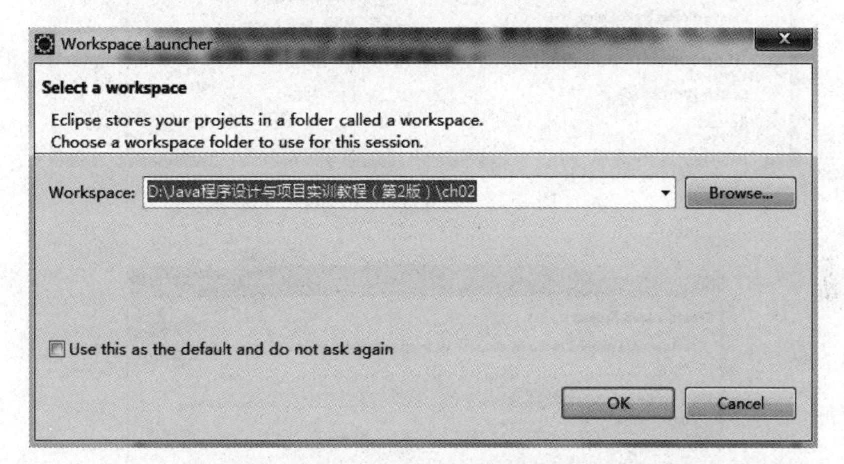

图 2-26　项目工作区的选择

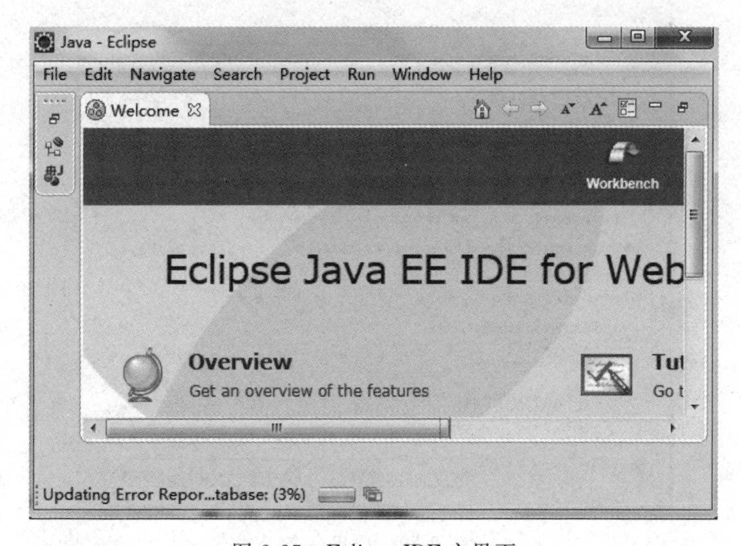

图 2-27　Eclipse IDE 主界面

(1) 单击图 2-27 所示主界面中的菜单 File→New→Java Project 命令，如图 2-28 所示，弹出图 2-29。

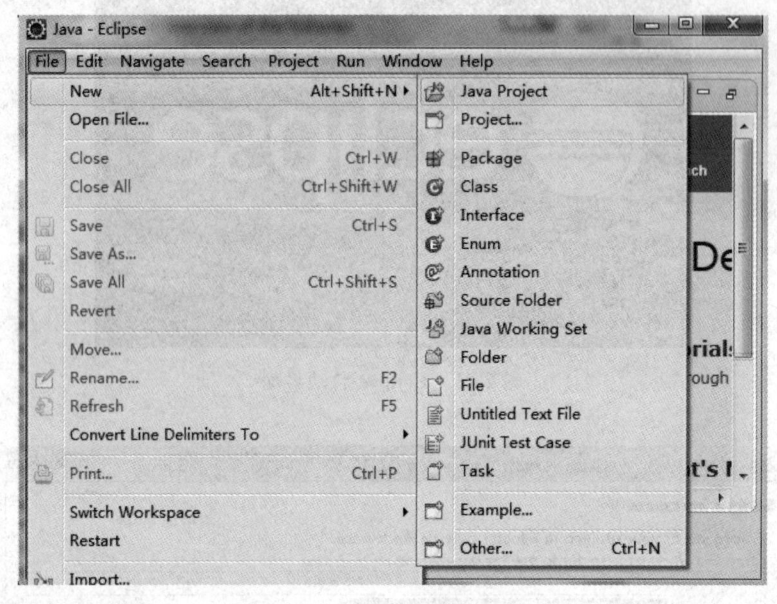

图 2-28 创建 Java Project

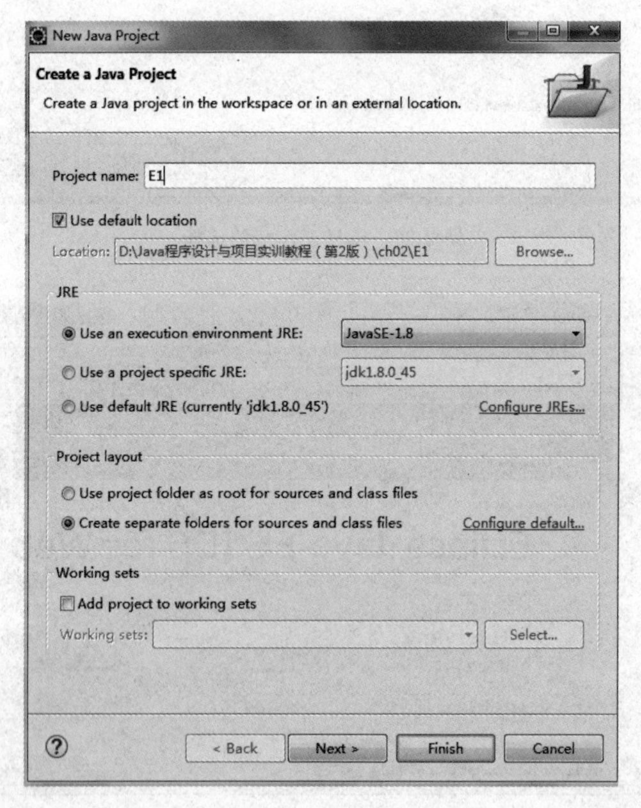

图 2-29 项目命名

(2) 在图 2-29 中对项目命名后，单击 Finish 按钮将出现如图 2-30 所示的开发界面。在项目名称上右击 src→New→Class，可新建 Java 源文件，如图 2-31 所示。

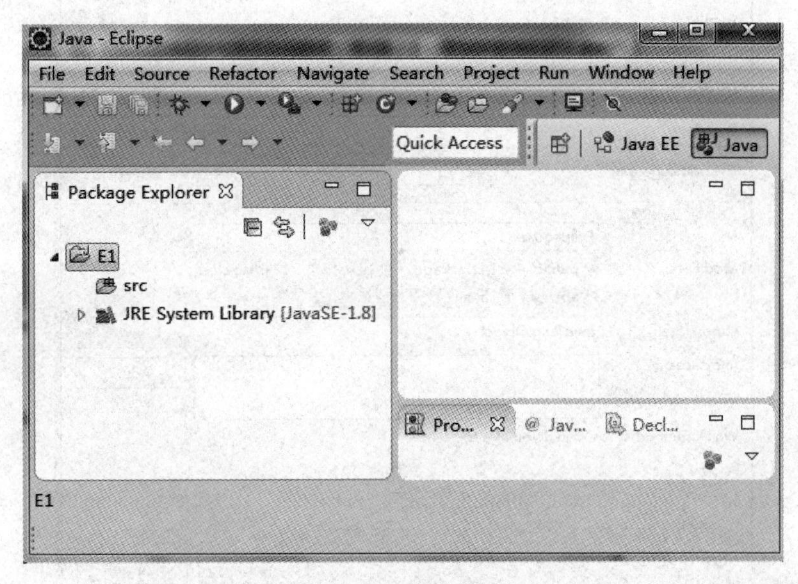

图 2-30　项目主页面

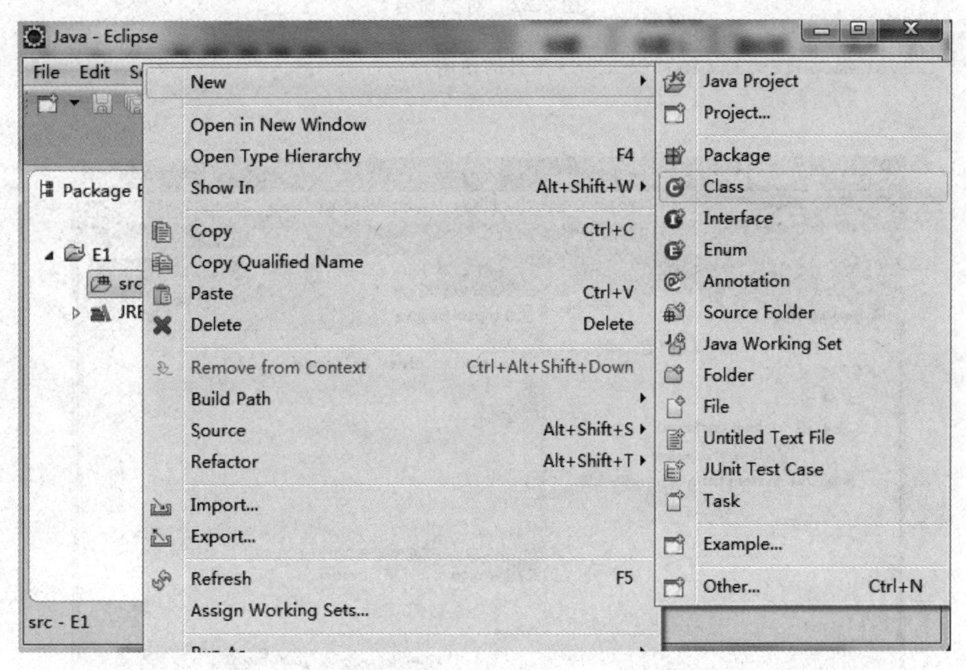

图 2-31　新建 Java 文件

(3) 在图 2-31 上单击 Class，弹出图 2-32，要求对类命名。

(4) 单击图 2-32 中的 Finish 按钮，出现如图 2-33 所示的 Eclipse 主开发界面。在主开发界面的编辑器中输入：

```
public static void main(String args[]){
```

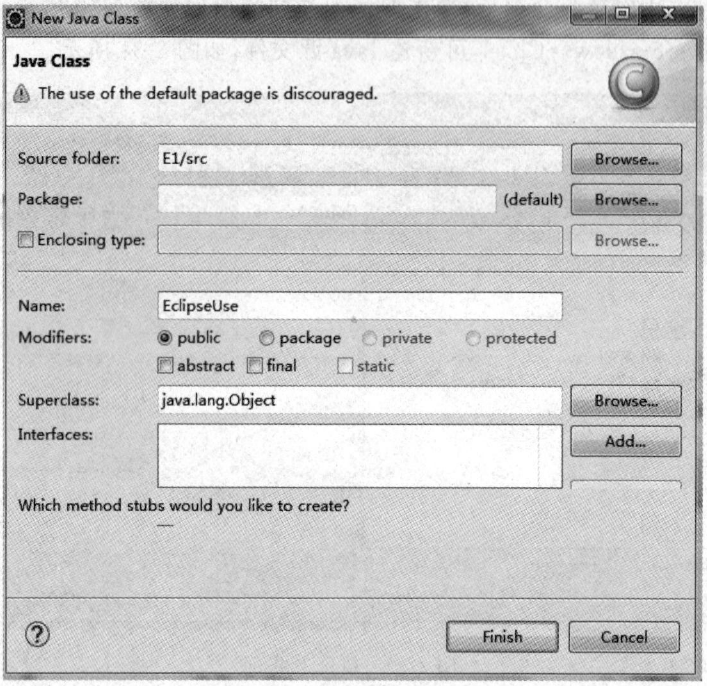

New Java Class
Java Class
The use of the default package is discouraged.
Source folder:
E1/src
Browse...
Package:
(default)
Browse...
Enclosing type:
Browse...
Name:
EclipseUse
Modifiers:
public
package
private
protected
abstract
final
static
Superclass:
java.lang.Object
Browse...
Interfaces:
Add...
Which method stubs would you like to create?
Finish
Cancel

图 2-32　对类命名

```
    System.out.println("Eclipse 工具的使用!");
}
```

Java - E1/src/EclipseUse.java - Eclipse
File
Edit
Source
Refactor
Navigate
Search
Project
Run
Window
Help
Quick Access
Java EE
Java
Package Explorer
E1
src
(default package)
EclipseUse.java
JRE System Library [JavaSE-1.8]
EclipseUse.java
public class EclipseUse {
}
Problems
Javadoc
Declaration
0 items
Writable
Smart Insert
3 : 1

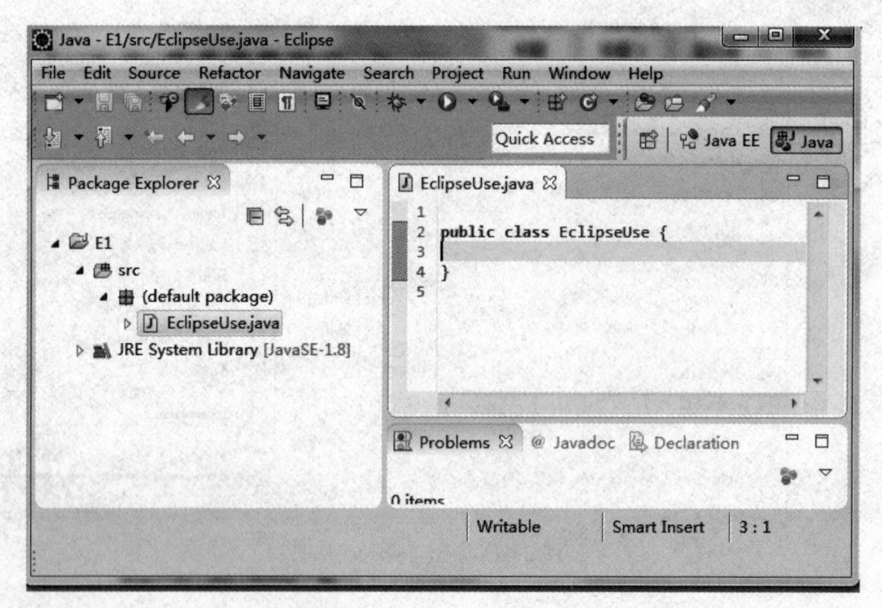

图 2-33　Eclipse 主开发界面

运行该程序,输出结果为“Eclipse 工具的使用!”,如图 2-34 所示。

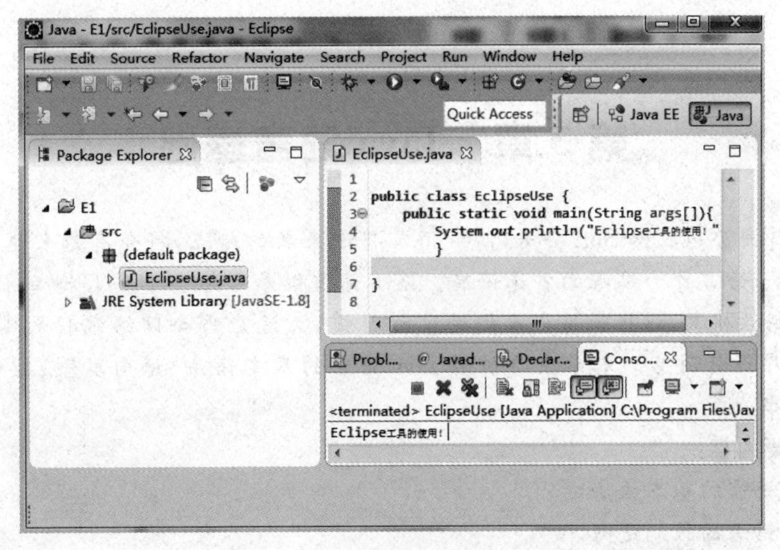

图 2-34　编写程序以及运行结果

2.4　常见问题及解决方案

(1) 在 DOS 命令窗口中无法运行 javac 命令异常。

运行：D:\>javac

异常提示信息：

'javac'不是内部或外部命令，也不是可运行的程序或批处理文件。

解决方案：环境变量 Path 没有配置正确，参考 2.1.2 节重新配置。

(2) 卸载 NetBeans 时出现无法卸载异常。

解决方案：如果系统已安装了 NetBeans，现在想重新安装或者安装其他版本的 NetBeans，卸载的时候可能提示"安装 JDK"等相关信息，主要原因是为在卸载 NetBeans 以前先卸载了 JDK。解决方法是先装 JDK 再卸载 NetBeans。所以在卸载 JDK 以前请先卸载 NetBeans。在安装 NetBeans 以前也要先安装 JDK。

2.5　小　　结

本章主要介绍了常见的 Java 应用程序开发环境及其安装、配置和使用。通过本章的学习，应该掌握常用开发工具的安装、配置和使用，为后续开发奠定了良好基础。本书选择介绍的是比较典型的几种软件，如需了解其他软件可以参考相关书籍或资料。

2.6　习　　题

实验题

1. 安装与配置 JDK、NetBeans、Eclipse。

2. 使用 NetBeans、Eclipse 开发简单的 Java 应用程序。

第3章　Java语言基础

随着甲骨文公司收购Sun公司，Java语言将迎来新的起点，将会有越来越多的软件开发者选择Java语言作为编程的首选语言。Java语言继承和融合了C/C++的优点，并且沿用了其基本语法格式，这样既符合人们的编程习惯，又适应当今网络编程的需要，因而成为主流的程序设计语言。本章主要讲解Java语言的基本语法、语句类型、控制语句以及数组和字符串。

本章主要内容：

- Java语言的基本语法。
- Java语言的控制语句。
- 数组和字符串。

3.1　Java语言的基本语法

Java语言使用国际字符格式标准（Unicode）和浮点数（IEEE 754）。Unicode字符集采用16位编码，其前256个字符与ASCII字符集完全一致。除了数字0～9、英文字母A～Z、a～z、下画线(_)、美元符号($)以及+、-、*、/等ASCII字符之外，Unicode字符集还提供其他语言文字字符，如汉字、希腊文、法文等。

在开发全球使用的软件产品时（国际化），如果使用了不一致的字符编码（即与字符关联的不一致的数字值），将会产生非常严重的问题，因为计算机是使用数字来处理信息的。例如，字符a被转换为数字值，计算机对这个数字进行处理。许多国家和公司开发了各自的编码系统，但互不兼容。例如，值0XC0在微软公司的Windows操作系统中表示"带重音记号的A"，而这个值在Apple Macintosh操作系统中表示的是"颠倒的问号"。这会导致数据的错误解释，甚至可能造成数据毁坏。

如果没有统一的字符编码标准，要开发全球通用的软件，开发人员就必须在软件发布之前进行大量的本地化工作，其中包括语言翻译和内容调整。

Unicode标准（Unicode Standard）正是为了解决这一问题而创建的，它是一个编码标准，有助于软件的开发和发布。Unicode标准规定了世界字符和符号的一致编码规则。采用Unicode标准编码的软件产品仍需要进行本地化，但是其过程更简单有效，因为不需要转换数字值，并且字符编码是统一的。

3.1.1　标识符

Java标识符（identifier）是以字母开头的字母数字序列。标识符是用户定义的单词，用于标识变量、常量、类、方法、对象和文件等。只要编写程序，就不可避免地要使用标识符。

标识符的命名规则如下。

(1)"字母"和"数字"具有宽泛含义。字母通常指大小写英文字母、下画线(_)、美元符

(＄)等,也可以是 Unicode 字符集中的其他语言字符,如汉字等。数字通常指 0～9。

(2) 标识符可以是字母、数字等字符的任意组合,除此之外,不能包含其他字符(如＋、－及空格等)。

(3) 标识符区分字母大小写,或者说标识符是大小写敏感的。

(4) 标识符不能使用 Java 中的关键字。

(5) 标识符长度不受限制。

符合上述规则的标识符都是正确的 Java 标识符。正确的标识符举例如下：

```
String name;
int age;
double salary;
public class Salary{}
String 性别,籍贯,爱好;
```

而以下则是错误的标识符：

```
int 2x;                //不能以数字开头
double my salary;      //标识符中不能有空格
String x+y;            //+既不是 Java 中的字母,也不是 Java 中的数字,不能使用
String test1-2-3;      //-既不是 Java 中的字母,也不是 Java 中的数字,不能使用
String class;          //标识符不能用作关键字
String Java&JSP;       //& 既不是 Java 中的字母,也不是 Java 中的数字,不能使用
```

在 Java 语言规范中,有些标识符虽然正确,但是不提倡使用,应该规范化书写。因为不规范的命名习惯会大大降低代码的可读性。

在 Java 规范中约定：关键字、变量名、对象名、方法名和包名通常将全部字母小写;如果由多个单词构成标识符,则第一个单词的首字母小写,其后的单词首字母大写,如 toString;类名首字母大写,如 FirstJava;常量名全部字母均大写,如 BOOK。

3.1.2 关键字

关键字(Keyword)是 Java 语言保留的具有特定含义的英文单词。每一个关键字都有一种特定含义,不能被赋予别的含义,也不能把关键字作为标识符来使用。Java 中的关键字及其含义如表 3-1 所示。

表 3-1 Java 关键字及其含义

关键字	含　义
abstract	用于声明类或者方法的抽象属性
boolean	数据类型关键字,布尔类型
break	控制转移关键字,提前跳出一个块
byte	数据类型关键字,字节类型
case	用在选择/条件语句 switch 中,表明其中的一个分支
catch	用在异常处理中的关键字,用来处理异常

续表

关键字	含　义
char	数据类型关键字,字符类型
class	用于声明类的关键字
continue	控制转移关键字,用于回到一个块的开始处
default	默认值,例如,用在 switch 语句中,表明一个默认的分支
do	循环语句关键字,用在 do-while 循环结构中
double	数据类型关键字,双精度浮点数类型
else	用在选择/条件语句 if 中,表明当条件不成立时的分支
enum	枚举类型关键字
extends	声明一个类继承另外一个类,该类是另外一个类的子类
final	用来声明最终属性,表明一个类不能派生出子类,或者方法不能被覆盖,或者变量的值不能被更改
finally	用于处理异常情况,用来声明一个肯定会被执行到的语句块
float	数据类型关键字,单精度浮点数类型
for	一种循环结构的关键字
if	选择/条件语句的关键字
implements	声明一个类用于实现接口
import	导入需要使用的指定类或包
instanceof	用来测试一个对象是否是指定类型的实例对象
int	数据类型关键字,整数类型
interface	声明一个接口
long	数据类型关键字,长整数类型
new	用来创建实例对象
package	用来创建一个包
private	私有访问权限
protected	受保护的访问权限
public	公有访问权限
return	从成员方法中返回数据
short	数据类型关键字,短整数类型
static	声明静态属性
super	调用当前对象父类的内容
switch	分支结构语句的关键字
synchronized	表明代码需要同步执行

续表

关键字	含　义
this	指向当前实例对象
throw	抛出异常
throws	定义成员方法被调用时可能抛出的异常
try	可能抛出异常的程序块
void	无返回值
while	循环控制语句

读者在学完本书后，就能够掌握上述关键字的用途。

3.1.3 分隔符

为便于阅读，程序也需要如同自然语言一样恰当地使用分隔符。这些分隔符不能互相代用，即该用空格的地方只能用空格，该用逗号的地方只能用逗号。圆括号、大括号、中括号、空格、逗号和分号等称为分隔符，Java 规定任意两个相邻标识符、数字、关键字或两个语句之间必须至少有一个分隔符，以便编译程序时能识别。

常用的分隔符如下。

(1) 圆括号“()”：在方法声明和调用时可以包括一组参数；在控制语句或者强制类型转换中用于数据的执行和数据类型的转换。

(2) 大括号“{}”：在类、方法体、语句块以及初始化数组中的值声明时使用。

(3) 中括号“[]”：在声明数组以及在访问数组元素中使用。

(4) 空格“ ”：在源代码中用空格符改善源代码的书写形式，可以分割相邻的两个语法符号，使程序易读，空格符号可以是空格、Tab 制表符、回车符和换行符等。

(5) 逗号“,”：在同时声明的多个变量或在方法中的参数之间等可以使用。

(6) 分号“;”：在语句结束以及 for 控制语句中等可以使用。

(7) 句号“.”：在调用方法和变量中可以使用。

【例 3-1】 分隔符的使用(Separator.java)

```
/*
    功能简介：本程序演示分隔符的使用。首先声明一个数组，然后通过 for 语句把数组的值取出
    并相加，最后输出计算结果。
 */
public class Separator
{
    public static void main(String args[]){
        //声明整型变量 i 和 sum 并初始化
        int i,sum=0;
        //声明整型数组 a 并初始化
        int a[]={1,2,3,4,5};
        //控制语句实现数组遍历
        for(i=0;i<a.length;i++)
```

```
        {
            //遍历数组并计算结果
            sum+=a[i];
        }//for 结束
        System.out.println(sum);
    }//main()方法结束
}//类 Separator 结束
```

3.1.4 数据类型

程序在执行的过程中需要调用数据进行运算，同时也需要存储数据。获取的数据可能是从键盘输入，也可能是从文件中取出，甚至是从网络上得到。在程序的执行过程中，数据存储在内存中，便于程序的使用。

数据是描述客观事物的数字、字符以及所有能输入到计算机中并能被计算机接收的各种符号集合。数据是计算机程序的处理对象的状态。

类型是具有相同逻辑意义的一组值的集合。数据类型是指一个类型和定义在这个类型上的操作集合。数据类型定义了数据的性质、取值范围以及对数据所能进行的运算和操作。

程序中的每一个数据都属于一种数据类型。决定了数据的类型也就相应决定了数据的性质以及对数据进行的操作，同时数据也受到类型的保护，确保对数据不进行非法操作。

Java 语言中的数据类型分为两大类：基本数据类型和引用数据类型，如图 3-1 所示。

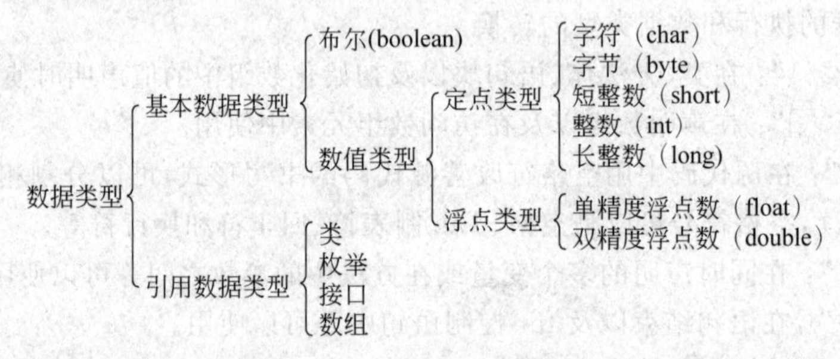

图 3-1 Java 语言中的数据类型

1. 布尔类型

布尔类型(boolean)又称为逻辑类型，只有两个取值 true(真)和 false(假)，它们全是小写，计算机内部用 8 个二进制位来表示。Java 语言不允许数值类型和布尔类型之间进行转换。而在 C/C++ 中，允许用数值表示，如用 0 表示 false，非 0 表示 true。Java 语言中不允许这样做。

所有关系运算(如 a＜b)的结果值都是布尔类型的。布尔类型也用于流程控制语句中的条件表达式，如 if、for 和 while 等语句中。

2. 整数类型

整数类型是具有固定上、下界的整数，包括正整数、零和负整数，与数学中的整数概念并不完全一样。Java 语言根据数据在内存中占用的位数不同提供了 4 种整数类型，分别是 byte、short、int 和 long，它们的位数递增，表示数的范围也越来越大。Java 的整数类型如表 3-2 所示。

表 3-2 Java 整数类型

整数类型	长度/b	字节数/B	取值范围
byte	8	1	－128～127
short	16	2	－32 768～32 767
int	32	4	－2 147 483 648～2 147 483 647
long	64	8	－9 223 372 036 854 775 808～9 223 372 036 854 775 807

整数型常量有 3 种表示形式。

(1) 十进制整数。如 56、－24、0。

(2) 八进制整数。以 0 开头的数是八进制整数，如 017。

(3) 十六进制整数。以 0x 开头的数是十六进制整数，如 0x17、0x0、0xf、0xD。十六进制整数可以包含数字 0～9、字母 a～f 或 A～F。

3. 浮点类型

浮点类型是包含有小数部分的数值。Java 中的浮点类型按其取值范围的不同可区分为 float(单精度)和 double(双精度)两种，如表 3-3 所示。

表 3-3 Java 浮点类型

浮点类型	长度/b	字节数/B	取值范围
float	32	4	－3.402 823 47E＋38F～3.402 823 47E＋38F
double	64	8	－1.797 693 134 862 315 7E＋308～1.797 693 134 862 315 7E＋308

Java 用浮点数类型表示数学中的实数，一个浮点数值包括整数部分和小数部分。浮点数有两种表示方式。

(1) 标准记数法。由整数部分、小数点和小数部分构成，如 1.0、123.45 等。

(2) 科学记数法。由十进制整数、小数点、小数和指数部分构成，指数部分由字母 E 或 e 跟上带正负号的整数表示。

在浮点型常量后加上 f 或 F 表示单精度，如 2.11f、3e3F、2.6f、2.6F。在浮点型常量后不加任何字符或加 d 或 D 表示双精度，如 2.11、2.3e3、2.3e3d、2.3e3D、2.6、2.6d、2.6D。

4. 字符类型

字符类型(char)数据是由一对单引号('')括起来的单个字符，该字符是 16 位的 Unicode 码。

用单引号括起来的单个字符称为字符常量，字符常量有两种表示法。

(1) 用单引号将 ASCII 字符括起来的值，如'A'、'a'、'V'等。

(2) 用 Unicode 值表示。

另外，用"\"开头，后面跟一个字母表示某个特定的控制符，这就是 ASCII 控制符，常称为转义字符。Java 中的转义字符如表 3-4 所示。

表 3-4 转义字符

转义字符	含义	转义字符	含义
\'	单引号	\b	退格
\"	双引号	\t	制表符

续表

转义字符	含义	转义字符	含义
\r	回车符	\\	反斜杠
\n	换行符		

char 类型在 Java 语言中不常用，一般使用字符串类型。字符串数据类型是用一对双引号括起来的字符序列，字符串数据由 String 类实现。

【例 3-2】 转义字符的使用(转义字符.java)

```
/*
    功能简介：表 3-4 中转义字符的使用。
 */
public class 转义字符
{
    public static void main(String args[]){
        System.out.println( "\"中国\n 欢迎\n 你!\t\"" );
    }
}
```

5. 类型转换

Java 程序中的类型转换可分为隐式类型转换和显式类型转换两种形式。

1）隐式类型转换

对于由二元运算中的算术运算符组成的表达式，一般要求运算符两边的两个操作数的类型一致，如果两者的类型不一致，则系统会自动转换为较高(即取值范围较大)的类型，这便是隐式数据类型转换。有关运算符和表达式请参考 3.1.6 节。

2）显式类型转换

隐式类型转换只能由较低类型向较高类型转换，但是在实际工作中，有时也可能需要由较高类型向较低类型转换。例如，在计算数值时为了保证其精度，为某些变量取了较高的数据类型(如 double 型)，但在输出时，往往只需要保留两三位小数或者只输出整数，这时只能进行显式类型转换。显式类型转换需要人为地在表达式前面指明所需要转换的类型，系统将按这一要求把某种类型强制性地转换为指定的类型。格式如下：

(<类型名>)<表达式>

基本数据类型之间的相互转换规则如表 3-5 所示。

表 3-5 基本数据类型之间的转换

	char ch;	byte b;	short s;	int i;	long k;	float f;	double d;
char ch;		ch=(char)b;	ch=(char)s;	ch=(char)i;	ch=(char)k;	ch=(char)f;	ch=(char)d;
byte b;	b=(byte)ch;		b=(byte)s;	b=(byte)i;	b=(byte)k;	b=(byte)f;	b=(byte)d
short s;	s=(short)ch;	s=b;		s=(short)i;	s=(short)k;	s=(short)f;	s=(short)d;
int i;	i=ch;	i=b;	i=s;		i=(int)k;	i=(int)f;	i=(int)d;
long k;	k=ch;	k=b;	k=s;	k=i;		k=(long)f;	k=(long)d;
float f;	f=ch;	f=b;	f=s;	f=i;	f=k;		f=(float)d;
double d;	d=ch;	d=b;	d=s;	d=i;	d=k;	d=f;	

【例 3-3】 类型转换的使用(类型转换.java)

```
/*
    功能简介：使用类型转换将数据类型进行转换。
 */
public class 类型转换
{
    public static void main(String args[]){
        int x=100;
        //隐式类型转换
        long y=x;
        System.out.println("类型转换：整型"+x+"转换为长整型"+y);
        double d=1212;
        //显式类型转换,强制类型转换
        int a=(int)d;
        System.out.println("类型转换：double类型"+d+"转换为 int类型"+a);
    }
}
```

3.1.5 常量和变量

任何一种程序设计语言都要使用和处理数据,而数据又可以区分为不同的类型。Java 语言中提供常量和变量来存储数据。

常量是指在程序的整个运行过程中其值始终保持不变的量。在 Java 语言中,常量有两种形式：一种是以数字形式直接给出值的常量;另一种则是以关键字 final 定义的标识符常量。不论哪种形式的常量,一旦声明,在程序的整个运行过程中其值始终不会改变。

变量是在程序的运行过程中其值可以被改变的量。变量除了区分为不同的数据类型外,更重要的是每个变量还具有变量名和变量值两重含义。变量名是用户自己定义的标识符。通过指明变量所属的数据类型,将相关的操作封装在数据类型中。

1. 常量

常量是在程序执行中其值不能被改变的量。

1) 直接常量和符号常量

常量有两种形式：直接常量和符号常量。

直接常量是指在程序中直接引用的常量,包括数值型常量和非数值型常量。其中,数值型常量称为常数,包括整数和浮点数,如 10、-10.16 等;非数值型常量有字符常量、字符串常量和布尔常量,如'X'、"abc"、true 等。

符号常量是以标识符形式出现的常量,符号常量必须先声明后使用。声明符号常量可以提高程序的可读性,使程序易于修改。

2) 常量声明

常量声明形式与变量声明形式基本一样,需要使用关键字 final。

格式如下：

```
[修饰符] final 数据类型 常量标识符[=常量值];
```

修饰符：用于定义常量的属性，如 public、默认值等。

final：用于声明变量的值不能被改变，即声明常量。

数据类型：声明常量的数据类型。

例如：

```
public final int MAX=10;
final float PI=3.14f;
```

Java 语言约定常量标识符全部用大写字母表示。标识符一旦被声明为常量，就不能再做他用。声明常量的好处有两点：一是增加可读性，从常量名可知常量的含义；二是增强可维护性，只要在常量声明处修改常量值，即可改变程序中多处使用的同一常量值。

2. 变量

Java 中的变量具有 4 个基本属性：变量名、数据类型、存储单元和变量值。变量名是变量的名称，用合法的标识符表示；数据类型可以是基本数据类型和引用类型；每个数据都有一个存储单元，大小由数据类型决定；变量值是指在变量存储单元中存放的值。

Java 是强类型语言，必须对数据先声明后使用。变量也是这样，必须先声明后使用。变量可以在声明时初始化，也可以在使用时进行赋值或者调用时传参数。变量声明的格式如下：

[修饰符] 类型 变量标识符 [=初始化表达式]；

例如：

```
public String str1="姓名";
private String str2;
int x,y,z=10;
double a,b,c=5.5;
```

【例 3-4】 变量声明(VariableDeclaration.java)

```
/*
    功能简介：声明一些变量并初始化值，然后输出这些值。
*/
public class VariableDeclaration
{
    public static void main(String args[]){
        boolean b=true;
        byte b1=1;
        short s=2;
        int i=3;
        long l=4;
        float f=1.11f;
        double d=2.222d;
        char c='x';
        String s1="我爱学习 Java 课程!";
        System.out.println("b="+b);
```

```
        System.out.println("b1="+b1);
        System.out.println("s="+s);
        System.out.println("i="+i);
        System.out.println("l="+l);
        System.out.println("f="+f);
        System.out.println("d="+d);
        System.out.println("c="+c);
        System.out.println("s1="+s1);
    }
}
```

3.1.6 运算符与表达式

程序中对数据的操作实际上是指对数据的运算。表示运算类型的符号称为运算符，参与运算的数据称为操作数。运算符把操作数按Java语法规则连接起来组成表达式。运算符和表达式构成了程序中完成各种运算任务的语句，是程序设计的基础。

1. 运算符

Java提供了多种运算符。按参与运算的操作数的数目可分为一元运算符、二元运算符和三元运算符。按照运算符的功能可分为算术运算符、关系运算符、布尔逻辑运算符、位运算符以及赋值、条件、实例等其他运算符。

1）算术运算符

算术运算符包括＋、－、*、/、＋＋、－－和％，使用整型、字符或浮点型操作数。其中＋和－分别具有正和负、加和减两种不同含义，并根据不同含义分别属于一元或二元运算符。其他算术运算符都是二元运算符。

对于除法运算（/），若操作数均为整数，结果也为整数；若有浮点数参与运算，结果为浮点数。例如，3/6的结果为0，3.0/6的结果为0.5。

取模运算（％）可用于整型或浮点型操作数，运算结果的符号与第一个操作数的符号相同。例如：

```
10%-3;     //结果为1
-10%3;     //结果为-1
```

自增运算符（＋＋）和自减运算符（－－）是一元运算符，分别用于实现将变量的值增1和减1，要求操作数必须是整型或字符型变量。自增、自减运算符的前置运算是先实施自增、自减运算，再使用自增、自减后的操作数的值；后置运算是先使用操作数的值，再对操作数实施自增、自减运算。例如：

```
int x=2;              //定义变量x,并赋初值为2
int y=x++;            //定义变量y,先用x的值给y赋值,再令x增1
                      //最后y、x的值分别为2、3
int z=--x;            //定义变量z,先令x减1,再用x的值给z赋值
                      //最后z、x的值均为2
```

Java对加运算进行了扩展，使它能够进行字符串的连接，如"abc"＋"de"，可得到字符

串"abcde"。

算术运算符的优先级顺序为++、--最高,然后是*、/、%,最后是+、-。同级运算按从左到右的顺序进行。

2) 关系运算符

关系运算符包括<、<=、>、>=、==和!=,用于比较两个值,返回布尔类型的值true或false。关系运算符都是二元运算符,常与布尔逻辑运算符一起表示流程控制语句的判断条件。

在Java语言中,任何数据类型的数据(包括基本类型和引用类型)都可以通过==或!=来比较是否相等。对于基本类型,比较的是其值是否相等;对于引用类型,比较的是其名称是否参考至同一对象,即比较其是否指向同一个内存地址,而不是比较其内容。

一般建议不要直接比较两个浮点数是否相等,因为float和double类型不能精确表示浮点数。例如:

```
(3.6/3)==1.2   //结果为 false,不是 true
```

要比较两个浮点数f1、f2是否相等,常用的方法是判断它们之间的差值是否小到可以忽略,即

```
Math.abs(f1-f2)<e  //Math.abs 是 Java 中的取绝对值方法
```

或

```
((f2-e)<f1)&&(f1<(f2+e))
```

其中,e可以是一个大于0且适当小的浮点数,具体大小与相关的实际应用紧密相关,一般取为10^{-5},若要求更高的精度,可取为10^{-8}。

关系运算符的优先级低于算术运算符。

3) 布尔逻辑运算符

布尔逻辑运算符包括&、|、!、^、&&和||,用于对布尔类型数据进行与、或、非、异或等运算,运算结果仍然是布尔类型。其中!(逻辑非)是一元运算符,^(异或)及其他运算符都是二元运算符。

布尔逻辑运算所有可能的输入输出结果如表3-6所示,表中OP1、OP2表示两个布尔类型操作数。

表3-6 布尔逻辑运算真值表

OP1	OP2	OP1&&OP2	OP1||OP2	OP1^OP2	!OP1
		OP1&OP2	OP1|OP2		
false	false	false	false	false	true
false	true	false	true	true	true
true	false	false	true	true	false
true	true	true	true	false	false

在表3-6中,&&和||分别是条件与、条件或运算符,&和|分别是逻辑与、逻辑或运算符。据表3-6可知,条件与(&&)和逻辑与(&)的布尔运算值相同,条件或(||)和逻辑或

(|)的布尔运算值相同,但其运算过程不同。条件与、条件或运算遵循短路原则,即运算时从左往右依次判断,一旦能够确定整个表达式的结果,就立即中止运算。例如,若已知变量 a 的值为 2 时:

```
(1>2)&&(a=1)     //结果为 false,a 的值为 2
(1<2)||(a=1)     //结果为 true,a 的值为 2
```

因为两个操作数中只要有一个为 false,&& 运算的结果就是 false;两个操作数都为 true,&& 运算的结果就是 true。由于 1＞2 值为 false,此时不必考虑操作数 a=1 的值就可知 && 运算结果为 false,即不再计算第二个操作数,没有执行赋值运算,a 仍保持原值。同理,由 1＜2 值为 true 即知||运算结果为 true,也不必计算 a=1。

而逻辑与、逻辑或运算不遵循短路原则,无论第一个操作数的计算结果是什么,其余的操作数都会被计算。例如:

```
(1>2)&(a=1)      //结果为 false,a 的值为 1
(1<2)|(a=1)      //结果为 true,a 的值为 1
```

此时,第二个操作数也被计算,执行了赋值运算,a 的值改变为新值 1。

异或(^)运算的特点是"异真同假",即两个操作数的值均为 true 或 false 时,运算结果为 false;两个操作数的值不同时,运算结果为 true。

4) 位运算符

位运算符包括 &、|、～、^、＞＞、＞＞＞和＜＜,用于对二进制位进行操作,操作数只能是整型数据或字符型数据。除～(取反)是一元运算符外,其余位运算符均为二元运算符。

位运算 &、|、～、^所有可能的输入输出结果如表 3-7 所示,表中 OP1、OP2 表示两个参与运算的二进制位。

表 3-7 位运算真值表

OP1	OP2	～OP1	OP1&OP2	OP1|OP2	OP1^OP2
0	0	1	0	0	0
0	1	1	0	1	1
1	0	0	0	1	1
1	1	0	1	1	0

在表 3-7 中,异或(^)运算也遵循"异真同假"原则,即两个操作数的值均为 1 或 0 时,运算结果为 0;两个操作数的值不同时,运算结果为 1。

＜＜(左移位)运算可以将一个二进制数的各位左移若干位,高位溢出丢弃,低位补 0。

＞＞(带符号右移位)运算可以将一个二进制数的各位右移若干位,低位移出丢弃,高位补符号位,即正数的高位补 0,负数的高位补 1。

＞＞＞(不带符号右移位)运算也可以将一个二进制数的各位右移若干位,低位移出丢弃,但高位补 0。

执行位运算时要特别注意的是,整型和字符型操作数在计算机内部是以补码形式表示的。例如:

```
~5               //运算结果为-6,实际上是~00000101,结果为 11111010
```

```
5^6           //运算结果为 3,实际上是 00000101^00000110,结果为 00000011
-3<<2         //运算结果为-12,实际上是 11111101 左移 2 位,结果为 11110100
-3>>2         //运算结果为-1,实际上是 11111101 右移 2 位
              //高位补符号位,结果为 11111111
-3>>>30       //运算结果为 3,实际上是 11111111111111111111111111111101 右移 4 位
              //高位补 0,结果为 00000000000000000000000000001111
```

Java 规定,逻辑右移运算符(>>>)的操作数只能是 int 和 long 型。

5) 赋值运算符

赋值运算符包括=和复合赋值运算符,如算术复合赋值运算符+=、-=、*=、/=、%=,位复合赋值运算符<<=、>>=、>>>=、&=、|=和^=等。赋值运算(=)将赋值号右边表达式的值送给左边的变量;复合赋值运算符用赋值号左边的变量与右边的表达式作为操作数执行相应运算,并将运算结果送给赋值号左边的变量。例如:

```
i+=1;         //等价于 i=i+1;
```

变量 i 既是参与+运算的操作数之一,也是存储运算结果的变量。

6) 条件运算符

条件运算符(?:)是三元运算符。例如:

```
x?y:z
```

其计算过程是:先计算 x 的值;若 x 的值为 true,则该条件运算的结果为 y 的值,否则该条件运算的结果为 z 的值。在条件运算中要求 y 与 z 的值具有相同的数据类型。例如:

```
y=x>0?1:-1;   //若 x 的值大于 0,则 y=1,否则 y=-1。
```

可以结合等价的 if-else 语句理解条件运算符。

7) 实例运算符

实例运算符(instanceof)是一元运算符,用于判断一个指定对象是否是一个指定类(或它的子类)的实例。例如:

```
obj instanceof MyClass
```

其中 obj 是一个对象,MyClass 是一个类,若 obj 是 MyClass 创建的对象,则运算结果是 true,否则是 false。

2. 表达式

表达式是语句中最常见的组成元素之一。本质上,表达式描述运算规则并按规则执行运算,运算得到的结果值称为表达式的值,该值的类型即为表达式的类型。

Java 的表达式就是用 Java 运算符将操作数连接起来的符合 Java 语法规则的式子。操作数可以是常量、变量或方法调用。运算符的优先级决定了表达式中多个运算执行的先后顺序,优先级高的先运算,优先级低的后运算,优先级相同的则由运算符的结合性确定其计算顺序。

运算符的结合性决定了同一优先级的多个运算符的运算顺序,包括左结合(从左向右)和右结合(从右向左)。一元运算符-、~和!等都是右结合的,即操作数在运算符的右边。自增、自减运算符++和--根据其前置运算和后置运算的特点表现出两种结合性。除了

赋值运算符，其他二元运算符的结合形式都是从左向右的。

例如，加(+)、减(-)的结合性是从左到右，表达式 8-5+3 相当于(8-5)+3。逻辑非运算符!的结合性是从右到左，表达式!!x 相当于!(!x)。

可以用圆括号改变表达式中运算符的运算次序，圆括号中的表达式称为子表达式。子表达式也可以作为操作数，即表达式可以嵌套，表现为圆括号的嵌套。编写程序时可尽量使用圆括号来实现预期的运算顺序，以增加程序中表达式的可读性。

Java 中所有运算符的优先级和结合性如表 3-8 所示。其中有些运算符本书没有介绍，可参考相关书籍。

表 3-8　Java 运算符的优先级和结合性

<table>
<tr><th>优先级</th><th>分类</th><th>运算符</th><th>结合性</th><th>描　述</th></tr>
<tr><td rowspan="2">1(高)</td><td>二元</td><td>.　[]　()</td><td rowspan="2">左结合</td><td>成员、括号</td></tr>
<tr><td rowspan="3">一元</td><td>++　--</td><td>后置自增、后置自减</td></tr>
<tr><td rowspan="2">2</td><td>++　--　-　~　!</td><td rowspan="2">右结合</td><td>前置自增、前置自减、取负、取反</td></tr>
<tr><td>new</td><td>内存分配</td></tr>
<tr><td>3</td><td rowspan="10">二元</td><td>*　/　%</td><td rowspan="10">左结合</td><td>乘、除</td></tr>
<tr><td>4</td><td>+　-</td><td>加、减</td></tr>
<tr><td>5</td><td><<　>>　>>></td><td>移位</td></tr>
<tr><td>6</td><td><　>　<=　>=　instanceof</td><td>关系、实例</td></tr>
<tr><td>7</td><td>==　!=</td><td>关系</td></tr>
<tr><td>8</td><td>&</td><td rowspan="5">逻辑</td></tr>
<tr><td>9</td><td>^</td></tr>
<tr><td>10</td><td>|</td></tr>
<tr><td>11</td><td>&&</td></tr>
<tr><td>12</td><td>||</td></tr>
<tr><td>13</td><td>三元</td><td>?:</td><td rowspan="2">右结合</td><td>条件</td></tr>
<tr><td>14</td><td>二元</td><td>=　+=　-=　*=　/=　%=　&=
^=　|=　<<=　>>=　>>>=</td><td>赋值</td></tr>
<tr><td>15(低)</td><td>二元</td><td>,</td><td>左结合</td><td>逗号</td></tr>
</table>

3.2　控制语句

任何计算问题都可以通过按照具体顺序执行一系列动作得到解决。根据要执行的动作和这些动作执行的次序来解决问题的过程称为算法。

在算法语言中，数据类型描述数据的性质，表达式描述对数据的运算，而语句描述对数据的操作。程序由一系列语句组成。

控制语句提供对程序执行中流程的控制，是程序的核心。Java 语言提供各种语句来实现程序的流程控制。Java 语言语句分类如图 3-2 所示。

3.2.1 顺序语句

顺序结构是 Java 的基本结构。除非给出命令，否则计算机就会按照语句的先后次序一条接一条地执行，中间没有判断和跳转，直到程序结束，即按顺序执行，如图 3-3 所示。顺序结构语句包括表达式语句、空语句和复合语句。

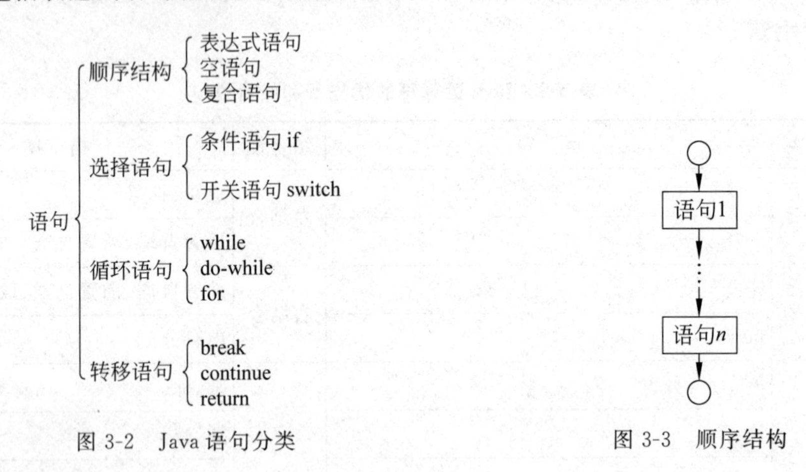

图 3-2 Java 语句分类

图 3-3 顺序结构

1. 表达式语句

某些表达式在其后面加上分号即可构成表达式语句，如自增和自减运算、赋值、类实例化以及方法调用等都是表达式语句。例如：

```
i++;
i--;
x=10 ;
sum=sum+1;
new JFrame();              //实例化对象
this.setVisible(true); //方法调用
```

2. 空语句

空语句仅包含一个分号，不执行任何操作。空语句用于程序中某个语法上要求应该有一条语句而实际上不需要处理数据的情况。例如：

```
for(int i=0;i<10;i++);
```

该 for 循环体只有“;”，表示该循环体只包含一条空语句，该循环体被执行 10 次，但是不作任何处理。

再例如：

```
int x=6; ;
```

两个连续分号不会产生语法错误，第二个分号是空语句。

又例如：

```
if(a>b){
        ;                    //条件为真,执行空语句
}
else{
        ⋮                    //条件为假,执行本部分
}
```

3. 复合语句

复合语句又称为代码块语句,是由一对大括号"{}"括起来的语句,中间可以有多个变量或语句。其语法格式如下:

```
{
    [变量声明或常量声明];
    语句序列;
}
```

例如:

```
{
    int i=5;
    int a;
    a=i;
    System.out.print(a);
}
```

3.2.2 选择语句

选择语句又称为条件语句,通过判定条件的真假来决定执行某个分支语句。选择语句提供控制机制,能够在程序的执行过程中跳过某些语句(即这些语句不执行),转去执行特定的语句。Java 的选择语句有两种:if 语句和 switch 分支语句。

1. if 语句

if 语句基本的语法格式如下:

```
if (布尔表达式)
{
    语句 1;
}
[else{
    语句 2;
}]
```

其中,if 和 else 是关键字。if 语句根据布尔表达式值来控制程序流程,当布尔表达式值为 true 时,执行语句 1;否则执行 else 中的语句 2。布尔表达式必须是布尔类型。语句 1 和语句 2 可以是单独语句,也可以是复合语句。如果是单独语句就可以省略{},是复合语句则不能省略{}。else 子句是可选项,当语句 2 为空语句时,else 可省略。if 语句的执行流程如图 3-4 所示。

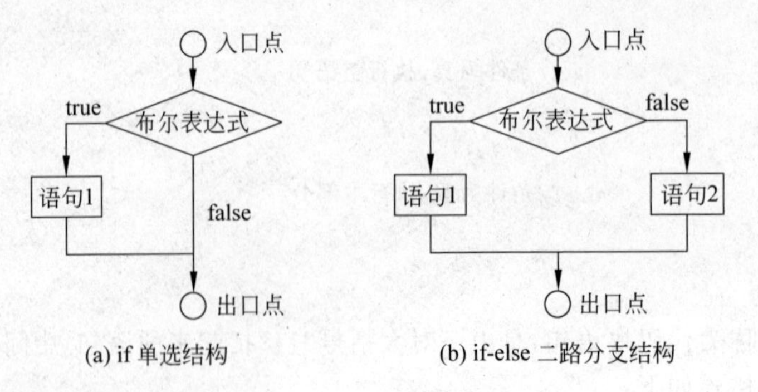

图 3-4　if 语句结构

【例 3-5】 判断 3 个数中的最大值和最小值(MaxMin.java)

```
/*
    功能简介:使用 if-else 语句以及三元运算符,求 3 个数中的最大值和最小值,并输出结果。
*/
public class MaxMin
{
    public static void main(String args[]){
        int max,min;           //max 保存最大值,min 保存最小值
        int x=7,y=9,z=5;
        if(x>y)
            max=x;
        else
            max=y;
        if(z>max)
            max=z;
        System.out.println("最大值是: "+max);
        min=x<y?x:y;
        min=z<min?z:min;
        System.out.println("最小值是: "+min);
    }
}
```

有时复杂的判断靠单个 if 语句不能实现,需要多个 if 语句进行嵌套。下面举几个例子来对 if 语句嵌套进行练习。

【例 3-6】 if 语句嵌套(StatementNestedSeason.java)

```
/*
    功能简介:通过 if 语句的嵌套使用来判断某个月属于哪个季节。
*/
public class StatementNestedSeason
{
    public static void main(String args[]){
        String season;                    //声明一个变量,用于表示季节
        int month=5;                      //具体的一个月份
```

```
        if(month==3||month==4||month==5)
            season="春季";
        else if(month==6||month==7||month==8)
            season="夏季";
        else if(month==9||month==10||month==11)
            season="秋季";
        else if(month==12||month==1||month==2)
            season="冬季";
        else
            season="对不起,你选择的月份不是1月~12月,不在一年四季中";
        System.out.println(season);
    }
}
```

【例 3-7】 if 语句嵌套(StatementNestedScore.java)

```
/*
    功能简介:if语句嵌套的使用,用于判断考试等级,分数是100分制,判断等级标准为优秀(大
    于等于90分)、良好(大于等于80分,小于90分)、中等(大于等于70分,小于80分)、及格(大
    于等于60分,小于70分)和不及格(小于60分)。本程序可以实现对任意输入的一个float
    类型的100以内的非负数进行成绩等级判断。
*/
import java.util.Scanner;

public class StatementNestedScore
{
    public static void main(String args[]){
        float score;
        Scanner input=new Scanner(System.in);
        System.out.println("请输入成绩: ");
        score=input.nextFloat();     //对象调用方法获取数据
        if(score<90)
            if(score<80)
                if(score<70)
                    if(score<60)
                        System.out.println("你的成绩等级为: 不及格!");
                    else
                        System.out.println("你的成绩等级为: 及格!");
                else
                    System.out.println("你的成绩等级为: 中等!");
            else
                System.out.println("你的成绩等级为: 良好!");
        else
            System.out.println("你的成绩等级为: 优秀!");
    }
}
```

其中，“import java. util. Scanner;”用于导入 JDK 类库提供的 Scanner 类。该类可以获取从键盘输入的数据。“Scanner input = new Scanner(System. in);”是实例化一个对象 input，System. in 是参数。“score = input. nextFloat();”是获取数据并赋值给 score。

2. switch 分支语句

switch 语句基本的语法格式如下：

```
switch (表达式)
{
    case 常量表达式 1: 语句序列 1;
        [break;]
    case 常量表达式 2: 语句序列 2;
        [break;]
    ⋮
    [default: 语句序列;]
}
```

其中，switch、case、break 和 default 是关键字。switch 语句的执行过程是：根据表达式的值按照从上至下的顺序依次与表达式的值进行比较，当表达式的值与 case 后面的常量的值相等时，执行其后的语句序列，直到遇到 break 或 switch 语句执行完。如果没有和表达式的值相等的常量，则执行 default 后面的语句，若没有 default 语句，则不执行。switch 结构如图 3-5 所示。

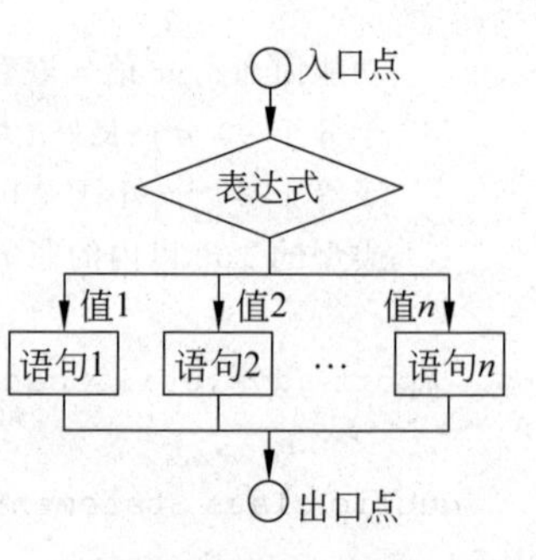

图 3-5　switch 结构

【例 3-8】　switch 语句(SwitchWeek. java)

```
/*
    功能简介：使用 switch 语句判断输入数字是星期几。
*/
import java.util.Scanner;

public class SwitchWeek
{
    public static void main(String args[]){
        Scanner input=new Scanner( System.in );
        System.out.println("请输入 1~7 的整数：");
        int day=input.nextInt();      //对象调用方法获取数据
        switch (day)
        {
            case 7: System.out.println("星期日"); break;
            case 1: System.out.println("星期一"); break;
            case 2: System.out.println("星期二"); break;
            case 3: System.out.println("星期三"); break;
            case 4: System.out.println("星期四"); break;
            case 5: System.out.println("星期五"); break;
            case 6: System.out.println("星期六"); break;
```

```
            default: System.out.println("你输入的日期不在有效范围内!");
        }
    }
}
```

【例 3-9】 将例 3-6 的 if 语句改为 switch 语句(SwitchSeason.java)

```
/*
    功能简介:使用 switch 语句判断某月属于哪个季节。
*/
import java.util.Scanner;

public class SwitchSeason
{
    public static void main(String args[]){
        Scanner input=new Scanner( System.in );
        System.out.println("请输入 1~12 的整数:");
        int month=input.nextInt();   //对象调用方法获取数据
        switch (month)
        {
            case 3:                      //空语句,继续执行下一个 case 语句
            case 4:
            case 5: System.out.println("春季");
                break;
            case 6:
            case 7:
            case 8: System.out.println("夏季");
                break;
            case 9:
            case 10:
            case 11: System.out.println("秋季");
                break;
            case 12:
            case 1:
            case 2: System.out.println("冬季");
                break;
            default: System.out.println("你输入的月份不在有效范围内!");
        }
    }
}
```

3.2.3 循环语句

循环语句可根据循环条件决定是否反复执行循环体。Java 语言中的循环语句有 while 语句、do-while 语句和 for 语句。

1. while 语句

while 语句基本的语法格式如下：

```
while (布尔表达式)
{
    语句;
}
```

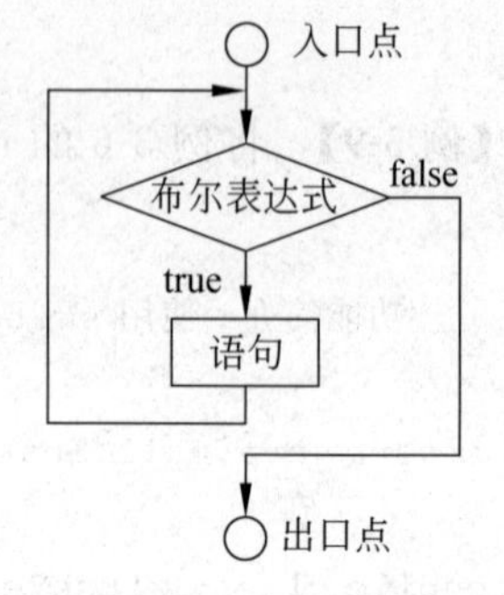

其中，while 是关键字。while 语句先判断后执行。当布尔表达式的值为 true 时，执行语句，语句也可以是用“{}”括起来的代码块；当布尔表达式的值为 false 时，循环结束。while 语句的执行流程如图 3-6 所示。

图 3-6　while 语句的执行流程

【例 3-10】　用 while 语句求 1～10 的和(WhileSum.java)

```
/*
    功能简介：使用 while 语句求 1~10 的和，并输出相加的结果和变量 i 的值。
*/
public class WhileSum
{
    public static void main(String args[]){
        int i=1;
        int n=10;
        int sum=0;
        while(i<=n)
        {
            sum+=i;
            i++;
        }
        System.out.println("1 加到 10 的和是："+sum);
        System.out.println("循环后变量 i 的值是："+i);
    }
}
```

【例 3-11】　用 while 语句求从键盘上输入的任意个数字的和(WhileAnySum.java)

```
/*
    功能简介：用 while 语句求从键盘上输入的任意个 double 类型数字的和。
*/
import java.util.Scanner;

public class WhileAnySum
{
    public static void main(String args[]){
        double x=0;
        double sum=0;
        int i=0;
```

```
        Scanner input=new Scanner( System.in );
        System.out.println ("请输入多个数,每输入一个数后按 Enter、Tab
                            或空格键确认: ");
        System.out.println("输入一个非数字符号结束输入操作!");
        //hasNextDouble()方法判断输入的是否为 double 类型的数据
        while(input.hasNextDouble()){
            x=input.nextDouble();    //获取数据
            sum+=x;
            i++;
        }
        System.out.println("共输入"+i+"个数,其和为: "+sum);
    }
}
```

2. do-while 语句

do-while 语句基本的语法格式如下:

```
do
{
    语句;
} while (布尔表达式);
```

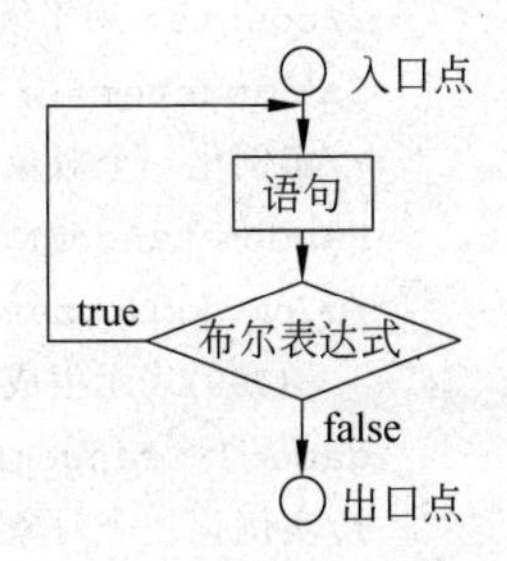

图 3-7　do-while 语句的执行流程

其中,do 和 while 是关键字。先执行 do 中的语句,再判断 while 中的布尔表达式的值,若值为 true 则继续循环,否则循环结束。do-while 语句的执行流程如图 3-7 所示。

【例 3-12】 用 do-while 语句求 1～10 的和(DoWhileSum. java)

```
/*
    功能简介:使用 do-while 语句求 1~10 的和。
*/
public class DoWhileSum
{
    public static void main(String args[]){
        int i=1;
        int n=10;
        int sum=0;
        do{
            sum+=i;
            i++;
        }while(i<=n);
        System.out.println("1~10 的和是: "+sum);
        System.out.println("循环后变量 i 的值是: "+i);
    }
}
```

【例 3-13】 用 do-while 语句做猜数字游戏(GuessingGame.java)

```
/*
    功能简介:用 do-while 语句实现一个猜数字游戏。使用 Random 类随机生成一个 1~100 的
    整数,然后通过 do-while 语句猜该数字是多少。
 */
import java.util.Scanner;
import java.util.Random;

public class GuessingGame
{
    public static void main(String args[]){
        //声明一个变量用于保存 Random 类随机生成的取值范围为 1~100 的整数
        int game;
        //声明一个变量用于保存猜的数字
        int guess;
        //counter 用于统计猜数次数
        int counter=0;
        //实例化一个对象,该对象可以产生随机数
        Random randomNumbers=new Random();
        /* randomNumbers 对象调用 nextInt()方法生成一个随机数;randomNumbers.nextInt
           (100)表示生成 0~99 的任意一个整数,生成过程由 Random 类自动完成 */
        game=1 +randomNumbers.nextInt( 100 );
        //实例化一个对象,用于获取键盘输入的数据
        Scanner input=new Scanner( System.in );
        do{
            System.out.println("请输入你猜的数字(1~100 的整数): ");
            //对象调用方法获取从键盘输入的数据
            guess=input.nextInt();
            counter++;
            if(guess==game)
                break;
            if(guess>game)
                System.out.println("你猜的数字太大!");
            else
                System.out.println("你猜的数字太小!");
        }while(guess!=game);
        System.out.println("恭喜你,你猜了"+counter+"次,你猜对了!");

    }
}
```

【例 3-14】 用 do-while 语句计算利息(Interest.java)

```
/*
    功能简介:使用 do-while 语句进行利息计算。假如在银行账户存入 100 000 元,年利率是
```

```
    3.6%,计算多少年后这笔存款能够连本带息翻一番。
       使用的公式如下:
       a=p(1+r)ⁿ
    其中:
       p是存款额。
       r是年利率(0.036,即 3.6%)。
       n是存款年数。
       a是第 n 年底结算的存款总额。
 */
public class Interest
{
    public static void main(String args[]){
       //声明变量用于保存第 n 年底结算的存款总额
       double amount;
       //声明变量并初始化(利率)
       double rate=0.036;
       //声明变量并初始化最初的存款额
       double principal=100 000.0;
       //声明存款的年限并初始化
       int n=0;
       do{
           /*使用 java.lang.Math 类中的 pow()方法,实现对公式(1+r)ⁿ 的计算。Math 类
              中提供了许多数学方法,如需使用请参考 Java API */
           amount=principal * Math.pow( 1.0 +rate, n);
           n++;
       }while(amount<2*principal);
       System.out.println(n+"年后连本带利翻一番!"+"账户资金为: "+2*principal);
    }
}
```

3. for 语句

for 语句基本的语法格式如下:

```
for (表达式 1; 表达式 2; 表达式 3 )
{
    语句;
}
```

其中,for 是关键字。for 语句将循环控制变量赋初值、循环条件和变量转变状态以表达式形式写在 for 中,3 个表达式之间用分号“;”隔开。表达式 1 给循环变量初始值;表达式 2 给出循环条件,结果为布尔值;表达式 3 给出循环变化的规律,常为自增或自减。

首先执行表达式 1,为循环控制变量赋初值。然后判断表达式 2 是否满足循环条件,当表达式 2 的值为真(true)时,执行循环体,再执行表达式 3 改变循环变量的值,进行下一轮循环;当表达式 2 的值为假(false)时,循环结束,执行 for 语句后面的语句。for 语句的执行

流程,如图 3-8 所示。

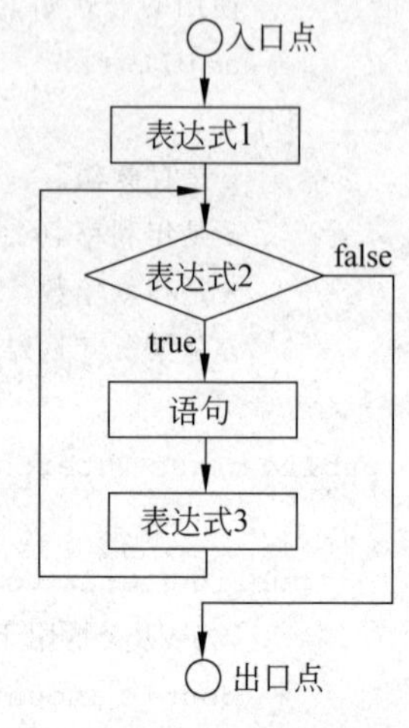

图 3-8 for 语句的执行流程

【例 3-15】 用 for 语句求和(ForSum.java)

```
/*
    功能简介:使用 for 语句求 1~10 的和并输出。
*/
public class ForSum
{
    public static void main(String args[]){
        //声明循环变量 i 并初始化,按自增或自减变化
        int i=1;
        //声明循环体 n 并初始化,用于控制循环次数
        int n=10;
        //声明变量 total 并初始化,用于保存计算结果
        int total=0;
        for(i=1;i<=n;i++)
            total+=i;          //计算结果
        //格式化输出,"%d"表示输出的类型,与 total 对应
        System.out.printf( "结果是: %d\n", total );
    }
}
```

【例 3-16】 用 for 语句计算利息(ForInterest.java)

```
/*
    功能简介:使用 for 语句进行利息计算。假如在银行账户上存入 1 000 000 元,年利率是
    3.6%,计算并显示 10 年间每年结算时账户里的存款总额。公式如例 3-14 中所示。
*/
public class ForInterest
{
    public static void main(String args[]){
            double amount;
            double principal=1000000.0;
            double rate=0.036;
            /*格式字符串"%4s%20s\n"表示要输出两个字符串类型的数据,其中%20s 表示以 20
               个字符的长度输出对应的变量"存款额"。两个%分别对应后面的两个变量*/
            System.out.printf( "%4s%20s\n", "年", "存款额");
            for ( int year=1; year <=10; year++) {
                  amount=principal * Math.pow(1.0 +rate, year);
                  /*%4d 表示后面对应的 year 长度为 4;%,20.2f 表示对应的变量 amount 长度
                     为 20 且有两位小数点并右对齐*/
                  System.out.printf("%4d%,20.2f\n", year, amount);
            }
    }
}
```

ForInterest.java 编译和运行结果如图 3-9 所示。

```
管理员: C:\Windows\system32\cmd.exe

D:\Java程序设计与项目实训教程（第2版）\ch03>javac ForInterest.java

D:\Java程序设计与项目实训教程（第2版）\ch03>java ForInterest
  年              存款额
   1         1,036,000.00
   2         1,073,296.00
   3         1,111,934.66
   4         1,151,964.30
   5         1,193,435.02
   6         1,236,398.68
   7         1,280,909.03
   8         1,327,021.76
   9         1,374,794.54
  10         1,424,287.14

D:\Java程序设计与项目实训教程（第2版）\ch03>_
```

图 3-9　ForInterest. java 编译和运行结果

【例 3-17】 利用 for 语句多重循环输出九九乘法表(Mul99. java)

```
/*
   功能简介：使用 for 语句的多重循环（循环语句中又有循环语句，称为多重循环结构）输出九九
   乘法表。乘法表的输出效果如图 3-10 所示。
*/
public class Mul99{
    public static void main(String args[]) {
        int i;
        int j;
        int n=9;
        System.out.print("   *   |");                  //输出   *   |
        for (i=1;i<=n;i++)                            //控制输出第 1 行
            System.out.print("   "+i);                //输出 1~9
            System.out.print("\n-------|");           //输出-------|
        for (i=1;i<=n;i++)                            //控制输入----
            System.out.print("----");
        System.out.println();
        for (i=1;i<=n;i++)                            //控制 9 次循环
        {
            System.out.print("   "+i+"   |");         //输出每行的数
            for (j=1;j<=i;j++)                        //输出乘积数
                System.out.print("   "+i*j);          //输出具体的某个乘积
            System.out.println();
        }
    }
}
```

Mul99. java 的运行结果如图 3-10 所示。

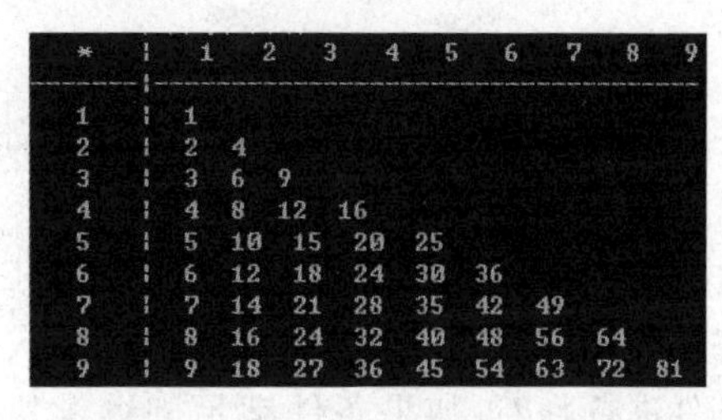

```
  *   |   1   2   3   4   5   6   7   8   9
-------|------------------------------------
  1   |   1
  2   |   2   4
  3   |   3   6   9
  4   |   4   8  12  16
  5   |   5  10  15  20  25
  6   |   6  12  18  24  30  36
  7   |   7  14  21  28  35  42  49
  8   |   8  16  24  32  40  48  56  64
  9   |   9  18  27  36  45  54  63  72  81
```

图 3-10　Mul99. java 的运行结果

3.2.4　转移语句

Java 语言提供了 3 种无条件转移语句：return、

break 和 continue。return 语句可以从方法中返回值，break 和 continue 语句用于控制流程转移。

1. return 语句

return 语句能终止当前成员方法的执行，返回到调用该方法的位置，并从紧跟该调用语句的下一条语句继续程序的执行。如果该方法的返回类型不是 void，则需要提供相应类型的返回值。return 语句有以下两种使用格式。

格式 1：

```
return;
```

该格式用在返回类型为 void 的方法中，且 return 可以省略。一般若方法为 void 类型，return 可省略。

格式 2：

```
return 返回值;
```

该格式中的返回值可以是基本数据类型或引用数据类型，但必须和方法的类型一致，否则编译无法通过。

2. break 语句

break 语句主要有 3 种作用：一是终止 switch 语句的执行，跳出 switch 语句，执行 switch 语句后面的语句；二是终止循环语句序列，跳出循环结构，即跳出 while、for 等语句；三是与标记语句配合使用从内层循环或内层程序退出。

【例 3-18】 break 语句的使用(BreakStatement. java)

```
/*
    功能简介：使用 break 语句输出 break 以前的数字，并输出中断循环的数字。
*/
public class BreakStatement{
    public static void main(String args[]){
        int count;
        for (count=1; count <=10; count++){
            if (count ==5)
                break;
            System.out.println(count);
        }
        System.out.println("循环中断的数是: "+count);
    }
}
```

BreakStatement. java 的运行结果如图 3-11 所示。

图 3-11　BreakStatement. java 的运行结果

3. continue 语句

与 break 语句不同，continue 语句并不终止当前循环。在循环体中遇到 continue 语句时，本次循环结束，回到循环条件进行判断，如果条件满足则继续执行，所以 continue 语句只是中断本次循环体的执行。

【例 3-19】 continue 语句的使用(ContinueStatement.java)

```
/*
    功能简介：使用 continue 语句在输出数字的过程中跳过指定的数字。
*/
public class ContinueStatement{
    public static void main(String args[]){
        int count;
        for (count=1; count <=10; count++){
            if (count ==5)
                continue;
            System.out.println(count );
        }
    }
}
```

ContinueStatement.java 的运行结果如图 3-12 所示。

图 3-12　ContinueStatement.java 的运行结果

3.3 数　　组

基本数据类型的变量只能存储一个不可分解的简单数据，如一个整数或一个字符等。而在实际的应用程序中需要处理大量数据。例如，将 10 000 个整数排序，首先遇到的问题是如何存储这 10 000 个整数，如果用基本数据类型来存储，则必须声明 10 000 个整数类型变量，显然这种存储方式是不可取的。因此，仅有基本数据类型无法满足实际应用的需要。对于上述需求，采用数组类型则问题将迎刃而解。

在程序设计中，为了处理方便，把具有相同类型的若干变量按有序的形式组织起来，这些按序排列的同类数据元素的集合称为数组。一个数组包含若干个同名变量，每个变量称为一个数组元素，数组的元素个数称为数组的长度。数组元素在数组中的位置称为数组的下标，通过数组名加下标的形式可以引用数组中的指定元素。数组下标的个数称为数组的维数，有一个下标的是一维数组，有两个下标的就是二维数组。

数组是 Java 语言中的引用数据类型。通过引用方式，一个数组变量可以保存很多个数组元素，数组元素的数据类型既可以是基本数据类型，也可以是引用数据类型。

3.3.1 一维数组

1. 一维数组声明

数组类型的变量简称数组变量，其存储单元内存放的是数组对象的地址，数组是引用数据类型。和基本数据类型一样，数组变量须先声明后使用。声明一维数组变量的语法格式有以下两种形式：

```
数据类型[]  数组变量;
数据类型  数组变量[];
```

其中：

"数据类型"是数组元素的数据类型，可以是基本数据类型，也可以是引用数据类型。

"数组变量"是用户声明的标识符，要符合标识符的命名规则。

[]是括号运算符，不是前面讲的可选项，用于表示一维数组，不能省略。

例如：

```
int a[];
int[] b;
String[] grades;
public static void main(String agrs[]){}      //数组作为参数
```

声明多个一维数组可使用如下方式：

```
int[] c,d,e;
```

或

```
int c[],d[],e[];
```

2. 为数组分配空间

使用 new 申请数组所需内存单元。语法格式如下：

```
数组变量=new 数据类型[长度];
```

其中：

"数组变量"是标识符。

new 是关键字，用于分配空间。

"数据类型"是数组元素的数据类型，该数据类型必须与数组变量的数据类型一致。

[]是运算符。

"长度"是数组申请的存储单元个数，必须是大于 0 的正整数。

例如：

```
int a[];
a=new int[6];
```

数组 a 获得 6 个存储单元的内存空间，存储单元的大小由数组元素的数据类型决定。上述语句等价于

```
int a[]=new int[6];
```

3. 获取数组长度

Java 语言自动为每个数组变量提供 length 属性保存数组存储单元的个数。可以使用点运算符获取数组长度。格式如下：

```
数组变量.length
```

建议使用 length 使数组下标在 0～a. length-1 之间变化，这样既能避免产生下标越界的运行错误，又能使程序段不受数组长度变化的影响，从而使程序更加稳定和易于维护。

4. 数组元素的表示和运算

数组中的元素可以是基本数据类型,也可以是引用数据类型。要指向数组中的特定元素,需要指定数组的引用名以及该元素的位置序号。元素的位置序号称为元素的索引(index)或下标(subscript)。例如:

```
int a[]=new int[6];            //表示数组 a 有 6 个元素
```

程序用数组访问表达式来访问其中的元素,数组访问表达式由数组名加上由方括号括起来的特定元素索引组成。每个数组中第一个元素的索引为索引 0,有时称这个元素为第 0 个元素。因此,数组 a 中的元素为 a[0]、a[1]、a[2]等。a 中最大的索引是 5,比数组长度小 1。数组名的命名规则与其他变量名是一样的。索引必须是非负整数,还可以用表达式来表示,例如,int x=2,y=3;,则 a[x+y]与 a[5]等价。

数组元素的格式如下:

```
数组[下标];
```

数组元素可以参加其数据类型所允许的运算。例如:

```
for(int i=0;i<a.length;i++)
    a[i]+=1;            //对数组元素进行运算并赋值给该数组元素
int i=2;
a[i]=a[i-2]+a[i-1];
int sum=a[0]+a[1]+a[2];
```

声明数组变量、申请数组存储空间以及对数组元素的操作如图 3-13 所示。

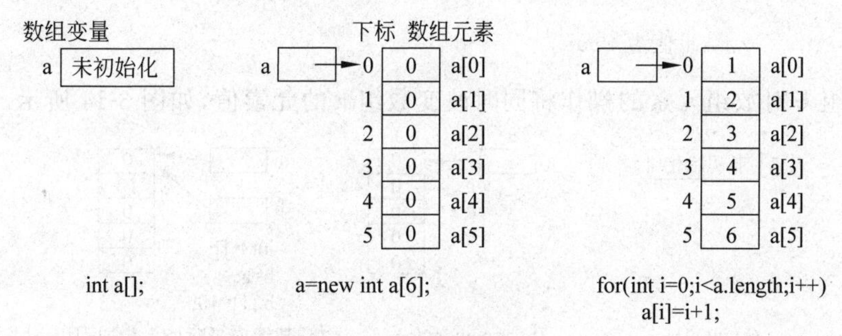

图 3-13 一维数组表示与运算

5. 数组声明时赋初值

数组变量在声明时可以赋初值。以下语句功能与图 3-13(c)所示的语句功能相当。

```
int a[]={1,2,3,4,5,6};
```

6. 数组元素的初始化

使用 new 动态分配存储单元后,将对数组变量进行初始化。各种数据类型的初始化值如表 3-9 所示。

表 3-9　数据类型的初始化值

数据类型	初始化值	数据类型	初始化值
byte、short、int、long	0	char	'\u0000'
float	0.0f	boolean	false
double	0.0	引用数据类型	null

7. 数组变量的引用赋值

在一个数组中，每个数组元素占据一个存储单元，所有数组元素占据的存储单元是相邻的，即存储地址是连续的。数组变量保存的是数组的引用，即保存数组所占用的一片连续存储空间的首地址及长度等特性，这是引用数据类型变量的特点。

当声明一个数组变量 a 而未申请空间时，数组变量 a 是未初始化的，没有地址及特性值。只有为 a 申请了存储空间，才能以下标表示数组元素，否则将产生编译错误。

两个数组变量之间赋值是引用赋值，传递的是地址等特性，没有申请新的存储空间。例如：

```
int a[ ]={1,2,3,4,5};
int b[ ];
b=a;
b[0]=100;
```

数组 b 获得数组 a 的已有存储空间的地址，此时两个数组变量拥有同一个数组空间，两个数组变量引用同一个数组。关系运算(==和!=)能够判断出两个数组变量是否引用相同的数组存储空间。例如：

```
a==b ;          //结果值为 true
```

通过数组 b 对数组元素的操作将同时改变数组 a 的元素值，如图 3-14 所示。

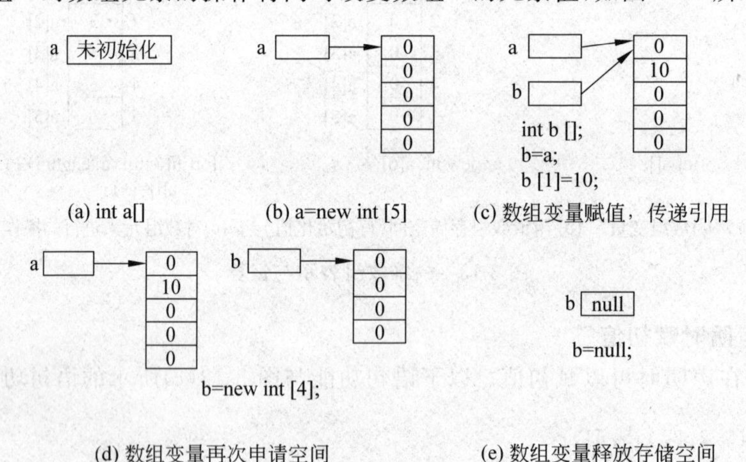

图 3-14　数组变量赋值

【例 3-20】 使用 new 创建包含 10 个整数元素的数组(InitArray.java)

```
/*
    功能简介：使用关键字 new 来创建有 10 个整数元素的数组，初始值为 0，使用 for 语句并输出
```

```
    数组元素的值。
 */
public class InitArray {
    public static void main(String args[]){
        int array[];
        array=new int[10 ];
        System.out.printf( "%s%8s\n", "数组元素", "对应的值" );
        for(int i=0;i<array.length;i++)
            System.out.printf("%5d%8d\n",i,array[i]);
    }
}
```

【例 3-21】 使用 new 创建 10 个整数元素的数组(InitArray1.java)

```
/*
    功能简介:使用关键字 new 来创建有 10 个整数元素的数组,并初始化,然后输出数组元素的值。
 */
public class InitArray1{
    public static void main(String args[]){
        int array[]={32,27,64,18,95,14,90,70,60,37};
        System.out.printf("%s%8s\n", "数组元素", "对应的值");
        for(int i=0;i<array.length;i++)
            System.out.printf("%5d%8d\n",i,array[i]);
    }
}
```

【例 3-22】 用数组分析调查结果(StudentPoll.java)

```
/*
    功能简介:要求 40 名学生对某个食堂的饭菜质量进行 1~10 的打分(1 表示非常差,10 是非常
    好)。将 40 个结果保存在整数数组中,并对打分结果进行分析。
 */
public class StudentPoll {
    public static void main(String args[]){
        int responses[]={1,2,6,4,8,5,9,7,8,10,1,6,3,8,6,10,3,8,2,7,6,5,7,6,8,
                                6,7,5,6,6,5,6,7,5,6,4,8,6,8,10};
        //声明长度为 11 的数组,用于统计 1~10 的打分人数
        int frequency[]=new int[11];
        for (int i=0; i<responses.length;i++)
            /*使用下标为 j 的数组元素 frequency[j]统计数组 responses[]中不同元素的值
              的个数并把相应的结果通过"++"后保存到数组元素 frequency[j]中。数组元素
              的下标和整型变量一样可以进行自增、自减运算并赋值。*/
            ++frequency[responses[i]];
        System.out.printf( "%s%10s\n", "打分值", "多少人次" );
        for (int j=1; j<frequency.length; j++)
            //输出数组中的结果
            System.out.printf( "%6d%10d\n", j, frequency[j] );
```

```
    }
}
```

3.3.2 二维数组

数组元素中的值如果是数组,则称为多维数组。常用的多维数组是二维数组。

1. 二维数组的声明

二维数组的声明方法和一维数组的类似。例如：

```
int a[][];          //声明二维数组变量 a
a=new int[5][6];    //申请 5 行 6 列共 30 个存储单元
```

上述声明也可写为：

```
int a[][]=new int[5][6];
```

二维数组在声明时也可以赋初值。例如：

```
int a[][]={{123},{456},{789}};
```

2. 获取数组的长度

二维数组 a 由若干个 a[0]、a[1]等组成,所以 a 和 a[0]均可以使用 length 属性表示数组长度,其含义不同。例如：

```
a.length;          //获取二维数组的长度,即二维数组的行数
a[0].length;       //获取一维数组的长度,即二维数组的列数
```

3. 数组元素的表示和运算

二维数组由行(row)和列(column)组成,必须用两个索引指定一个数组元素。按照惯例,第一个索引指定元素所在的行,第二个索引指定元素所在的列,如图 3-15 所示。

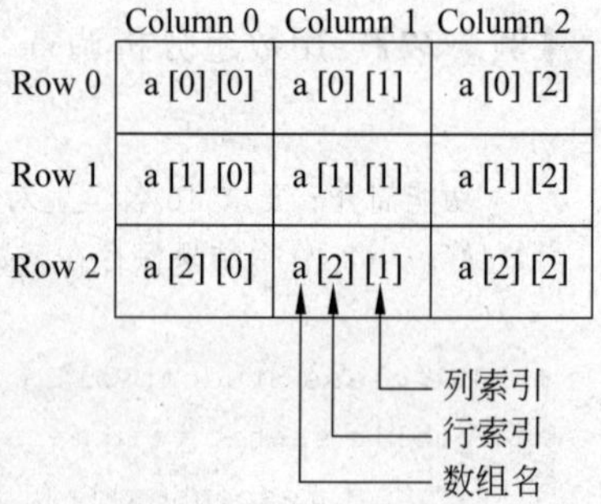

	Column 0	Column 1	Column 2
Row 0	a [0] [0]	a [0] [1]	a [0] [2]
Row 1	a [1] [0]	a [1] [1]	a [1] [2]
Row 2	a [2] [0]	a [2] [1]	a [2] [2]

列索引
行索引
数组名

图 3-15　3 行 3 列的二维数组

图 3-15 所示是一个由 3 行 3 列构成的二维数组(即 3×3 数组)a。

数组 a 中的每个元素都用一个数组访问表达式 a[row][column]标识出来,a 是数组名字,row 和 column 是唯一确定 a 中各元素的下标。

二维数组元素可以参加其数据类型所允许的运算。

【例 3-23】 二维数组的使用(TwoDimensionalArray.java)

```
/*
    功能简介：使用二维数组存储数据并输出二维数组中的元素。
 */
public class TwoDimensionalArray{
    public static void main(String args[]) {
        int array1[][]={{10,2,30 },{20,5,60}};
        int array2[][]={{11,21 },{31},{32,5,61}};
```

```
        System.out.println( "数组 array1 的数组元素为: " );
        for (int row=0; row<array1.length; row++) {
            for (int column=0; column<array1[row].length;column++)
                System.out.println(array1[row][column]);
        }
        System.out.println( "数组 array2 的数组元素为: ");
        for (int row=0; row<array2.length; row++) {
            for (int column=0; column<array2[row].length; column++)
                System.out.println(array2[ row ][ column ]);
        }
    }
}
```

【例 3-24】 使用二维数组显示螺旋方阵(SpiralMatrix.java)

```
/*
    功能简介:螺旋方阵是从 1 开始的自然数由方阵的最外围向内以螺旋方式顺序排列。4 阶螺旋
    方阵排列形式如下。用二维数组存储并输出该螺旋方阵。
                                         1   2   3  4
                                        12  13  14  5
                                        11  16  15  6
                                        10   9   8  7
*/
public class SpiralMatrix{
    public static void main(String args[]){
        int n=4;                          //阶数
        int mat[][]=new int [n][n];
        int i,j,k=0;
        for (i=0;i<(n+1)/2;i++)           //i 控制生成方阵的圈数,一圈内有 4 条边
        {                                 //j 控制生成一条边的数据
            for (j=i;j<=n-i-1;j++)        //顶边,从左到右,行不变列变
                mat[i][j]=++k;            //k 从 1 递增到 n*n
            for (j=i+1;j<=n-i-1;j++)      //右边,从上到下,行变列不变
                mat[j][n-i-1]=++k;
            for (j=n-i-2;j>=i;j--)        //底边,从右到左,行不变列变
                mat[n-i-1][j]=++k;
            for (j=n-i-2;j>=i+1;j--)      //左边,从下到上,行变列不变
                mat[j][i]=++k;
        }
        for (i=0;i<mat.length;i++)        //输出二维数组
          {
            for (j=0;j<mat[i].length;j++)
                System.out.print(mat[i][j]+"\t");
            System.out.println();
        }
    }
```

```
}
```

4. 不规则二维数组

为二维数组申请存储空间,既可以一次申请所需的全部空间,也可以分多次申请。例如:

```
int mat[ ][ ]=new int [2][3];                //一次申请二维数组的全部空间
```

多次申请空间的语句序列如下,与上述语句效果相同。

```
int mat[ ][ ];
mat=new int[2][ ];
mat[0]=new int[3];
mat[1]=new int[3];
```

多次申请二维数组存储空间的过程如图 3-16 所示。

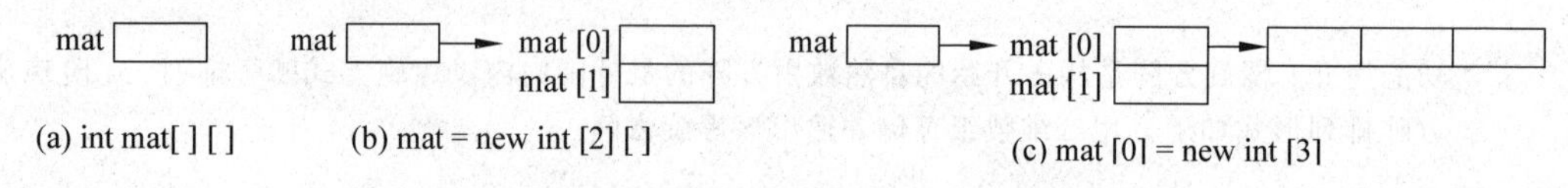

图 3-16　多次申请二维数组存储空间

3.4 字　符　串

字符串(String)是由零个或多个字符组成的有限序列。字符串中包含的字符个数称为字符串的长度,长度为 0 的字符串称为空串,表示为""。字符串是编程语言中表示文本的数据类型,通常以串的整体作为操作对象,如在串中查找某个子串,取得一个子串,在串的某个位置插入一个子串以及删除一个子串等。两个字符串相等的充要条件是:字符串长度相等,并且各个对应位置上的字符都相等。

Java 语言提供了很多类库,字符串就是类库的一种。字符串是引用数据类型,与普通的类不同的是,String 可以当作数据类型使用。有关类的概念将在第 4 章介绍,本节介绍 String 的基本概念和使用方法。有关类库中其他类的使用请参考 Java API。

3.4.1 声明字符串变量

声明字符串变量和声明基本数据类型变量格式一样,字符串变量有时称为对象,比较常用的称呼是字符串变量。需要注意的是,字符串常量与字符常量不同,字符常量是用单引号“'”括起来的单个字符,而字符串常量是用双引号“"”括起来的字符序列。字符串变量声明的格式有两种,分别如下:

格式 1。

```
String name;                          //声明一个 String 类的变量(对象)
name=new String("沈小阳");             //申请分配空间
```

或

```
String name=new String("沈小阳");
```

格式2。

```
String name;
name="沈小阳";
```

或

```
String name="沈小阳";
```

一般习惯使用格式2。

3.4.2 字符串的运算

字符串的运算和操作可以和基本数据类型的变量一样，如赋值、连接和关系运算等，也可以和类的对象一样，通过调用类的方法执行某些操作。

1. 字符串赋值运算

赋值运算为字符串变量赋值。例如：

```
String str1="abcd";
String str2;
str2=str1;
```

注意：字符串可以为""(空字符串)，但不能写成''，两者数据类型不兼容，不能赋值。例如：

```
str2='a';                                   //语法错误,类型不兼容
```

2. 字符串连接运算

使用+可以将两个字符串连接起来。例如：

```
String str="中"+"国";                       //字符串 str 的值为"中国"
str1+="efgh";
```

只有+=能够用于字符串变量，不能用其他复合赋值运算符。

```
str1-="efgh";                               //语法错误,不能使用该复合赋值运算符
```

当字符串与其他类型的值执行连接运算时，Java 自动将其他类型数据转换为字符串。例如：

```
int i=96;
String str="Java 程序设计考分为"+i;          //str 的值为"Java 程序设计考分为 96"
String str="Java 程序设计实训成绩为"+'A';    //str 的值为" Java 程序设计实训成绩为 A"
```

3. 字符串关系运算

字符串的关系运算是按照字符串中的字符次序依次比较，得到比较的结果就停止比较。例如：

```
"ABZ"<"ACX";                                //结果为 true,由第 2 个字符得到比较结果
```

```
"ABC">"A";                              //结果为 true,较长的字符串较长
```

字符串和字符不能比较。

3.4.3 String 类的常用方法

String 类中定义了许多对字符串进行操作的方法,如求长度、字符串比较等。String 类的主要方法如表 3-10 所示。

表 3-10 String 类的常用方法

方　　法	说　　明
length()	返回字符串的长度
equals(Object anObject)	将给定字符串与当前字符串相比较,若相等返回 true,否则返回 false
substring(int beginIndex)	返回字符串中从 beginIndex 开始的子串
substring(int beginIndex,int endIndex)	返回从 beginIndex 开始到 endIndex 的子串
charAt(int index)	返回 index 指定位置的字符
indexOf(String str)	返回 str 在字符串中第一次出现的位置
replace(char oldChar,char newChar)	以 newChar 字符替换串中所有 oldChar 字符
trim()	去掉字符串的首尾空格

【例 3-25】 使用 String 类中的方法判断回文字符串(RotorString.java)

```
/*
    功能简介:回文是一种"从前向后读"和"从后向前读"都相同的字符串。如"rotor"是一个回文
    字符串。程序中使用了两种算法来判断回文字符串。
    算法一:分别同时从前向后和从后向前依次获得原串 str 的一个字符 ch1、ch2,比较 ch1 和
    ch2,如果不相等,则 str 肯定不是回文字符串,yes=false,立即退出循环;否则继续比较,直
    到字符全部比较完, yes 的值仍为 true,才能肯定 str 是回文串。
    算法二:将原串 str 反转成 temp 串,再比较两串,如果相等则是回文字符串。
*/
public class RotorString{
    public static void main(String args[]) {
        String str="rotor";
        if (args.length>0)                      //获取命令行参数,可参考例 1-2
            str=args[0];
        System.out.println("str="+str);
        //算法一
        boolean yes=true;
        int n=str.length();                     //获取字符串的长度
        int i=0;
        char ch1,ch2;
        while (yes && (i<n/2) ){
            ch1=str.charAt(i);                  //获取最前的字符
```

```
            ch2=str.charAt(n-i-1);          //获取最后的字符
            System.out.println("ch1="+ch1+"  ch2="+ch2);
            if (ch1==ch2)                   //比较两个字符
                i++;
            else
                yes=false;
        }
        System.out.println("算法一: "+yes);
        //算法二
        String temp="",sub1="";
        for (i=0;i<n;i++) {
            sub1=str.substring(i,i+1);      //获取子串
            temp=sub1+temp;                 //连接字符串
        }
        System.out.println("temp="+temp);
        System.out.println("算法二: "+str.equals(temp));     //比较字符串
    }
}
```

程序在运行时输入字符串,用于判断输入的是否是回文字符串,输入的字符串可以通过命令行参数进行传递,也可以不通过命令行参数传递。运行结果如图 3-17 所示。

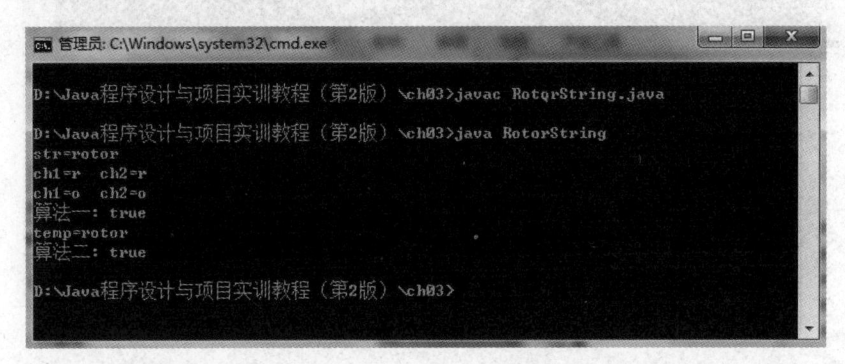

图 3-17　RotorString. java 的运行结果

3.5　常见问题及解决方案

(1) 异常信息提示如图 3-18 所示。

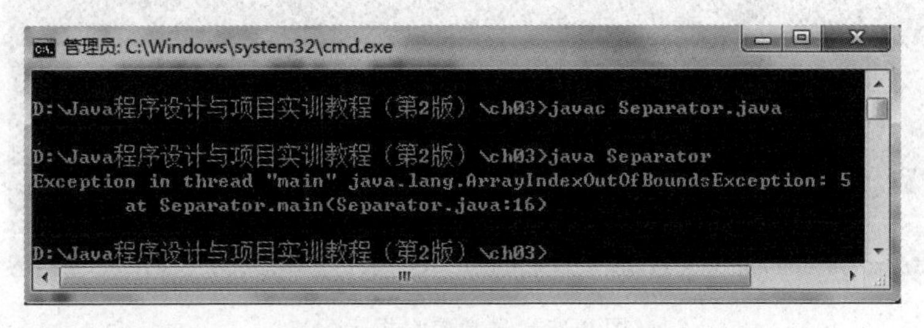

图 3-18　异常信息提示(1)

解决方案：能够编译通过但无法运行。出现该类错误是因为 for 语句的中间加了“;”，删除分号后重新编译；如果 for 语句有{}，切记在 for 语句与{之间不能加“;”。另外使用 length 时，如果用 for 语句操作数组，初始循环变量 int i=0，则循环条件应该是 i<a. length；如果 int i=1，则循环条件应该是 i<=a. length。否则也有可能会出现下标越界的问题。

（2）异常信息提示如图 3-19 所示。

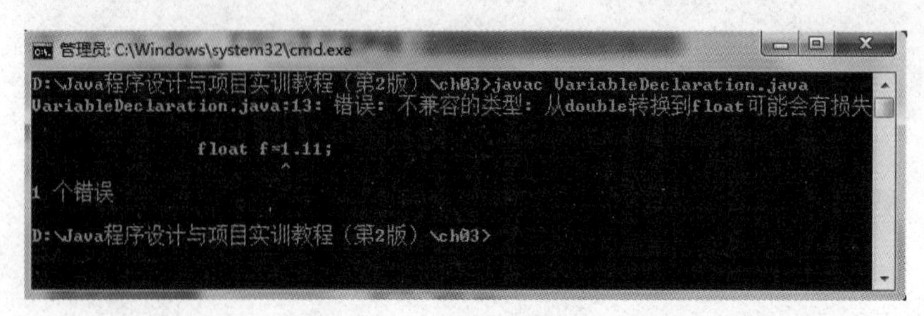

图 3-19　异常信息提示(2)

解决方案：float 类型的初始化值为 0.0f(请参考表 3-9)，所以在初始化 float 类型的变量时数字后面需加 f。程序应改为“float f=1.11f;”。

（3）异常信息提示如图 3-20 所示。

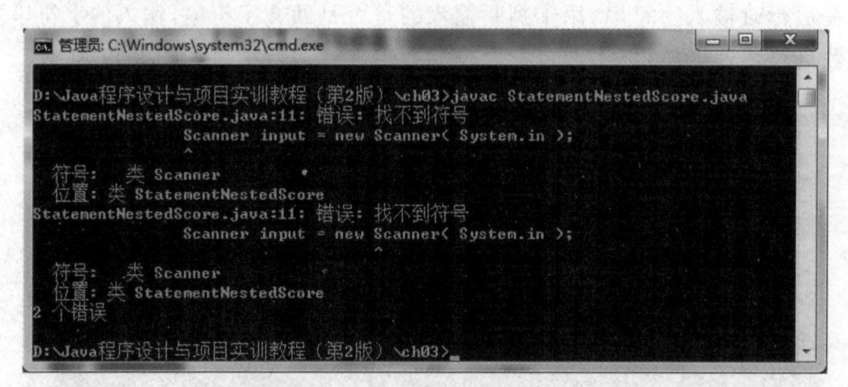

图 3-20　异常信息提示(3)

解决方案：在一个类中使用另外一个类时，首先要导入该类，在源程序中添加“import java. util. Scanner;”。

（4）异常信息提示如图 3-21 所示。

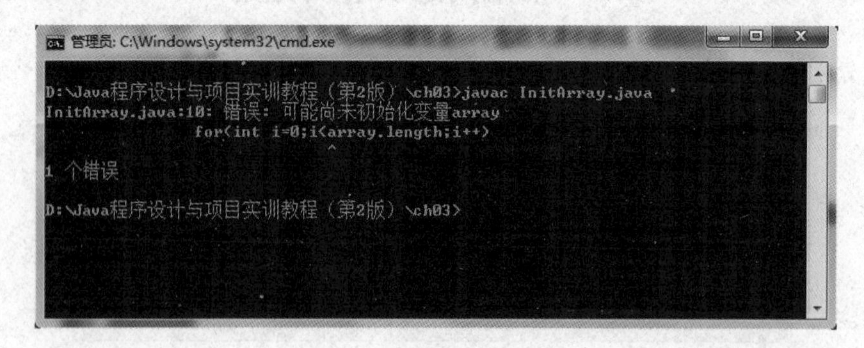

图 3-21　异常信息提示(4)

解决方案：该类没有为数组分配空间，需要使用 new 关键字为数组分配空间，即“array = new int[10];”。

(5) 异常信息提示如图 3-22 所示。

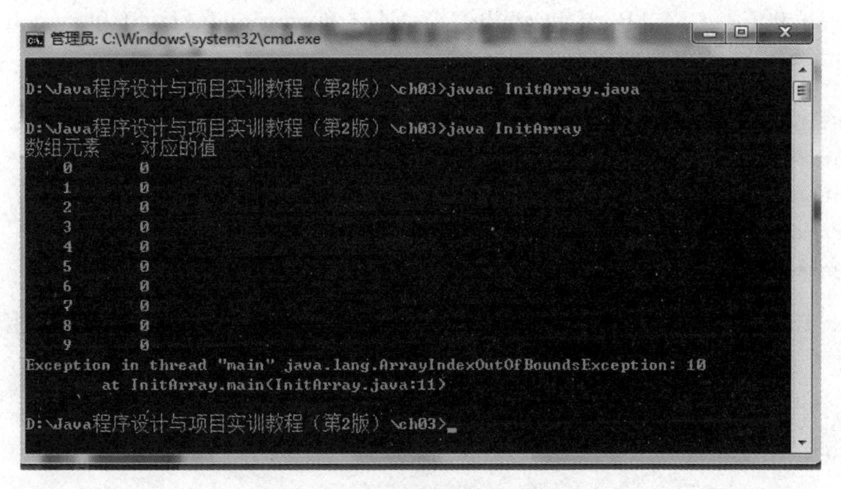

图 3-22　异常信息提示(5)

解决方案：下标越界异常，应改为 for(int i=0;i<array. length;i++)。

3.6　本 章 小 结

本章主要介绍 Java 语言的基础语法、控制语句、数组和字符串等，这些知识点是 Java 语言的基础，也是后面学习 Java 知识的关键技术。通过本章学习，在掌握基本知识点的基础上要学会使用控制语句设计算法。

通过本章的学习，应该了解和掌握以下内容。

- Java 语言的成分。
- 控制语句。
- 数组和字符串。

总之，本章是 Java 程序设计语言的基本知识点，只有掌握了这些知识点后才能真正进行 Java 程序开发。

3.7　习　　题

一、选择题

1. Java 语言使用的字符编码是(　　)。

A. ISO 9885-1　　B. Unicode

C. Unicode 和浮点数　　D. GB2312

2. 下列标识符错误的是(　　)。

A. name　　B. 2age　　C. age　　D. 北京

3. 在 Java 语言的数据类型中，浮点类型包括(　　)。

A. float 和 double　　B. float 和 long

C. float 和 int　　D. float

4. 在下列控制语句中，选择语句是(　　)。

A. if 和 for　　B. if 和 while　　C. if 和 continue　　D. if 和 switch

5. 以下程序段输出的结果是(　　)。

```
String str="123";
int x=4;
int y=5;
str=str+(x+y);
System.out.println(str);
```

A. 12345　　B. 123＋4＋5　　C. 1239　　D. 编译时发生异常

6. 以下程序段输出的结果是(　　)。

```
int i=1;
int b,c;
int a[]=new int[3];
b=a[i];
c=b+i;
System.out.println(c);
```

A. 0　　B. 1　　C. 2　　D. 3

二、填空题

1. ________是 Java 语言保留的具有特定含义的英文单词，每一个都表示一种特定含义，不能被赋予别的含义。

2. Java 语言中的数据类型有两大类：________和________。

3. Java 程序中类型转换分为 ________和________两种方式。

4. 顺序结构语句包括 ________、________和复合语句。

5. Java 语言提供了 3 种无条件转移语句，分别是 ________、________和 continue。

6. 下面代码将输出________。

```
int i=1;
switch(i){
    case 0:System.out.print("0");break;
    case 1:System.out.print("1");
    case 2:System.out.print("2");
    case 3:System.out.print("3");
    default:System.out.print("default");
}
```

三、简答题

1. 简述什么是标识符以及标识符的命名规则。

2. 简述什么是分隔符以及为什么要使用分隔符。

3. 简述什么是变量和常量。

4. 简述什么是数组、一维数组和二维数组。

5. 简述什么是字符串。

四、实验题

1. 编程实现：将3个整数按从小到大的顺序输出。

2. 编程实现：一个有10名学生的班级进行了一次测试。已知每个学生这次测试的成绩(0～100范围内的整数)，求这次测验的班级平均成绩、最高成绩和最低成绩，并统计考试成绩在各分数段的分布率。

3. 编程实现：掷6面骰子6000次，统计每个点数出现的概率。

4. 编程实现：掷骰子游戏。游戏规则如下：掷两个骰子。每个骰子有6面，分别是1～6的点数。当骰子静止之后，计算两个骰子朝上的两个面的点数之和。如果第一次掷骰子时点数和为7或11，就赢；如果第一次掷骰子时的点数和为2、3或12，就输(庄家赢)；如果第一次掷骰子时点数和是4、5、6、8、9和10，要想赢就继续掷骰子，直到点数与第一次掷出的点数相同，掷出同样的点数之前如果得到了7，就输。

5. 编程实现：洗牌与发牌模拟程序。

首先定义类Card，它表示扑克牌的点数，如A、2、…、J、Q、K，扑克牌的花色为Hearts(红桃)、Diamonds(方块)、Clubs(梅花)、Spades(黑桃)。然后定义类DeckOfCards，它创建52张牌的一副扑克牌，每个元素都是一个Card对象。最后构建一个测试程序，演示类DeckOfCards的洗牌和发牌的功能。

6. 编程实现：使用二维数组保存多个学生在整个学期中的各门成绩。行代表一个学生在本学期的各门成绩，列代表某门考试的所有学生的成绩。在GradeBook类中定义的方法有学期中各门课程中的最低成绩、最高成绩、平均成绩以及输出整个学期中所有成绩在各分数段的分布率。使用GradeBookTest测试GradeBook类中的方法。请参考第4章中有关类的概念。

第4章　Java语言面向对象程序设计

Java语言是面向对象的程序设计语言，开发Java应用程序时，应以“一切皆为对象”的思维方式来思考问题，首先把需要完成的功能封装到类中，然后通过对象调用类的数据和方法来实现Java应用程序的具体功能。定义类以及对类进行操作的对象是Java程序设计的主要任务。

本章主要内容：

- 面向对象的概念。
- 类和对象。
- 类的三大特性。
- 抽象类和接口。
- 内部类和匿名类。

4.1　面向对象的概念

1967年挪威计算中心的Kisten Nygaard和Ole Johan Dahl开发了Simula 67语言，它提供了比子程序更高一级的抽象和封装，引入了数据抽象和类的概念，被认为是第一个面向对象语言。20世纪70年代初，Palo Alto研究中心的Alan Kay所在的研究小组开发出Smalltalk语言，之后又开发出Smalltalk-80，它被认为是最纯正的面向对象语言，对后来出现的面向对象语言，如C++，都产生了深远的影响。随着面向对象语言的出现，面向对象程序设计也就应运而生，并且得到迅速发展。之后，面向对象不断向其他阶段渗透，1980年Grady Booch提出面向对象程序设计（Object Oriented Programming，OOP），这是一种基于对象概念的软件开发方法。面向对象程序设计方法是目前软件开发的主流方法。

4.1.1　面向对象程序设计

面向对象程序设计是一种把面向对象的思想应用于软件开发过程中，指导开发活动的方法，是建立在“对象”概念基础上的方法学。对象是由数据和操作组成的封装体，与客观实体有直接对应关系。一个类定义了具有相似性质的一组对象的特性，而继承性是对具有层次关系的类的属性和操作进行共享的一种方式。所谓面向对象就是基于对象概念，以对象为中心，以类和继承为构造机制，来认识、理解和刻画客观世界并设计、构建相应的软件系统。

面向对象程序设计方法以对象为基础，利用特定的软件工具直接完成从对象客体的描述到软件结构的转换，这是面向对象设计方法最主要的特点和成就。这种方法的基本原理是对问题进行自然的分解，按照人们习惯的思维方式建立问题领域的模型，模拟客观世界，从而设计出尽可能直接地、自然地求解问题的软件。

面向对象程序设计方法的应用解决了传统的结构化开发方法中客观世界描述工具与软

件结构的不一致性问题，缩短了开发周期，解决了从分析和设计到软件模块结构多次转换映射的繁杂过程，是一种优秀的系统开发方法。

4.1.2 面向对象程序设计的术语

面向对象程序设计中的术语主要包括类、对象、封装、继承、多态性和消息传递。面向对象的思想通过这些术语得到了具体的体现。

(1) 类：是对具有相同类型的对象的抽象。一个对象所包含的数据和代码可以通过类来构造。

(2) 对象：是运行期的基本实体，它是一个封装了数据和操作这些数据的代码的逻辑实体。

(3) 封装：将数据以及对数据的操作整合到一个类中。

(4) 继承：让某个类型的对象获得另一个类型的对象的特征。通过继承可以实现代码的重用，从已存在的类派生出的一个新类将自动具有原来那个类的特性，同时，派生的类还可以拥有自己的新特性。

(5) 多态：指不同事物具有不同的表现形式的能力。多态机制使不同的对象共享相同的方法，通过这种方式减少代码的书写量。

(6) 消息传递：对象之间需要相互沟通，沟通的途径就是对象之间收发消息。消息传递的概念使得对现实世界的描述更容易。

4.1.3 面向对象程序设计的特性

Java 是面向对象的编程语言。面向对象程序设计主要有三大特性：封装、继承和多态。

1. 封装

封装是一种信息隐蔽技术，使数据和对数据的操作的方法封装为一个整体，以实现独立性很强的模块，使用户只能见到对象的外特性(对象能接收哪些消息，具有哪些处理能力)，而对象的内特性(保存内部状态的私有数据和实现运算能力的算法)对用户是隐蔽的。封装的目的在于把对象的设计者和对象的使用者分开，使用者不必知道功能实现的细节，只需用设计者提供的方法来实现功能。

2. 继承

继承是子类自动共享父类的数据和方法的机制，它由类的派生功能体现。一个类直接继承其父类的全部描述，同时可修改和扩充。继承具有传递性。继承分为单继承(一个子类只有一个父类)和多重继承(一个子类有多个父类)。类的对象是各自封闭的，如果没有继承性机制，则类的对象中的数据和方法就会出现大量重复。继承不仅支持系统的可重用性，而且有助于系统的可扩充性。

3. 多态

同一消息为不同的对象接收时可产生完全不同的行动，这种现象称为多态。利用多态性，用户可以发送一个通用的信息，而将所有的实现细节都留给接收消息的对象自行决定，即同一消息可调用不同的方法。

4.1.4 面向对象程序设计的优点

应用面向对象的思想进行编程，能够使人们的编程思维和实际世界更为接近，所有的对象被赋予属性和方法,这样能够使编程更加人性化。采用面向对象程序设计思想编程主要有以下优点。

(1) 可实现代码重用。

现代软件工程的一个目标就是实现代码重用,代码重用就相当于用生产好的计算机硬件组装计算机。一个 Java 类通过封装属性和方法具有某种功能或者处理某个业务的能力。例如,文件上传、发送 E-mail、数据访问以及将业务处理或复杂计算分离出来成为独立可重复使用的模块。程序员可以直接使用经测试和可信任的已有组件(代码),避免了重复开发,这样既节省了开发时间,又降低了软件开发成本。

(2) 可提高系统的可扩展性。

可扩展性是指程序能够很方便地进行修改和扩展。对软件产品来说,修改和扩展是必不可少的。一要通过不断修改程序保证软件产品的稳定性;二是由于用户需求的不断改变,需要修改和扩展软件产品。借助封装、继承和多态等特性,可以设计出高内聚、低耦合的系统结构,使系统更加灵活,更易扩展,成本更低。

(3) 便于系统管理和维护。

面向对象程序设计以类为开发的基本模块,不同的模块可以划分到不同的包中,以便于管理;而且,由于使用了继承,当系统改变时,只需维护局部模块,所以维护非常方便,成本也较低。

4.2 类和对象

现实世界中有各种实体,如手机、计算机、书、房子和汽车等。每种实体都有自己的属性和功能,并且每种实体都有很多实例,实例之间有各种关系。在面向对象程序设计中,把具有属性和行为能力的实体称为对象。对象在软件运行时与其他对象合作完成程序预期的功能。类是一组对象的数据类型,是创建对象的模型。

4.2.1 类

类(class)是既包括数据又包括对数据的操作的封装体。类中的数据称为成员变量,类中对数据的操作称为成员方法。成员变量反映类的状态和特征,成员方法表示类的行为能力,不同的类具有不同的特征和功能。类实际上是对某种类型的对象定义变量和方法的原型。类表示对现实生活中一类具有共同特征的事物的抽象,是面向对象编程的基础。

1. 类的声明

类声明中包括关键字 class、类名及类的属性。

类声明的格式如下:

```
[修饰符] class 类<泛型>[extends 父类] [implements 接口列表]
{
    成员变量的声明;
    成员方法的声明;
}
```

其中:

修饰符：是定义类属性的关键字，如 public、final、abstract 等，用于定义类的访问权限、类是否为最终类或抽象类等属性。方括号[ ]中是可选项。

class：是定义类的关键字，在类的声明中必须包括关键字 class。

类、泛型、父类、接口：均是合法的 Java 标识符，Java 约定类名标识符通常首字母大写。在类的声明中必须有自定义的类名。

泛型是指将类型参数化以达到代码复用、提高软件开发工作效率的一种数据类型，可视为一种类型占位符，或称之为类型参数。在一个方法中，一个变量的值可以作为参数，但其实这个变量的类型本身也可以作为参数。泛型允许在调用时再指定这个类型参数是什么。通常一个方法的调用都有明确的数据类型，例如：

```
public void ProcessData(int i){}
public void ProcessData(string i){}
public void ProcessData(decimal i){}
public void ProcessData(double i){}
```

这些方法的参数类型分别是 int、string、decimal 和 double，程序员访问这些方法的过程中需要提供指定类型的参数：

```
ProcessData(123);
ProcessData("abc");
ProcessData("12.12")
```

而如果将 int、string、decimal 和 double 这些类型也当成一种参数传给方法，方法的定义即为

```
public void ProcessData<T>(T i){}   //T是 int、string、decimal 和 double 这些数据类
                                      型的指代
```

用户在调用方法时便成了这样：

```
ProcessData<string>("abc");
ProcessData<int>(123);
ProcessData<double>(12.23);
```

泛型与通常的定义形式的最大区别是，方法定义的实现过程只有一个，但是具有处理不同数据类型的数据的能力。

extends：是关键字，用于继承类。

implements：是关键字，用于实现某些接口。

例如：

```
public class Student
{
    ⋮
}
```

声明了一个类 Student。public 是类访问权限的修饰符，说明该类是公有类，可被所有类访问。

2. 类的成员变量和成员方法

1）类的成员变量

类的成员变量声明的格式如下：

```
[修饰符] 数据类型 变量[=表达式]{,变量[=表达式]};
```

其中：

修饰符：是定义成员变量属性的关键字，如 public、protected、private、static、final 和 transient(用于声明临时变量)等。

数据类型：可以是基本数据类型，也可以是引用数据类型。

变量、表达式：是合法的标识符。

例如：

```
public static final MAX=100;
private String name;
public String sex,籍贯="北京";
```

2）类的成员方法

类成员方法声明的格式如下：

```
[修饰符] 返回类型 方法([参数列表])[throws 异常类]
{
    语句序列;                                          //局部变量声明
    [return[返回值]];
}
```

其中：

修饰符：是定义方法属性的关键字，如 public、protected、private、static、final、abstract 和 synchronized(实现多线程同步，具体请参考第 10 章)等。

返回类型：是基本数据类型或引用数据类型，如果是 void，则 return 可省略。

语句序列：是局部变量声明和合法的 Java 指令。

例如：

```
public class Student {
    private String name;
    private String sex;
    private int sid;                                   //学号
    public Student(String 姓名,String 性别,int 学号) //定义构造方法,具体请参考 4.3.1 节
    {
        name=姓名;
        sex=性别;
        sid=学号;
    }
    public String getName() {
        return name;
    }
    public void setName(String name) {
```

```
        this.name=name;
    }
    public String getSex() {
        return sex;
    }
    public void setSex(String sex) {
        this.sex=sex;
    }
    public int getSid() {
        return sid;
    }
    public void setSid(int sid) {
        this.sid=sid;
    }
}
```

该类封装的属性通过 setXxx()和 getXxx()保存和获取数据。setXxx()和 getXxx()是成员方法。

3. 变量的作用域

变量的作用域是指变量的有效范围。变量可以分为类成员变量、局部变量、方法参数变量和异常处理参数。

(1) 类成员变量：是指在类中方法体之外定义的变量。它的作用域是整个类，类中的所有方法均可以访问成员变量。

(2) 局部变量：是指在方法体中声明的变量。它的作用域是从定义位置开始到方法体语句块结束，当方法调用返回时，局部变量失效。

(3) 方法参数变量：是指方法的参数列表。它的作用域是方法体的整个区域。

(4) 异常处理参数：是异常对象，在异常处理内有效。具体请参考第 5 章内容。

4.2.2 对象

类是用于封装数据以及对数据操作的数据类型，类本身并不参与程序的执行，实际执行程序的是类的对象。

对象是类的实例。任何一个对象都属于某个类。与使用变量相似，使用对象需先声明后使用。

对象是动态的，每个对象都有自己的生存周期，都经历一个从创建、运行到消亡的变化过程。在程序运行时，一个对象获得系统创建的指定类的一个实例。程序可以获得对象的成员变量值，可以对对象的成员变量赋值，可以调用对象的成员方法。对象占用内存单元，对象使用完后将被销毁，释放所占的存储单元。

1. 对象声明

对象声明的格式如下：

```
类 对象;
```

例如：

```
Student s;                                    //声明的 s 是 Student 类的一个对象
```

对象声明后,只是代表对象属于某个类,需通过赋值才能使对象获得实例。

2. 创建实例

通过 new 调用类的构造方法,创建类的一个实例,为实例申请空间并初始化,再将该实例赋值给对象。创建实例的格式如下:

```
对象=new 类的构造方法([参数列表]);
```

例如:

```
s=new Student("沈小阳", "女",20160100106);    //创建类的一个实例,并赋值给 s 对象
```

或

```
Student s=new Student("沈小阳", "女",20160100106);     //声明对象,创建实例并赋值
```

3. 对象引用变量和调用方法

对象被实例化后,可以通过运算符“.”引用成员变量和调用成员方法。格式如下:

```
对象.成员变量;
对象.成员方法([参数列表]);
```

例如:

```
s.name="张明";                                //对象引用成员变量
s.setName("张天");                            //对象调用成员方法
```

4. 对象是引用类型

Java 中类和对象都是引用数据类型,对象之间的赋值是引用赋值,对象赋值时并没有创建新的实例。例如:

```
Student s=new Student("沈小阳", "女",20160100106)
Student s1=s;          //两个对象引用同一个实例,同时指向同一个地址,引用 s 的地址
```

5. 对象的运算

使用关系运算符==和!=可以比较两个对象是否引用同一个实例。例如:

```
s==s1;                                        //结果为 true
```

不能使用<、<=和>=关系运算符比较对象。

4.3 类的封装性

封装是将数据以及对数据的操作组合起来构成类,类是一个不可分割的独立单位。类中提供与外部联系的方法,又尽可能隐藏类的实现细节。

封装性提供一种软件模块化的设计思想,像组装硬件一样。类的设计者提供标准化的软件模块,使用者根据实际需求选择所需要的类模块,集成为软件系统,各模块之间通过传递参数等方式进行工作。设计者需考虑类的定义、类中数据和方法的访问权限以及方法如

何实现等问题;使用者需知道有哪些类、每个类的特点、每个类提供了哪些常量、成员变量和成员方法等,而不需知道方法实现的细节。

下面通过介绍类的构造方法、成员方法以及类中的常用关键字来讨论自定义类的封装性。

4.3.1 构造方法

在类中有一种特殊的方法称为构造方法,该方法与类同名,它是产生对象时需要调用的一个方法,不需要写返回值类型,在类实例化时被调用。可以根据需要定义类的构造方法,进行特定的初始化工作。

1. 构造方法的声明

构造方法的定义格式如下:

```
public class 类名
{
    public 构造方法名([参数列表]) {            //构造方法的定义
        语句
    }
}
```

注意:

(1) 构造方法名必须与所在类名相同。

(2) 构造方法没有任何返回值。

(3) 可以通过参数表和方法体为生成对象的成员变量赋初始值。

如果一个类声明时没有声明构造方法,Java 自动为该类生成一个默认的构造方法,该构造方法无参数。当一个类声明了有参数的构造方法时,Java 不再自动为该类生成无参数的构造方法。如果需要有多个不同参数表的构造方法,则需要将构造方法重载。

2. 构造方法重载

如果一个 Java 类中有两个以上的同名构造方法,但是参数列表不同,这种情况称为构造方法的重载。在方法调用时,可以根据参数列表的不同来辨别应该调用哪一个构造方法。

【例 4-1】 构造方法重载(Time. java)

```
/*
    功能简介:通过一个模拟电子时钟的程序熟悉构造方法的重载。
*/
public class Time{
    private int hour;                       //取值 0~23h
    private int minute;                     //取值 0~59min
    private int second;                     //取值 0~59s
    public Time(int h,int m,int s){         //构造方法,该构造方法有 3 个参数
        setHour(h);                         //通过方法传值
        setMinute(m);
        setSecond(s);
    }
```

```
    public Time(Time time){                    //重载构造方法,参数是对象
        this(time.getHour(),time.getMinute(),time.getSecond());
    }
    public void setHour(int h){
        hour=((h>=0&& h<24)?h:0);              //小时数要大于等于 0 小于 24
    }
    public int getHour(){
        return hour;
    }
    public void setMinute(int m){
        minute=((m >=0&&m <60 )?m :0);
    }
    public int getMinute(){
        return minute;
    }
    public void setSecond( int s ){
        second=((s>=0&&s<60)?s:0);
    }
    public int getSecond(){
        return second;
    }
    //通用时间显示(HH:MM:SS)
    public String toUniversalString(){
        return String.format("%02d:%02d:%02d",getHour(),getMinute(),getSecond());
    }
    //标准格式时间显示(H:MM:SS AM or PM)
    public String toString(){
        return String.format("%d:%02d:%02d %s",
        ((getHour()==0||getHour()==12)?12:getHour()%12),getMinute(),getSecond(),
        (getHour()<12?"AM":"PM"));
    }
}
```

本例中通过 setXxx()方法对成员变量赋值,通过 getXxx()方法获取成员变量的值。

【例 4-2】 例 4-1 的测试类(TimeTest.java)

```
/*
    功能简介:通过 TimeTest 类测试例 4-1 中类的功能。该类实例化 Time 类的对象,通过对象
    调用 Time 类中的方法。
 */
public class TimeTest {
    public static void main(String args[]){
        Time t1=new Time(12,25,42);         // 12:25:42
        Time t2=new Time(27,74,99);         // 00:00:00
        Time t3=new Time(t1);               // 12:25:42
        System.out.printf("%s\n",t1.toUniversalString());
```

```
        System.out.printf("%s\n",t1.toString());
        System.out.printf("%s\n",t2.toUniversalString());
        System.out.printf("%s\n",t2.toString());
        System.out.printf("%s\n",t3.toUniversalString());
        System.out.printf("%s\n",t3.toString());
    }
}
```

4.3.2 成员方法

类的成员方法描述类或对象具有的操作或提供的功能，是提供某种相对独立功能的程序模块。一个类或对象可以有多个成员方法，对象通过调用成员方法来完成某些功能。

1. 成员方法声明

类的成员方法包括两部分内容：方法声明和方法体。

类成员方法的声明格式如下：

```
[修饰符] 返回类型 方法([参数列表])[throws 异常类]
{
    语句序列;
    [return[返回值]];
}
```

2. 成员方法重载

成员方法重载是指一个类中可以有多个同名的成员方法，这些成员方法的参数必须不同，即或者参数个数不同，或者参数类型不同。

成员方法重载必须通过参数列表进行区别，即满足以下两个条件。

(1) 参数列表必须不同，即以不同的参数个数、参数类型或参数的次序来区别重载方法。

(2) 返回值可以相同，也可以不同，即不能以不同的返回值来区别重载的方法。

例如，在 Java 类库的数学类 Math 中，abs()方法返回一个数的绝对值，参数类型不同，返回值类型也不同。abs()方法的参数的数据类型共有 4 种：

```
int abs(int a);
long abs(long a);
float abs(float a);
double abs(double a);
```

在自定义的类中可以根据项目的需要自定义方法重载。

3. 构造方法与成员方法的区别

(1) 作用不同：构造方法用于创建类的实例并对实例的成员变量进行初始化；成员方法实现对类中成员变量的操作，提供某些功能。

(2) 调用方式不同：构造方法通过 new 运算符调用；成员方法通过对象调用。

4.3.3 访问权限

根据类的封装性，设计者既要为类提供与其他类或对象联系的方法，又要尽可能地隐藏类中的实现细节。为了实现类的封装性，要为类及类中成员变量和成员方法分别设置必要的访问权限，使所有类、子类、同一包中的类、本类等不同关系的类之间具有不同的访问权限。

Java 语言中为类成员设置了 4 种访问权限，为类(内部类有 3 种权限)设置了两种访问权限。

1. 类成员的访问权限

Java 语言中定义 4 种权限修饰符：public(公有)、protected(保护)、默认和 private(私有)。这 4 种权限修饰符均可用于声明类中成员的访问权限。

这 4 种权限修饰符说明如下。

(1) public：说明该类成员可被所有类的对象访问，public 指定的访问权限范围最大。

(2) protected：说明该类成员能被同一类中的其他成员、该类的子类成员或同一包中的其他类成员访问，不能被其他包的非子类成员访问。protected 指定有限的访问权限范围，使保护成员在子类和非子类中具有不同的访问权限，即保护成员可被子类访问，不能被非子类访问。

(3) 默认：当没有使用访问权限修饰符声明成员时，说明该类成员能被同一类中的其他成员访问或被同一包中的其他类访问，不能被包之外的其他类访问。默认权限以包为界划定访问权限范围，使同一包中的类具有访问权限，其他包中的类则没有访问权限。

(4) private：说明该类成员只能被同一类中的其他成员访问，不能被其他类的成员访问，也不能被子类成员访问。private 指定的访问权限范围最小，对其他类隐藏类的成员，防止其他类修改该类的私有成员。

类成员的 4 种访问权限如表 4-1 所示。

表 4-1　类成员的 4 种访问权限

权限修饰符	同一类	同一包	不同包的子类	所有类
public	√	√	√	√
protected	√	√	√	
默认	√	√		
private	√			

2. 类的访问权限

类的访问权限有两种：public 和默认，不能使用其他两种权限声明类。

在一个源程序文件中可以声明多个类(按照程序规范化的要求，一般不建议在一个源程序文件中声明多个类)，但是 public 修饰的类只能有一个，并且类名必须与文件名相同。

4.3.4　this、static、final 和 instanceof

1. this

关键字 this 在 Java 类中表示对象自身的引用值。例如，当在类中使用变量 x 和方法 f()时，本质上都是 this.x 或 this.f()。在不混淆的情况下，this.x 可以简写成 x，this.f()可以简写成 f()。this 可以有以下 3 种用法。

(1) 指代对象本身。this 用于指代调用成员方法的当前对象自身。语法格式如下：

```
this;
```

(2) 访问本类的成员变量和成员方法。语法格式如下：

```
this.成员变量;
this.成员方法([参数列表]);
```

(3) 调用本类重载的构造方法。语法格式如下：

```
this([参数列表]);
```

【例 4-3】 日期类(Date.java)

```
/*
   功能简介：通过一个日期类熟悉 this 的使用。日期包括年、月、日。
*/
public class Date{
   private int year;                        //私有变量声明
   private int month;                       //私有变量声明
   private int day;                         //私有变量声明
   public Date(int year,int month,int day)     //指定参数的构造方法声明
   {
      /*当成员方法的参数和成员变量同名时,在方法体中需要使用 this 引用成员变量,this
        一般不省略。当无同名成员时,this 可省略。*/
      this.year=year;
      this.month=month;
      this.day=day;
   }
   public Date()                            //无参数的构造方法,重载
   {
      this(2016,10,1);                      //调用本类已定义的其他构造方法
   }
   public Date(Date oday)                   //由已存在的对象创建新对象的构造方法
   {
      this(oday.year,oday.month,oday.day);
   }
   public void setYear(int year)            //成员变量赋值
   {
      this.year=year;
   }
   public int getYear()                     //获取成员变量的值
   {
      return year;
   }
   public void setMonth(int month)          //成员变量赋值
   {
      this.month=month;
   }
```

```
    public int getMonth()
    {
        return this.month=((month>=1)&(month<=12))?month:1;
    }
    public void setDay(int day)            //成员变量赋值
    {
        this.day=day;
    }
    public int getDay()
    {
        return this.day=((day>=1)&(day<=31))?day:1;
    }
    public String toString()               //返回年月日的格式
    {
        return this.year+"-"+this.month+"-"+this.day;    //this 指代当前对象
    }
    public void print()                    //输出年月日
    {
        System.out.println("date is "+this.toString());
    }
}
```

【例 4-4】 例 4-3 的测试类(DateTest.java)

```
/*
    功能简介:通过 DateTest 类测试例 4-3 中的类的功能。
 */
public class DateTest{
    public static void main(String args[]){
        Date oday1=new Date();             //默认参数的构造方法
        Date oday2=new Date(2016,6,26);    //指定参数的构造方法
        Date oday3=new Date(oday2);        //由已知对象创建新对象的构造方法
        oday1.print();
        oday2.print();
        oday3.print();
    }
}
```

2. static

关键字 static 在 Java 类中用于声明静态变量和静态方法。

1）静态变量

在 Java 类中,静态变量在系统内存中仅有一个副本,运行时 Java 虚拟机只为静态变量分配一次内存,在加载类的过程中完成静态变量的内存分配,而不是在类的实例化阶段完成静态变量的内存分配。静态变量可以直接通过类名访问,又称为类变量。一般在 Java 类中,静态变量都是常量。例如:

```
public static final double PI=Math.PI;
```

2）静态方法

被 static 修饰的方法就是静态方法，又称为类方法。使用类方法不用创建类的对象。调用这个方法时，应该使用类名作为前缀，而不是某一个具体的对象名。非 static 的方法是对象方法（或称为实例方法）。

静态方法的调用格式如下：

```
类名.方法名;
```

【例 4-5】 静态方法示例（StaticTest. java）

```
/*
   功能简介：使用 Java 类库的静态方法以及自定义的静态方法，熟悉静态方法的使用。
 */
public class StaticTest {
      //main()方法是静态方法，静态方法无须实例化对象就可直接使用
      public static void main(String[] args) {
          /*调用 Math 类的 round()静态方法，其功能是对参数值进行四舍五入处理，并将处理
            的结果返回。*/
          System.out.println(Math.round(2.56));
          String s=toChar(5.678);      //调用 StaticTest 类中定义的 toChar()静态方法
          System.out.println("e="+s);
      }
      public static String toChar(double  x)      //声明静态方法
      {
          /*调用 Double 类的 toString()静态方法，其功能是将 Double 类型的参数值转换为
            String 类型并返回。*/
          return Double.toString(x);
      }
}
```

3. final

final 用于声明变量、类和方法。

1）常量

声明 final 变量，表示它们在声明之后不能修改，并且在声明时必须初始化。这样的变量表示常量值。

例如：

```
public final static int TOW=2;
```

2）声明 final 类

声明为 final 的类不能是父类或超类。final 类中的所有方法都是隐式的 final 方法。类 String 是 final 类，它不能被扩展。声明 final 类还能防止程序员创建绕过安全限制的子类。例如：

```
public final class Math extends Object      //数学类，最终类
```

Java API 中的大多数类没有声明为 final,这保证了继承和多态的实现,它们是面向对象编程的基本元素。然而,在某些情况下,例如出于安全性的需要,声明 final 类也是很重要的。

3) final 方法

父类或超类中的 final 方法不能在子类中被覆盖,声明为 private 的方法是隐含的 final 方法,因为不能在子类中覆盖 private 方法(尽管子类可以声明一个新的同名的方法)。声明为 static 的方法也是隐含的 final 方法,因为 static 方法也不能被覆盖。final 方法的声明永远不能改变,因此所有子类使用同样的方法实现,并且对 final 方法的调用在编译时展开,这种方式称为静态绑定。由于编译器知道 final 方法不能被覆盖,所以它可在每个方法处用声明的扩展代码替换 final 方法的调用,从而实现优化。例如:

```
public class Circle extends Graphics
{
    public final double area()              //最终方法,不能被子类覆盖
    {
        return Math.PI * this.radius * this.radius;
    }
}
```

4. instanceof

instanceof 关键字是对象运算符,用于判断一个对象是否属于指定类或其子类,返回 boolean 类型。例如:

```
Date oday2=new Date(2016,6,26);             //参考例 4-4
oday2 instanceof Date;                      //结果为 true,oday2 是 Date 的对象
```

4.4 类的继承性

继承是软件重用的一种形式,在声明新类时复用现有类的成员,也可赋予其新的功能,或修改原有的功能。通过继承,程序员在程序开发中利用已验证和调试过的高质量软件,可节省开发时间,也使系统更有可能得到有效的实现。

4.4.1 父类和子类

1. 继承的概念

当程序员创建类时,可以指定新类从现有类中继承某些成员,而不需要完全从头开始声明新的成员。这个现有类称为超类或父类,新创建的类称为子类。子类也可以成为其他类的超类或父类。

通常子类会添加自己的变量和方法,因此子类比其超类或父类更详细,可以表示更为特定的对象。典型的情况是,子类既有父类的功能,又有其专门的性能。

新类可以由类库中的类继承。许多开发组织都开发了自己的类库,也可以利用其他可用的类库。也许有那么一天,最新的软件将由标准的可重用组件构造,就像今天的汽车和许多计算机硬件一样,这样有利于开发出更强大、丰富并且更经济的软件。

继承性在父类和子类之间建立起联系。子类自动拥有父类的全部成员，包括成员变量和成员方法，使父类成员得以传承和延续；子类可以更改父类的成员，使父类成员适应新的需求；子类也可以增加自己的成员，使类的功能得以扩充。但是，子类不能删除父类的成员。

Java 中的类都是 Object 的子类，即使在定义类时没有声明父类，Java 也会自动将类定义为 Object 的子类，Object 类是 Java 类库中提供的类。

Java 语言只支持单重继承，可以通过接口实现多重继承。在单重继承中父类与子类是一对多的关系。一个子类只有一个父类；一个父类可以有多个子类，每个子类又可以作为父类再定义自己的子类。

继承是实现软件可重用性的一种重要方式，继承增强了软件的可扩充能力，提高了软件的可维护性。后代类继承祖先类的成员，使祖先类的优良特性得以代代相传。如果更改祖先类中的内容，这些修改过的内容将直接作用于后代类，后代类本身无须进行维护工作。同时，后代类还可以增加自己的成员，从而不断地扩充功能，或者重写祖先类的方法，让祖先类的方法适应新的需求。因此，通常将通用性的功能设计在祖先类中，而将特殊性的功能设计在后代类中。

2. 继承原则

类的继承包括以下基本原则。

(1) 子类继承父类的所有的成员变量，包括实例成员变量和类成员变量。

(2) 子类继承父类除构造方法以外的成员方法，包括实例成员方法和类成员方法。因为父类构造方法创建的是父类对象，子类必须声明自己的构造方法，创建子类自己的对象。

(3) 子类不能删除父类的成员。

(4) 子类虽然继承了父类的私有成员，但子类不能使用父类的私有权限的成员(私有变量、私有方法)。

(5) 子类可以增加自己的成员变量和成员方法。

(6) 子类可以重定义父类成员。

4.4.2 子类的声明与方法的覆盖

1. 子类的声明

在 Java 语言中，子类对父类的继承是通过类的声明用关键字 extends 来实现的。

子类声明的语法格式如下：

```
[修饰符] class 类 [extends 父类] [implements 接口列表]
```

其中，extends 说明当前声明的类将要继承父类的属性和方法。父类中哪些属性和方法将被继承取决于父类对成员的访问控制。

子类对父类的私有成员没有访问权限。子类对父类的公有成员和保护成员具有访问权限。子类对父类的默认权限成员的访问分两种情况，对同一包中父类的默认权限成员具有访问权限，而对不同包中父类的默认权限成员则没有访问权限。

类中成员的访问权限体现了类封装的信息隐蔽原则：如果类中成员仅限于该类自己使用，则声明为 private；如果类中成员允许子类使用，则声明为 protected；如果类中成员没有权限限制，所有类均可使用，则声明为 public。例如：

```
public class Student extends Person {        //该类继承已有的类 Person
    String 专业;                              //该类添加新的属性
}
```

2. 子类方法的覆盖

如果父类成员适用于子类,则子类不需要重新定义父类成员,此时子类继承了父类的成员变量和成员方法,子类对象引用的是父类定义的成员变量,调用的是父类定义的成员方法。

如果从父类继承来的成员不适合于子类,子类不能删除它们,但可以重新定义它们,扩充父类成员方法的功能使父类成员能够适应子类新的需求。

在面向对象的程序设计中,子类可以改写从父类继承来的某个方法,形成与父类方法同名、解决的问题也相似,但具体实现和功能却不尽一致的新方法。

定义与父类完全相同的方法以实现对父类方法的覆盖时,必须注意以下几点。

(1) 完全相同的方法名。

(2) 完全相同的参数列表。

(3) 完全相同的返回值类型。

注意: 在满足上述 3 个条件的同时,还必须保证访问权限不能缩小。

上述 3 个条件有一个不满足,就不是方法的覆盖,而是子类自己定义的与父类无关的方法,父类的方法未被覆盖,因而仍然存在。

调用父类被覆盖的方法的格式如下:

```
super.方法名;
```

4.4.3 super

在子类的方法中,可以使用关键字 super 调用父类的成员。super 的使用有两种方法。

1. 调用父类的构造方法

父类的构造方法不能够被继承,但在子类的构造方法体中,可以使用 super 调用父类的构造方法。语法格式如下:

```
super([参数列表]);
```

其中,参数列表是父类构造方法的参数列表。

2. 调用父类的同名成员

子类继承父类的成员,当子类没有重定义父类成员时,不存在同名成员问题。子类对象访问的都是父类声明的成员变量,调用的也都是父类定义的成员方法,所以不需要使用 super。

当子类重定义了父类成员时,则存在同名成员问题。此时,在子类方法体中,成员变量和成员方法均默认为子类的成员变量或成员方法。如果需要引用父类的同名成员,则需要使用 super 引用。在以下两种同名成员情况下,需要使用 super 引用。

1) 子类隐藏父类的成员变量

当子类成员变量隐藏父类的同名成员变量时,如果需要访问被子类隐藏的父类的同名成员变量，需要使用 super 指代父类的同名成员变量。语法格式如下：

```
super.成员变量;
```

2) 子类覆盖父类成员方法

当子类成员方法覆盖父类同名成员方法时，如果需要调用被子类覆盖的父类成员方法，则可以使用 super 调用父类的同名成员方法。语法格式如下：

```
super.成员方法([参数列表]);
```

4.4.4 类的封装性和继承性的程序应用

下面以开发某公司员工工资管理的应用程序为例，讨论封装性以及父类和子类之间的继承关系。假设该公司有两类员工：一类是按销售额提成的员工，可以作为父类；另一类是带底薪加销售额提成的员工。下面讨论两种员工之间的关系，分为 5 个例子来讨论。

第一个例子中声明类 CommissionEmployee，并将姓名、工号、提成率和总销售额声明为 private 变量。

第二个例子声明类 BasePlusCommissionEmployee，并将姓名、工号、提成率、总销售额和底薪声明为 private 变量。这个类是单独编写的，如果从类 CommissionEmployee 继承，则创建这个类的效率将大大提高。

第三个例子声明 BasePlusCommissionEmployee2 类，它是对 CommissionEmployee 类的扩展，并继承该类。它试图访问 CommissionEmployee 类的 private 成员，这会导致编译错误，因为子类不能访问父类的 private 变量。

第四个例子表明，如果 CommissionEmployee 类的变量声明为 protected，扩展 CommissionEmployee 类的 BasePlusCommissionEmployee3 类就可以直接使用这些数据值。为此，将 CommissionEmployee2 类的变量声明为 protected。两个 BasePlusCommissionEmployee 类有完全相同的功能，但从下面可以看出 BasePlusCommissionEmployee3 类更易于创建和管理。

使用 protected 变量会带来一些潜在的问题。首先是子类可以不用 set 方法就为继承变量直接赋值，从而使子类对象可能将无效值赋给继承变量，使对象处于矛盾的状态中。例如，假设将 CommissionEmployee2 的变量 grossSales 声明为 protected，子类对象（如 BasePlusCommissionEmployee3）就可以将一个赋值赋给 grossSales。使用 protected 变量带来的第二个问题是，子类的代码编写很可能依赖于父类的数据操作。实际上，子类应该只依赖于父类的服务（即非 private 方法），而不依赖于父类的数据。如果父类中有 protected 变量，则当改变父类的实现时，就可能必须修改所有子类。第三个问题是，类的 protected 成员对同一程序包中的所有类都是可见的，通常人们并不希望这样。

使用 protected 时应注意以下 3 点。

(1) 当父类的方法应当只由其子类和同一包中的其他类使用时，使用 protected 访问修饰符。

(2) 将父类的变量声明为 private（而不是 protected），可以使父类改变对它的操作时不会影响子类的实现。

(3) 只要可能，就不要在父类中使用 protected 变量，而是提供能够访问 private 变量的非 private 方法，这样可以确保类中的对象处于一致的状态。

第五个例子将 CommissionEmployee2 类中的变量重新设置为 private，以保证良好的软件工程特性。然后通过扩展 CommissionEmployee3 类创建一个 BasePlusCommissionEmployee4 类，它用 CommissionEmployee3 类的 public 方法来操作 CommissionEmployee3 类的 private 变量。

第一个例子有两个类，如例 4-6 和例 4-7 所示。

【例 4-6】 第一个例子(CommissionEmployee. java)

```
/*
    功能简介：封装按销售额提成的员工基本信息。
*/
public class CommissionEmployee{
    private String name;                    //员工姓名
    private String ID;                      //员工工号
    private double grossSales;              //销售额
    private double commissionRate;          //提成率
    public CommissionEmployee(String name, String ID, double sales, double rate){
        this.name=name;
        this.ID=ID;
        setGrossSales(sales);
        setCommissionRate(rate);
    }
    public void setName(String name){
        this.name=name;
    }
    public String getName(){
        return name;
    }
    public void setID(String ID){
        this.ID=ID;
    }
    public String getID(){
        return ID;
    }
    public void setGrossSales(double sales){
        grossSales=(sales<0.0)?0.0:sales;
    }
    public double getGrossSales(){
        return grossSales;
    }
    public void setCommissionRate(double rate){
        commissionRate=(rate>0.0&&rate<1.0)?rate:0.0;
    }
    public double getCommissionRate(){
        return commissionRate;
```

```
    }
    public double earnings(){
        return commissionRate * grossSales;
    }
    public String toString(){
        return String.format("%s: %s\n%s: %s\n%s: %.2f\n%s: %.2f", "员工姓名",
            name, "员工工号", ID, "销售额", grossSales, "提成率", commissionRate );
    }
}
```

【例 4-7】 第一个例子(CommissionEmployeeTest.java)

```
/*
    功能简介:用于测试例 4-6。
*/
public class CommissionEmployeeTest{
    public static void main(String args[]){
        CommissionEmployee employee=new CommissionEmployee("小李子", "010001",
            1000000, .06 );
        System.out.println("员工基本情况如下: \n");
        System.out.printf("%s %s\n", "员工姓名",employee.getName());
        System.out.printf("%s %s\n", "员工工号", employee.getID());
        System.out.printf("%s %.2f\n", "销售额", employee.getGrossSales());
        System.out.printf("%s %.2f\n", "提成率",employee.getCommissionRate());
        System.out.printf("%s %.2f\n", "员工工资",employee.earnings());
        employee.setGrossSales(500);
        employee.setCommissionRate(.1);
        System.out.printf("\n%s:\n\n%s\n","更新以后的员工信息", employee );
        System.out.printf("%s %.2f\n", "员工工资",employee.earnings());
    }
}
```

第二个例子有两个类,如例 4-8 和例 4-9 所示。

【例 4-8】 第二个例子(BasePlusCommissionEmployee.java)

```
/*
    功能简介:封装按销售额提成加底薪的员工基本信息。
*/
public class BasePlusCommissionEmployee{
    private String name;
    private String ID;
    private double grossSales;
    private double commissionRate;
    private double baseSalary;             //底薪
    public BasePlusCommissionEmployee(String name, String ID, double sales, double
        rate,double salary){
        this.name=name;
```

```
        this.ID=ID;
        setGrossSales(sales);
        setCommissionRate(rate);
        setBaseSalary(salary);
    }
    public void setName(String name){
        this.name=name;
    }
    public String getName(){
        return name;
    }
    public void setID(String ID){
        this.ID=ID;
    }
    public String getID(){
        return ID;
    }
    public void setGrossSales(double sales){
        grossSales=(sales<0.0)?0.0:sales;
    }
    public double getGrossSales(){
        return grossSales;
    }
    public void setCommissionRate(double rate){
        commissionRate=(rate>0.0&&rate<1.0)?rate:0.0;
    }
    public double getCommissionRate(){
        return commissionRate;
    }
    public void setBaseSalary(double salary){
        baseSalary=(salary<0.0) ?0.0:salary;
    }
    public double getBaseSalary(){
        return baseSalary;
    }
    public double earnings(){
        return baseSalary+(commissionRate*grossSales);
    }
    public String toString(){
        return String.format("%s: %s\n%s: %s\n%s: %.2f\n%s: %.2f\n%s: %.2f","
          员工姓名",name,"员工工号",ID,"销售额",grossSales,"提成率",
          commissionRate,"基本底薪",baseSalary);
    }
}
```

【例 4-9】 第二个例子(BasePlusCommissionEmployeeTest. java)

```
/*
    功能简介:用于测试例 4-8。
*/
public class BasePlusCommissionEmployeeTest{
    public static void main(String args[]){
        BasePlusCommissionEmployee employee=new BasePlusCommissionEmployee
            ("小李子", "010001", 1000000, .06,1600);
        System.out.println("员工基本情况如下: \n" );
        System.out.printf("%s %s\n", "员工姓名",employee.getName());
        System.out.printf("%s %s\n", "员工工号", employee.getID());
        System.out.printf("%s %.2f\n", "销售额", employee.getGrossSales());
        System.out.printf("%s %.2f\n", "提成率",employee.getCommissionRate());
        System.out.printf("%s %.2f\n", "底薪",employee.getBaseSalary());
        System.out.printf("%s %.2f\n", "员工工资",employee.earnings());
        employee.setGrossSales(2000);
        System.out.printf("\n%s:\n\n%s\n","更新以后的员工信息", employee.toString());
        System.out.printf("%s %.2f\n", "员工工资",employee.earnings());
    }
}
```

第三个例子如例 4-10 所示。

【例 4-10】 第三个例子(BasePlusCommissionEmployee2. java)

```
/*
    功能简介:利用继承性,通过继承 CommissionEmployee 类定义新类。
*/
public class BasePlusCommissionEmployee2 extends CommissionEmployee{
    private double baseSalary;
    public BasePlusCommissionEmployee2(String name, String ID, double sales,
        double rate, double salary){
        super(name, ID, sales, rate);
        setBaseSalary(salary);
    }
    public void setBaseSalary(double salary ){
        baseSalary=(salary<0.0)?0.0:salary;
    }
    public double getBaseSalary(){
        return baseSalary;
    }
    public double earnings(){
        //私有变量不能被别的类访问
        return baseSalary+(commissionRate*grossSales);
    }
    public String toString(){
        return String.format("%s: %s\n%s: %s\n%s: %.2f\n%s: %.2f\n%s: %.2f",
            "员工姓名",name,"员工工号",ID,"销售额",grossSales,"提成率",
```

```
            commissionRate,"基本底薪",baseSalary);
    }
}
```

第四个例子包含 3 个类,如例 4-11～例 4-13 所示。

【例 4-11】 第四个例子(CommissionEmployee2.java)

```
/*
    功能简介:封装按销售额提成的员工基本信息。
 */
public class CommissionEmployee2{
    protected String name;
    protected String ID;
    protected double grossSales;        //销售额
    protected double commissionRate;   //提成率
    public CommissionEmployee2(String name, String ID, double sales, double rate){
        this.name=name;
        this.ID=ID;
        setGrossSales(sales);
        setCommissionRate(rate);
    }
    public void setName(String name){
        this.name=name;
    }
    public String getName(){
        return name;
    }
    public void setID(String ID){
        this.ID=ID;
    }
    public String getID(){
        return ID;
    }
    public void setGrossSales(double sales){
        grossSales=(sales<0.0)?0.0:sales;
    }
    public double getGrossSales(){
        return grossSales;
    }
    public void setCommissionRate(double rate){
        commissionRate=(rate>0.0&&rate<1.0)?rate:0.0;
    }
    public double getCommissionRate(){
        return commissionRate;
    }
    public double earnings(){
```

```
        return commissionRate * grossSales;
    }
    public String toString(){
        return String.format("%s: %s\n%s: %s\n%s: %.2f\n%s: %.2f", "员工姓名",
            name, "员工工号", ID, "销售额", grossSales, "提成率", commissionRate);
    }
}
```

【例 4-12】 第四个例子(BasePlusCommissionEmployee3.java)

```
/*
    功能简介:利用继承性,通过继承 CommissionEmployee2 类定义新类。
*/
public class BasePlusCommissionEmployee3 extends CommissionEmployee2{
    private double baseSalary;
    public BasePlusCommissionEmployee3 (String name, String ID, double sales,
            double rate, double salary){
        super(name, ID, sales, rate);
        setBaseSalary(salary);
    }
    public void setBaseSalary( double salary ){
        baseSalary=( salary<0.0 ) ?0.0 : salary;
    }
    public double getBaseSalary(){
        return baseSalary;
    }
    public double earnings(){
        return baseSalary+(commissionRate * grossSales);
    }
    public String toString(){
        return String.format("%s: %s\n%s: %s\n%s: %.2f\n%s: %.2f\n%s: %.2f", "员工
            姓名", name, "员工工号", ID, "销售额", grossSales, "提成率",
            commissionRate, "基本底薪",baseSalary);
    }
}
```

【例 4-13】 第四个例子(BasePlusCommissionEmployeeTest3.java)

```
/*
    功能简介:用于测试例 4-12。
*/
public class BasePlusCommissionEmployeeTest3{
    public static void main(String args[]){
        BasePlusCommissionEmployee3 employee=new BasePlusCommissionEmployee3
            ("小李子", "010001", 1000000, .06,1600);
        System.out.println("员工基本情况如下:\n");
        System.out.printf("%s %s\n", "员工姓名",employee.getName());
```

```
        System.out.printf("%s %s\n", "员工工号", employee.getID());
        System.out.printf("%s %.2f\n", "销售额", employee.getGrossSales());
        System.out.printf("%s %.2f\n", "提成率",employee.getCommissionRate());
        System.out.printf("%s %.2f\n", "底薪",employee.getBaseSalary());
        System.out.printf("%s %.2f\n", "员工工资",employee.earnings());
        employee.setGrossSales(2000);
        System.out.printf("\n%s:\n\n%s\n", "更新以后的员工信息", employee.toString());
        System.out.printf("%s %.2f\n", "员工工资",employee.earnings());
    }
}
```

第五个例子包含 3 个类,如例 4-14～例 4-16 所示。

【例 4-14】 第五个例子(CommissionEmployee3. java)

```
/*
    功能简介:封装按销售额提成的员工基本信息。
*/
public class CommissionEmployee3{
    private String name;
    private String ID;
    private double grossSales;          //销售额
    private double commissionRate;      //提成率
    public CommissionEmployee3(String name, String ID, double sales, double rate) {
        this.name=name;
        this.ID=ID;
        setGrossSales(sales);
        setCommissionRate(rate);
    }
    public void setName(String name){
        this.name=name;
    }
    public String getName(){
        return name;
    }
    public void setID(String ID){
        this.ID=ID;
    }
    public String getID(){
        return ID;
    }
    public void setGrossSales(double sales){
        grossSales=(sales<0.0)?0.0:sales;
    }
    public double getGrossSales(){
        return grossSales;
    }
```

```
    public void setCommissionRate(double rate){
        commissionRate=(rate>0.0&&rate<1.0)?rate:0.0;
    }
    public double getCommissionRate(){
        return commissionRate;
    }
    public double earnings(){
        return getCommissionRate()*getGrossSales();
    }
    public String toString(){
        return String.format("%s: %s\n%s: %s\n%s: %.2f\n%s: %.2f","员工姓名",
          getName(),"员工工号",getID(),"销售额",getGrossSales(),"提成率",
            getCommissionRate());
    }
}
```

【例 4-15】 第五个例子(BasePlusCommissionEmployee4.java)

```
/*
    功能简介：利用继承性,通过继承 CommissionEmployee3 类定义新类。
*/
public class BasePlusCommissionEmployee4 extends CommissionEmployee3{
    private double baseSalary;
    public BasePlusCommissionEmployee4 (String name, String ID, double sales,
                                        double rate, double salary){
        super(name,ID,sales,rate);
        setBaseSalary(salary);
    }
    public void setBaseSalary(double salary ){
        baseSalary=(salary<0.0) ?0.0:salary;
    }
    public double getBaseSalary(){
        return baseSalary;
    }
    public double earnings(){
         return getBaseSalary()+super.earnings();
    }
    public String toString(){
        return String.format( "%s %s\n%s: %.2f", "带底薪",
            super.toString(), "底薪", getBaseSalary());
    }
}
```

【例 4-16】 第五个例子(BasePlusCommissionEmployeeTest4.java)

```
/*
    功能简介：用于测试例 4-15。
```

```
*/
public class BasePlusCommissionEmployeeTest4{
    public static void main(String args[]){
        BasePlusCommissionEmployee4 employee=new BasePlusCommissionEmployee4
            ("小李子", "010001", 1000000, .06,1600);
        System.out.println("员工基本情况如下: \n");
        System.out.printf("%s %s\n", "员工姓名",employee.getName());
        System.out.printf("%s %s\n", "员工工号", employee.getID());
        System.out.printf("%s %.2f\n", "销售额", employee.getGrossSales());
        System.out.printf("%s %.2f\n", "提成率",employee.getCommissionRate());
        System.out.printf("%s %.2f\n", "底薪",employee.getBaseSalary());
        System.out.printf("%s %.2f\n", "员工工资",employee.earnings());
        employee.setGrossSales(2000);
        System.out.printf("\n%s:\n\n%s\n","更新以后的员工信息", employee.toString());
        System.out.printf("%s %.2f\n", "员工工资",employee.earnings());
    }
}
```

4.5 类的多态性

类的多态性提供了类中的方法设计的灵活性和执行的多样性。通过多态,就能"对通用情况进行编程",而不是"对特定情况进行编程"。多态的特别之处是使程序能够处理类层次中共享同一父类的对象,就好像它们都是父类的对象一样。

4.5.1 多态性的概念

首先思考一个例子。科学家为了进行生物学研究开发了一个模拟动物运动的程序。类Fish、Frog 和 Bird 是要研究的 3 类动物。设想这些类都是从超类 Animal 扩展而来的, Animal 包含方法 move。每个子类都实现方法 move。为了模拟动物的运动,程序每秒向每个对象发送同一消息(move)。不同类型的 Animal 对 move 消息做出不同的响应,Fish 可能游 1m 远,Frog 可能跳 1.5m 远,而 Bird 可能飞 3m 高。程序对所有的动物对象发布相同的消息(move),对于同样的方法调用,依靠对象自己来表现出具体的特性,这是多态的关键概念,是术语"多态"的由来。

利用多态可以设计和实现可扩展的系统。新的类对程序的通用部分只需进行很少的修改或不做修改。程序中唯一必须修改的是有关新类的直接内容。例如,如果通过扩展 Animal 创建类 Tortoise(它对 move 消息的响应可能是爬行 20cm),就只需写出 Tortoise 类以及模拟运行的部分,而各类 Animal 的公共处理部分保持不变。

在面向对象语言中,多态性是指一个方法可以有多种实现版本,即"一种定义,多种实现"。对于一个方法的多种实现,在程序运行时,系统会根据方法的参数或调用方法的对象自动选择一个方法执行,不会产生混淆或混乱。例如,算术运算中不同类型的数据(整数、实数等)的混合运算就是一个典型的多态性应用。

类的多态性表现为方法的多态性,下面主要讨论在不同层次的类中以及在同一个类中多个同名方法之间的关系问题。方法的多态性主要有方法的重载和方法的覆盖。

4.5.2 方法的重载和覆盖

1. 方法的重载

重载(overload)是指同一个类中的多个方法可以同名,但参数列表必须不同。

重载表现为同一个类中方法的多态性。一个类中可以定义多个参数不同的同名方法。在程序运行时,究竟执行重载同名方法中的哪一个方法,取决于调用该方法时实际参数的个数、参数的数据类型和参数的次序。

2. 方法的覆盖

覆盖(override)是指子类重新定义了超类或父类中的同名方法。

覆盖表现为父类与子类之间方法的多态性。如果一个父类方法不适用于子类,子类可以重新定义它,即声明并实现父类中的同名方法并且参数列表也完全相同,则父类和子类具有两个同名方法,此时称子类方法覆盖了父类方法。子类方法覆盖父类方法时,既可以完全重新定义,也可以在父类方法的基础上进一步增加功能。

在程序运行时究竟执行同名覆盖方法中的哪一个方法,取决于调用该方法的对象所属的类是父类还是子类。Java 寻找执行方法的原则是:从对象所属的类开始寻找匹配的方法执行;如果当前类中没有匹配方法,则逐层向上依次在父类或祖先类中寻找匹配方法,直到 Object 类。

从类的使用者角度看,方法的多态性使类及其子类具有统一的风格,不但同一个类中具有相同含义的多个方法可以共用同一个方法名,而且父类与子类之间具有相同含义的多个方法也可以共用同一个方法名。

从类的设计者角度看,类的继承性和方法的多态性使类更易于扩充功能,同时增强了软件的可维护性。

4.5.3 多态性程序应用

下面采用多态方法实现一个工资支付程序,使用抽象类,根据员工的类型多态地计算其应得的工资。

该企业有 4 类员工:领固定周薪的员工、按销售额提成的员工、带底薪并按销售额提成的员工,以及计时取酬的员工(如果一周工时超过 40 小时,则还需对额外的工时支付加班费)。目前,公司决定对带底薪并按销售额提成的员工增加 15%的底薪。该公司要开发一个 Java 应用程序,多态地进行工资计算。

本程序用抽象类 Employee 来表示广义的员工,并作为父类,如例 4-17 所示。类 SalariedEmployee 如例 4-18 所示,类 CommissionEmployee 如例 4-19 所示,类 HourlyEmployee 如例 4-20 所示,都继承类 Employee。最后一类员工用类 BasePlusCommissionEmployee 表示,如例 4-21 所示,它由类 CommissionEmployee 扩展而来。类的层次如图 4-1 所示。

【例 4-17】 多态性程序(Employee. java)

```
/*
    功能简介:声明一个抽象类,封装公司员工的基本信息,包括员工姓名和工号。声明的
    toString()方法用于返回员工姓名和工号。抽象方法 earnings()约定所有子类的共同的方
```

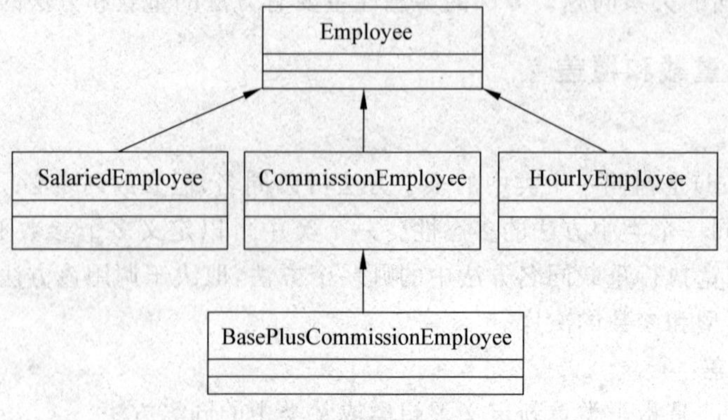

图 4-1　员工层次图

法。有关抽象类和抽象方法的内容请参考 4.7 节。

```
*/
public abstract class Employee{
    private String name;                    //员工姓名
    private String ID;                      //员工工号
    public Employee(String name, String ID){
        this.name=name;
        this.ID=ID;
    }
    public void setName(String name){
        this.name=name;
    }
  public String getName(){
     return name;
    }
    public void setID(String ID){
        this.ID=ID;
    }
    public String getID(){
        return ID;
    }
    public String toString(){
        return String.format ("%s:%s\n%s:%s\n","员工姓名",getName(),"员工工号",
                            getID());
    }
    public abstract double earnings(); //声明抽象方法
}
```

【例 4-18】 多态性程序(SalariedEmployee. java)

```
/*
    功能简介:继承父类 Employee,声明周薪员工类的信息并计算该类员工工资。
*/
```

```
public class SalariedEmployee extends Employee{
    private double weeklySalary;          //员工周薪
    public SalariedEmployee(String name,String ID,double salary){
        super(name,ID);
        setWeeklySalary(salary);
    }
    public void setWeeklySalary(double salary){
        weeklySalary=salary<0.0?0.0:salary;
    }
    public double getWeeklySalary(){
        return weeklySalary;
    }
    public double earnings()              //覆盖父类的方法
    {
        return getWeeklySalary();
    }
    //覆盖父类的方法,调用父类的 toString()方法,并扩展父类的方法
    public String toString(){
        return String.format("周薪员工工资:\n %s %s: %,.2f",
            super.toString(), "工资", getWeeklySalary());
    }
}
```

【例 4-19】 多态性程序(CommissionEmployee.java)

```
/*
    功能简介:继承父类 Employee,声明销售提成类员工的信息并计算该类员工工资。
*/
public class CommissionEmployee extends Employee{
    private double grossSales;            //销售额
    private double commissionRate;        //提成率
    public CommissionEmployee(String name,String ID,double sales, double rate){
        super(name,ID);
        setGrossSales(sales);
        setCommissionRate(rate);
    }
    public void setCommissionRate(double rate){
        commissionRate=(rate>0.0&&rate<1.0)?rate:0.0;
    }
    public double getCommissionRate(){
        return commissionRate;
    }
    public void setGrossSales(double sales){
        grossSales=(sales<0.0)?0.0:sales;
    }
    public double getGrossSales(){
```

```
        return grossSales;
    }
    public double earnings(){                    //覆盖父类的方法
        return getCommissionRate() * getGrossSales();
    }
    //覆盖父类的方法,调用父类的 toString()方法,并扩展父类的方法
    public String toString(){
        return String.format("%s: \n%s\n%s: %,.2f; %s: %.2f","销售提成员工工资",
            super.toString(),"销售额",getGrossSales(),"提成率", getCommissionRate());
    }
}
```

【例 4-20】 多态性程序(HourlyEmployee.java)

```
/*
    功能简介:继承父类 Employee,声明小时工类员工信息并计算该类员工工资。
*/
public class HourlyEmployee extends Employee{
    private double wage;                         //每小时工资
    private double hours;                        //工作小时数
    public HourlyEmployee (String name,String ID,double hourlyWage, double
        hoursWorked){
        super(name,ID);
        setWage(hourlyWage);
        setHours(hoursWorked);
    }
    public void setWage(double hourlyWage){
        wage=(hourlyWage<0.0) ?0.0:hourlyWage;
    }
    public double getWage(){
        return wage;
    }
    public void setHours(double hoursWorked){
        hours=((hoursWorked>=0.0) && (hoursWorked<=168.0))?hoursWorked:0.0;
    }
    public double getHours(){
        return hours;
    }
    public double earnings(){
        if (getHours()<=40)
            return getWage() * getHours();
        else
            return 40 * getWage()+(getHours()-40) * getWage() * 1.5;
    }
    public String toString(){
        return String.format( "钟点工员工工资:\n %s%s: $ %,.2f; %s: %,.2f",
```

```
            super.toString(), "工资", getWage(), "多少小时", getHours());
    }
}
```

【例 4-21】 多态性程序(BasePlusCommissionEmployee. java)

```
/*
    功能简介:继承父类 CommissionEmployee,声明底薪加提成类员工信息并计算该类员工工资。
 */
public class BasePlusCommissionEmployee extends CommissionEmployee{
    private double baseSalary;          //底薪
    public BasePlusCommissionEmployee (String name,String ID,double sales, double
        rate,double salary){
        super(name,ID,sales,rate);
        setBaseSalary(salary);
    }
    public void setBaseSalary(double salary){
        baseSalary=(salary<0.0)?0.0:salary;
    }
    public double getBaseSalary(){
        return baseSalary;
    }
    public double earnings(){
        return getBaseSalary()*1.15+super.earnings();
    }
    public String toString(){
        return String.format("%s %s; %s: $ %,.2f","底薪加提成员工工资",super.
            toString(), "底薪", getBaseSalary());
    }
}
```

【例 4-22】 多态性程序(PayrollSystemTest. java)

```
/*
    功能简介:测试以上类的功能。
 */
public class PayrollSystemTest {
    public static void main(String args[]) {
        SalariedEmployee salariedEmployee=new
            SalariedEmployee("军霞","010010",1000.00);
        HourlyEmployee hourlyEmployee=new
            HourlyEmployee("育熙","010011",99,40);
        CommissionEmployee commissionEmployee=new
            CommissionEmployee("文冰","010012",30000,.06);
        BasePlusCommissionEmployee basePlusCommissionEmployee=new
            BasePlusCommissionEmployee("江伟","010013",1000, .04,300 );
        System.out.println( "员工工资情况如下: \n");
```

```
        System.out.printf("%s\n%s: %,.2f\n\n",salariedEmployee,
            "工资",salariedEmployee.earnings());
        System.out.printf("%s\n%s: %,.2f\n\n",hourlyEmployee,
            "工资",hourlyEmployee.earnings());
        System.out.printf("%s\n%s: %,.2f\n\n",commissionEmployee,
            "工资", commissionEmployee.earnings());
        System.out.printf( "%s\n%s: %,.2f\n\n",basePlusCommissionEmployee,
            "工资", basePlusCommissionEmployee.earnings());
    }
}
```

4.6 包

由于 Java 编译器为每个类生成一个字节码文件,且文件名与类名相同,因此同名的类有可能发生冲突。为了解决这一问题,Java 提供包来管理类名空间,包实际提供了一种命名机制和可见性限制机制。

在 Java 的系统类库中,把功能相似的类放到一个包(package)中。例如,事件处理类放在 java. awt 包中,与网络功能有关的类放到 java. net 包中。用户自己编写的类(指. class 文件)也应该按照功能放在由程序员自己命名的相应的包中。

4.6.1 包的概念

在一个 Java 源程序文件(*. java)中可以声明多个类,每个类编译后均生成一个字节码文件。在程序运行中,当一个类需要引用另一个类时,Java 虚拟机默认在当前文件夹中寻找。当一个文件夹中的类较多时,显然存在类的命名问题。与 Windows 文件系统对文件的命名原则一样,同一个文件夹中的字节码文件名必须不同。

为解决字节码文件存放和类命名的问题,Java 提供了包机制。

从逻辑概念看,包是类的集合,一个包中包含多个类;从存储概念看,包是类的组织方式,一个包对应一个文件夹,一个文件夹中包含多个字节码文件。

包与类的关系,就像文件夹与文件的关系一样。包中还可以再包含包,称为包等级,每个包对应一个文件夹。

Java 系统提供了很多已经写好的包:数学计算、输入输出、字符串操作等。应尽量利用已有的包以避免重复工作。Java 常用包如表 4-2 所示。如需了解包以及包中类的详细功能,请参考 Java API。

表 4-2 Java 常用包

包　名	功　能
java. lang	核心类库,包含 Java 语言必需的系统类,如 Object 类、基本数据类型封装类、字符串类、数学运算类、异常处理类和线程类等
java. util	工具类库,包含日期类、集合类等
java. awt	图形用户界面的类库,包括组件、时间、绘图功能等的类

续表

包　名	功　能
java.applet	编写 Applet 应用程序的类
java.text	各种文本和日期格式等的类
java.io	标准输入输出流、文件操作等的类
java.net	网络编程等有关的类库,如 Socket 通信等
java.sql	数据库编程的类库
javax.net	高级功能的网络编程的类库
javax.sql	高级功能的数据库编程的类库
java.swing	高级功能的图形用户界面的类库

4.6.2 包的创建和包对文件的管理

1. 包的创建

使用包之前,首先需要创建包、声明类所在的包以及导入包等。

常见语法格式如下:

```
package 包名;
package 包名.子包名;
```

在一个源文件中,只能有一个 package 语句,且为第一个语句。包名可以有层次,以小数点分隔。包名一般全小写。例如:

```
package ch04.mypackage;          //声明所在的包
public class Student{
   ⋮
}
```

包在实际的实现过程中是与文件系统相对应的。例如,ch04.mypachage 所对应的目录是 path\ch04\mypachage,而 path 是在编译该源程序时指定的路径。

2. 包对文件的管理

可以将一组相关的类或接口封装在包里,从而更好地管理已经开发的 Java 代码。由于同一包中的类在默认情况下可以互相访问,所以为了方便编程和管理,通常把需要在一起工作的类放在一个包里。

利用包来管理类,便于类的组织、管理和引用(共享),可实现类的访问权限控制。

在一个 Java 程序的运行过程中,某些类会从 Internet 上自动下载,而用户并不知晓。所以在 Java 中需要名字空间的安全控制,以便建立唯一的类名。包用于类的名字空间管理。

作为包的设计人员,利用包来划分名字空间以避免类名冲突。一个包要放在指定目录下,包名本身又对应一个目录(用一个目录表示)。一个包可以包含若干个类文件,还可包含若干个包。

4.6.3 包的导入

如果在源程序中用到了除 java. lang 这个包以外的类，无论是 Java 语言提供的类还是自己定义的包中的类，都必须用 import 语句标识，以通知编译器在编译时找到相应的类文件。常用语法格式如下：

```
import 包名.类名;                    //引入指定的类
import 包名.* ;                      //引入包中的所有类
import 包名.子包名.* ;
```

import 语句必须出现在所有类定义之前。import 语句将所指定的包中的类引入当前的名字空间，即告诉编译器去哪里找程序中使用的类。例如：

```
import  java.util.* ;               //该语句引入整个包中的类
import  java.util.Vector ;          //该语句只引入 Vector 类
```

包中非内部的类或接口只有两种访问权限：public 和默认。

在类中成员的 4 种访问权限中，public 和 private 权限与包无关，而 protected 和默认权限与包有关。

4.7 抽象类与接口

4.7.1 抽象类

1. 抽象类和抽象方法的概念

通常，当谈到类时，人们总是认为程序将会创建该类的对象。但是，有时也需要声明永远不会被实例化的类，这样的类称为抽象类。因为它们只作为继承层次中的超类或父类使用，所以又称为抽象超类或父类。因为抽象类是不完整的，所以不能实例化抽象类的对象。子类必须声明出“缺少的部分”。

抽象类的基本目的是提供合适的父类，其他类可以继承它的公共部分。

不是所有继承层次中都有抽象类，但程序员的确经常编写只使用抽象父类类型的客户代码，以减少客户代码对特定子类的依赖。例如，可以编写一个方法，其参数为抽象父类类型，然后在调用它时给它传递一个具体类的对象，该类直接或间接扩展了父类。

抽象方法不提供具体实现。如果一个类中有抽象方法，则它必须声明为抽象类，即使类中还包含了具体(非抽象)方法。抽象父类的每个具体子类都必须为父类的抽象方法提供具体实现。构造方法和 static 方法不能声明为 abstract。构造方法不能继承，因此永远不会实现抽象构造方法，同样，子类不能覆盖 static 方法，因此也永远不会实现 static 方法。

抽象类声明类层次中所有类的共有属性和行为。抽象类通常包括一个或多个抽象方法，继承的子类必须覆盖这些抽象方法。抽象类的变量和具体方法遵循继承的一般规则。

实例化抽象类会产生编译错误。

尽管不能实例化抽象父类的对象，但是可以使用抽象父类声明的变量，并用它来保存由该抽象父类派生的任何具体类的对象引用。程序中经常使用这样的变量来多态地操作子类对象。也可以通过抽象父类名来调用抽象父类中声明的 static 方法。

抽象方法是只有方法头而没有方法体的方法;为所在抽象类的子类定义一个方法的接口标准,方法的具体实现在子类中完成。

一个抽象类的子类如果不是抽象类,则它必须为父类中的所有抽象方法实现方法体。

抽象类中可以定义一般方法和抽象方法,但抽象方法只能出现在抽象类中。

2. 声明抽象类与抽象方法

声明抽象类与抽象方法的格式如下:

```
public abstract class Student        //学生类,抽象类
{
    public abstract int 成绩();      //学期总成绩,抽象方法,分号";"必不可少
}
```

3. 抽象类与抽象方法的作用

抽象类不能创建实例,而且抽象方法没有具体实现,其作用在于以下 3 点。

(1) 抽象类的作用是让其子类来继承它所定义的属性及方法,以避免各子类重复定义这些相同的内容。程序员可以先建立抽象类(定义子类共有的属性及方法),再从抽象类派生出有具体特性的子类。

(2) 抽象类用于描述抽象的概念,抽象方法仅声明方法的参数和返回值,抽象方法的具体实现由抽象类的子类完成,子类必须覆盖父类的抽象方法。

(3) 抽象类声明的抽象方法约定了多个子类共用的方法声明,每个子类可以根据自身的实际情况给出抽象方法的具体实现,显然不同的子类可以用不同的方法实现。因此,一个抽象方法在多个子类中表现出多态性。抽象类提供了方法声明与方法实现相分离的机制,使得多个不同的子类能够表现出共同的行为能力。

有关抽象类与抽象方法的使用可参考 4.5.3 节。

4.7.2 接口

在之前的 JDK 版本中,接口(interface)被定义为由常量和抽象方法组成的特殊类。但在 JDK 8 中,接口中也可以定义非抽象方法了。

1. 接口的概念

以工资支付系统为例来说明接口的概念。假设公司希望开发一个支付程序以实现多种财务操作,除了计算员工的工资之外,还要计算各种发票(如购买物品的账单)的支付额。尽管员工和发票毫无关联,但对它们的操作都是计算某种支付额。对于员工而言,支付额是其工资额;对于发票来说,支付额是购买它列出的物品所要支付的总额。能不能在一个应用程序中多态地计算像员工工资和发票这样差别巨大的数据呢? Java 是否提供了让多个无关的类实现公共方法的机制呢? Java 的接口提供的正是这样的功能。接口定义事物之间的交互途径,并使之标准化。例如,收音机上的控制钮就是收音机内部元件与用户之间的接口,控制钮使用户能够进行有限的操作(例如,调台、调节音量以及在 AM 和 FM 间切换),不同收音机可以用不同方式进行控制(例如,按钮、旋钮或语音控制)。接口必须说明收音机允许用户进行哪些操作,但不指定如何实现这些操作。与之类似,手动挡车辆与司机之间的接口包括方向盘、变速杆、离合器踏板、加速器踏板和刹车踏板。几乎所有的手动挡车上都有同样

的接口,这使会开一种手动挡车的人能开差不多所有的手动挡车。尽管不同车上的部件看起来可能不同但它们的基本功能是一样的——使人驾驶车辆。软件对象也通过接口通信。Java 的接口描述了可被对象调用的所有方法,例如,告诉对象完成某项任务或返回一些信息。

在 Java 中,接口是一种引用数据类型。接口是一组常量和抽象方法、默认方法、静态方法的集合,其中,只有默认方法和静态方法有方法体。接口中的默认方法又称为虚拟扩展方法(Virtual extension methods)或 defender 方法。抽象方法的具体实现由实现接口的类完成,实现接口的类必须覆盖接口中的所有抽象方法。

2. 声明接口

接口也必须先声明后使用。接口的定义类似于类的创建。

接口的声明语法格式如下:

```
[public] interface 接口名 [extends 父接口]{
    [public] [static] [final] 数据类型 成员变量=常量值;
    [default] [public] [static][abstract] 返回值类型 成员方法[(参数列表)][;]
    [{
    ⋮
    }]
}
```

声明接口时应注意如下事项。

(1) interface 关键字是用来声明接口的。

(2) 接口中的属性即成员变量只能是常量。

(3) 方法的修饰符 default、static、abstract 在同一个方法声明中不能同时出现。

(4) default 方法、static 方法必须有方法体。

接口声明以关键字 interface 开始,它可以包含常量和抽象方法、默认方法、静态方法。与类不同的是,所有接口成员都必须为 public。接口中声明的所有抽象方法都隐含为 public abstract 方法,而所有的常量都隐含为 public static final。根据 Java 语言规范,声明接口抽象方法时不带关键字 public 和 abstract 是正确的风格,因为它们是多余的。类似地,声明常量时也不需要带关键字 public、static 以及 final,它们也是多余的。

接口是 public 类型的,因此与 public 类一样,它们通常在与接口同名的文件中声明,文件扩展名为 java。

例如:

```
public interface Plane                          //平面图形接口
{
    double PI=3.14;                             //常量
    public abstract double area();              //计算面积的抽象方法
    default void printMessage(){                //默认方法,输出提示信息
        System.out.println("平面图形接口!");
    }
    static void printArea(){                    //静态方法,输出默认的面积值
        System.out.println(0);
    }
}
```

3. 声明实现接口的类

在类定义中可以使用 implements 关键字指定实现哪些接口。类中必须具体实现这些接口中定义的抽象方法。

实现接口的类声明语法格式如下：

```
[修饰符] class 类<泛型>[extends 父类] [implements 接口列表]
```

例如：

```
public class Rectangle implements Plane{
    …
}
```

为了使用接口，具体类必须实现接口，并且必须实现接口中定义的所有抽象方法。如果一个类没有实现接口的所有抽象方法，那么它必须被定义成抽象类，必须被声明为 abstract 类型。实现接口就好像与编译器签定协议“我将实现接口指定的所有方法，或者我将类声明为抽象类”。

如果一个具体类实现某个接口，却没有实现该接口的所有方法，也没有声明为抽象类，在编译时将会产生语法错误，提示该类必须声明为抽象类。

实现接口的类要实现接口中的全部抽象方法。即使不需要使用某个方法，也要为其定义一个空方法体。每个实现接口的类可以根据自身的实际情况，给出抽象方法的具体实现，不同的类可以有不同的方法实现。

对于接口中的默认方法，实现类可以直接使用，因为接口已经给出默认实现，也可以根据需要重新定义即覆盖默认方法。如果如果一个类实现了两个接口，而这两个接口中各自定义了一个同名的 default 方法，就必须在实现类中覆盖冲突的方法，否则会导致编译失败。通过使用默认方法，程序员可以方便地修改已经存在的接口而不会影响现有的实现架构，即可以在现有接口中加入新方法，又能保持向后的兼容性。但是建议谨慎使用默认方法，因为在类层次结构较复杂的情况下，过多使用默认方法容易引起混淆甚至导致错误。

接口中的静态方法类似于类中的静态方法，实现类必须使用接口名才能调用。

4. 接口的作用

接口通常用于需要在异质(即不相关)的类之间共用方法或常量的情况下，这使得能够对不相关的类对象进行多态处理，即实现相同接口的不同类对象可以响应同样的方法调用。程序员可以创建接口来描述所需的功能，然后在需要该功能的类中实现这一接口。

接口提供了方法声明与方法实现相分离的机制，使多个类之间表现出共同的行为能力。接口中声明的方法约定了多个类共用的方法声明。接口中的一个抽象方法或默认方法在实现接口的多个类中表现出多态性。与抽象类相似，接口也用于描述抽象的概念，只能约定多个类共同使用的常量、成员方法、抽象方法、默认方法。因此，接口也不能被实例化，只能被类实现或者被其他接口扩展。

接口机制使 Java 具有了实现多重继承的能力。

5. 用接口实现多重继承

Java 只支持单重继承机制，即一个类只能有一个父类，不支持 C++ 语言中的多重继承。单继承性使得 Java 结构简单，层次清楚，易于管理，更安全可靠，从而避免了 C++ 中因多重继承而引起的难以预测的冲突。但在实际应用中有时也需要使用多重继承功能，Java提供了接口用于实现多重继承，一个类可以实现多个接口。这样，既实现了多重继承的功能，同时又避免了 C++ 中因多重继承而存在的隐患。

在开发 Java 应用程序时，经常需要使用 Java 提供的接口，接口的典型应用有事件处理和线程等。

接口可以继承别的接口。

一个类可以继承一个父类并实现多个接口。

例如：

```
public class A extends B implements C,D{
}
```

在声明一个类的时候，可以在继承一个直接父类的同时声明实现多个接口，从而实现多重继承，如图 4-2 所示。

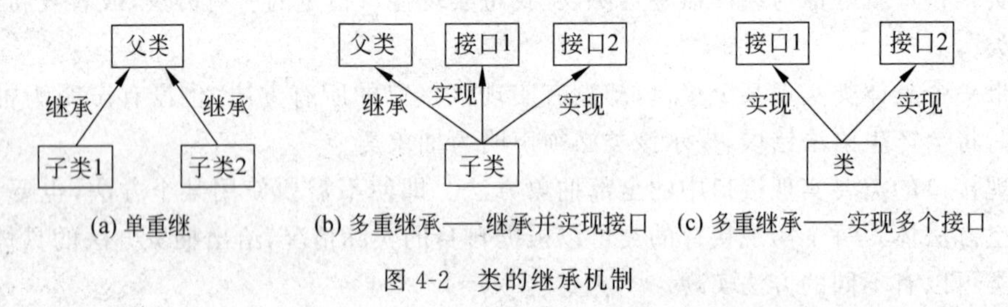

图 4-2　类的继承机制

6. 声明和实现接口程序

利用多态性开发一个计算员工工资和通过发票报销的应用程序。

某公司支付系统。该企业有 4 类员工：领固定周薪的员工；按销售额提成的员工；带底薪并按销售额提成的员工；计时取酬的员工(如果一周工时超过 40 小时，则还需对额外的工时支付加班费)。目前，公司决定对带底薪并按销售额提成的员工增加 15%的底薪。该公司对于购置的物品根据物品的数量和单价通过发票报销。要求开发一个 Java 应用程序计算支付额。

工资支付系统中声明 Payable 为接口，用于描述被支付对象的通用功能，提供了计算支付额的抽象方法。支付程序中所有必须计算付款额的类(例如 Employee、Invoice)都要实现接口 Payable。

本程序用接口 Payable 来表示共同约束系统的共性属性或者方法，如例 4-23 所示；类 Invoice 是发票类，实现接口 Payable，计算发票应支付金额，如例 4-24 所示；类 Employee 是抽象类，封装员工基本信息，如例 4-25 所示；类 SalariedEmployee 封装领取固定周薪的员工信息，如例 4-26 所示。类 PayableInterfaceTest 是测试类，如例 4-27 所示。其他 3 类员工的类定义请读者自己完成。本程序中接口与类之间的关系如图 4-3 所示。

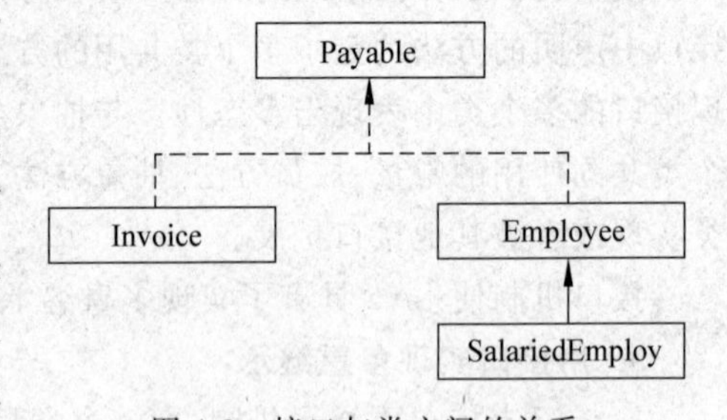

图 4-3　接口与类之间的关系

【例 4-23】 接口 Payable(Payable.java)

```
/*
    功能简介:声明接口,抽象出支付系统中的基本信息。
*/
public interface Payable {
    double getPaymentAmount();
}
```

【例 4-24】 实现接口 Payable 的类 Invoice(Invoice.java)

```
/*
    功能简介:通过实现接口 Payable 声明一个通过发票支付的类。
*/
public class Invoice implements Payable{
    private String partNumber;                          //物品名称
    private String partDescription;                     //物品功能
    private int quantity;                               //物品数量
    private double pricePerItem;                        //物品单价
    public Invoice(String part, String description, int count, double price)
                                                                        //构造方法
    {
        partNumber=part;
        partDescription=description;
        setQuantity(count);
        setPricePerItem(price);
    }
    public void setPartNumber(String part ){
        partNumber=part;
    }
    public String getPartNumber(){
        return partNumber;
    }
    public void setPartDescription(String description){
        partDescription=description;
    }
    public String getPartDescription(){
        return partDescription;
    }
    public void setQuantity(int count){
        quantity=(count<0) ? 0:count;
    }
    public int getQuantity(){
        return quantity;
    }
    public void setPricePerItem(double price ){
```

```
        pricePerItem=(price<0.0)?0.0:price;
    }
    public double getPricePerItem(){
        return pricePerItem;
    }
    public String toString(){
        return String.format("%s: \n%s: %s (%s) \n%s: %d \n%s: $%,.2f",
            "发票","物品名称",getPartNumber(),getPartDescription(),
            "物品数量",getQuantity(),"物品单价",getPricePerItem());
    }
    public double getPaymentAmount()            //实现接口中的方法
    {
        return getQuantity() * getPricePerItem();
    }
}
```

【例 4-25】 实现接口 Payable 的抽象类 Employee(Employee.java)

```
/*
    功能简介:通过实现接口 Payable 声明一个抽象类,封装公司员工基本信息。
*/
public abstract class Employee implements Payable   //使用 abstract,声明一个抽象类
{
    private String name;
    private String ID;
    public Employee(String name, String ID){
        this.name=name;
        this.ID=ID;
    }
    public void setName(String name){
        this.name=name;
    }
    public String getName(){
        return name;
    }
    public void setID(String ID){
        this.ID=ID;
    }
    public String getID(){
        return ID;
    }
    public String toString(){
        return String.format("%s:%s\n%s:%s\n", "员工姓名", getName(), "员工工号",
                            getID());
    }
}
```

【例 4-26】 继承抽象类 Employee 的子类 SalariedEmployee(SalariedEmployee.java)

```
/*
   功能简介:继承父类 Employee,覆盖父类中的抽象方法,定义周薪员工信息类并计算该类员工工资。
*/
public class SalariedEmployee extends Employee{
    private double weeklySalary;
    public SalariedEmployee(String name,String ID,double salary){
        super(name,ID);
        setWeeklySalary(salary);
    }
    public void setWeeklySalary(double salary){
        weeklySalary=salary<0.0?0.0:salary;
    }
    public double getWeeklySalary(){
        return weeklySalary;
    }
    public double getPaymentAmount(){
        return getWeeklySalary();
    }
    public String toString(){
        return String.format("周薪员工工资:\n %s %s: $%,.2f", super.toString(),
                            "工资", getWeeklySalary());
    }
}
```

【例 4-27】 测试类(PayableInterfaceTest.java)

```
/*
   功能简介:测试类,本例中使用了简化的 for 语句,读者也可以尝试将其改为普通 for 语句。
*/
public class PayableInterfaceTest {
    public static void main(String args[]){
        Payable payableObjects[]=new Payable[4];
        payableObjects[0]=new Invoice("01234","移动硬盘",2,375.00);
        payableObjects[1]=new Invoice("56789", "U盘", 4, 79.00);
        payableObjects[2]=new SalariedEmployee("小李子", "010010", 2000.00);
        payableObjects[3]=new SalariedEmployee("小贾", "010010", 1200.00);
        System.out.println("发票和员工工资情况: \n");
        //使用简化的 for 语句,遍历整个数组的所有元素
        for (Payable currentPayable:payableObjects){
            System.out.printf("%s \n%s: $%,.2f\n\n", currentPayable.toString(),
                            "应支付", currentPayable.getPaymentAmount());
        }
    }
}
```

4.8 内部类与匿名类

4.8.1 内部类

1. 内部类的概念

类之间除了继承关系，还存在嵌套关系，即一个类可以声明包含另一个类，被包含的类称为内部类，包含内部类的类称为外部类，此时内部类成为外部类的成员。

内部类是在一个类的内部嵌套定义的类，它可以是其他类的成员，也可以在一个语句块的内部定义，还可以在表达式内部匿名定义。

内部类几乎可以处于一个类内部的任何位置，可以与变量处于同一级，或处于方法之内，甚至是一个表达式的一部分。

2. 内部类的声明

内部类和其他类一样要先声明后使用。例如：

```
public class Line                                    //直线类,外部类
{
    Point p1,p2;                                     //直线的起点和终点
    class Point                                      //点类,内部类
    {
        int x,y;                                     //内部类的成员变量
        Point(int x,int y)                           //内部类的构造方法
        {
            this.x=x;
            this.y=y;
        }
    }
}
```

声明内部类时一定要先创建相应的外部类，在外部引用它时必须给出完整的名称，名称不能与包含它的类名相同。

内部类的修饰符可以是 abstract、public、private、protected 或省略(默认)。

一个内部类对象可以访问创建它的外部类的内容，甚至包括私有变量。Java 编译器在创建内部类时隐式地把其外部类的引用也传进去，并一直保存。这样就使得内部类始终可以访问其外部类，这也是为什么在外部类作用范围之外想要创建内部类对象必须先创建其外部类的原因。

3. 内部类的特性

在外部类中声明内部类之后，从类与类之间的关系来看，外部类包含内部类，外部类与内部类之间构成类的嵌套结构；从类与成员之间的关系来看，内部类是外部类的成员。因此，内部类既有类的特性，也有类中成员的特性。

内部类的类特性如下。

(1) 内部类不能与外部类同名。

(2) 内部类具有封装性。内部类中可以声明变量和方法,通过创建内部类的对象调用内部类的变量和方法。内部类成员可以与外部类成员同名。

(3) 内部类具有继承性。内部类可以继承父类或实现接口。

(4) 内部类具有抽象性。内部类可以是抽象类或接口。但是接口必须被其他内部类实现。

内部类的成员特性如下。

(1) 使用点运算符“.”引用内部类,如“Line. Point;”。

(2) 内部类成员具有 4 种类型的访问权限。

4.8.2 匿名类

匿名类不具有类名,不具有抽象性,不能派生出子类。通常用在图形用户界面(GUI)设计中进行各种事件处理,如鼠标事件、按钮事件和键盘事件等。

匿名类是一种特殊的内部类,它在一个表达式内部包含一个完整的类定义。例如:

```
private JButton getButOk() {
    if (butOk ==null) {
          butOk=new JButton();
          butOk.setText("确定");
          butOk.addActionListener(new java.awt.event.ActionListener() {  //匿名类
              public void actionPerformed(java.awt.event.ActionEvent e) {
                  LogonService sv=new LogonServiceImp();
                  User user=sv.getUserInfo(txtUserName.getText(),
                                txtPassword.getText());
                  if (user !=null) {
                      MainForm mainForm=new MainForm();
                      mainForm.setVisible(true);
                      setVisible(false);
                  }
                  else {
                      setTitle("用户登录——登录失败");
                  }
              }
          });                                                         //匿名类结束
    }
    return butOk;
}
```

有关内部类和匿名类的用法以及示例将在第 6 章详述。

4.9 常见问题及解决方案

(1) 异常信息提示如图 4-4 所示。

解决方案:构造方法名必须和类名同名,应将其改为和类同名。

(2) 异常信息提示如图 4-5 所示。

解决方案:用于封装私有变量的 getXxx()方法调用时无参数,该错误原因是定义“public int

```
管理员: C:\Windows\system32\cmd.exe
D:\Java程序设计与项目实训教程（第2版）\ch04>javac Time.java
Time.java:14: 错误: 方法声明无效; 需要返回类型
    public time(int h,int m,int s){//构造方法, 该构造方法有3个参数
           ^
1 个错误

D:\Java程序设计与项目实训教程（第2版）\ch04>
```

图 4-4　异常提示信息(1)

```
管理员: C:\Windows\system32\cmd.exe
D:\Java程序设计与项目实训教程（第2版）\ch04>javac Time.java
Time.java:20: 错误: 无法将类 Time中的方法 getHour应用到给定类型;
      this(time.getHour(),time.getMinute(),time.getSecond());
               ^
  需要: int
  找到: 没有参数
  原因: 实际参数列表和形式参数列表长度不同
Time.java:42: 错误: 无法将类 Time中的方法 getHour应用到给定类型;
      return String.format("%02d:%02d:%02d",getHour(),getMinute(),getSecond());
                                                   ^
  需要: int
  找到: 没有参数
  原因: 实际参数列表和形式参数列表长度不同
Time.java:46: 错误: 无法将类 Time中的方法 getHour应用到给定类型;
      return String.format( "%d:%02d:%02d %s",((getHour()==0||getHour()==12)?12:
getHour()%12),getMinute(),getSecond(),(getHour()<12?"AM":"PM"));
                                                      ^
  需要: int
  找到: 没有参数
  原因: 实际参数列表和形式参数列表长度不同
Time.java:46: 错误: 无法将类 Time中的方法 getHour应用到给定类型;
      return String.format( "%d:%02d:%02d %s",((getHour()==0||getHour()==12)?12:
getHour()%12),getMinute(),getSecond(),(getHour()<12?"AM":"PM"));
                                                                  ^
  需要: int
  找到: 没有参数
  原因: 实际参数列表和形式参数列表长度不同
Time.java:46: 错误: 无法将类 Time中的方法 getHour应用到给定类型;
      return String.format( "%d:%02d:%02d %s",((getHour()==0||getHour()==12)?12:
getHour()%12),getMinute(),getSecond(),(getHour()<12?"AM":"PM"));

^
  需要: int
  找到: 没有参数
  原因: 实际参数列表和形式参数列表长度不同
Time.java:46: 错误: 无法将类 Time中的方法 getHour应用到给定类型;
      return String.format( "%d:%02d:%02d %s",((getHour()==0||getHour()==12)?12:
getHour()%12),getMinute(),getSecond(),(getHour()<12?"AM":"PM"));

                                                 ^
  需要: int
  找到: 没有参数
```

图 4-5　异常提示信息(2)

getHour(int hour)"中有参数。getXxx()方法主要用于返回值。应改为"public int getHour()"。

（3）异常信息提示如图 4-6 所示。

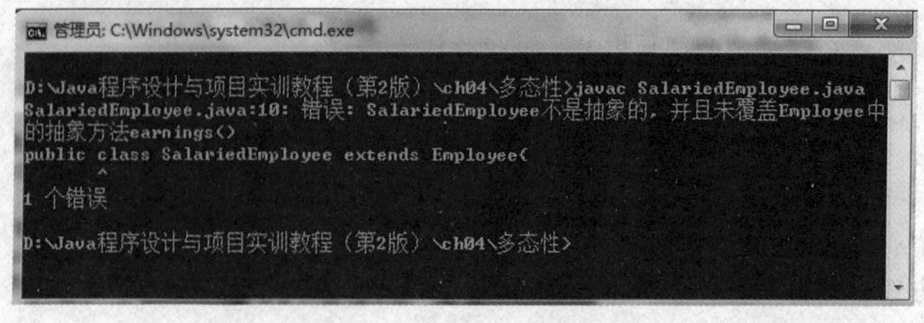

图 4-6　异常提示信息(3)

解决方案：SalariedEmployee 类继承抽象类必须实现抽象类的抽象方法，否则该类必须声明为抽象类。在实现抽象类的抽象方法时，返回类型和方法名要一致。

(4) 异常信息提示如图 4-7 所示。

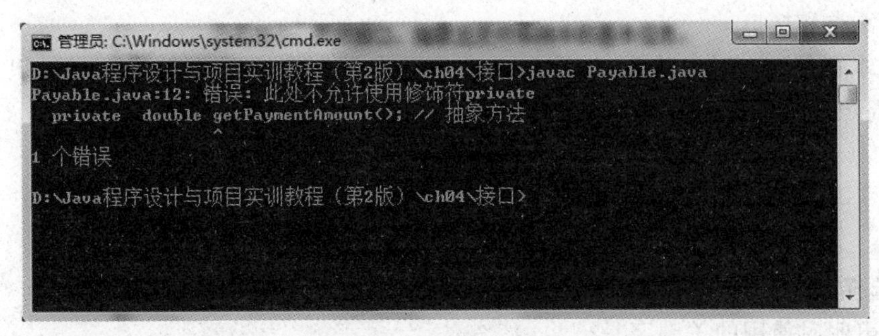

图 4-7 异常提示信息(4)

解决方案：接口的访问权限只能使用 public。抽象方法的访问权限只能是 public。

(5) 异常信息提示如图 4-8 所示。

```
管理员: C:\Windows\system32\cmd.exe
D:\Java程序设计与项目实训教程（第2版）\ch04\多态性>java PayrollSystemTest
员工工资情况如下:

周薪员工工资:
 员工姓名:军霞
员工工号:010010
 工资: 1,000.00
工资: Exception in thread "main" java.util.IllegalFormatConversionException: d !
= java.lang.Double
        at java.util.Formatter$FormatSpecifier.failConversion(Formatter.java:430
2)
        at java.util.Formatter$FormatSpecifier.printInteger(Formatter.java:2793)

        at java.util.Formatter$FormatSpecifier.print(Formatter.java:2747)
        at java.util.Formatter.format(Formatter.java:2520)
        at java.io.PrintStream.format(PrintStream.java:970)
        at java.io.PrintStream.printf(PrintStream.java:871)
        at PayrollSystemTest.main(PayrollSystemTest.java:20)

D:\Java程序设计与项目实训教程（第2版）\ch04\多态性>
```

图 4-8 异常提示信息(5)

解决方案：在格式化输出方法中，每个%后面都有一个类型，如果%以及类型与后面的参数不匹配，类能够编译通过，但是执行时会出以上的异常。如果出现该异常，首先检查运行的类中是否匹配，如果匹配，检查其他声明中是否匹配。

4.10 本章小结

本章主要介绍面向对象程序设计的基本概念与技术。面向对象程序设计的基本概念是 Java 编程的基础，是开发 Java 应用程序最关键的技术。学习完本章应该了解和掌握以下内容。

- 面向对象的概念。
- 类和对象。

- 类的封装性。
- 类的继承性。
- 类的多态性。
- 抽象类和接口。

总之，本章是面向对象的核心，是 Java 程序开发的关键，只有掌握了本章知识点才能够进行面向对象程序的开发。

4.11 习　　题

一、选择题

1. 类声明时使用的关键字是(　　)。

   A. class　　B. extends　　C. import　　D. public

2. Java 中类和对象的数据类型都是(　　)。

   A. float　　B. long　　C. 引用类型　　D. 数组类型

3. Java 语言中为类成员设置了(　　)种访问权限。

   A. 2　　B. 3　　C. 4　　D. 5

4. 以下两个类的关系是(　　)。

```
public class Person{
    int id;         //身份证号
    String name;  //姓名
    String age;   //年龄
}
public class Student extends Person{
    long score;成绩
}
```

   A. 包含关系　　B. 继承关系　　C. 无关　　D. 编译关系

二、填空题

1. 类中的数据称为________。
2. 类中对数据的操作称为________。
3. 方法的多态性主要指 ________和________。
4. 接口是由________和________组成的特殊类。
5. 被继承的类一般称为________或________，继承的类称为________。
6. 内部类是定义在________的类，内部类所在的类一般称为________。

三、简答题

1. 简述面向对象程序设计的优点。
2. 简述什么是类和对象。
3. 简述什么是封装性、继承性和多态性。
4. 简述构造方法和成员方法的区别。
5. 简述类的继承原则。

6. 简述抽象类与抽象方法的作用。

7. 简述什么是接口、接口的特点以及接口与抽象类的区别。

四、实验题

1. 编程实现：以员工类为抽象的父类，经理类和工人类继承该类，输出经理和工人的每月工资。

2. 编程完善 4.7.2 节中的应用程序，计算其他 3 类员工的工资，并将例 4-26 中的 for 语句改为普通的 for 语句。

第5章 异常处理

软件系统应该为用户提供一套完善的服务，系统不仅要满足用户的需求功能，还需要具有可靠性、稳定性和容错性。软件系统不仅自身不能有错误，还要具备较强的抗干扰能力：当用户操作出现错误时，或遇到不可抗拒的干扰时，软件系统也不能放弃，而必须尽最大努力排除错误继续运行；只有具备这样能力的软件系统才会具有更好的应用空间。Java语言的异常处理机制能够很好地解决以上问题。

本章主要内容：

- 异常处理的基本概念。
- 捕获与处理异常。
- 抛出异常。

5.1 Java异常处理的基本概念

编译和运行程序时，经常会由于各种各样的原因而导致程序出错。例如，在编译程序时，违反语法规范的错误一般称为语法错，这类错误通常在编译时被发现，又称为编译错，如标识符未声明、变量赋值时的类型与声明时的类型不匹配、括号不匹配、语句末尾缺少分号等。这类错误容易发现，也容易修改。为避免产生语法错误，应严格按照Java语言约定的规则编写程序，注意标识符中字母大小写等细节问题。

对程序运行时出现的错误进行处理则要复杂一些。如果程序在语法上正确，但在语义上存在错误，称为语义错，如输入数据格式错，除数为0错，给变量赋予超出其范围的值等。语义错不能被编译系统发现，只有到程序运行时才能被系统发现，所以含有语义错的程序能够通过编译。有些语义错能够被程序事先处理，如除数为0，数组下标越界等，程序中应该设法避免产生这些错误。有些语义错不能被程序事先处理，如待打开的文件不存在，网络连接中断等，这些错误的发生不由程序本身所控制，因此必须进行异常处理。

还有一类错误，程序能够通过编译并且能够运行，但运行结果与期望值不符，这类错误称为逻辑错。如由于循环条件不正确而没有结果，循环次数不对等因素导致计算结果不正确等。由于系统无法找到逻辑错，所以逻辑错最难确定和排除。该类错误需要程序员凭借自身的编程经验找到错误原因和出错位置，改正错误。

Java应用程序出现错误时，根据错误的性质不同可以分为两类：错误和异常。

5.1.1 错误与异常

1. 错误

错误(error)是指程序遇到非常严重的不正常状态，不能简单地恢复执行，一般是在运行时遇到的硬件或操作系统的错误，如内存溢出、操作系统出错、虚拟机出错等。错误对于程序而言是致命性的，将导致程序无法运行，而且程序本身不能处理它，而只能依靠外界干预,否则会一直处于非正常状态。例如,没有找到.class 文件,或.class 文件中没有 main () 方法等,将导致应用程序不能运行。

2. 异常

异常(exception)指非致命性错误,一般指在运行程序时硬件和操作系统是正常的,而程序遇到了运行错,如整数进行除法运算时除数为 0,操作数超出数据范围,要打开一个文件时发现文件不存在,网络连接中断等。

异常会导致应用程序非正常中止,但 Java 语言提供的异常处理机制使应用程序自身能够捕获异常,并且能够处理异常,由异常处理部分调整应用程序运行状态,使应用程序仍可继续运行。

在编译和运行应用程序时,发现 Java 应用程序中的错误和异常并进行处理的流程如图 5-1所示。

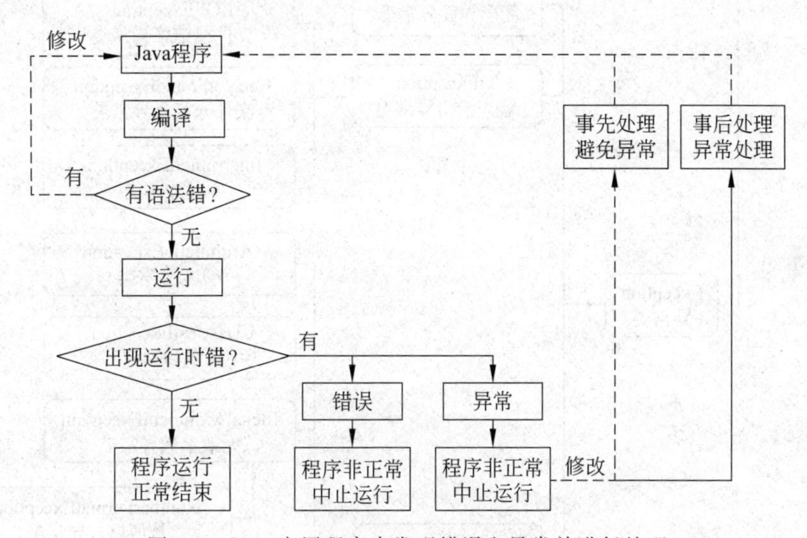

图 5-1　Java 应用程序中发现错误和异常并进行处理

5.1.2　错误和异常的分类

Java 类库提供了许多处理错误和异常的类,主要分为两大部分:Error 类和 Exception 类。

Error 类是错误类,该类由 Java 虚拟机生成并抛给系统,如内存溢出错误、栈溢出错误、动态链接错误等。当运行某一个类时如果没有 main()方法,则产生错误 NoClassDefFoundError;当使用 new 分配内存空间时,如果没有可用内存,则产生内存溢出错误 OutOfMemoryError。

Exception 类是异常类,是 Java 应用程序捕获和处理的对象。每一种异常对应于 Exception 类的一个子类,异常对象中包含错误的位置和特征信息。Java 预定义了多种通用的异常类。Java 语言预定义的错误类和异常类以及子类的层次结构如图 5-2 所示。

【例 5-1】 异常程序示例(ExceptionByZero.java)

```
/*
    功能简介:除数为 0 的异常。
 */
public class ExceptionByZero{
```

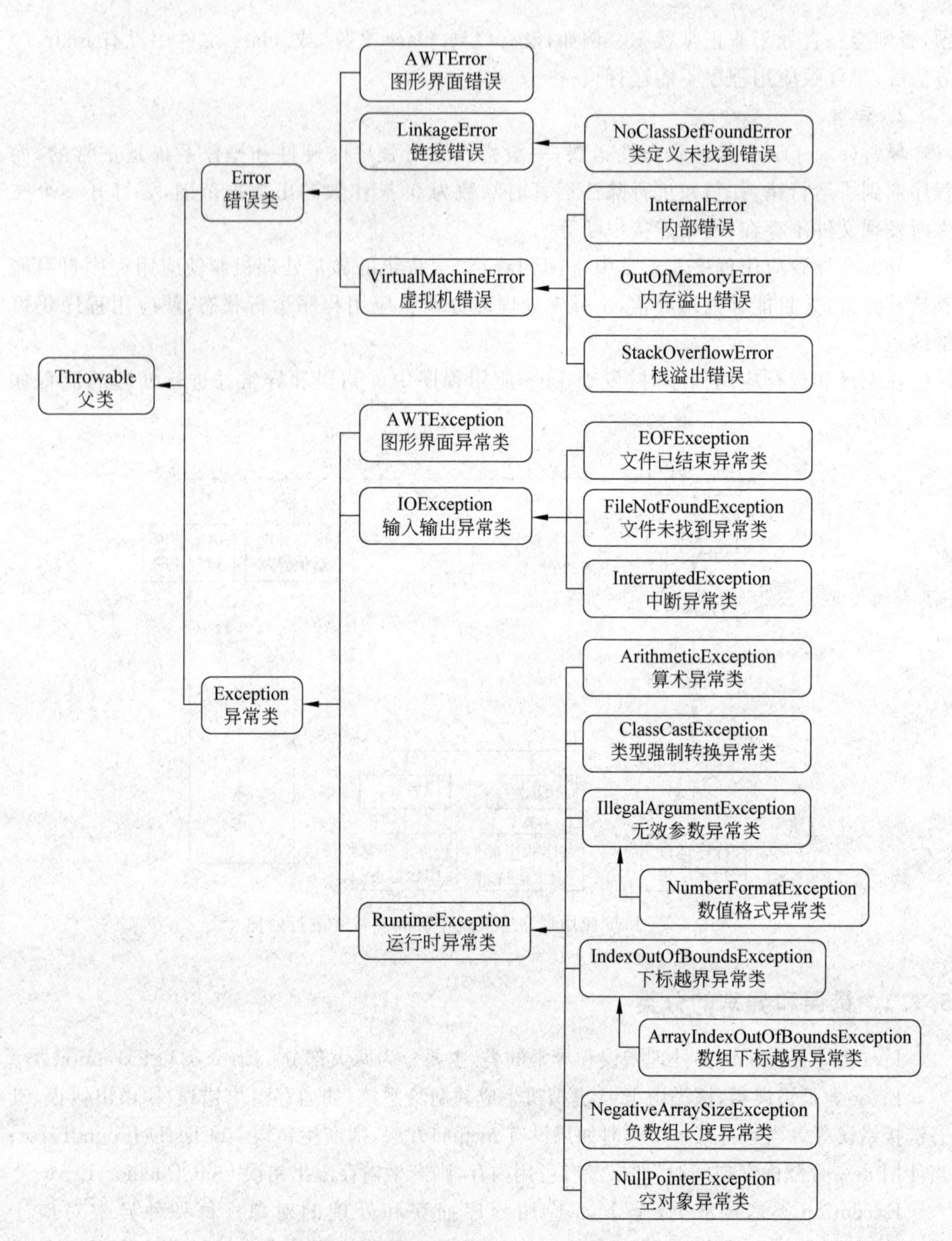

图 5-2 错误和异常类以及子类层次图

```
public static void main(String args[ ]){
    int x=6;
    int y=0;
    System.out.println("x="+x);
    System.out.println("y="+y);
    System.out.println("x/y="+x/y);
```

```
    }
}
```

编译、运行结果如图 5-3 所示。

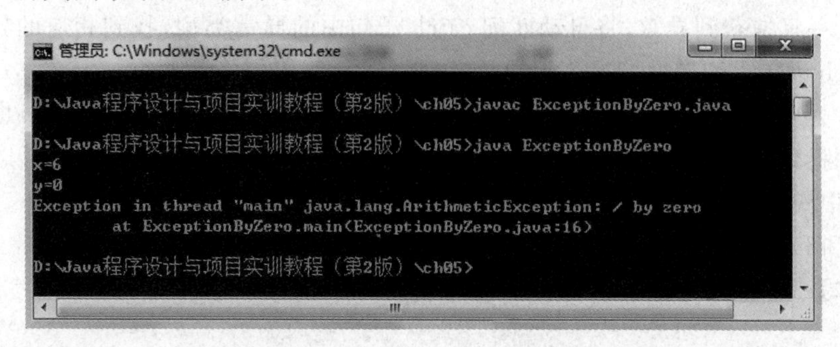

图 5-3　ExceptionByZero. java 编译、运行结果

5.2　异常处理

编译时若出现语法错误异常，程序员必须处理这些异常，否则程序无法进行编译。Java 语言提供了异常处理机制。处理异常的方式有两种：捕获异常并处理和抛出异常。

5.2.1　捕获异常并处理

捕获异常处理方式是通过 try-catch-finally 来捕获和处理异常的。语法格式如下：

```
try
{
    ⋮        //可能会产生异常的语句序列
}
catch (ExceptionType1  e1)
{
    ⋮        //异常处理代码,捕获到该类型异常后进行处理
}
    ⋮
catch (ExceptionTypeN  eN)
{
    ⋮        //异常处理代码,捕获到该类型异常后进行处理
}
finally
{
    ⋮        //语句序列,无论是否捕获到异常都必须执行的语句
}
```

其中：

try 引导的语句是应用程序中有可能出现异常的代码段，一旦 try 捕获到异常就由 catch 子句处理异常。

ExceptionType 是异常类。

e1,…,eN 表示不同异常类型对应的对象。

catch 语句块用于处理 try 捕获到的异常,catch 可以有多个子句,每个子句对应的异常类型不同。一旦捕获到异常,将自动匹配 catch 子句中的异常类型,找到相应的异常类型后执行该 catch 语句。如果没有捕获到异常,则所有 catch 语句将不执行。

在异常处理过程中,finally 语句块总是会被执行到,无论有没有异常发生,也无论有没有异常被捕捉到。finally 语句块是可选项,通常位于 catch 语句块的后面。可以用来释放 try 语句块中获得的资源,如关闭在 try 语句块中打开的文件等。

catch 和 finally 可以只有其中一项或者两项都有,但是必须至少有一项。

【例 5-2】 异常处理程序(TryCatchFinally.java)

```
/*
    功能简介:使用 try-catch-finally 语句进行异常处理。
*/
public class TryCatchFinally{
    public static void main (String args[]){
        int i=0;
        int a[]={1,2,3,4,5};
        for(i=0;i<6;i++){
            try{
                System.out.print("a["+i+"]/"+i+"="+(a[i]/i));
            }
            catch(ArrayIndexOutOfBoundsException e){
                System.out.print("捕获到数组下标越界异常!");
            }
            catch(ArithmeticException e){
                System.out.print("捕获到算术异常!");
            }
            catch(Exception e){
                System.out.print("捕获"+e.getMessage()+"异常!");    //输出异常信息
            }
            finally{
                System.out.println("i="+i);
            }
        }//for结束
    }
}
```

5.2.2 抛出异常

Java 语言中要求捕获到的异常必须得到处理。如果在某个成员方法体中可能会发生异常,则该成员方法必须采用 try-catch-finally 语句处理这些异常,或者将这些可能发生的异常转移到上一层调用该成员方法的方法中,这就是抛出异常,也就是说本方法不会处理该异常,而是由上一层处理产生的异常。

1. throw

throw 是 Java 语言提供的主动抛出异常的关键字。throw 的语法格式如下：

```
throw 异常对象；
```

其中：

throw 是关键字，用于抛出异常，由 try 语句捕获并处理。

异常对象是程序创建的指定异常类对象。

```
public void set(int age)
{
    if (age>0 && age<160)
        this.age=age;
    else
        throw new Exception("IllegalAgeData");        //抛出异常
}
```

【例 5-3】 抛出异常程序(Person.java)

```
/*
    功能简介：使用抛出异常，构造一个 Person 类，封装了姓名和年龄，可以比较两个人年龄的
    大小。
*/
public class Person{
    private String name;                                    //姓名
    private int age;                                        //年龄
    public Person(String name,int age)                      //构造方法
    {
        this.setName(name);
        this.setAge(age);
    }
    public void setName(String name){
        if (name==null || name=="")
            this.name="姓名未知";
        else
            this.name=name;
    }
    public String getName() {
        return this.name;
    }
    public void setAge(int age){
        try{
            if (age>0 && age<100)
                this.age=age;
            else
                throw new Exception("年龄无效");
        }
```

```
        catch(Exception e){
            System.out.println(e.toString());
        }
    }
    public int getAge(){
        return this.age;
    }
    public String toString(){
        return getName()+","+getAge()+"岁";
    }
    public int olderThen(Person p2)                    //比较两个人的年龄
    {
        return this.getAge()-p2.getAge();
    }
    public static void main(String args[]) {
        Person p1=new Person("小李子",36);
        System.out.println(p1.toString());
        Person p2=new Person("小贾",26);
        System.out.println(p2.toString());
        System.out.println(p1.getName()+"比"+p2.getName()+"大"+
            p1.olderThen(p2)+"岁");
    }
}
```

2. throws

假如一个方法的方法体会产生异常，而该方法体中不想处理或不能处理该异常，则可以在方法声明时采用 throws 子句声明该方法，将异常抛出。

throws 的语法格式如下：

```
[修饰符] 返回类型  方法名(参数列表) throws 异常类 1, 异常类 2,…
{
    ⋮                                                   //方法体
}
```

这样在本方法内就可以不处理这些异常，而调用该方法的方法就必须处理这些异常。

其中，throws 是关键字，用于指定声明的方法向上层抛出异常。

异常类是方法要抛出的异常类，一个方法可以抛出多个异常类，各异常类之间用逗号隔开。

例如：

```
public void set(int age) throws Exception
{
    if (age>0 && age<160)
        this.age=age;
    else
        throw new Exception("年龄无效"+age);
}
```

如果一个方法调用一个抛出异常的方法(含有 throws 的方法),则该方法必须捕捉含有 throws 的方法的异常;含有 throws 的方法本身不处理异常,而是"谁用谁处理"。

5.3 自定义异常类

在进行 Java 应用程序编程时,可以使用类库中已经定义好的异常类。系统预定义的类库有时候不能满足用户的需要,则程序员编写应用程序时可以自定义需要的异常类。自定义异常类必须继承已有的异常类,即用户自定义的异常类都必须直接或间接地是 Exception 类的子类。

【例 5-4】 自定义年龄异常类(AgeException.java)

```
/*
    功能简介:声明自定义异常类。
 */
public class AgeException extends Exception        //无效年龄异常类
{
    public AgeException(String s){
          super(s);                                  //调用父类的构造方法
    }
    public AgeException(){
          this("");
    }
}
```

【例 5-5】 自定义异常类的使用(Person1.java)

```
/*
    功能简介:自定义异常类的使用。
 */
public class Person1{
    private String name;                             //姓名
    private int age;                                 //年龄
    public Person1(String name,int age) throws AgeException{
          this.setName(name);
          this.setAge(age);
    }
    public void setName(String name){
          if (name==null||name=="")
              this.name="姓名未知";
          else
              this.name=name;
    }
    public String getName() {
          return this.name;
    }
```

```
    public void setAge(int age) throws AgeException{
        if (age>=0&&age<160)
            this.age=age;
        else
            throw new AgeException(""+age);
    }
    public int getAge(){
        return this.age;
    }
    public String toString(){
        return getName()+","+getAge()+"岁";
    }
    public void print(){
        System.out.println(this.toString());
    }
    public static void main(String args[]){
        Person1 p1=null;
        try{
            //调用声明抛出异常的方法,必须写在 try 语句中,否则编译不通过
            p1=new Person1("小李子",36);
            p1.setAge(161);
        }
        catch(AgeException e){                //捕获自定义异常类,而非 Exception 类
            e.printStackTrace();              //显示异常栈跟踪信息
        }
        finally{
            p1.print();
        }
    }
}
```

5.4 常见问题及解决方案

(1) 异常信息提示如图 5-4 所示。

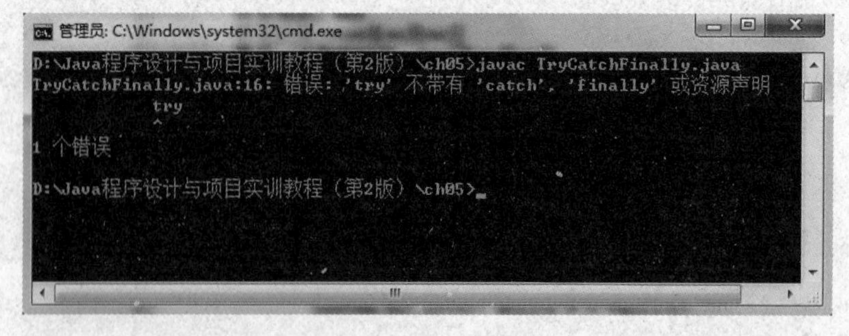

图 5-4 异常信息提示(1)

解决方案：在使用 try-catch-finally 语句时，catch 或 finally 子句至少要有一个。

(2) 异常信息提示如图 5-5 所示。

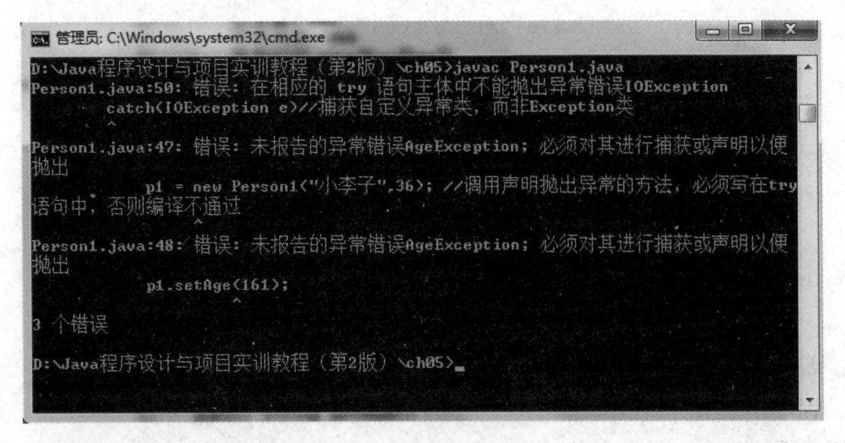

图 5-5　异常信息提示(2)

解决方案：在 Person1 类中，try 中抛出的异常是 AgeException 类，所以 catch 中的异常类应是 AgeException，而非 IOException 类。

5.5 本章小结

本章主要介绍 Java 语言中异常处理机制的基本知识，包括 Java 应用程序在编译和运行时处理异常的常用方法和思路。通过本章学习可以为开发友好的应用程序打下基础，并有利于实现项目的健壮性。

本章主要介绍异常处理机制，学完本章后应该了解和掌握以下内容。

- 异常处理的概念。
- 异常类。
- 异常处理的方法。
- 自定义异常。

总之，本章内容是进行异常处理的关键技术，只有在掌握本章知识的基础上才能够开发出友好的、健壮的、安全的 Java 应用程序。

5.6 习　　题

一、选择题

1. 程序能够通过编译并能运行，但结果与期望值不符的错误是(　　)。

　A. 语法错　　B. 语义错　　C. 逻辑错　　D. 编译错

2. Java 语言中所有异常情况的类都会继承的类是(　　)。

　A. Error　　B. Throwable　　C. Exception　　D. IOException

3. Java 语言中抛出异常的语句是(　　)。

　A. try　　B. catch　　C. finally　　D. throws

4. 下面程序的执行结果是(　　)。

```
public class A{
    public static void main(String args[]){
        try{
            return;
        }
        finally{
            System.out.println("56789");
        }
    }
}
```

A. 没有 catch 语句,无法编译通过　　B. 程序正常运行,但不输出结果

C. 程序出现异常　　D. 程序正常运行,并输出"56789"

二、填空题

1. Java 语言中根据性质不同可以将错误分为两大类:________和________。

2. 捕获异常的语句是________。

3. 在 try-catch-finally 语句中,无论是否有异常都要执行的是________子句。

4. Java 语言中要求捕获到的异常必须进行________。

5. 一个方法会产生异常,而在该方法体中不予处理,可用________子句声明该方法将异常抛出。

三、简答题

1. 简述错误和异常的概念。

2. 简述 Java 语言的异常处理机制。

第6章　图形用户界面

在设计应用程序完成某些业务功能时，用户希望这些程序能够提供友好的用户界面来帮助用户完成数据的处理，实现人机交互。在Java应用程序开发中，Java的图形用户界面实现应用程序与用户之间数据交流的图形化，为应用程序提供一个友好的图形化的界面。本章主要讲解图形用户界面的有关内容。

本章主要内容：

- 组件和容器。
- 布局管理器。
- 事件处理。

6.1　Swing 简介

从诞生到现在，Java语言已经提供了两类图形用户界面。在早期的J2SE的版本中，主要是抽象窗口工具集(Abstract Window Toolkit，AWT)。AWT图形用户界面的平台相关性强，而且缺少部分基本功能的支持。

对于简单的应用程序来说，AWT应用的效果还不错，但是要编写高质量、高性能以及可移植的图形用户界面则容易出现缺陷。

为了改进AWT图形用户界面中的不足，提高Java应用程序的性能，在AWT图形用户界面的基础上推出了Swing图形用户界面。

Swing图形用户界面基于AWT图形用户界面框架，提供了功能更加强大的图形用户界面组件。相对于AWT图形用户界面，Swing图形用户界面不仅增加了功能，而且减弱了平台相关性，即Swing图形用户界面与具体的计算机操作系统关联性较小。一方面，Swing图形用户界面能比AWT图形界面克服更多由于操作系统的不同所带来的在图形用户界面或相互交互方式上的差异；另一方面，Swing图形用户界面还增加和改进了许多功能，也可定制操作系统风格的图形用户界面。虽然Swing图形用户界面继承了AWT图形用户界面，但是两类图形用户界面之间在组件控制机制等方面存在一些冲突。为了保证图形用户界面以及交互方式的正确性和稳定性，现在一般建议使用Swing图形用户界面。

但是Swing并没有完全代替AWT，尤其在采用Swing编写程序时，还需要使用基本的AWT事件处理。

6.2　Swing 的组件

Swing图形用户界面主要由组件组成。用户可以通过鼠标或键盘对它们进行操作。在Swing图形用户界面程序设计中，使用布局管理器类按照一定的布局方式将组件添加到给定的容器中。通过组件的组合就形成了应用程序所需的图形用户界面。通过事件处理在图形用户界面上实现人机交互。

6.2.1 Swing 组件关系

在 Java 类库中,有很多接口和类提供 Java 应用程序开发所需的图形用户界面组件。它们放在 Java 类库中的 javax. swing 包中。主要组件类的继承关系如图 6-1 所示。

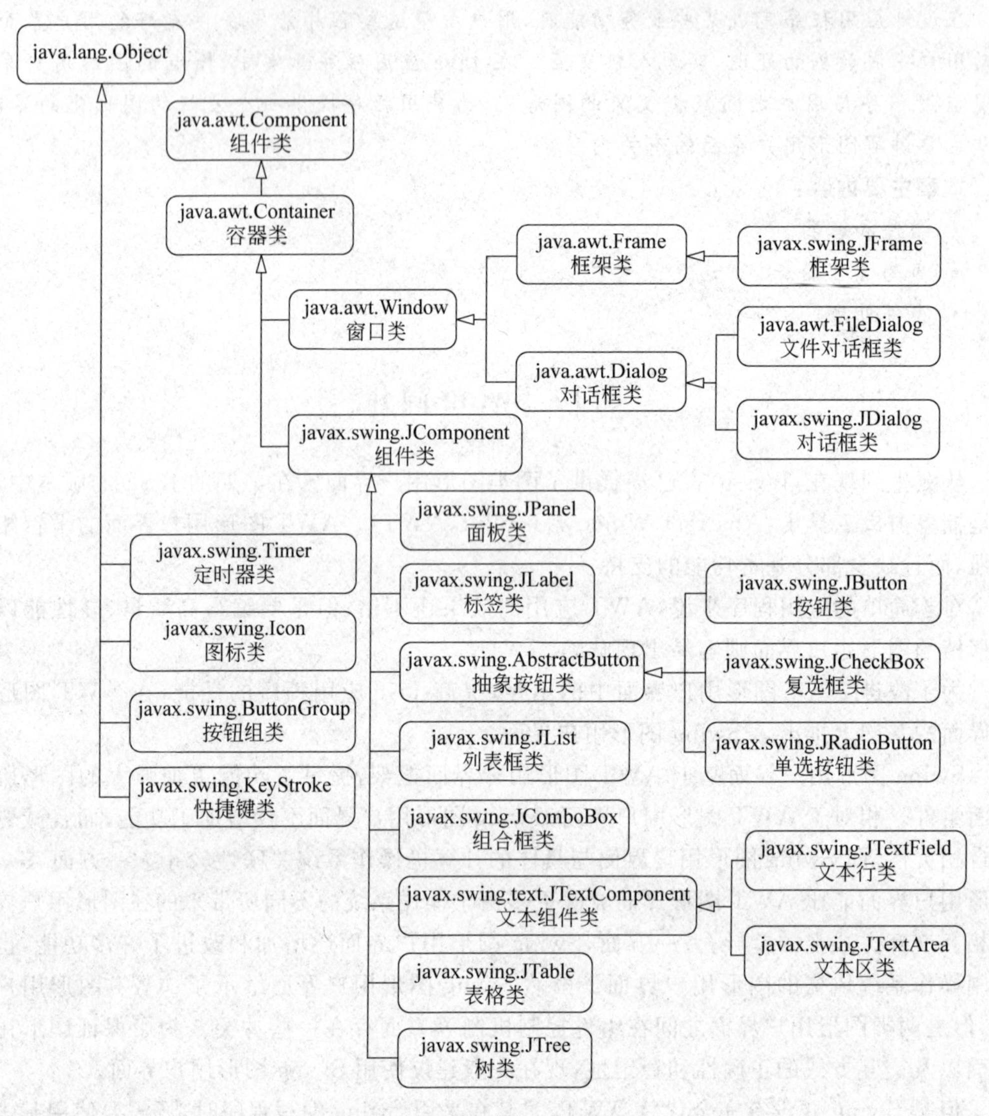

图 6-1 主要组件类的继承关系

Java 图形用户界面的最基本组成部分是组件(Component)。组件是构成图形用户界面的基本成分和核心元素。组件是一个可以图形化的方式显示在屏幕上并能与用户进行交互的对象,如一个按钮、一个标签等。组件不能独立地显示出来,必须将组件放在一定的容器中才可以显示出来。

组件类 Component 是一个抽象类,是 AWT 组件类层次结构的根类,实际使用的组件都是 Component 类的子类。Component 类提供对组件操作的通用方法,包括设置组件位置，设置组件大小、可见性，设置组件字体、前景色和背景色，响应鼠标或键盘事件，组件重绘等。

容器(Container)也是一个类，实际上是 Component 类的子类，因此容器本身也是一个组件，具有组件的所有性质，但是它的主要功能是容纳其他组件和容器，在其可视区内显示这些组件。容器中各种组件的大小和位置由容器的布局管理器进行控制。

由于容器是组件，所以在容器中还可以放置其他容器，这样就可以使用多层容器构成富于变化的界面。

javax. swing 包中的组件按照在图形用户界面中的用途可分为以下 6 类。

(1) 顶层容器：包括框架 JFrame 和对话框 JDialog 等。这两类的父类都是窗口类。

(2) 一般容器：包括面板 JPanel、滚动窗格 JScrollPane、选项卡窗格 JTabbedPane。

(3) 专用容器：包括内部框架 JInternalFrame、分层窗格 JLayeredPane 和根窗格 JRootPane。

① 内部框架：可以在一个窗口内显示若干类似于框架的窗口。

② 分层窗格：给窗格增加了深度的概念。当两个或多个窗格重叠在一起时，可以根据窗格的深度值来决定应当显示哪一个窗格的内容，规定显示深度值大的窗格。

③ 根窗格：一般是自动创建的容器。创建内部框架或任意一种顶层容器都会自动创建根窗格。

(4) 基本控件：包括命令式按钮 JButton、单选按钮 JRadioButton、复选框 JCheckBox、组合框 JComboBox 和列表框 JList 等。

(5) 可编辑组件：包括文本编辑框 JTextField、密码式文本编辑框 JPasswordField 和文本区域 JTextArea 等。

(6) 不可编辑组件：包括标签 JLabel 和进度条 JSlider 等。

下面将分别介绍一些常用的组件。

6.2.2 JFrame 和 JLabel

容器有两种：窗口和面板。两者的区别在于：窗口可以独立存在，可以被移动，可以被最大化和最小化，有标题栏和边框，可添加菜单栏；面板不能独立运行，必须包含在另一个容器里，面板也没有标题和边框，不可添加菜单栏。

一个窗口可以包含多个面板，一个面板可以包含另一个面板，但是面板不能包含窗口。窗口类和面板类都是容器类 Container 的子类。

窗口类(Window)主要有两类子类：框架和对话框。

框架类(JFrame)是一种带标题栏并可以改变大小的窗口。Java 应用程序通常使用 JFrame 作为容器，在 JFrame 中放置组件。

要生成一个窗口，通常可使用 Window 类的子类 JFrame 进行实例化，而不是直接使用 Window 类。JFrame 的外观和 Windows 操作系统一样，有标题、边框、菜单、大小等。每个 JFrame 的对象实例化以后，都是没有大小和不可见的，因此必须调用 setSize()来设置大小，调用 setVisible(true)来设置可见性。

在图形用户界面上显示文本命令或信息的一种方式是使用标签。标签(JLabel)可以在图形用户界面上显示一个字符串或一幅图。在标签上可以显示一行静态文本信息，这里的静态是指用户不能修改这些文本。标签使用 JLabel 类创建，而 JLabel 类是 JComponent 类直接派生的。标签对象通过构造方法来创建。

【例 6-1】 框架和标签的使用(JFrameLabel.java)

```
/*
    功能简介：使用框架和标签设计一个图形用户界面，该界面主要用于显示文本和图像。
 */
import javax.swing.JFrame;
import java.awt.Container;
import java.awt.FlowLayout;
import javax.swing.ImageIcon;
import javax.swing.JLabel;

public class JFrameLabel extends JFrame{
    public JFrameLabel(){
        /*调用父类 javax.swing.JFrame 的构造方法，生成标题为"框架和标签的使用"的窗
          口，该父类中有构造方法 JFrame(String title)。若需要了解有关该父类的其他方
          法请查阅 Java API。*/
        super("框架和标签的使用");
        /*getContentPane()是父类 javax.swing.JFrame 的成员方法，用于返回当前窗格的
          容器，JFrame 容器一般不直接使用，而是返回当前容器 c，在 c 中添加组件。*/
        Container c=getContentPane();
        /*setLayout()是父类 JFrame 的成员方法，用于设置当前窗口的布局格式，new
          FlowLayout(FlowLayout.LEFT)是使用类 java.awt.FlowLayout 的构造方法实
          例化一个流布局管理器对象，并使组件自动左对齐。*/
        c.setLayout(new FlowLayout(FlowLayout.LEFT));
        //字符类型的数组
        String[] s={"文本标签", "文字在图形左方", "文字在图形下方"};
        /*使用图像类型创建一个数组对象。其中 new ImageIcon("image1.gif")用于生成一
          个图像对象。*/
        ImageIcon[] ic={null, new ImageIcon("image1.gif"),
                        new ImageIcon("image2.gif")};
        /*常量JLabel.LEFT、JLabel.CENTER、JLabel.CENTER 和 JLabel.BOTTOM 是对齐方式。*/
        int [] ih={0, JLabel.LEFT, JLabel.CENTER};
        int [] iv={0, JLabel.CENTER, JLabel.BOTTOM};
        for (int i=0; i<3; i++)
        {
            /*JLabel 类中的构造方法 JLabel(String text,Icon icon,int horizontal-
              Alignment)创建具有指定文本、图像和水平对齐方式的 JLabel 实例。该标签在
              其显示区内垂直居中对齐。文本位于图像的尾部。Text 是标签显示的文本；icon
              是标签显示的图像。horizontalAlignment 常量可以取 LEFT、CENTER、RIGHT、
              LEADING 或 TRAILING。*/
            JLabel label=new JLabel(s[i],ic[i],JLabel.LEFT);
            if (i>0)
            {
                /*设置组件标签的文字与图标之间在水平方向上的相对位置关系，使文字分别
                  位于图形的左侧、右侧和中间。*/
```

```
            label.setHorizontalTextPosition(ih[i]);
              /* 设置组件标签的文字与图标在垂直方向上的相对位置对齐方式,包含
                 JLabel.TOP、JLabel.Center 和 JLabel.BOTTOM 3 种方式。*/
            label.setVerticalTextPosition(iv[i]);
        }
        //当鼠标在标签上稍加停留时出现的提示信息
        label.setToolTipText("第"+(i+1)+"个标签");
        /* Container 组件的 add(Component comp)方法用于添加组件,comp 指定需要添
           加的组件。*/
        c.add(label);                        //把组件添加到当前容器中
      }                                      //for 循环结束
  }
  public static void main(String args[]){
      JFrameLabel app=new JFrameLabel();
      //设置框架大小,包括宽度和高度
      app.setSize(600, 300);
      //设置单击窗口"关闭"按钮时,关闭窗口
      app.setDefaultCloseOperation(JFrame.EXIT_ON_CLOSE);
      //设置框架是否可见,true 为框架可见,否则不可见
      app.setVisible(true);
   }
}
```

程序运行结果以及鼠标停留时的效果,如图 6-2 所示。

(a) 鼠标没有停留在标签上

(b) 鼠标停留在标签上

图 6-2 程序运行结果以及鼠标停留时的效果

6.2.3 JDialog 和 JOptionPane

对话框是一种可移动的窗口，比框架简单，没有那么多的控制元素，如最小化和状态栏。对话框一般被用来设计具有依赖关系的窗口，通常在已有的窗口上创建对话框。称已有的窗口为父窗口，新创建的对话框是子窗口。

对话框分为模态和非模态。当一个模态的对话框打开时，不允许访问应用程序中的其他窗口，直到该对话框关闭；而当一个非模态的对话框打开时，用户仍然可以访问其他窗口。

【例 6-2】 对话框的使用(JDialogUse.java)

```
/*
    功能简介：使用框架和对话框设计一个图形用户界面，在运行程序后该界面将弹出一个对
    话框。
*/
import javax.swing.JFrame;
import java.awt.Container;
import java.awt.FlowLayout;
import javax.swing.JDialog;
import javax.swing.JLabel;

public class JDialogUse{
    public static void main(String args[]){
        JFrame app=new JFrame("对话框的使用");
        Container c=app.getContentPane();
        c.setLayout(new FlowLayout(FlowLayout.LEFT));
        app.setSize(600, 300);
        app.setDefaultCloseOperation(JFrame.EXIT_ON_CLOSE);
        app.setVisible(true);
        /*使用 javax.swing.JDialog 类中的构造方法 JDialog(Frame owner, String
            title, boolean modal)。owner 指定对应的父窗口；title 设置对话框的标题，
            modal 表示对话框的模式，如果值为 true 表示模态，否则为非模态。*/
        JDialog d=new JDialog(app, "对话框", false);
        d.setSize(200, 100);
        d.setVisible(true);
    }
}
```

JDialogUse.java 执行后的效果如图 6-3 所示。

JOptionPane 类可以方便地弹出要求用户提供值或向用户发出通知的标准对话框，即该类提供一些有固定模式的对话框。

【例 6-3】 标准对话框的使用(StandardDialog.java)

```
/*
    功能简介：使用标准对话框的程序。
*/
import javax.swing.*;
```

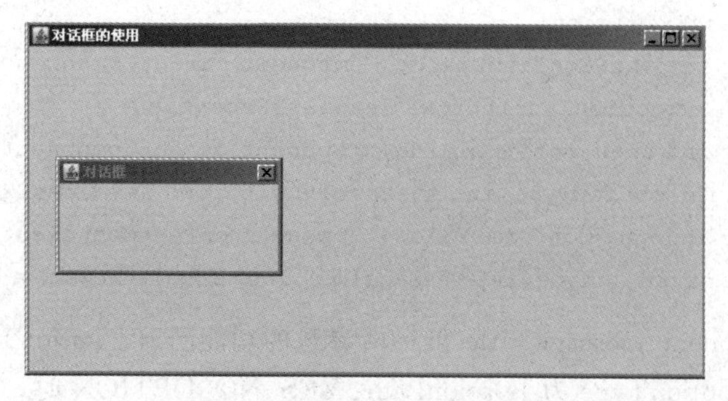

图 6-3　JDialogUse. java 的执行效果

```
public class StandardDialog{
    public static void main(String args[]){
        JOptionPane.showMessageDialog(null, "同桌的你!");
        JOptionPane.showConfirmDialog(null, "你在他乡还好吗?");
        JOptionPane.showInputDialog(null, "你在他乡还好吗?");
        String [] s={"好", "不好"};
        JOptionPane.showInputDialog(null, "你在他乡还好吗?", "输入",
                    JOptionPane.QUESTION_MESSAGE, null, s, s[0]);
    }
}
```

StandardDialog 类中的有关方法说明如下。

1. JOptionPane. showMessageDialog(null, "同桌的你!")方法

该方法是 Javax. swing. JOptionPane 类的成员方法,弹出一个消息对话框。在该类中重载的方法有:

```
public static void showMessageDialog(Component parentComponent,Object message)
throws HeadlessException;
public static void showMessageDialog(Component parentComponent,Object message,
String title,int messageType)throws HeadlessException;
public static void showMessageDialog(Component parentComponent,Object message,
String title,int messageType,Icon icon)throws HeadlessException;
```

其中,parentComponent 参数是对应的父窗口;message 参数是需要显示的消息;title 参数是对话框的标题;messageType 参数是消息类型,常见的消息类型有信息消息类型(JOptionPane. INFORMATION_MESSAGE)、警告消息类型(JOptionPane. WARNING_MESSAGE)、疑问消息类型(JOptionPane. QUESTION_MESSAGE)和错误消息类型(JOptionPane. ERROR_MESSAGE),如果成员方法不包含 messageType,则默认的消息类型是信息消息类型;icon 参数是对话框中的图标。

2. JOptionPane. showConfirmDialog(null, "你在他乡还好吗?")方法

该方法是 Javax. swing. JOptionPane 类的成员方法,单击"是"按钮后弹出一个确认对话框。在该类中重载的方法有:

```
public static int showConfirmDialog(Component parentComponent,Object message)
```

```
throws HeadlessException;
public static int showConfirmDialog(Component parentComponent,Object message,
String title,int optionType)throws HeadlessException;
public static int showConfirmDialog(Component parentComponent,Object message,
String title,int optionType,int messageType)throws HeadlessException;
public static int showConfirmDialog(Component parentComponent,Object message,
String title,int optionType,int messageType,Icon icon)throws HeadlessException;
```

其中,parentComponent、message、title 和 icon 参数的功能同前。optionType 参数指定对话框选项的模式,当 optionType 为 JOptionPane. YES_NO_OPTION 时,对话框只包含"是"和"否"按钮;当参数为 JOptionPane. YES_NO_CANCEL_OPTION 时,对话框包含"是"、"否"和"取消"按钮。如果方法中不含 optionType 参数,系统默认是 JOptionPane. YES_NO_OPTION 模式。

3. JOptionPane. showInputDialog(null, "你在他乡还好吗?")方法

该方法是 Javax. swing. JOptionPane 类的成员方法,单击"确定"按钮后,弹出一个文本输入对话框。在该类中重载的方法有:

```
public static void showInputDialog(Component parentComponent,Object message)
throws HeadlessException;
public static void showInputDialog(Component parentComponent,Object message,
Object initialSelectionValue)throws HeadlessException;
public static void showInputDialog(Component parentComponent,Object message,
String title,int messageType)throws HeadlessException;
```

其中,parentComponent、message、title 和 messageType 参数的功能同前。通过该对话框的文本框可以输入字符串。initialSelectionValue 参数是在文本框中显示的初始字符串。不含 title 参数,则默认标题是"输入";不含 messageType 参数,则默认为疑问消息信息。

4. JOptionPane. showInputDialog(null,"你在他乡还好吗?", "输入",JOptionPane. QUESTION_MESSAGE, null, s, s[0])方法

该方法是 Javax. swing. JOptionPane 类的成员方法,在文本框中输入数据后单击"确定"按钮,弹出一个选择输入对话框。在该类中重载的方法有:

```
public static void showInputDialog (Component parentComponent, Object message, String
title, int messageType, Icon icon, Object [ ] selectionValue, Object
initialSelectionValue)throws HeadlessException;
```

其中,前 5 个参数含义同前。selectionValue 参数是候选字符串数组;initialSelectionValue 参数是在组合框中显示的初始字符串值。单击"确定"按钮,返回值为选择的字符串,单击"取消"按钮,将直接关闭对话框。

程序运行后的效果如图 6-4 所示。

6.2.4 JTextField 和 JPasswordField

文本编辑框常用于数据的输入,主要有文本编辑框(JTextField)和密码式文本编辑框(JPasswordField),两者都可以编辑单行文本。采用 JTextField 类,可以在文本框中直接看

(a) 程序运行后的初始状态

(b) 单击(a)中的“确定”按钮后弹出的对话框

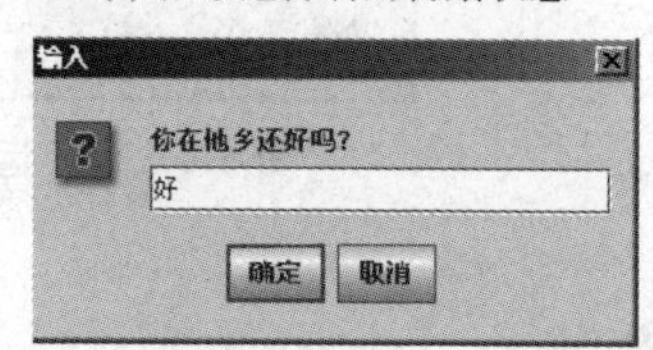

(c)单击(b)中的“是”按钮后弹出的对话框

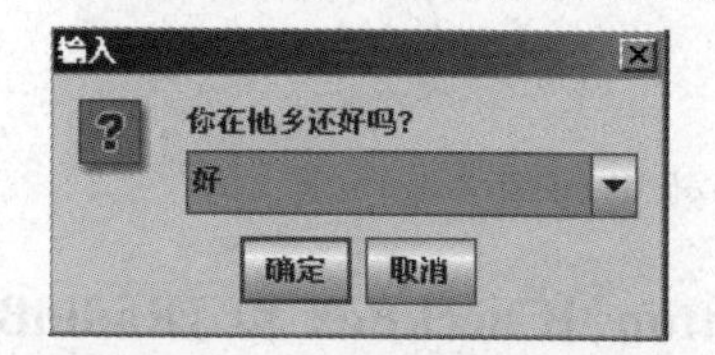

(d) 在(c)中输入“好”并单击“确定”按钮

图 6-4　程序运行效果

到输入的字符串;采用 JPasswordField 类,在输入文本框中输入的字符被＊代替。

JTextField 类和 JPasswordField 类的父类是 javax. swing. JTextComponent 类。

【例 6-4】　文本编辑框的使用(TextEditBox. java)

```
/*
    功能简介:文本编辑框的使用,有用户名和密码项。
*/
import javax.swing.JFrame;
import java.awt.Container;
import java.awt.FlowLayout;
import javax.swing.JTextField;
import javax.swing.JPasswordField;

public class TextEditBox extends JFrame{
    public TextEditBox(){
        super("文本编辑框的使用");
        Container c=getContentPane();
        c.setLayout(new FlowLayout());
        /* JTextField 类的构造方法 JTextField(String text,int columns)中,text 参
           数是初始文本信息;columns 指定文本编辑框的宽度。JPasswordField 类的构造方
           法和 JTextField 类的构造方法相似。 */
        JTextField[] t={new JTextField("用户名:",6), new JTextField("请输入用户
        名",16),new JTextField("密  码:",6), new JPasswordField("123456",16)};
        /* JTextField 类中的 setEditable(boolean b)方法用于设置文本编辑框是否可以编
           辑。b 为 true 时可编辑,否则不能编辑。不能编辑时效果类似标签。另外,getText()
           方法获取文本信息;setText()设置文本信息。 */
        t[0].setEditable(false);
        t[2].setEditable(false);
        for(int i=0;i<4;i++)                //通过循环把文本框添加到容器中
            c.add(t[i]);
    }
    public static void main(String args[]){
```

```
        TextEditBox app=new TextEditBox();
        app.setSize(300, 200);
          app. setDefaultCloseOperation (JFrame.
          EXIT_ON_CLOSE);
        app.setVisible(true);
    }
}
```

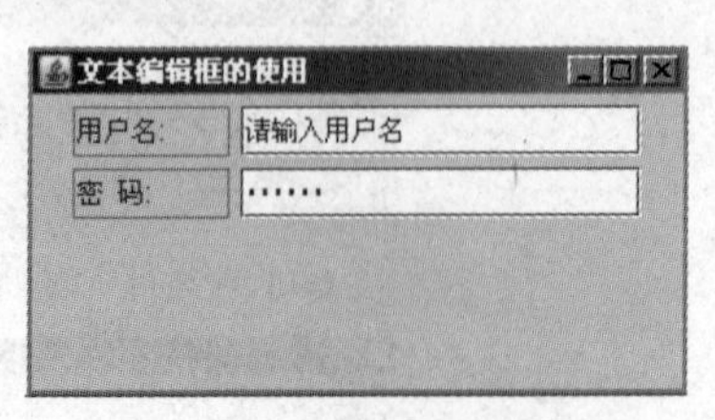

图 6-5　程序运行效果

程序运行效果如图 6-5 所示。

6.2.5　JButton、JCheckBox 和 JRadioButton

Swing 的按钮组件包括命令按钮(JButton)、复选框(JCheckBox)和单选按钮(JRadioButton),它们都是抽象类 AbstractButton 的子类。JButton、JCheckBox 和 JRadioButton 均为单击式组件,当单击这些组件时,都会触发特定的事件。单击 JButton 可以激发事件;单击 JCheckBox 和 JRadioButton 时它们的选择状态会发生变化。

【例 6-5】 单击式组件的使用(JButtonUse.java)

```
/*
    功能简介:单击式组件的使用。
 */
import javax.swing.JFrame;
import java.awt.Container;
import java.awt.FlowLayout;
import javax.swing.ImageIcon;
import javax.swing.JButton;
import javax.swing.ButtonGroup;
import javax.swing.JCheckBox;
import javax.swing.JRadioButton;

public class JButtonUse extends JFrame{
    public JButtonUse(){
        super("按钮例程");
        Container c=getContentPane();
        c.setLayout(new FlowLayout());
         ImageIcon [ ] ii = {new ImageIcon ( " left. gif"), new ImageIcon ( " right.
gif")};
        /* JButton 类的构造方法 JButton(String text,Icon icon)中,text 参数指定按钮
           上的文本信息,icon 参数指定按钮上的图标。另一个构造方法只有一个参数的
           JButton(String text)。*/
        JButton[] b={new JButton("左", ii[0]), new JButton("中间"),new JButton
        ("右", ii[1])};
        for (int i=0; i<b.length; i++)
            c.add(b[i]);
        //创建复选框并添加到框架中,复选框的构造方法和 JButton 类的构造方法相似
        JCheckBox[] cb={new JCheckBox("左"), new JCheckBox("右")};
```

```
        for (int i=0; i<cb.length; i++){
            c.add(cb[i]);
            cb[i].setSelected(true);     //用于设定复选框或按钮的选定状态
        }
        //创建单选按钮并添加到框架中,单选按钮的构造方法和 JButton 类的构造方法相似
        JRadioButton[] rb={new JRadioButton("左"), new JRadioButton("右")};
        //创建按钮组,把按钮加到一个组中
        ButtonGroup bg=new ButtonGroup();
        for (int i=0; i<rb.length; i++){
            c.add(rb[i]);
            bg.add(rb[i]);
        }
        rb[0].setSelected(true);
        rb[1].setSelected(false);
    }
    public static void main(String args[]){
        JButtonUse app=new JButtonUse();
        app.setSize(260, 260);
         app.setDefaultCloseOperation(JFrame.EXIT_
         ON_CLOSE);
        app.setVisible(true);
    }
}
```

程序运行效果如图 6-6 所示。

图 6-6　程序运行效果

6.2.6　JComboBox、JList、JTextArea 和 JScrollPane

组合框(JComboBox)又称为下拉列表框,用户可从下拉式列表框中选择已有的列表项。

列表框(JList)的界面显示出一系列的列表项,用户可从中选择一到多个列表项。

文本区域(JTextArea)是可以编辑多行文本信息的文本框,但文本区域不会自动出现滚动条,可以将文本区域添加到滚动窗格(JScrollPane)中,从而实现为文本区域自动添加滚动条的功能。当文本信息在水平方向上超过文本区域范围时,会自动出现水平滚动条;当文本信息在垂直方向上超过文本区域范围时,会自动出现垂直滚动条。这些组件的特点是能够显示多行文本信息。

【例 6-6】　多行文本信息组件的使用(JLineUse.java)

```
/*
    功能简介:多行文本信息组件的使用。
*/
import javax.swing.JFrame;
import java.awt.Container;
import java.awt.FlowLayout;
import javax.swing.JScrollPane;
import javax.swing.JComboBox;
```

```
import javax.swing.JList;
import javax.swing.JTextArea;

public class JLineUse extends JFrame{
    public JLineUse(){
        super("多行组件的使用");
        Container c=getContentPane();
        c.setLayout(new FlowLayout());
        String[] s={"选项 1", "选项 2", "选项 3"};
        JComboBox cb=new JComboBox(s);
        JList lt=new JList(s);
        JTextArea ta=new JTextArea("1\n2\n3\n4\n5\n6", 3, 9);
        JScrollPane sp=new JScrollPane(ta);
        c.add(cb);
        c.add(lt);
        c.add(sp);
    }
    public static void main(String args[]){
        JLineUse app=new JLineUse();
        app.setSize(260, 160);
         app.setDefaultCloseOperation(JFrame.EXIT_
         ON_CLOSE);
        app.setVisible( true);
    }
}
```

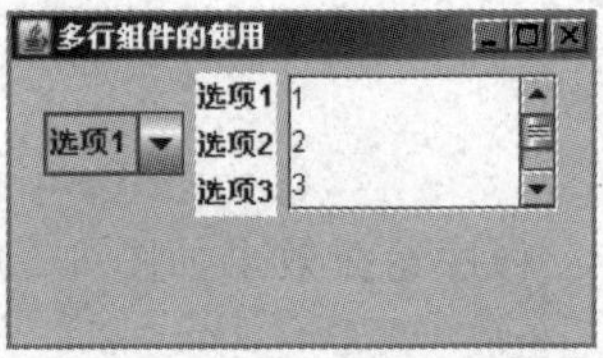

程序运行效果如图 6-7 所示。

图 6-7　程序运行效果

6.2.7　JPanel 和 JSlider

面板(JPanel)是一个轻量容器组件,面板不能独立运行,必须包含在另一个容器里。面板没有标题,没有边框,不可添加菜单栏。

JPanel 的默认布局管理器是 FlowLayout。在面板中添加组件,然后将面板添加到其他容器中。这样,一方面可以将图形用户界面分组,另一方面还可以形成较合理的组件布局。

滚动条(JSlider)提供以图形的方式进行数值选取的功能。通常选取的范围是一个有限的整数区域。它提供了通过鼠标指针拖动滚动条中的滑动块获取数值的手段。另外,它还可以表示程序执行的进度情况。

【例 6-7】　面板和滚动条组件的使用(JSliderPanel. java)

```
/*
    功能简介:面板和滚动条组件的使用。
 */
import javax.swing.JFrame;
import java.awt.Container;
import java.awt.FlowLayout;
```

```
import javax.swing.JPanel;
import javax.swing.JSlider;
import java.awt.Dimension;
import java.awt.Color;

public class JSliderPanel extends JFrame{
    public JSliderPanel(){
        super("面板和滚动条组件的使用");
        Container c=getContentPane();
        c.setLayout(new FlowLayout());
        /* JSlider 类的构造方法 JSlider(int orientation, int min, int max, int
           value),其中,orientation 参数指定滚动条的方向;min 和 max 参数分别指定滚动
           条所表示的数值范围的最小值和最大值;value 参数指定滑动块在滚动条中的初始位
           置。orientation 参数值只能为常量 JSlider.HORIZONTAL 或 JSlider.
           VERTICAL。当参数 orientation 为 JSlider.HORIZONTAL 时,滚动条在水平方向;
           当参数 orientation 为 JSlider.VERTICAL 时,滚动条在竖直方向。如果上面的构
           造方法不含参数 orientation,则滚动条的默认方向是水平方向。*/
        JSlider s=new JSlider(JSlider.HORIZONTAL,0,26,6);
        JPanel p=new JPanel();
        /* JPanel 类的方法 setPreferredSize(Dimension preferredSize)用于设置面板
           大小。Dimension 类的构造方法 Dimension(int width,int height)用于设置面
           板具体的大小。*/
        p.setPreferredSize(new Dimension(100, 60));
        //JPanel 类的 setBackground(Color bg)方法用于设置面板背景颜色
        p.setBackground(Color.red);
        c.add(s);
        c.add(p);
    }
    public static void main(String args[]){
        JSliderPanel app=new JSliderPanel();
        app.setSize(360, 160);
        app.setDefaultCloseOperation(JFrame.
        EXIT_ON_CLOSE);
        app.setVisible(true);
    }
}
```

图 6-8　程序运行效果

程序运行效果如图 6-8 所示。

6.3　布局管理器

每个容器都有一个布局管理器(LayoutManager),当容器需要对某个组件进行定位或判断其大小尺寸时,就会调用其对应的布局管理器。为了使生成的图形用户界面具有良好的平台无关性,Java 语言提供了布局管理器这个工具来管理组件在容器中的布局,而不是使用直接设置组件位置和大小的方式。常用的布局管理器有 FlowLayout、GridLayout、

BorderLayout、BoxLayout、CardLayout 和 GroupLayout 等布局管理器。另外,如果类库提供的布局管理器不能满足项目的需要,用户可以根据项目开发的需要自定义布局管理器,也可以把这些布局管理器组合起来使用。

6.3.1 布局管理器的概念

Java 为了实现跨平台的特性并获得动态的布局效果,将容器内的所有组件安排给一个"布局管理器"负责管理,如排列组件顺序、组件大小设置以及位置设置。当窗口移动或调整大小后组件如何变化等功能则授权给对应的容器布局管理器来管理。不同的布局管理器使用不同算法和策略,容器可以通过选择不同的布局管理器来决定布局。

Java 语言本身提供了多种布局管理器,用来控制组件在容器中的布局方式。在 Swing 图形用户界面程序设计中可以给顶层容器设置布局管理器。一般是先通过顶层容器的成员方法 getContentPane()获取顶层容器的内容窗格,再通过类 Container 的成员方法 setLayout()设置内容窗格的布局管理器,从而实现给顶层容器设置布局管理器的目的。给其他容器设置布局管理器,可以直接通过类 Container 的成员方法 setLayout()设置内容窗格的布局管理器。在设置完布局管理器之后,一般可以向顶层容器的内容窗格或其他容器中添加组件。如果不设置布局管理器,则相应的容器或内容窗格采用默认的布局管理器,如 JFrame 和 JDialog 容器默认的布局管理器是 BorderLayout,JPanel 容器默认的布局管理器是 FlowLayout。

6.3.2 FlowLayout

流布局管理器(FlowLayout)是最常用的布局管理器。在流布局管理器中,当前行排满组件时就从下一行开始继续排列组件。FlowLayout 是 JPanel 的默认布局管理器。其管理组件的规律是:从上到下、从左到右放置组件。

FlowLayout 布局管理器通过调用类 FlowLayout 的构造方法创建实例。构造方法如下:

```
public FlowLayout();
public FlowLayout(int align);
public FlowLayout(int align,int hgap,int vgap);
```

其中,align 参数指定行对齐方式,常用的值为 LEFT、CENTER 和 RIGHT,分别对应左、居中和右对齐;如果不含参数 align,则默认的对齐方式为中对齐。hgap 参数指定在同一行上相邻两个组件之间的水平间隙。vgap 参数指定相邻两行组件之间的垂直间隙。hgap 参数和 vgap 参数的单位均为像素,如不指定这两个参数,其默认值均为 5(像素)。

【例 6-8】 流布局管理器的使用(FlowLayoutUse.java)

```
/*
    功能简介:流布局管理器的使用。
*/
import javax.swing.JFrame;
import java.awt.Container;
import java.awt.FlowLayout;
import javax.swing.JButton;
```

```
public class FlowLayoutUse{
    public static void main(String args[]) {
        JFrame app=new JFrame("流布局管理器的使用");
        Container c=app.getContentPane();
        c.setLayout(new FlowLayout());
        JButton button1=new JButton("确定");
        JButton button2=new JButton("取消");
        JButton button3=new JButton("关闭");
        c.add(button1);
        c.add(button2);
        c.add(button3);
        app.setSize(360, 160);
        app.setDefaultCloseOperation(JFrame.
        EXIT_ON_CLOSE);
        app.setVisible(true);
    }
}
```

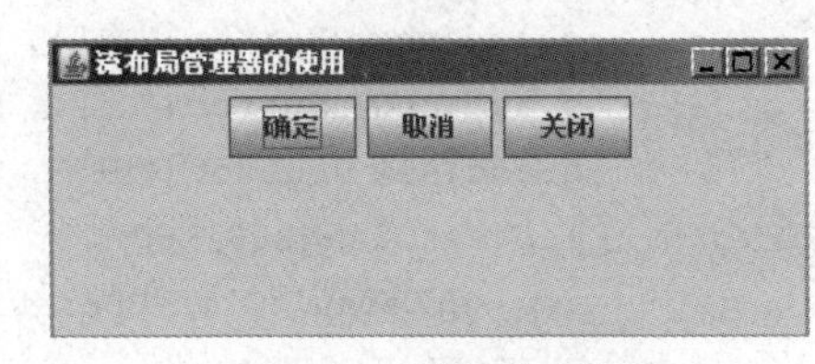

图 6-9　程序运行效果

程序运行效果如图 6-9 所示。

6.3.3　BorderLayout

边布局管理器(BorderLayout)是 JFrame 和 JDialog 的默认布局管理器。

BorderLayout 布局管理器把容器分成 5 个区域：NORTH、SOUTH、EAST、WEST 和 CENTER。

在使用 BorderLayout 布局管理器时，如果容器的大小发生变化，其变化规律为：组件的相对位置不变，大小发生变化。如容器变高，则 NORTH 和 SOUTH 区域不变，WEST、CENTER 和 EAST 区域变高；如容器变宽，WEST 和 EAST 区域不变，NORTH、CENTERr 和 SOUTH 区域变宽。即水平拉宽可以看到南、北、中控件大小会有变化，东、西控件大小不变；上下拉长可以看到东、西、中控件大小会有变化，南、北控件大小不变。不一定所有的区域都有组件，如果四周的区域(WEST、EAST、NORTH 和 SOUTH 区域)没有组件，则由 CENTER 区域去补充。但是如果 CENTER 区域没有组件，则保持空白。

BorderLayout 布局管理器通过调用类 BorderLayout 的构造方法创建。构造方法如下：

```
public BorderLayout();
public BorderLayout(int hgap,int vgap);
```

其中，hgap 参数指定在同一行上相邻两个组件之间的水平间隙；vgap 参数指定相邻两行组件之间的垂直间隙。hgap 参数和 vgap 参数的单位均为像素，如不指定这两个参数，其默认值均为 0(像素)。

【例 6-9】　边界布局管理器的使用(BorderLayoutUse.java)

```
/*
    功能简介：边界布局管理器的使用。
*/
```

```
import javax.swing.JFrame;
import java.awt.Container;
import java.awt.BorderLayout;
import javax.swing.JButton;

public class BorderLayoutUse{
    public static void main(String args[]){
        JFrame app=new JFrame("边界布局管理器的使用");
        Container c=app.getContentPane();
        c.setLayout(new BorderLayout());
        c.add(new JButton("东"), BorderLayout.EAST);        //EAST 常量是位置
        c.add(new JButton("西"), BorderLayout.WEST);
        c.add(new JButton("南"), BorderLayout.SOUTH);
        c.add(new JButton("北"), BorderLayout.NORTH);
        c.add(new JButton("中"), BorderLayout.CENTER);
        app.setSize(360,160);
        app.setDefaultCloseOperation(JFrame.
        EXIT_ON_CLOSE);
        app.setVisible(true);
    }
}
```

图 6-10 程序运行效果

程序运行效果如图 6-10 所示。

6.3.4 GridLayout

网格布局管理器(GridLayout)将容器中各个组件呈网格状分布,平均占据容器的空间,即将容器等分成相同大小的矩形域,组件从第一行开始从左到右依次放置到这些矩形域内。当前行放满后,继续从下一行开始。

GridLayout 布局管理器通过调用类 GridLayout 的构造方法创建。构造方法如下:

```
public GridLayout();
public GridLayout(int rows,int cols);
public GridLayout(int rows,int cols,int hgap,int vgap);
```

其中,rows 和 cols 参数指定网格的行数和列数,如不指定 rows 和 cols 参数,其默认值均为 1。参数 rows 和 cols 均为非负整数,而且至少有 1 个不为 0。通常让其中一个参数大于 0,另一个参数为 0。如果行数 rows 大于 0,则网格的实际列数由行数 rows 和往容器中添加的组件数确定,而与参数 cols 的值基本上没有关系。hgap 参数指定在同一行上相邻两个组件之间的水平间隙,vgap 参数指定相邻两行组件之间的垂直间隙。参数 hgap 和 vgap 的单位均为像素。如不指定这两个参数,则其默认值均为 0(像素)。

不一定所有的区域都有组件,可以缺少组件,如图 6-11 所示。

【例 6-10】 网格布局管理器的使用(GridLayoutUse.java)

```
/*
    功能简介:网格布局管理器的使用。
```

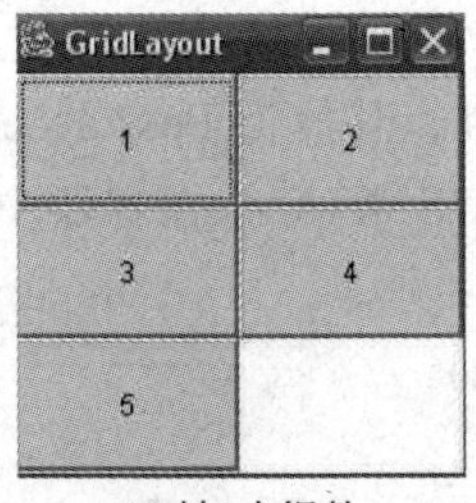

(a) 缺1个组件

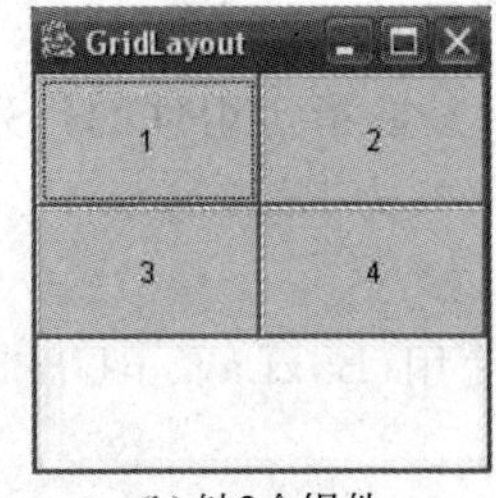

(b) 缺2个组件

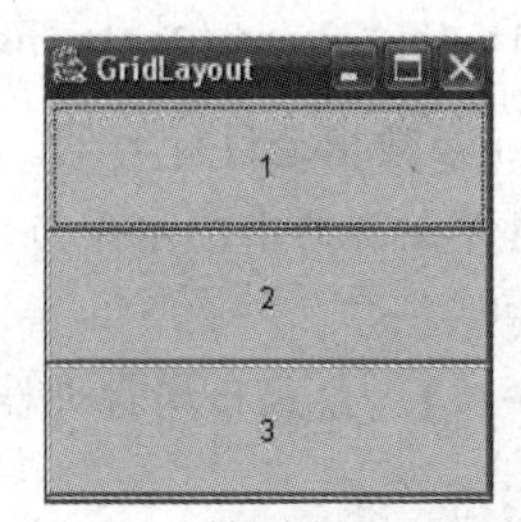

(c) 缺3个组件

图 6-11　缺少组件的效果

```
*/
import javax.swing.JFrame;
import java.awt.Container;
import java.awt.GridLayout;
import javax.swing.JButton;

public class GridLayoutUse{
    public static void main(String args[]){
        JFrame app=new JFrame("网格布局管理器的使用");
        Container c=app.getContentPane();
        c.setLayout(new GridLayout(2,3));
        for (int i=0;i<6; i++){
            String s="按钮"+(i+1);
            JButton b=new JButton(s);
            c.add(b);
        }
        app.setSize(266,266);
        app.setDefaultCloseOperation(JFrame.EXIT_
        ON_CLOSE);
        app.setVisible(true);
    }
}
```

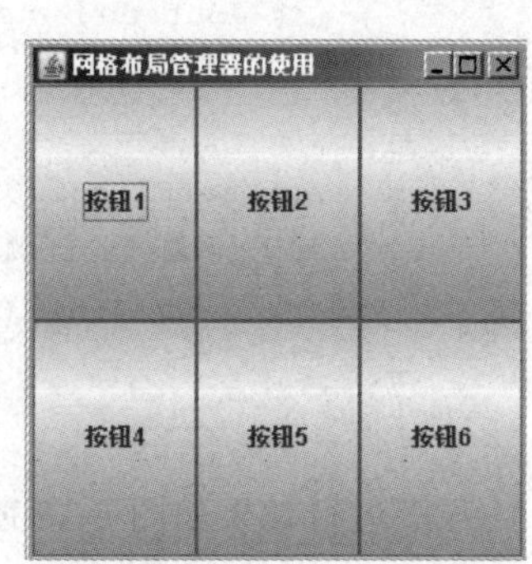

图 6-12　程序运行效果

程序运行效果如图 6-12 所示。

6.3.5　BoxLayout

盒式布局管理器(BoxLayout)能够使多个组件在容器中沿水平方向或垂直方向排列。当容器的大小发生变化时,组件占用的空间大小并不会发生变化。

如果采用水平方向排列组件的方式,当组件的总宽度超过容器的宽度时,组件也不会换行,而是沿同一行继续排列。

如果采用垂直方向排列组件的方式,当组件的总高度超出容器的高度时,组件也不会换列,而是沿同一列继续排列。

有时需改变容器的大小才能见到所有的组件,即有些组件可能处于不可见的状态。

BoxLayout 布局管理器通过调用类 BoxLayout 的构造方法创建。构造方法如下:

```
public BoxLayout(Container target,int axis);
```

其中,target 参数指定目标容器。axis 参数指定组件的排列方向,其值为 BoxLayout. X_AXIS 常量时,组件在容器中沿水平方向排列;为 BoxLayout. Y_AXIS 常量时,在容器中组件沿垂直方向排列。

【例 6-11】 盒式布局管理器的使用(BoxLayoutUse. java)

```
/*
    功能简介:盒式布局管理器的使用。
 */
import javax.swing.JFrame;
import java.awt.Container;
import javax.swing.BoxLayout;
import javax.swing.JButton;

public class BoxLayoutUse{
    public static void main(String args[]){
        JFrame app=new JFrame("盒式布局管理器的使用");
        Container c=app.getContentPane();
        //c.setLayout(new BoxLayout(c,BoxLayout.X_AXIS));  //水平方式排列组件
        c.setLayout(new BoxLayout(c,BoxLayout.Y_AXIS));    //垂直方式排列组件
        for (int i=0;i<3; i++){
            String s="按钮"+(i+1);
            JButton b=new JButton(s);
            c.add(b);
        }
        app.setSize(220, 130);
        app.setDefaultCloseOperation(JFrame.EXIT_ON_CLOSE);
        app.setVisible(true);
    }
}
```

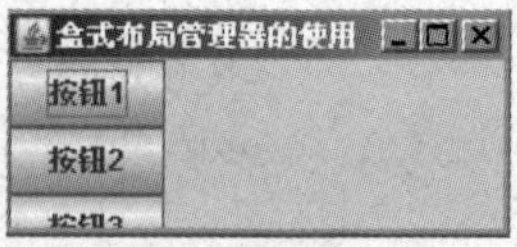

程序运行效果如图 6-13 所示。

图 6-13 程序运行效果

6.3.6 CardLayout

卡片布局管理器(CardLayout)对组件的排列方式是将新加入的组件放在原来已经加入的组件的上面,因此每次一般只能看到一个组件。

卡片布局管理器可以从上到下依次取出下面的组件,而当前的组件变成最后一个组件。卡片布局管理器也可以直接翻到某个组件,而组件之间的前后排列顺序并不发生变化。

CardLayout 布局管理器通过调用类 CardLayout 的构造方法创建。构造方法如下:

```
public CardLayout();
public CardLayout(int hgap,int vgap);
```

其中,hgap 和 vgap 参数用于设置组件与容器边界之间的间隙,单位为像素;不指定参数值时,默认为 0 像素。

类 CardLayout 的其他常用方法如下。

add(Component comp,Object constraints)方法是将名字为 constraints 的组件 comp 添加到容器上。

next(Container parent)方法将当前组件放置到所有组件的最后面,同时把下一个组件变成当前组件。

show(Container parent,String name)方法能够直接翻转到指定的组件,但不改变相邻组件之间的前后排列顺序。参数 parent 指定当前的容器或内容窗格,参数 name 指定所要翻转到的组件的名称,如果该组件不存在,则不进行任何操作。

【例 6-12】 卡片布局管理器的使用(CardLayoutUse.java)

```
/*
    功能简介:卡片布局管理器的使用。
 */
import javax.swing.JFrame;
import java.awt.Container;
import java.awt.CardLayout;
import javax.swing.JButton;

public class CardLayoutUse{
    public static void main(String args[]){
        JFrame app=new JFrame("卡片布局管理器的使用");
        Container c=app.getContentPane();
        CardLayout card=new CardLayout();
        c.setLayout(card);
        for (int i=0; i<6; i++){
        String s="按钮"+(i+1);
            JButton b=new JButton(s);
            c.add(b, s);
        }
        card.show(c, "按钮 2");
        card.next(c);
        app.setSize(160,160);
        app.setDefaultCloseOperation(JFrame.EXIT_ON_
        CLOSE);
        app.setVisible(true);
    }
}
```

图 6-14 程序运行效果

程序运行效果如图 6-14 所示。

6.3.7 GroupLayout

Java SE 6 中包含一个新的组布局管理器(GroupLayout)。它以 Group(组)为单位来管理布局,也就是把多个组件(如 JLabel、JButton)按区域划分到不同的 Group(组),再根据各个 Group(组)相对于水平轴(Horizontal)和垂直轴(Vertical)的排列方式来管理。该类在

javax. swing 包中。

GroupLayout 布局管理器通过调用类 GroupLayout 的构造方法创建。构造方法如下。

```
public GroupLayout(Container host)
```

为指定的 Container 创建 GroupLayout。参数 host 是指创建的 GroupLayout 将作为其布局管理器。

类 GroupLayout 的其他常用方法如下。

```
public GroupLayout.ParallelGroup createParallelGroup (GroupLayout.Alignment alignment)
```

使用指定的对齐方式创建并返回一个并行组(ParallelGroup)。对齐方式有 LEADING(左对齐)、BASELINE(底部对齐)和 CENTER(中心对齐)。

```
public GroupLayout.SequentialGroup createSequentialGroup()
```

创建并返回一个顺序组(SequentialGroup)。

```
public void linkSize(int axis,Component…components)
```

将指定组件强制调整为沿指定轴具有相同的大小,而不管其首选大小、最小大小或最大大小如何。所有链接组件首选大小中的最大值被赋予链接的组件。例如,如果沿水平轴将首选宽度分别为 10 和 20 的两个组件链接起来,则两个组件的宽度都将变为 20。可以多次使用此方法来将任意数量的组件强制调整为具有相同的大小。链接的 Component 是不可调整大小的。参数 components 应是具有相同大小的 Component。axis 为沿其链接大小的轴,其值为 SwingConstants. HORIZONTAL 或 SwingConstants. VERTICAL 之一 。

```
public void setAutoCreateContainerGaps(boolean autoCreateContainerPadding)
```

设置是否应该自动创建容器与触到容器边框的组件之间的间隙。默认值为 false。参数 autoCreateContainerPadding 指定是否应该自动创建容器与触到容器边框的组件之间的间隙。

```
public void setAutoCreateGaps(boolean autoCreatePadding)
```

设置是否将自动创建组件之间的间隙。例如,如果将 autoCreate Padding 设为 true 并且向 SequentialGroup 添加了两个组件,则将自动创建这两个组件之间的间隙。默认值为 false。参数 autoCreatePadding 指定是否自动创建组件之间的间隙。

```
public void setHorizontalGroup(GroupLayout.Group group)
```

设置沿水平轴确定组件位置和大小的 Group。参数 group 指定沿水平轴确定组件位置和大小的 Group。

```
public void setVerticalGroup(GroupLayout.Group group)
```

设置沿垂直轴确定组件位置和大小的 Group。参数 group 指定沿垂直轴确定组件位置和大小的 Group。

【例 6-13】 组布局管理器的使用(GroupLayoutUse. java)

```
/*
    功能简介:组布局管理器的使用。
*/
import java.awt.*;
import java.awt.event.*;
import javax.swing.*;

public class GroupLayoutUse extends JFrame{
    public GroupLayoutUse(){
        super("组布局管理器——查找");
        JLabel label1=new JLabel("查找:");
        JTextField textField1=new JTextField();
        JCheckBox cb1=new JCheckBox("区分大小写");
        JCheckBox cb2=new JCheckBox("不区分大小写");
        JRadioButton rb1=new JRadioButton("向上");
        JRadioButton rb2=new JRadioButton("向下");
        JButton findButton=new JButton("查找下一个");
        JButton cancelButton=new JButton("取消");
        Container c=getContentPane();
        GroupLayout layout=new GroupLayout(c);
        c.setLayout(layout);
        layout.setAutoCreateGaps(true);
        layout.setAutoCreateContainerGaps(true);
        GroupLayout.ParallelGroup hpg2a=layout.createParallelGroup(
                                        GroupLayout.Alignment.LEADING);
        /*addComponent(Component component)方法将 Component 添加到此 Group。*/
        hpg2a.addComponent(cb1);
        hpg2a.addComponent(cb2);
        GroupLayout.ParallelGroup hpg2b=layout.createParallelGroup(
                                        GroupLayout.Alignment.LEADING);
        hpg2b.addComponent(rb1);
        hpg2b.addComponent(rb2);
        GroupLayout.SequentialGroup hpg2H=layout.createSequentialGroup();
        hpg2H.addGroup(hpg2a);
        hpg2H.addGroup(hpg2b);
        GroupLayout.ParallelGroup hpg2=layout.createParallelGroup(
                                        GroupLayout.Alignment.LEADING);
        hpg2.addComponent(textField1);
        hpg2.addGroup(hpg2H);
        GroupLayout.ParallelGroup hpg3=layout.createParallelGroup(
                                        GroupLayout.Alignment.LEADING);
        hpg3.addComponent(findButton);
        hpg3.addComponent(cancelButton);
        layout.setHorizontalGroup(layout.createSequentialGroup().
        addComponent(label1).addGroup(hpg2).
```

```
        addGroup(hpg3));
        layout.linkSize(SwingConstants.HORIZONTAL,new Component[]{
                                    findButton,cancelButton });
        GroupLayout.ParallelGroup vpg1=layout.createParallelGroup(
                                    GroupLayout.Alignment.BASELINE);
        vpg1.addComponent(label1);
        vpg1.addComponent(textField1);
        vpg1.addComponent(findButton);
        GroupLayout.ParallelGroup vpg2=layout.createParallelGroup(
                                    GroupLayout.Alignment.CENTER);
        vpg2.addComponent(cb1);
        vpg2.addComponent(rb1);
        vpg2.addComponent(cancelButton);
        GroupLayout.ParallelGroup vpg3=layout.createParallelGroup(
                                    GroupLayout.Alignment.BASELINE);
        vpg3.addComponent(cb2);
        vpg3.addComponent(rb2);
        layout.setVerticalGroup(layout.createSequentialGroup().
                            addGroup(vpg1).addGroup(vpg2).addGroup(vpg3));
        /*调整窗口的大小,以适合其子组件的首选大小和布局。如果该窗口或其所有者还不可
          显示,则在计算首选大小之前都将变得可显示。在计算首选大小之后,将会验证该窗
          口。*/
          pack();
}
public static void main(String[] args){
    GroupLayoutUse app=new GroupLayoutUse();
    app.setLocation(200,200);
    app.setDefaultCloseOperation(JFrame.EXIT_
    ON_CLOSE);
    app.setVisible(true);
  }
}
```

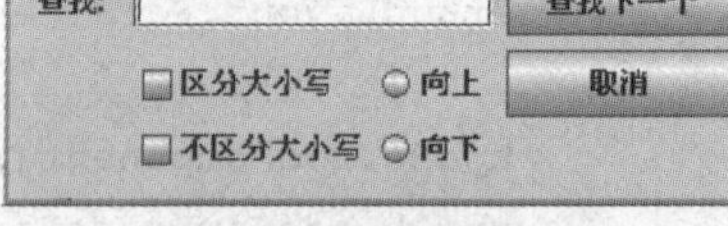

图 6-15　程序运行效果

程序运行效果如图 6-15 所示。

6.4　Java 中的事件处理

图形用户界面提供人机交互的页面,但业务功能实现是通过事件驱动来完成的。在图形用户界面上,程序的运行是由于某个事件的发生,使事件源监听到该事件并进行处理。如使用鼠标(事件)单击一个按钮(事件源),按钮监听到事件后进行下一步的处理。

6.4.1　事件处理的基本概念

在 Java 应用程序项目中,事件处理是项目业务逻辑处理的关键性步骤。事件处理中有 3 个主要的概念:事件、事件源和事件处理。事件源是产生事件的对象;事件处理负责处理

事件;事件是在事件源与事件监听器间传递信息的桥梁。它们之间的关系是:当事件源产生事件时,通过调用监听器相应的方法进行事件处理。下面首先了解一下有关事件处理的基本概念。

1. 事件

对鼠标、键盘以及其他输入设备的各种操作或一个活动的发生称为事件(Event),如通过单击按钮、在文本框中输入数据、关闭窗口等。Java 语言中对事件的处理是采用面向对象的思想,即通过对象的形式对各种事件进行封装和处理。不同的事件需要封装到不同的事件类中。Java 类库在 java.awt.event 包中预定义了许多事件类,而且每个事件类对应一个监听器。

2. 事件源

鼠标、键盘以及其他输入设备操作的组件称为事件源(Event Source),即事件发生的场所,通常就是各个组件。例如,单击一个按钮,按钮是事件源,在事件源上产生一个事件。为了对事件源进行操作,需要对事件源注册或添加监听器,监听器会监视组件,一旦监听器监听到事件,就对事件进行处理。

3. 事件处理

事件处理是指一旦事件产生时需要执行的操作。一个组件(事件源)可以注册多个事件。若多个组件需要响应同一个事件,可以注册同一个事件监听器。一个事件监听器对应一个事件处理方法。事件处理方法可以由本类实现,也可以由其他类实现。

例如,对于某种类型的事件 XxxEvent,要想接收并处理这类事件,必须定义相应的事件类,该类需要实现与该事件相对应的接口 XxxListener。事件源实例化以后,必须进行授权,注册该类事件的监听器,使用 addXxxListener(XxxListener) 方法来注册监听器。

```
JButton b=new JButton("确定");
b.addActionListener(new ButtonHandler());
```

其中,对象 b 是事件源;addActionListener(ActionListener e)方法添加指定的监听器,以接收发自此按钮的动作事件。当用户在此按钮上按下或释放鼠标时发生事件。如果 e 为 null,则不抛出任何异常,也不执行任何动作;new ButtonHandler()是实例化对象来进行事件处理,ButtonHandler 类要实现监听器接口,监听器接口的方法处理对应的事件 ActionEvent。

【例 6-14】 事件处理的简单应用(EventHandlingUse.java)

```
/*
    功能简介:事件处理的简单应用。
*/
import javax.swing.*;
import java.awt.*;
import java.awt.event.*;

public class EventHandlingUse{
    public EventHandlingUse(){
```

```
        JFrame app=new JFrame("事件处理的简单应用");
        Container c=app.getContentPane();
        c.setLayout(new FlowLayout());
        Button b=new Button("点击!");                         //事件源
        b.addActionListener(new ButtonHandler());             //对事件源加监听
        c.add(b);
        app.setSize(160,160);
        app.setDefaultCloseOperation(JFrame.EXIT_ON_CLOSE);
        app.setVisible(true);
    }
    /*声明一个内部类 ButtonHandler,实现接口,该类用于处理监听器获取到的事件,并对事件
      进行处理。事件触发事件源后需要执行的具体功能在 actionPerformed(ActionEvent
      e) 方法中体现。*/
    class ButtonHandler implements ActionListener{
        public void actionPerformed(ActionEvent e){
            //处理的结果是:输出"你触发了事件源"
            System.out.println("你触发了事件源");
        }
    }
    public static void main(String args[]){
        new EventHandlingUse();
    }
}
```

程序运行效果如图 6-16 所示。

(a) 未触发事件源

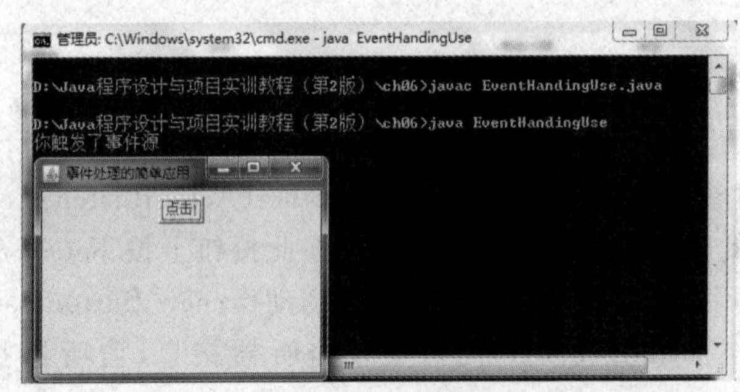

(b) 触发事件源后

图 6-16　程序运行效果

6.4.2　事件和事件源

运行 Java 图形程序时,程序和用户交互,事件驱动程序的执行。用户的行为会通过某个事件触发某个组件(即事件源,6.2 节介绍的组件都是事件源)。java.awt.event 包中常见的事件类以及层次结构如图 6-17 所示。事件源(组件)及其层次结构请参考 6.2 节的内容。

用户的行为、事件源以及发生的事件类型如表 6-1 所示。

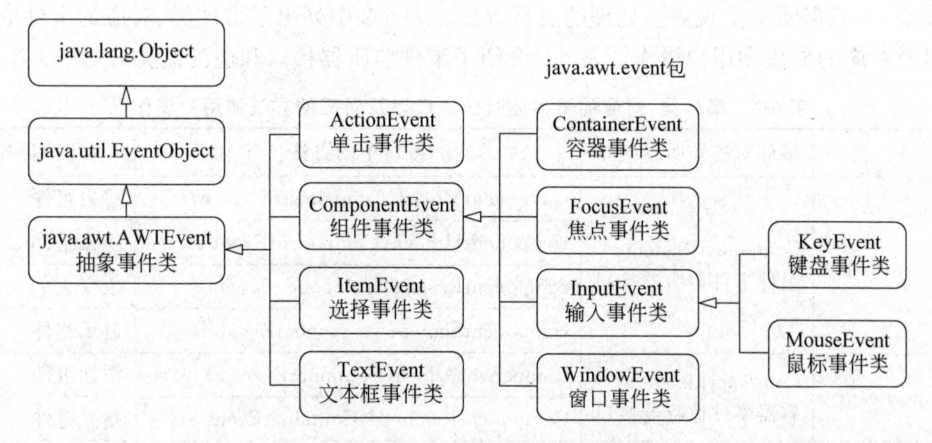

图 6-17　AWT 事件类及其层次结构

表 6-1　用户的行为、事件源以及发生的事件类型

用户行为	事件源	事件类型
改变文本域	JTextComponent	TextEvent
在文本框按下 Enter 键	JTextField	ActionEvent
选定一个新项	JComboBox	ItemEvent、ActionEvent
选定多项	JList	ListSelectionEvent
单击按钮	JButton	ActionEvent
单击复选框	JCheckBox	ItemEvent、ActionEvent
单击单选按钮	JRadioButton	ItemEvent、ActionEvent
移动滚动条	JScrollBar	AdjustmentEvent
在容器中添加或删除组件	Container	ContainerEvent
组件移动、改变大小、显示或隐藏	Component	ComponentEvent
组件获取或失去焦点	Component	FocusEvent
移动鼠标	Component	MouseEvent
选定菜单	JMenuItem	ActionEvent
打开、关闭、最小化和还原窗口	Window	WindowEvent

6.4.3　注册监听器

对事件的处理是通过事件监听器实现的。首先需要在事件源中登记事件监听器，又称为注册事件监听器。当有事件发生时，Java 虚拟机就生成一个事件对象，事件对象记录并处理该事件所需的各种信息。当事件源收到事件对象时，就会启动在该事件源中注册的事件监听器，并将相应事件对象传送到对应的事件监听器中进行事件处理。

每类事件都有对应的事件监听器，监听器是接口，根据动作来定义方法。可以由同一个对象监听一个事件源上发生的多种事件。监听器中不使用的方法也必须实现，方法体可以为空，这是实现接口所规定的。

在包 java.awt.event 和 javax.swing.event 中还定义了一种命名结尾为 Adapter 的实现事件监听器接口的抽象类。这些类一般称为事件适配器类。事件适配器类主要用于解决这种情况：有些事件监听器接口含有多个成员方法，而在实际应用时又常常不需要对所有的这些成员方法进行处理。这时可以直接从事件适配器派生出子类，从而既实现了事件监听器接口，又只需重新实现需要处理的成员方法。表 6-2 中列出了事件类、对应的事件监听器接口以及对应的方法和用户操作。表 6-3 介绍了事件监听器接口和适配器类的对应关系。

表 6-2　事件类、对应的事件监听器接口以及对应的方法和用户操作

事　件　类	事件对应监听器接口	接口中的方法	用户操作
ComponentEvent	ComponentListener 组件事件监听器接口	componentMoved(ComponentEvent e)	移去组件
		componentHidden(ComponentEvent e)	隐藏组件
		componentResized(ComponentEvent e)	改变大小
		componentShown(ComponentEvent e)	显示组件
ContainerEvent	ContainerListener 容器事件监听器接口	ComponentAdded(ContainerEvent e)	添加组件
		ComponentRemoved(ContainerEvent e)	删除组件
WindowEvent	WindowListener 窗口事件监听器接口	windowOpened(WindowEvent e)	打开窗口
		windowActivated(WindowEvent e)	激活窗口
		windowDeactivated(WindowEvent e)	失去焦点
		windowClosing(WindowEvent e)	关闭窗口时
		windowClosed(WindowEvent e)	关闭窗口后
		windowIconified(WindowEvent e)	最小化
		windowDeiconified(WindowEvent e)	还原
ActionEvent	ActionListener 单击事件监听器接口	actionPerformed(ActionEvent e)	单击并执行
TextEvent	TextListener 文本编辑事件监听器接口	textValueChanged(TextEvent e)	修改文本区域中的内容
ItemEvent	ItemListener 选择事件监听器接口	itemStateChanged(ItemEvent e)	改变选项的状态
MouseEvent	MouseMotionListener 鼠标移动事件监听器接口	mouseDragged(MouseEvent e)	鼠标拖动
		mouseMoved(MouseEvent e)	鼠标移动
MouseEvent	MouseListener 鼠标事件监听器接口	mouseClicked(MouseEvent e)	单击
		mouseEntered(MouseEvent e)	鼠标进入
		mouseExited(MouseEvent e)	鼠标离开
		mousePressed(MouseEvent e)	按下鼠标
		mouseReleased(MouseEvent e)	松开鼠标
KeyEvent	KeyListener 键盘事件监听器接口	keyPressed(KeyEvent e)	按下键盘按键
		keyReleased(KeyEvent e)	松开键盘按键
		keyTyped(KeyEvent e)	输入字符
FocusEvent	FocusListener 焦点事件监听器接口	focusGained(FocusEvent e)	获取焦点
		focusLost(FocusEvent e)	失去焦点
AdjustmentEvent	AdjustmentListener 调整事件监听器接口	adjustmentValueChanged(AdjustmentEvent e)	调整滚动条的值

表 6-3　事件监听器接口和适配器类对应表

事件监听器接口	事件监听器对应的适配器	事件监听器接口	事件监听器对应的适配器
WindowListener	WindowAdapter	MouseListener	MouseAdapter
ComponentListener	ComponentAdapter	MouseMotionListener	MouseMotionAdapter
ContainerListener	ContainerAdapter	FocusListener	FocusAdapter
KeyListener	KeyAdapter		

6.4.4　事件处理

监听器对象必须实现相应的监听器接口。例如，事件源 JButton 注册的监听器必须实现 ActionListener 接口。ActionListener 接口包含抽象方法 actionPerformed(ActionEvent e)。该方法必须在事件处理类中实现，接到通知后，开始执行并进行事件处理。

事件对象传送给事件处理类，它包含与事件类型相关的信息。从事件对象中可以得到处理事件的有用数据。例如，可以使用 e.getSource()得到事件源，判断它是一个按钮还是一个菜单项或一个复选框等；也可以使用 setText(String str)方法设置事件源上的文本。

【例 6-15】　事件处理的简单应用(EventHandlingUse1.java)

```
/*
    功能简介：使用匿名类实现事件处理的简单应用。
*/
import java.awt.*;
import java.awt.event.*;
import javax.swing.*;

public class EventHandlingUse1 extends JFrame{
    public EventHandlingUse1(){
        super("使用匿名类的事件处理应用");
        Container c=getContentPane();
        JButton b=new JButton("单击 0 次");
        b.addActionListener(new ActionListener(){
            int count=0;
            public void actionPerformed(ActionEvent e){
                JButton b=(JButton)e.getSource();
                b.setText("单击"+(++count)+"次");
            }                           //actionPerformed()方法结束
          }                             //实现接口 ActionListener 的匿名类结束
        );                              //addActionListener()方法结束
        /*注释部分使用了内部类
        ButtonHandler bh=new ButtonHandler();
        b.addActionListener(bh);
        class ButtonHandler implements ActionListener{
            int count=0;
            public void actionPerformed(ActionEvent e){
                JButton b=(JButton)e.getSource();
```

```
            b.setText("单击"+(++count)+"次");
        }                                              //actionPerformed()方法结束
    }                                                  //ButtonHandler类结束
     */
    /* JFrame 默认的布局管理器是 BorderLayout,未调用 setLayout()方法就表示使用
       的是默认的布局管理器。*/
    c.add(b, BorderLayout.CENTER);
  }
  public static void main(String args[]){
    EventHandlingUse1 app=new EventHandlingUse1();
    app.setSize(160,120);
    app.setDefaultCloseOperation(JFrame.EXIT_ON_CLOSE);
    app.setVisible(true);
  }
}
```

程序运行效果如图 6-18 所示。

(a) 未触发事件源

(b) 触发事件源进行事件处理

图 6-18　程序运行效果

常用事件类的使用介绍如下。

1. ActionEvent 事件类的使用

命令式按钮(JButton)、文本编辑框(JTextField)和密码式文本编辑框(JPasswordField)等可以触发动作事件(ActionEvent)。当单击命令式按钮时,可以触发动作事件。当在文本编辑框或密码式文本编辑框中输入回车符时,也可以触发动作事件。

这些组件通过本类中的 addActionListener(ActionListener a)方法来注册监听器;该事件监听器通过实现接口 ActionListener 的类或匿名类的实例对象进行事件处理,可以通过 new 运算符创建。接口 ActionListener 只含有 actionPerformed()成员方法。该接口的声明如下:

```
public interface ActionListener extends EventListener {
    public void actionPerformed(ActionEvent e);
}
```

当有动作事件发生时,事件对象会被传递给事件监听器的实例对象,并调用事件监听器实例对象的成员方法 actionPerformed()。该成员方法的参数 e 指向事件对象,具体组件可通过 ActionEvent 事件类的成员方法 getSource()获取。getActionCommand()方法可获取与当前事件源相关的字符串,如命令式按钮图形界面上的字符串或文本编辑框中的字符串。

2. ItemEvent 事件类的使用

复选框(JCheckBox)、单选按钮(JRadioButton)和组合框(JComboBox)等可以触发项

事件(ItemEvent)。当单击复选框、单选按钮或组合框选项引起选择状态发生变化时可触发项事件。

这些组件通过本类中的 addItemListener(ItemListener a)方法来注册监听器;该项事件监听器通过实现接口 ItemListener 的类或匿名类的实例对象进行事件处理,可以通过 new 运算符创建。接口 ItemListener 只含有 itemStateChanged()成员方法。该接口的声明如下:

```
public interface ItemListener extends EventListener {
    public void itemStateChanged(ItemEvent e);
}
```

当有项事件发生时,项事件对象会被传递给项事件监听器实例对象,并调用项事件监听器实例对象的成员方法 itemStateChanged()。该成员方法的参数 e 指向项事件对象,具体组件可通过 getSource()方法获取。

3. ListSelectionEvent 事件类的使用

列表框(JList)可以触发列表选择事件(ListSelectionEvent)等。当单击列表框引起选择状态发生变化时,可以触发列表选择事件。类 JList 的 addListSelectionListener(ListSelectionListener a)方法用来注册列表选择事件监听器。

通过该成员方法可以注册由参数 a 指定的列表选择事件监听器。该列表选择事件监听器通过实现接口 ListSelectionListener 的类或匿名类的实例对象进行事件处理,可以通过 new 运算符创建。接口 ListSelectionListener 只含有 valueChanged()方法。该接口的声明如下:

```
public interface ListSelectionListener extends EventListener {
    public void valueChanged(ListSelectionEvent e);
}
```

当有列表选择事件发生时,列表选择事件对象会被传递给列表选择事件监听器实例对象,并引起调用列表选择事件监听器实例对象的成员方法 valueChanged()。该成员方法的参数 e 指向列表选择事件对象,具体组件可通过 getSource()方法获取。

6.4.5 鼠标事件处理

鼠标事件处理用到的监听器有 3 种:鼠标事件监听器(MouseListener)、鼠标移动事件监听器(MouseMotionListener)和鼠标滚轮事件监听器(MouseWheelListener)。

1. 鼠标事件监听器及其对应的事件类

鼠标事件监听器(MouseListener)接口的声明如下:

```
public interface MouseListener extends EventListener{
    //用于处理单击的事件
    public void mouseClicked(MouseEvent e);
    //用于处理按下鼠标的事件
    public void mousePressed(MouseEvent e);
    //用于处理放开鼠标的事件
    public void mouseReleased(MouseEvent e);
```

```
    //用于处理鼠标进入组件的事件
    public void mouseEntered(MouseEvent e);
    //用于处理鼠标离开组件的事件
    public void mouseExited(MouseEvent e);
}
```

鼠标事件监听器是通过编写实现接口 MouseListener 的类或匿名类，或者编写抽象类 MouseAdapter 的子类或匿名内部子类实现的。鼠标事件监听器主要用来处理按下鼠标键、放开鼠标键、鼠标进入组件或容器、鼠标离开组件或容器和单击组件或容器等事件。

通过调用 addMouseListener(MouseListener a)方法注册监听器。

鼠标事件类是 MouseEvent，常用的方法有：getPoint()方法获取当发生鼠标事件时鼠标在当前组件或容器中的位置，返回类型 java.awt.Point 包含 x 和 y 两个整数类型的成员，共同构成了鼠标的位置坐标；getX()方法获取当发生鼠标事件时鼠标在当前组件或容器中的 x 坐标；getY()方法则获取 y 坐标。

2. 鼠标移动事件监听器及其对应的事件类

鼠标移动事件监听器(MouseMotionListener)接口的声明如下：

```
public interface MouseMotionListener extends EventListener{
    //用于处理鼠标拖动的事件
    public void mouseDragged(MouseEvent e);
    //用于处理鼠标移动的事件
    public void mouseMoved(MouseEvent e);
}
```

鼠标移动事件监听器通过编写实现了接口 MouseMotionListener 的类或匿名类，或者编写抽象类 MouseMotionAdapter 的子类或匿名子类实现。鼠标移动事件监听器主要用来处理移动鼠标和拖动鼠标的事件。

移动鼠标和拖动鼠标的区别为当鼠标在运动时是否有鼠标键被按下。移动鼠标是在松开鼠标键时发生的运动，而拖动鼠标是按住鼠标键不放时发生的运动。

通过调用 addMouseMotionListener(MouseMotionListener a)方法注册监听器。

3. 鼠标滚轮事件监听器及其对应的事件类

鼠标滚轮事件监听器(MouseWheelListener)接口的声明如下：

```
public interface MouseWheelListener extends EventListener {
    //用于处理鼠标滚轮事件
    public void mouseWheelMoved(MouseWheelEvent e);
}
```

鼠标滚轮事件监听器通过编写实现了接口 MouseWheelListener 的类或匿名类，或者通过编写 MouseAdapter 子类或匿名内部子类来实现。鼠标滚轮事件监听器主要用来处理鼠标滚轮事件。

通过调用 addMouseWheelListener(MouseWheelListener a)方法注册监听器。

鼠标滚轮事件类是 MouseWheelEvent，常用的方法有：getPoint ()方法获取当发生鼠标滚轮事件时鼠标指针在当前组件或容器中的位置，返回的 java.awt.Point 类型值包含 x

和 y 两个整数类型的成员。这两个成员共同构成了鼠标指针的位置坐标；getX()方法获取当事件发生时鼠标指针在当前组件或容器中的 x 坐标；getY()方法获取当事件发生时鼠标指针在当前组件或容器中的 y 坐标；getWheelRotation()方法获取当事件发生时鼠标滚轮的旋转格数。当该成员方法的返回值大于 0 时，表明鼠标滚轮顺时针旋转；当该成员方法的返回值小于 0 时，表明鼠标滚轮逆时针旋转。

6.4.6 键盘事件处理

键盘事件处理用到的监听器有两种：键盘事件监听器(KeyListener)和焦点事件监听器(FocusListener)。

1. 键盘事件监听器及其对应的事件类

键盘事件监听器(KeyListener)接口的声明如下：

```
public interface KeyListener extends EventListener{
    //用于处理输入某个字符的事件
    public void keyTyped(KeyEvent e);
    //用于处理按下某个键盘键的事件
    public void keyPressed(KeyEvent e);
    //用于处理放开某个键盘键的事件
    public void keyReleased(KeyEvent e);
}
```

键盘事件监听器通过编写实现了接口 KeyListener 的类或匿名类，或者编写抽象类 KeyAdapter 的子类或匿名子类实现。键盘事件监听器主要用来处理来自键盘的输入，如按下键盘上的某个键、放开某个键或输入某个字符。

通过调用 addKeyListener(KeyListener e)方法注册监听器。

键盘事件类是 KeyEvent。常用的方法有：getSource()方法获取当前事件的事件源；getKeyChar()方法获取在键盘上输入的字符。

2. 焦点事件监听器及其对应的事件类

焦点事件监听器(FocusListener)接口的声明如下：

```
public interface FocusListener extends EventListener{
    //用于处理获得键盘焦点的事件
    public void focusGained(FocusEvent e);
    //用于处理失去键盘焦点的事件
    public void focusLost(FocusEvent e);
}
```

焦点事件监听器通过编写实现了接口 FocusListener 的类或匿名类，或者编写抽象类 FocusAdapter 的子类或匿名子类实现。焦点事件监听器主要用来处理获取或失去键盘焦点的事件。获得键盘焦点意味着当前事件源可以接收从键盘上输入的字符；失去键盘焦点意味着当前事件源不能接收到来自键盘输入的字符。

通过调用 addFocusListener(FocusListener a)方法注册监听器。

焦点事件类是 FocusEvent。常用的方法有：getSource()方法获取当前事件的事件源。

【例 6-16】 键盘事件处理的使用(KeyUse.java)

```
/*
    功能简介：键盘事件处理的使用。能够获得焦点事件。
*/
import java.awt.*;
import java.awt.event.*;
import javax.swing.*;

public class KeyUse extends JFrame{
    public KeyUse(){
        super("键盘事件处理的使用");
        Container c=getContentPane();
        JTextArea ta=new JTextArea("",6,12);
        ta.addFocusListener(new FocusListener(){
            public void focusGained(FocusEvent e){
                System.out.println("获得焦点");
            }
            public void focusLost(FocusEvent e){
                System.out.println("失去焦点");
            }
          }
        );
        ta.addKeyListener(new KeyAdapter(){
            public void keyTyped(KeyEvent e){
                System.out.println("键盘事件："+e.getKeyChar());
            }
          }
        );
        c.add(ta,BorderLayout.CENTER);
    }
    public static void main(String args[]){
        KeyUse app=new KeyUse();
        app.setSize(260, 160);
        app.setDefaultCloseOperation(JFrame.EXIT_ON_CLOSE);
        app.setVisible(true);
    }
}
```

程序运行效果如图 6-19 所示。

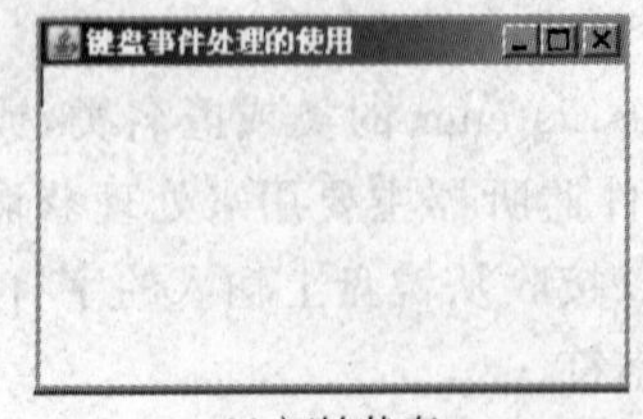

(a) 初始状态

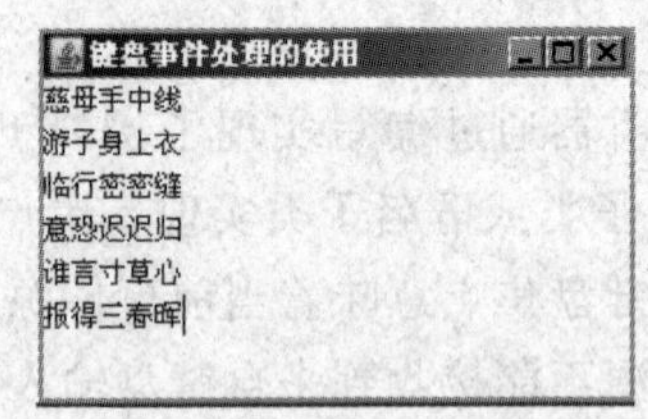

(b) 通过键盘输入字

图 6-19 程序运行效果

6.5 图形用户界面的高级组件

在许多Java应用程序中，一般都会用到菜单、表格以及JTree等功能组件。菜单提供了非常简洁的交互方式。表格为数据编辑和显示提供了交互手段。JTree用树结构显示数据。

6.5.1 菜单

1. 菜单的概念

目前，各个软件系统一般都有菜单功能。菜单为软件系统提供一种分类和管理软件命令、复选操作和单选操作的形式和手段。

菜单是以树状的形式排列这些命令或操作的接口界面，从而方便查找、执行相应的命令或进行相应的操作。

常用的菜单形式有两种：常规菜单和快捷菜单。

2. 常规菜单

常规菜单由菜单栏(JMenuBar)、下拉式菜单(JMenu)和菜单项组成。

菜单项主要包括命令式菜单项(JMenuItem)、复选框菜单项(JCheckBoxMenuItem)和单选按钮菜单项(JRadioButtonMenuItem)。JMenuItem、JCheckBoxMenuItem和JRadioButtonMenuItem均为抽象类AbstractButton的直接子类或间接子类。

实际上，菜单项可以被看作另一种形式的按钮，其中命令式菜单项、复选菜单项和单选菜单项分别与命令式按钮(JButton)、复选框(JCheckBox)和单选按钮(JRadioButton)相对应。菜单为这些菜单项提供了一种组织方式。当单击菜单项时，可以触发与对应按钮相似的命令或操作。

在下拉式菜单中可以包含多个菜单项或其他下拉式菜单。由于在下拉式菜单中允许存在其他下拉式菜单，从而形成一种树状的排列形式。

下拉式菜单有两种状态：一种是折叠状态；另一种是打开状态。当下拉式菜单处于折叠状态时，该下拉式菜单中所包含的菜单项或其他下拉式菜单处于不可见的状态；当下拉式菜单处于打开状态时，该下拉式菜单中所包含的菜单项或其他下拉式菜单处于可见的状态。在初始状态下，下拉式菜单一般处于折叠状态，当单击下拉式菜单时，则会切换下拉式菜单的折叠和打开状态。菜单栏是一种容器，在菜单栏中可以包含多个下拉式菜单。

菜单类及其层次结构如图6-20所示。

1) 菜单栏

菜单栏(JMenuBar)是用于添加菜单(JMenu)的容器。

JMenuBar类的声明如下：

```
public class JMenuBar extends JComponent implements Accessible,MenuElement{
    public JMenuBar();
    //将指定的菜单添加到菜单栏
    public JMenu add(JMenu c);
}
```

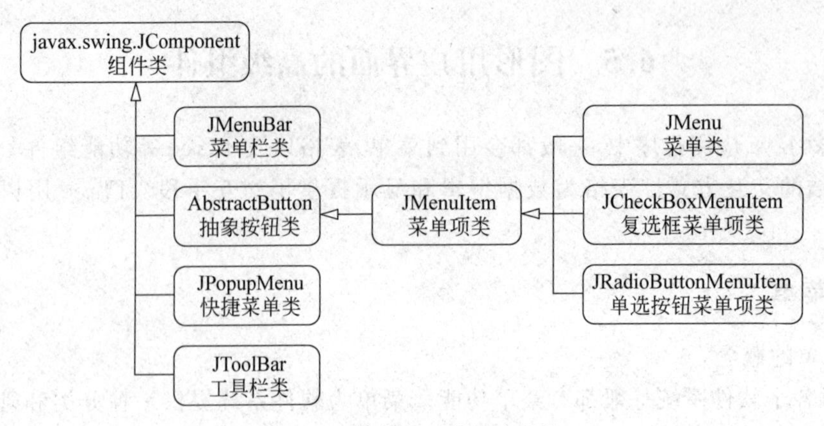

图 6-20 菜单类及其层次结构

JFrame 类提供 setJMenuBar(JMenuBar menubar)方法将菜单栏放置在框架窗口上方。

2) 菜单

菜单(JMenu)由一组菜单项组成,也可以是另一个菜单的容器,每个菜单有一个标题。

JMenu 类的声明如下:

```
public class JMenu extends JMenuItem implements Accessible,MenuElement{
    public JMenu();
    //用于创建指定标题菜单的构造方法
    public JMenu(String s);
    //用于在菜单中添加菜单项的方法
    public JMenuItem add(JMenuItem menuItem);
    //将一个分隔线或连字符添加到菜单的当前位置
    public void addSeparator();
}
```

3) 菜单项

菜单项(JMenuItem)是组成菜单或快捷菜单的最小单位,一个菜单项对应一个特定命令,菜单项不能分解。当单击某个菜单项时,会执行对应的菜单命令。

JMenuItem 类的声明如下:

```
public class JMenuItem extends AbstractButton implements Accessible,MenuElement {
    //构造方法
    public JMenuItem();
    //用于创建指定标题菜单的构造方法
    public JMenuItem(String text);
    //用于创建指定标题以及图片菜单的构造方法
    public JMenuItem(String text, Icon icon);
    //参数 mnemonic 用来指定该命令式菜单项所对应的助记符
    public JMenuItem(String text,int mnemonic);
    //参数 mnemonic 所对应的字符指定为相应菜单项的助记符
    public void setMnemonic(char mnemonic);
    public void setMnemonic(int mnemonic);
```

```
    //用于设置菜单项的快捷键
    public void setAccelerator(KeyStroke keyStroke);
}
```

(1) 复选框菜单项。

复选框菜单项(JCheckBoxMenuItem)是可以被选定或取消选定的菜单项。如果被选定,菜单项的旁边通常会出现一个复选标记;如果未被选定或被取消选定,菜单项的旁边就没有复选标记。像常规菜单项一样,复选框菜单项可以有与之关联的文本或图标,或者两者兼而有之。

JCheckBoxMenuItem 类的声明如下:

```
public class JCheckBoxMenuItem extends JMenuItem implements SwingConstants,
Accessible {
    public JCheckBoxMenuItem();
    public JCheckBoxMenuItem(String text);
    //b 为复选框菜单项的选定状态
    public JCheckBoxMenuItem(String text, boolean b);
    public JCheckBoxMenuItem(String text, Icon icon, boolean b) ;
}
```

(2) 单选按钮菜单项。

单选按钮菜单项(JRadioButtonMenuItem)是属于一组菜单项的一个菜单项,同一时刻该组中的菜单项只能选择一个。被选择的项显示为选中状态。选择此项的同时,其他任何以前被选择的项都切换到未选择状态。要控制一组单选按钮菜单项的选择状态,可使用 ButtonGroup 对象。

JRadioButtonMenuItem 类的声明如下:

```
public class JRadioButtonMenuItem extends JMenuItem implements Accessible {
    public JRadioButtonMenuItem();
    public JRadioButtonMenuItem(String text);
    //若 selected 值为 true,按钮被初始化为选择状态;否则,按钮被初始化为未选择状态
    public JRadioButtonMenuItem(String text,boolean selected);
    public JRadioButtonMenuItem(String text, Icon icon,boolean selected);
}
```

3. 快捷菜单

快捷菜单(JPopupMenu)是另一种常用的菜单。快捷菜单是通过按鼠标键而弹出的浮动菜单。因为在实际应用中快捷菜单的弹出一般是通过在容器界面上右击,所以快捷菜单也常常称为右键菜单。快捷菜单不需要菜单栏,但需要创建快捷菜单实例对象。

JPopupMenu 类的声明如下:

```
public class JPopupMenu extends JComponent implements Accessible,MenuElement{
    public JPopupMenu();
    //add()方法用于添加菜单项
    public JMenuItem add(JMenuItem menuItem);
    public void addSeparator();
```

```
    /* invoker 指定快捷菜单所依附的组件,在组件调用者的坐标空间中的(x,y)位置处显示弹
       出菜单。*/
    public void show(Component invoker, int x, int y);
}
```

【例 6-17】 常规菜单的使用(MenuUse.java)

```
/*
  功能简介:常规菜单的使用。
 */
import java.awt.event.*;
import javax.swing.*;

public class MenuUse extends JFrame{
    public MenuUse(){
        super("常规菜单的使用");
        //创建菜单栏(JMenuBar)对象
        JMenuBar mBar=new JMenuBar();
        //在 JFrame 容器中设置菜单栏对象,即将菜单栏添加到框架容器中
        this.setJMenuBar(mBar);
        //创建菜单对象
        JMenu[] m={new JMenu("文件(F)"), new JMenu("编辑(E)")};
        //保存助记符的数组
        char[][] mC={{'F','E'},{'O','S'}, {'C','V'}};
        //创建菜单项
        JMenuItem[] [] mI=
        {
            {new JMenuItem("打开(O)"), new JMenuItem("保存(S)")},
            {new JMenuItem("复制(C)"), new JMenuItem("粘贴(V)")}
        };
        for (int i=0; i<m.length;i++)
        {
            //将菜单添加到菜单栏中
            mBar.add(m[i]);
            //设置菜单的助记符
            m[i].setMnemonic(mC[0][i]);
            for (int j=0; j<mI[i].length; j++)
            {
                //在菜单中添加菜单项
                m[i].add(mI[i][j]);
                //在菜单项中设置助记符
                mI[i][j].setMnemonic(mC[i+1][j]);
                //设置菜单项的快捷键,一般菜单项使用 Ctrl,菜单使用 Alt
                mI[i][j].setAccelerator(KeyStroke.getKeyStroke("Ctrl"+mC[i+1][j]));
                //菜单项注册监听
                mI[i][j].addActionListener(new ActionListener()
```

```
                {
                    public void actionPerformed(ActionEvent e)
                    {
                        JMenuItem mItem=(JMenuItem)e.getSource();
                        System.out.println("运行菜单项:"+mItem.getText());
                    }                           //actionPerformed()方法结束
                }                               //实现接口 ActionListener 的匿名类结束
            );                                  //addActionListener()结束
        }                                       //内部 for 循环结束
    }                                           //外部 for 循环结束
    //在菜单项或下拉式菜单之间插入菜单分隔条
    m[0].insertSeparator(1);
  }                                             //构造方法结束
  public static void main(String args[]){
    MenuUse app=new MenuUse();
    app.setSize(260,160);
    app.setDefaultCloseOperation(JFrame.EXIT_ON_CLOSE);
    app.setVisible(true);
  }
}
```

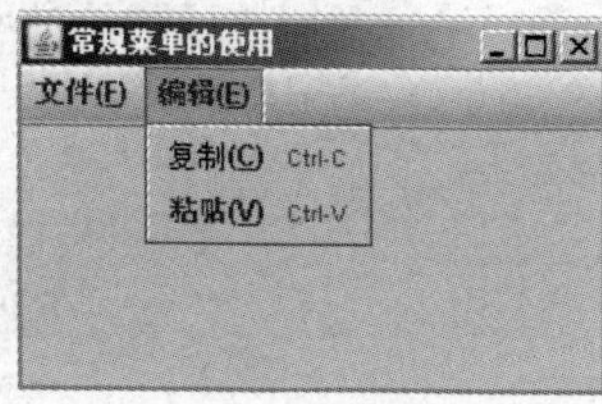

图 6-21 程序运行效果

程序运行效果如图 6-21 所示。下拉式菜单“文件(F)”是折叠状态;下拉式菜单“编辑(E)”是打开状态。

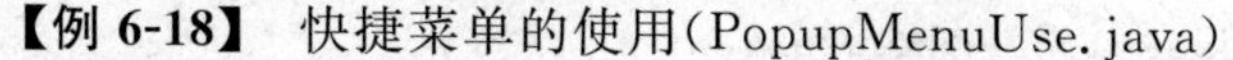
【例 6-18】 快捷菜单的使用(PopupMenuUse.java)

```
/*
    功能简介:快捷菜单的使用。
*/
import java.awt.event.*;
import javax.swing.*;

public class PopupMenuUse extends JFrame{
    private JPopupMenu popupMenu;
    public PopupMenuUse(){
        super("快捷菜单的使用");
        popupMenu=new JPopupMenu();
        JMenu[] m={new JMenu("文件(F)"),new JMenu("编辑(E)")};
        char[][] mC={{'F','E'},{'O','S'},{'C','V'}};
        JMenuItem[][] mI=
        {
            {new JMenuItem("打开(O)"), new JMenuItem("保存(S)")},
            {new JMenuItem("复制(C)"), new JMenuItem("粘贴(V)")}
        };
        for(int i=0;i<m.length;i++)
        {
            popupMenu.add(m[i]);
```

```
            m[i].setMnemonic(mC[0][i]);
            for (int j=0;j<mI[i].length;j++)
            {
                m[i].add(mI[i][j]);
                mI[i][j].setMnemonic(mC[i+1][j]);
                mI[i][j].setAccelerator(KeyStroke.getKeyStroke("Ctrl"+mC[i+1][j]));
                mI[i][j].addActionListener(new ActionListener()
                    {
                        public void actionPerformed(ActionEvent e)
                        {
                            JMenuItem mItem=(JMenuItem)e.getSource();
                            System.out.println("运行菜单项:"+mItem.getText());
                        }
                    }
                );
            }
        }
        m[0].insertSeparator(1);
        this.addMouseListener(new MouseAdapter(){
            public void mousePressed( MouseEvent e){
                if (e.isPopupTrigger())
                    popupMenu.show(e.getComponent(),e.getX(),e.getY());
            }
            public void mouseReleased(MouseEvent e){
                mousePressed(e);
            }
          }
        );
    }
    public static void main(String args[]){
        PopupMenuUse app=new PopupMenuUse();
        app.setSize(260,160);
        app.setDefaultCloseOperation(JFrame.EXIT_
        ON_CLOSE);
        app.setVisible(true);
    }
}
```

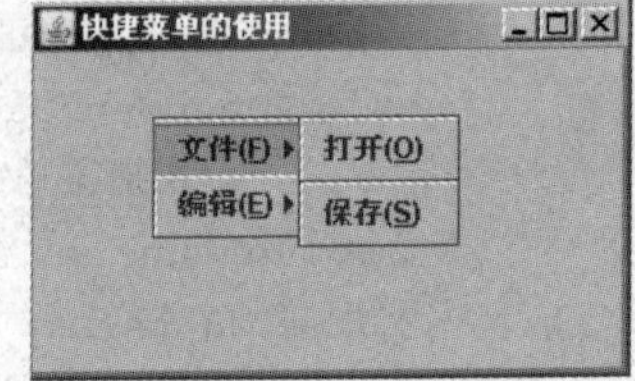

图 6-22　程序运行效果

程序运行效果如图 6-22 所示。

6.5.2　表格

在图形用户界面上经常使用二维表格存储数据。二维表格通常由表头和表格数据组成。表头定义了各列的名称,列的名称称为列名。表格的每一列称为字段,因此列名也称为字段名。表格列的宽度可以调整,当将鼠标指针移到表头的各个列的边界处时,表示鼠标指针的图标变成调整列宽度的图标;这时,按下鼠标左键拖动鼠标可以调整列的宽度。表格的数据部分定义了表格的具体内容,其中每个格称为单元格。可以由程序指定是否允许编辑单元格的内容。如果单元格的内容是可以编辑的,则双击该单元格就会进入编辑该单元格内容的状态,即可以修改单元格的内容。每一行的数据对应数据库的一条记录。

Java 类库中的 JTable 类是用来声明表格的。JTable 类用来显示和编辑常规二维单元表。

JTable 类的常用构造方法如下:

```
public JTable();
```

构造一个默认的 JTable,使用默认的数据模型、默认的列模型和默认的选择模型对其进行初始化。

```
public JTable(int numRows,int numColumns);
```

使用 DefaultTableModel 构造具有 numRows 行和 numColumns 列个空单元格的 JTable。列名称采用"A"、"B"、"C"等形式。

```
public JTable(TableModel dm);
```

构造一个 JTable,使用表的数据模型 dm、默认的列模型和默认的选择模型对其进行初始化。构造方法参数的数据类型是表格模型(TableModel)。

TableModel 定义了二维表格最基本的操作,如获取列数、行数、列名和单元格内容等。要生成表格模型的实例对象,就必须具有实现了接口 javax. swing. table. TableModel 的表格模型类。在编写表格模型类的过程中,一般首先需要定义二维表格的数据结构存储表头信息和表格数据内容。常用的数据结构有二维数组和类 Vector。如果二维表格的行数和列数在表格创建之后不需要改变,则可以直接用二维数组;如果需要不断改变二维表格的行数或列数,则可以考虑通过 Vector 的实例对象存储表头信息和表格的数据内容。然后,在定义好的表格数据结构上完成接口 TableModel 规定的各个操作。

编写实现接口 TableModel 的表格模型类还可以通过编写抽象类 AbstractTableModel 的子类来实现。抽象类 AbstractTableModel 已经实现了接口 TableModel 规定的大部分成员方法。

表格能够直接利用已有的表格模型 javax. swing. table. DefaultTableModel。通过类 DefaultTableModel 的构造方法可创建一个空的二维表格。

类 DefaultTableModel 的构造方法如下:

```
public DefaultTableModel(int rowCount,int columnCount);
public DefaultTableModel(Vector columnNames,int rowCount);
public DefaultTableModel(Vector data,Vector columnNames);
```

其中,rowCount 参数指定表格的行数;columnCount 参数指定表格的列数;向量 columnNames 指定各个列名;向量 data 指定表格数据的内容。类 DefaultTableModel 可以直接采用类 Vector 存储表格的表头信息和表格数据内容,其中一个 Vector 实例对象存储列名,另一个 Vector 实例对象存储表格数据内容。类 DefaultTableModel 的常用方法如下:

```
public int getColumnCount();
```

获得二维表格的列数。

```
public int getRowCount();
```

获取二维表格的行数。

```
public String getColumnName(int column);
```

获取当前二维表格的第 column+1 列的列名。

```
public Object getValueAt(int row,int column);
```

获取当前二维表格的第 row+1 行、第 column+1 列的元素。

```
public Vector getDataVector();
```

获取当前二维表格存储数据内容的向量。

```
public void setDataVector(Vector dataVector,Vector columnIdentifiers);
```

将当前二维表格存储数据内容的向量替换成为参数 dataVector 指定的向量,将表示表头信息的向量替换成为参数 columnIdentifiers 指定的向量。

```
public void addColumn(Object columnName);
```

给当前二维表格的末尾添加新的一列,其中参数 columnName 指定列名。新加入列的各个单元格的数据均为空。

```
public void addColumn(Object columnName,Vector columnData);
```

给当前二维表格的末尾添加新的一列,其中参数 columnName 指定列名,参数 columnData 指定新加入列的各个单元格的数据内容。

```
public void addRow(Vector rowData);
```

在当前二维表格的最后添加新的一行,其中参数 rowData 指定这一行的内容。如果 rowData 的值为“(Vector)null”,则新添加的行的内容为空。

```
public void insertRow(int row,Vector rowData);
```

给当前二维表格添加一行。新加入的行在表格中将位于第 row+1 行。原来在第 row+1 行及之后的行将向后移一行。新加入的行的内容由参数 rowData 指定。如果 rowData 的值为“(Vector)null”,则新加入的行的内容为空。

```
public void removeRow(int row);
```

删除表格的第 row+1 行。类 DefaultTableModel 不提供删除列的成员方法。如果需要删除某一列,可通过成员方法 getColumnName()获取列名;通过成员方法 getDataVector()获取存储表格数据的向量;然后直接操作列名向量和表格数据向量删除指定的列;最后通过成员方法 setDataVector()更新二维表格。提供了 addColumn()成员方法在表格的末尾添加新的列,但不提供向表格的中间插入新的列的成员方法。同样,如果需要在表格的中间插入新的列,可以通过成员方法 getColumnName()获取所有的列名,通过成员方法 getDataVector()获取存储表格数据的向量，然后直接操作列名向量和表格数据向量，在指定位置插入新的列；最后通过成员方法 setDataVector()更新二维表格。类 JTable 将表格模型封装成为 Swing 图形用户界面的组件，为二维表格提供一个视图窗口，在图形界面上显示表格的内容，并提供交互的手段。

作为组件，表格的实例对象可以直接添加到容器的内容窗格中。例如：

```
JFrame app=new JFrame();
Container c=app.getContentPane();
DefaultTableModel m_data =new DefaultTableModel(3,3);
JTable m_view=new JTable(m_data);
c. add (m_view);
```

类 JTable 的成员方法如下：

```
public void setPreferredScrollableViewportSize(Dimension size);
```

设置表格的显示区域大小：

```
public void setAutoResizeMode(int mode);
```

设置表格列宽在表格缩放时的自动调整模式。mode 参数的值有以下几种。

- JTable. AUTO_RESIZE_OFF 常量：当调整某一列的宽度、添加列或删除列时其他列的宽度保持不变，从而表格的总宽度发生变化时使用。
- JTable. AUTO_RESIZE_NEXT_COLUMN 常量：当将鼠标指针移到表头的两列的边界处并按下鼠标左键调整这两列的宽度时，这两列的总宽度保持不变时使用。
- JTable. AUTO_RESIZE_SUBSEQUENT_COLUMNS 常量：当调整某一列的宽度时，在这一列之后的所有列都会自动均匀地调整宽度，从而使得表格的总宽度保持不变时使用。
- JTable. AUTO_RESIZE_LAST_COLUMN 常量：当调整某一列的宽度时，只有最后一列的宽度会发生相应的调整，从而使得表格的总宽度保持不变时使用。
- JTable. AUTO_RESIZE_LAST_COLUMNS 常量：当调整某一列的宽度时，其他所有的列都会自动均匀地调整宽度，从而使得表格的总宽度保持不变时使用。

```
public int getSelectedColumn();
```

返回当前选中的第一列的下标索引值。如果选中的是单元格，则该单元格所在的列即为当前选中的列。如果没有列被选中，则返回－1。

```
public int[] getSelectedColumns();
```

返回当前选中的所有列的下标索引值。如果没有列被选中，则返回 null。

```
public int getSelectedColumnCount();
```

返回当前选中的列的列数。

```
public int getSelectedRow();
```

返回当前选中的第一行的下标索引值。如果没有行被选中，则返回－1。

```
public int[] getSelectedRows();
```

返回当前选中的所有行的下标索引值。如果没有行被选中,则返回 null。

```
public int getSelectedRowCount();
```

返回当前选中的行的行数。

【例 6-19】 表格的使用(TableUse.java)

```
/*
    功能简介:表格的使用。该类能够实现添加行或列、删除行或列等功能。
*/
import java.awt.*;
import java.awt.event.*;
import javax.swing.*;
import javax.swing.table.*;
import java.util.*;

public class TableUse extends JFrame{
    DefaultTableModel dt;
    JTable table;
    public TableUse(){
        super("表格的使用");
        Container c=getContentPane();
        c.setLayout(new FlowLayout());
        //创建 4 个按钮
        JButton[] b={
                    new JButton("添加行"), new JButton("添加列"),
                    new JButton("删除行"), new JButton("删除列")
                };
        //通过 for 语句将按钮添加到容器 c 中
        for(int i=0;i<4;i++)
            c.add(b[i]);
        //创建一个空的数据表格
        dt=new DefaultTableModel();
        //通过数据模型创建表格
        table=new JTable(dt);
        //设置表格显示区域的大小
        table.setPreferredScrollableViewportSize(new Dimension(360,160));
        //设置表格列宽在表格缩放时的自动调整模式
        table.setAutoResizeMode(JTable.AUTO_RESIZE_OFF);
        //添加滚动窗格
        JScrollPane sPane=new JScrollPane(table);
        c.add(sPane);
        //对按钮添加注册监听
        b[0].addActionListener(new ActionListener(){
                public void actionPerformed(ActionEvent e){
```

```
                //调用方法
                addRow();
                System.out.println("添加一行");
            }
        }                                          //实现接口 ActionListener 的内部类结束
    );                                             //addActionListener()方法结束
    b[1].addActionListener(new ActionListener(){
            public void actionPerformed(ActionEvent e){
                //调用方法
                addColumn();
                System.out.println("添加一列");
            }
        }
    );
    b[2].addActionListener(new ActionListener(){
            public void actionPerformed(ActionEvent e){
                //调用方法
                deleteRow();
                System.out.println("删除当前行");
            }
        }
    );
    b[3].addActionListener(new ActionListener(){
            public void actionPerformed(ActionEvent e){
                //调用方法
                deleteColumn();
                System.out.println("删除当前列");
            }
        }
    );
}
//该方法用于添加一列
public void addColumn(){
    //获得二维表格的列数
    int cNum=dt.getColumnCount();
    //获取二维表格的行数
    int rNum=dt.getRowCount();
    String s="列"+(cNum+1);
    //返回第一个选定列的索引值
    int c =table.getSelectedColumn();
    System.out.println("当前列号为:"+c);
    if (cNum==0||rNum==0||c<0){
        dt.addColumn(s);
        return;
    }
```

```
        c++;
        //调用方法进行表头的处理
        Vector<String>vs=getColumnNames();
        vs.add(c,s);
        Vector data=dt.getDataVector();
        for (int i=0;i<data.size();i++){
            Vector e=(Vector) data.get(i);
            e.add(c, new String(""));
        }
        dt.setDataVector(data, vs);
    }                                               //addColumn()方法结束
    //该方法用于添加一行
    public void addRow() {
        int cNum=dt.getColumnCount();
        if (cNum==0)
            addColumn();
        int rNum=dt.getRowCount();
        int r=getRowCurrent();
        System.out.println("当前行号为:"+r);
        dt.insertRow(r,(Vector)null);
    }                                               //addRow()方法结束
    //该方法用于删除一列
    public void deleteColumn(){
        int cNum=dt.getColumnCount();
        if (cNum==0)
            return;
        int c=table.getSelectedColumn();
        if (c<0)
            c=0;
        System.out.println("当前列号为:"+c);
        //调用方法对表头的列名进行处理
        Vector<String>vs=getColumnNames();
        vs.remove(c);
        Vector data=dt.getData Vector();
        for (int i=0;i<data.size(); i++){
            Vector e=(Vector) data.get(i);
            e.remove(c);
        }
        dt.setDataVector(data, vs);
    }                                               //deleteColumn()方法结束
    //该方法用于删除一行
    public void deleteRow(){
        int rNum=dt.getRowCount();
        if (rNum>0){
            int rEdit=getRowCurrent();
```

```
            dt.removeRow(rEdit);
        }
    }                                                    //deleteRow()方法结束
    //该方法用于取得列名称
    public Vector<String>getColumnNames(){
        Vector<String>vs=new Vector<String>();
        int cNum=dt.getColumnCount();
        for(int i=0;i<cNum; i++)
            vs.add(dt.getColumnName(i));
        return(vs);
    }                                                    //getColumnNames()方法结束
    //该方法用于取得当前行的行号
    public int getRowCurrent(){
        int r=table.getSelectedRow();
        if (r<0)
            r=0;
        return(r);
    }           //getRowCurrent()方法结束
    public static void main(String args[]){
        TableUse app=new TableUse();
        app.setSize(360,260);
        app.setDefaultCloseOperation(JFrame.
        EXIT_ON_CLOSE);
        app.setVisible(true);
    }
}
```

程序运行效果如图 6-23 所示。

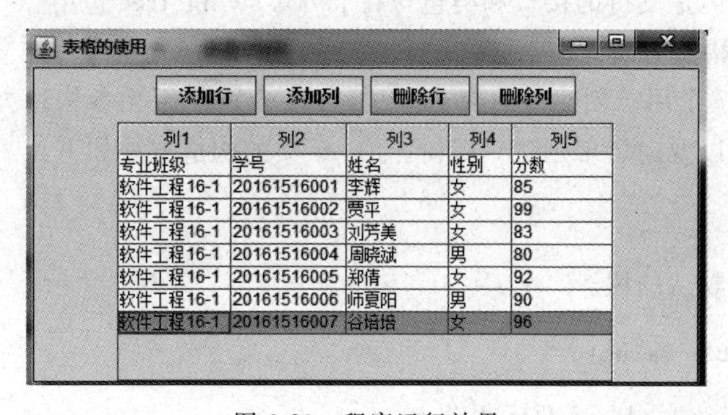

图 6-23　程序运行效果

6.5.3 JTree

JTree 是 Swing 的组件，它用树结构显示数据。例如，常用的 Windows 操作系统以及 QQ 聊天系统中都用到树结构来显示数据，如图 6-24 所示。

树中的所有节点都按层次索引表的形式显示。树可以用来浏览具有层次关系结构的数据。一个节点可以有子节点(也称为孩子)。如果一个节点没有子节点，则称为叶节点

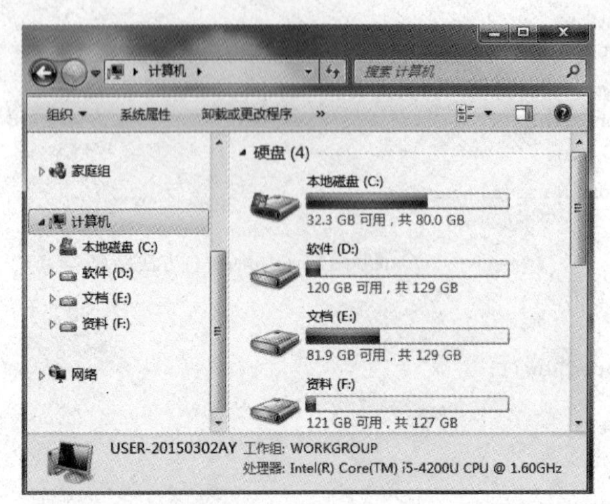

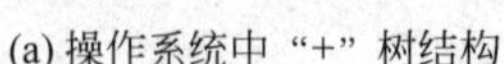

(a) 操作系统中 "+" 树结构　　　(b) QQ中 ">" 树结构

图 6-24　树结构

(Leaf)；没有父亲的节点称为根节点(Root)。一棵树可以由许多子树组成，每个节点都可以是其他子树的根节点。

通过"单击"节点或节点前面的叶柄，非叶节点能够展开或折叠。通常叶柄上有一个可视符号，标明是否能够展开或折叠。

和 JTable 一样，JTree 是一个非常复杂的组件，具有许多支持的接口和类。JTree 在 javax. swing 包中，但是支持的接口和类包含在 javax. swing. tree 包中。

1. JTree 类的构造方法

JTree 类包含 7 个用于创建树的构造方法，可以分别使用无参构造方法、树的模型、树节点、散列表、数组以及向量来创建一棵树。JTree 类的构造方法如下：

```
JTree();
```

建立一棵系统默认的树。

```
JTree(Hashtable value);
```

利用 Hashtable 建立树，不显示根节点。

```
JTree(Object[] value);
```

利用 Object 数组建立树，不显示根节点。

```
JTree(TreeModel newModel);
```

利用 TreeModel 建立树。

```
JTree(TreeNode root);
```

利用 TreeNode 建立树。

```
JTree(TreeNode root,boolean asksAllowsChildren);
```

利用 TreeNode 建立树,并决定是否允许子节点的存在。

```
JTree(Vector value);
```

利用 Vector 建立树,不显示根节点。

2. 使用 JTree()创建树

在无参数的构造方法中,各个节点的数据均是 Java 语言的默认值,而非用户设置的值。该构造方法返回带有示例模型的 JTree。树使用的默认模型可以将叶节点定义为不带子节点的任何节点。

【例 6-20】 无参数构造方法的使用(NoParametersTree.java)

```
/*
    功能简介:无参数构造方法的使用。
*/
import java.awt.*;
import java.awt.event.*;
import javax.swing.*;
public class NoParametersTree{
    public NoParametersTree(){
        JFrame app=new JFrame("无参数构造方法的使用");
        Container c=app.getContentPane();
        JTree tree=new JTree();
        /*创建一个视口(如果有必要)并设置其视图。不直接为 JScrollPane 构造方法提供视
           图的应用程序应使用此方法指定将显示在滚动窗格中的滚动组件。*/
        JScrollPane scrollPane=new JScrollPane();
        scrollPane.setViewportView(tree);
        c.add(scrollPane);
        app.pack();
        app.setDefaultCloseOperation(JFrame.EXIT_ON_CLOSE);
        app.setVisible(true);
    }
    public static void main(String[] args){
        new NoParametersTree();
    }
}
```


图 6-25 程序运行效果

程序运行效果如图 6-25 所示。

3. 使用 JTree(Hashtable value)创建树

如果需要输入想要的节点数据,可以把 Hashtable 当成 JTree 的数据输入。该构造方法返回从 Hashtable 创建的 JTree,它不显示根。Hashtable 中每个键/值对的半值都成为新根节点的子节点。在默认情况下,树可以将叶节点定义为不带子节点的任何节点。

【例 6-21】 利用 Hashtable 建立树(HashtableTree.java)

```
/*
    功能简介:利用 Hashtable 建立树。
 */
import java.awt.*;
import java.awt.event.*;
import java.util.*;
import javax.swing.*;

public class HashtableTree{
    public HashtableTree(){
        JFrame app=new JFrame("利用 Hashtable 建立树");
        Container c=app.getContentPane();
        String[] s1={"本机磁盘(C:)","本机磁盘(D:)","本机磁盘(E:)"};
        String[] s2={"网上聊天","网络新闻","网络书店"};
        String[] s3={"公司文件","个人信件","私人文件"};
        Hashtable h1=new Hashtable();
        Hashtable h2=new Hashtable();
        h1.put("我的电脑",s1);
        h1.put("收藏夹",h2);
        h2.put("网站列表",s2);
        h1.put("我的公文包",s3);
        JTree tree=new JTree(h1);
        JScrollPane scrollPane=new JScrollPane();
        scrollPane.setViewportView(tree);
        c.add(scrollPane);
        app.pack();
        app.setDefaultCloseOperation(JFrame.EXIT_
        ON_CLOSE);
        app.setVisible(true);
    }
    public static void main(String[] args){
        new HashtableTree();
    }
}
```

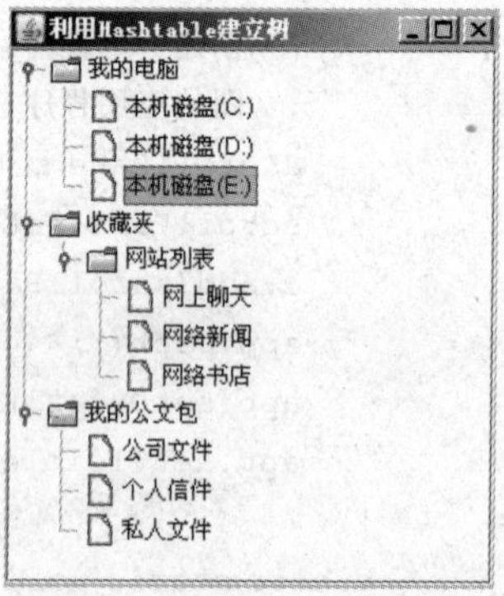

图 6-26 程序运行效果

程序运行效果如图 6-26 所示。

4. 使用 JTree(TreeNode root)创建树

JTree 上的每一个节点就代表一个 TreeNode 对象,TreeNode 本身是一个接口。该接口声明了 7 个有关节点的方法,如判断是否为叶节点、有几个子节点(getChildCount())、获取父节点(getParent())等。在实际的应用中,一般不会直接使用该接口,而是采用类库所提供的 DefaultMutableTreeNode 类。此类是通过实现 MutableTreeNode 得到的,并提供了许多其他实用的方法。MutableTreeNode 本身也是一个接口,且继承 TreeNode 接口,TreeNode 接口主要是定义一些节点的处理方式,如新增节点(insert())、删除节点(remove())和设置节点(setUserObject())等。整个层次关系如下:

TreeNode —extends→ MutableTreeNode —implements→ DefaultMutableTreeNode

接下来介绍如何利用 DefaultMutableTreeNode 建立 JTree。

首先了解 DefaultMutableTreeNode 的构造方法。

DefaultMutableTreeNode();

建立空的 DefaultMutableTreeNode 对象。

DefaultMutableTreeNode(Object userObject);

建立 DefaultMutableTreeNode 对象,节点为 userObject 对象。

DefaultMutableTreeNode(Object userObject,Boolean allowsChildren);

建立 DefaultMutableTreeNode 对象,节点为 userObject 对象并决定此节点是否允许拥有子节点。

【例 6-22】 利用 DefaultMutableTreeNode 建立树(DefaultMutableTreeNodeTree.java)

```
/*
    功能简介:利用 DefaultMutableTreeNode 建立树。
 */
import java.awt.*;
import java.awt.event.*;
import javax.swing.*;
import javax.swing.tree.*;

public class DefaultMutableTreeNodeTree{
    public DefaultMutableTreeNodeTree(){
        JFrame app=new JFrame("利用 DefaultMutableTreeNode 建立树");
        Container c=app.getContentPane();
        DefaultMutableTreeNode root=new DefaultMutableTreeNode("资源管理器");
        DefaultMutableTreeNode node1=new DefaultMutableTreeNode("我的公文包");
        DefaultMutableTreeNode node2=new DefaultMutableTreeNode("我的电脑");
        DefaultMutableTreeNode node3=new DefaultMutableTreeNode("收藏夹");
        root.add(node1);
        root.add(node2);
        root.add(node3);
        DefaultMutableTreeNode leafnode=new DefaultMutableTreeNode("公司文件");
        node1.add(leafnode);
        leafnode=new DefaultMutableTreeNode("私人文件");
        leafnode=new DefaultMutableTreeNode("个人信件");
        node1.add(leafnode);
        leafnode=new DefaultMutableTreeNode("本机磁盘(C:)");
        node2.add(leafnode);
        leafnode=new DefaultMutableTreeNode("本机磁盘(D:)");
        node2.add(leafnode);
        leafnode=new DefaultMutableTreeNode("本机磁盘(E:)");
```

```
        node2.add(leafnode);
        DefaultMutableTreeNode node31=new DefaultMutableTreeNode("网站列表");
        node3.add(node31);
        leafnode=new DefaultMutableTreeNode("网上聊天");
        node31.add(leafnode);
        leafnode=new DefaultMutableTreeNode("网络新闻");
        node31.add(leafnode);
        leafnode=new DefaultMutableTreeNode("网络书店");
        node31.add(leafnode);
        JTree tree=new JTree(root);
        JScrollPane scrollPane=new JScrollPane();
        scrollPane.setViewportView(tree);
        c.add(scrollPane);
        app.pack();
        app.setDefaultCloseOperation(JFrame.EXIT_ON_CLOSE);
        app.setVisible(true);
      }
    public static void main(String[] args){
        new DefaultMutableTreeNodeTree();
      }
}
```

程序运行效果如图 6-27 所示。

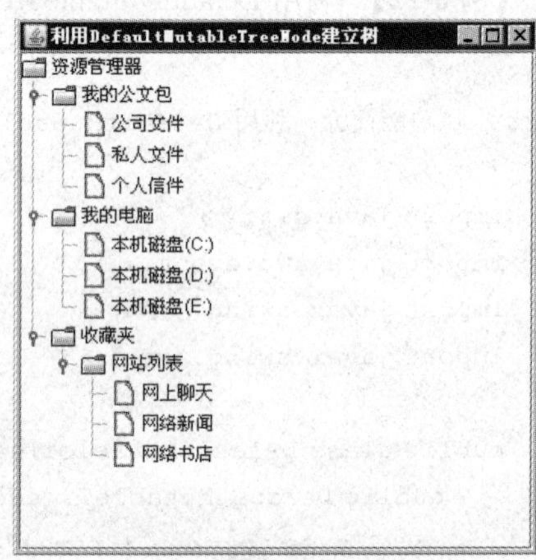

图 6-27　程序运行效果

5. 使用 JTree(TreeModel newModel)创建树

除了以节点的方式建立树之外，还可以用 datamodel 的模式建立树。树的 datamodel 称为 TreeModel。采用此模式的好处是可以触发相关的树事件来处理树可能产生的一些变动。TreeModel 是一个接口，该接口声明了如下 8 种方法。

```
addTreeModelListener(TreeModelListener l);
```

添加一个 TreeModelListener 来监控 TreeModelEvent 事件。

```
getChild(Object parent,int index);
```

返回子节点。

```
getChildCount(Object parent);
```

返回子节点数量。

```
getIndexOfChild(Object parent,Object child);
```

返回子节点的索引值。

```
getRoot();
```

返回根节点。

```
isLeaf(Object node);
```

判断是否为叶节点。

```
removeTreeModelListener(TreeModelListener l);
```

删除 TreeModelListener。

```
valueForPathChanged(TreePath path,Object newValue);
```

指出当用户改变 Tree 上的值时如何应对。

可以使用这 8 种方法构造出自己想要的 JTree。不过，在大多数情况下通常不会这样做，而是使用 Java 语言提供的默认模式，称为 DefaultTreeModel。这个类已经实现了 TreeModel，另外还提供许多实用的方法。利用这个默认模式能很方便地构造出 JTree。

```
DefaultTreeModel(TreeNode root);
```

建立 DefaultTreeModel 对象，并指定根节点。

```
DefaultTreeModel(TreeNode root,Boolean asksAllowsChildren);
```

建立具有根节点的 DefaultTreeModel 对象，并决定此节点是否允许具有子节点。

【例 6-23】 利用 TreeModel 建立树(TreeModelTree. java)

```
/*
    功能简介：利用 TreeModel 建立树。
*/
import java.awt.*;
import java.awt.event.*;
import javax.swing.*;
import javax.swing.tree.*;

public class TreeModelTree{
   public TreeModelTree(){
        JFrame app=new JFrame("利用 TreeModel 建立树");
        Container c=app.getContentPane();
        DefaultMutableTreeNode root=new DefaultMutableTreeNode("资源管理器");
        DefaultMutableTreeNode node1=new DefaultMutableTreeNode("我的公文包");
        DefaultMutableTreeNode node2=new DefaultMutableTreeNode("我的电脑");
        DefaultMutableTreeNode node3=new DefaultMutableTreeNode("收藏夹");
        DefaultTreeModel treeModel=new DefaultTreeModel(root);
        //加入节点到父节点
        treeModel.insertNodeInto(node1, root, root.getChildCount());
        treeModel.insertNodeInto(node2, root, root.getChildCount());
        treeModel.insertNodeInto(node3, root, root.getChildCount());
        DefaultMutableTreeNode leafnode=new DefaultMutableTreeNode("公司文件");
        treeModel.insertNodeInto(leafnode, node1, node1.getChildCount());
        leafnode=new DefaultMutableTreeNode("个人信件");
        treeModel.insertNodeInto(leafnode, node1, node1.getChildCount());
```

```
        leafnode=new DefaultMutableTreeNode("私人文件");
        treeModel.insertNodeInto(leafnode, node1, node1.getChildCount());
        leafnode=new DefaultMutableTreeNode("本机磁盘(C:)");
        treeModel.insertNodeInto(leafnode, node2, node2.getChildCount());
        leafnode=new DefaultMutableTreeNode("本机磁盘(D:)");
        treeModel.insertNodeInto(leafnode, node2, node2.getChildCount());
        leafnode=new DefaultMutableTreeNode("本机磁盘(E:)");
        treeModel.insertNodeInto(leafnode, node2, node2.getChildCount());
        DefaultMutableTreeNode node31=new DefaultMutableTreeNode("网站列表");
        treeModel.insertNodeInto(node31, node3, node3.getChildCount());
        leafnode=new DefaultMutableTreeNode("网上聊天");
        treeModel.insertNodeInto(leafnode, node3, node3.getChildCount());
        leafnode=new DefaultMutableTreeNode("网络新闻");
        treeModel.insertNodeInto(leafnode, node3, node3.getChildCount());
        leafnode=new DefaultMutableTreeNode("网络书店");
        treeModel.insertNodeInto(leafnode, node3, node3.getChildCount());
        JTree tree=new JTree(treeModel);
        //改变 JTree 的外观
        tree.putClientProperty("JTree.lineStyle","Horizontal");
        JScrollPane scrollPane=new JScrollPane();
        scrollPane.setViewportView(tree);
        c.add(scrollPane);
        app.pack();
        app.setDefaultCloseOperation(JFrame.EXIT_
        ON_CLOSE);
        app.setVisible(true);
    }
      public static void main(String args[]) {
        new TreeModelTree();
    }
}
```

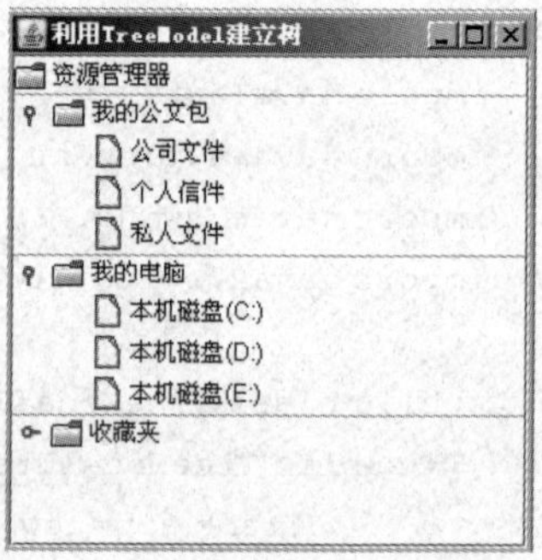

程序运行效果如图 6-28 所示。

图 6-28　程序运行效果

6. 改变 JTree 的外观

可以使用 JComponent 提供的 putClientProperty(Object key,Object value)方法来设置默认的 JTree 外观,设置方式有如下 3 种。

```
tree.putClientProperty("JTree.lineStyle","None");
```

Java 默认值。

```
tree.putClientProperty("JTree.lineStyle","Horizontal");
```

使 JTree 的文件夹间具有水平分隔线。

```
tree.putClientProperty("JTree.lineStyle","Angled");
```

使 JTree 具有类似 Windows 文件管理器的直角连接线。

具体功能的实现以及效果见例6-25。也可利用TreeCellRenderer更改JTree的节点图形。

7. JTree的事件处理

JTree有两个常用的事件需要处理,分别是TreeModelEvent和TreeSelectionEvent。

1) TreeModelEvent事件处理

当树结构有任何改变时,如节点值改变、新增节点或删除节点等,都会触发TreeModelEvent事件,要处理这样的事件必须实现TreeModelListener监听器。此监听器定义了4个方法:

```
treeNodesChanged(TreeModelEvent e);        //当节点改变时,系统就会调用该方法
treeNodesInserted(TreeModelEvent e);       //当新增节点时,系统就会调用该方法
treeNodesRemoved(TreeModelEvent e);        //当删除节点时,系统就会调用该方法
treeStructureChanged(TreeModelEvent e);    //当树结构改变时,系统就会调用该方法
```

事件类TreeModelEvent提供了获得事件信息的5个方法:

```
getChildIndices();                         //返回子节点群的索引值
getChildren();                             //返回子节点群
getPath();                                 //返回Tree中一条路径上的节点
getTreePath();                             //取得目前位置的TreePath
toString();                                //取得字符串
```

调用TreeModelEvent的getTreePath()方法就可以得到TreePath对象,通过该对象就能够知道用户目前选定了哪一个节点,TreePath类最常用的方法如下:

```
getLastPathComponent();                    //取得最深(内)层的节点
getPathCount();                            //取得此路径上的节点数
```

在下面的例子中,用户可以在Tree上编辑节点,按Enter键后就可以改变原有的值,并将改变的值显示在JLabel中。

【例6-24】 TreeModelEvent事件的使用(TreeModelEventUse.java)

```
/*
    功能简介:TreeModelEvent事件的使用。
 */
import java.awt.*;
import java.awt.event.*;
import javax.swing.*;
import javax.swing.event.*;
import javax.swing.tree.*;

public class TreeModelEventUse implements TreeModelListener{
    JLabel label=null;
    String nodeName=null;                      //原有节点名称
    public TreeModelEventUse(){
        JFrame app=new JFrame("TreeModelEvent事件的使用");
            Container c=app.getContentPane();
            c.setLayout(new BorderLayout());
```

```
        DefaultMutableTreeNode root=new DefaultMutableTreeNode("资源管理器");
        DefaultMutableTreeNode node1=new DefaultMutableTreeNode("文件夹");
        DefaultMutableTreeNode node2=new DefaultMutableTreeNode("我的电脑");
        DefaultMutableTreeNode node3=new DefaultMutableTreeNode("收藏夹");
        root.add(node1);
        root.add(node2);
        root.add(node3);
        DefaultMutableTreeNode leafnode=new DefaultMutableTreeNode("公司文件");
        node1.add(leafnode);
        leafnode=new DefaultMutableTreeNode("个人信件");
        node1.add(leafnode);
        leafnode=new DefaultMutableTreeNode("私人文件");
        node1.add(leafnode);
        leafnode=new DefaultMutableTreeNode("本机磁盘(C:)");
        node2.add(leafnode);
        leafnode=new DefaultMutableTreeNode("本机磁盘(D:)");
        node2.add(leafnode);
        leafnode=new DefaultMutableTreeNode("本机磁盘(E:)");
        node2.add(leafnode);
        DefaultMutableTreeNode node31=new DefaultMutableTreeNode("网站列表");
        node3.add(node31);
        leafnode=new DefaultMutableTreeNode("清华大学出版社");
        node31.add(leafnode);
        leafnode=new DefaultMutableTreeNode("郑州轻工业学院");
        node31.add(leafnode);
        leafnode=new DefaultMutableTreeNode("网络书店");
        node31.add(leafnode);
        JTree tree=new JTree(root);
        //设置 JTree 为可编辑的
        tree.setEditable(true);
        //为 Tree 添加检测 Mouse 事件的监听器,以便取得节点的名称
        tree.addMouseListener(new MouseHandle());
        //取得 DefaultTreeModel,并检测是否有 TreeModelEvent 事件
        DefaultTreeModel treeModel=(DefaultTreeModel)tree.getModel();
        treeModel.addTreeModelListener(this);
        JScrollPane scrollPane=new JScrollPane();
        scrollPane.setViewportView(tree);
        label=new JLabel("更改数据为: ");
        c.add(scrollPane,BorderLayout.CENTER);
        c.add(label,BorderLayout.SOUTH);
        app.pack();
        app.setDefaultCloseOperation(JFrame.EXIT_ON_CLOSE);
        app.setVisible(true);
    }
/*本方法实现 TreeModelListener 接口,该接口共定义 4 个方法,分别是 TreeNodesChanged()、
```

```
    treeNodesInserted()、treeNodesRemoved()和 treeStructureChanged()。本例只
    针对更改节点值的功能,因此只实现 treeNodesChanged()方法。*/
public void treeNodesChanged(TreeModelEvent e){
    TreePath treePath=e.getTreePath();
    System.out.println(treePath);
    /*由 TreeModelEvent 取得的 DefaultMutableTreeNode 为节点的父节点,而不
      是用户节点。*/
    DefaultMutableTreeNode
        node=(DefaultMutableTreeNode)treePath.getLastPathComponent();
    try{
        /*getChildIndices()方法会返回当前修改节点的索引值。由于只修
          改一个节点,因此节点索引值就放在 index[0]的位置,若点选的节点为
          rootnode,则 getChildIndices()的返回值为 null。*/
        int[] index=e.getChildIndices();
        /*由 DefaultMutableTreeNode 类的 getChildAt()方法取得修改的节点对
          象。*/
        node=(DefaultMutableTreeNode)node.getChildAt(index[0]);
    } catch (NullPointerException exc) {}
    /*由 DefaultMutableTreeNode 类的 getUserObject()方法取得节点的内容;用
      node.toString()也有相同的效果。*/
    label.setText(nodeName+"更改数据为:"+(String)node.getUserObject());
}
public void treeNodesInserted(TreeModelEvent e){
}
public void treeNodesRemoved(TreeModelEvent e){
}
public void treeStructureChanged(TreeModelEvent e){
}
//处理 Mouse 事件
class MouseHandle extends MouseAdapter{
    public void mousePressed(MouseEvent e){
        try{
                JTree tree=(JTree)e.getSource();
                /*JTree 的 getRowForLocation()方法会返回节点的列索引值。
                  例如,本例中"本机磁盘(D:)"的列索引值为 4,此索引值会随着其他数
                  据夹的打开或收起而改变,但"资源管理器"的列索引值恒为 0。*/
                int rowLocation=tree.getRowForLocation(e.getX(),e.getY());
              /*JTree 的 getPathForRow()方法会取得从 rootnode 到选择节
                点的一条 path,此 path 为一条直线,如图 6-30 所示:单击"本机磁盘
                (E:)",则 TreePath 为"资源管理器"→"我的电脑"→"本机磁盘(E:)",
                因此利用 TreePath 的 getLastPathComponent()方法就可以取得所
                点选的节点。*/
                TreePath treepath=tree.getPathForRow(rowLocation);
                TreeNode treenode=(TreeNode) treepath.getLastPathComponent();
                nodeName=treenode.toString();
```

```
            }catch(NullPointerException ne){}
        }
    }
    public static void main(String args[]) {
        new TreeModelEventUse();
    }
}
```

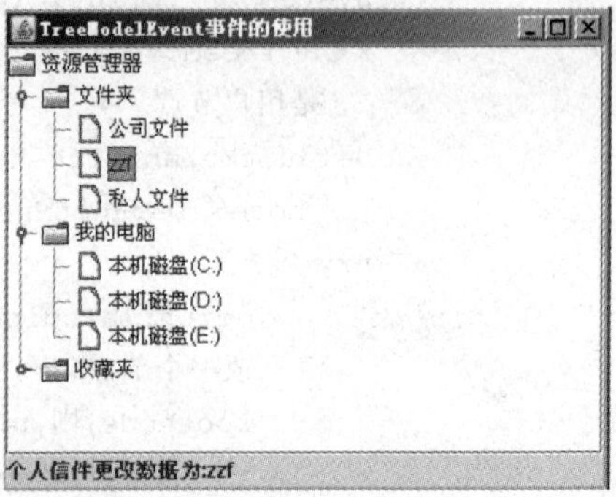

程序运行效果如图 6-29 所示。

在上面关于 MouseHandle 的程序段中：

```
int rowLocation=tree.getRowForLocation
(e.getX(), e.getY());
TreePath  treepath = tree. getPathForRow
(rowLocation);
```

图 6-29　程序运行效果

等价于

```
TreePath treepath=tree.getSelectionPath();
```

对节点一般可以进行增加、删除和修改操作。下面的例 6-25 就可以让用户自行对节点进行增加、删除和修改操作。

【例 6-25】 树节点的编辑(EditTree.java)

```
/*
    功能简介：对节点进行增加、删除和修改。
 */
import java.awt.*;
import java.awt.event.*;
import javax.swing.*;
import javax.swing.event.*;
import javax.swing.tree.*;

public class EditTree implements ActionListener,TreeModelListener{
    JLabel label=null;
    JTree tree=null;
    DefaultTreeModel treeModel=null;
    String nodeName=null;                          //原有节点名称
    public EditTree(){
        JFrame app=new JFrame("树节点的编辑");
        Container c=app.getContentPane();
        c.setLayout(new BorderLayout());
        DefaultMutableTreeNode root=new DefaultMutableTreeNode("资源管理器");
        tree=new JTree(root);
        tree.setEditable(true);
        tree.addMouseListener(new MouseHandle());
        treeModel=(DefaultTreeModel)tree.getModel();
```

```
        treeModel.addTreeModelListener(this);
        JScrollPane scrollPane=new JScrollPane();
        scrollPane.setViewportView(tree);
        JPanel panel=new JPanel();
        JButton b=new JButton("新增节点");
        b.addActionListener(this);
        panel.add(b);
        b=new JButton("删除节点");
        b.addActionListener(this);
        panel.add(b);
        b=new JButton("清除所有节点");
        b.addActionListener(this);
        panel.add(b);
        label=new JLabel("Action");
        c.add(panel,BorderLayout.NORTH);
        c.add(scrollPane,BorderLayout.CENTER);
        c.add(label,BorderLayout.SOUTH);
        app.pack();
        app.setDefaultCloseOperation(JFrame.EXIT_ON_CLOSE);
        app.setVisible(true);
    }
    //本方法包含新增、删除和清除所有节点的程序代码
    public void actionPerformed(ActionEvent ae)
    {
      if (ae.getActionCommand().equals("新增节点")){
          DefaultMutableTreeNode parentNode=null;
          DefaultMutableTreeNode newNode=new DefaultMutableTreeNode("新节点");
          newNode.setAllowsChildren(true);
          TreePath parentPath=tree.getSelectionPath();
          //取得新节点的父节点
          parentNode=(DefaultMutableTreeNode)(parentPath.getLastPathComponent());
          //由 DefaultTreeModel 的 insertNodeInto()方法增加新节点
          treeModel.insertNodeInto(newNode,parentNode,parentNode.getChildCount());
          /* tree 的 scrollPathToVisible()方法使 Tree 自动展开文件夹以便显示所加入的
             新节点。若没加这一行,则加入的新节点会被包在文件夹中,用户必须自行展开文件
             夹才看得到。 */
          tree.scrollPathToVisible(new TreePath(newNode.getPath()));
            label.setText("新增节点成功");
      }
      if (ae.getActionCommand().equals("删除节点")){
           TreePath treepath=tree.getSelectionPath();
           if (treepath!=null){
               //取得所选取节点的父节点
               DefaultMutableTreeNode selectionNode=
                  (DefaultMutableTreeNode)treepath.getLastPathComponent();
```

```
                TreeNode parent=(TreeNode)selectionNode.getParent();
                if (parent!=null) {
                    /*调用 DefaultTreeModel 的 removeNodeFromParent()方法删除节点,
                      包含它的子节点。*/
                    treeModel.removeNodeFromParent(selectionNode);
                    label.setText("删除节点成功");
                }
            }
        }
        if (ae.getActionCommand().equals("清除所有节点")){
            //调用 DefaultTreeModel 的 getRoot()方法取得根节点
            DefaultMutableTreeNode rootNode=
                    (DefaultMutableTreeNode)treeModel.getRoot();
            rootNode.removeAllChildren();                          //删除所有子节点
            /*删除完后务必执行 DefaultTreeModel 的 reload()方法,整个 Tree 的节点才会
              真正被删除。*/
            treeModel.reload();
            label.setText("清除所有节点成功");
        }
    }
    public void treeNodesChanged(TreeModelEvent e)
    {
        TreePath treePath=e.getTreePath();
        DefaultMutableTreeNode node=
                (DefaultMutableTreeNode)treePath.getLastPathComponent();
        try{
            int[] index=e.getChildIndices();
            node=(DefaultMutableTreeNode)node.getChildAt(index[0]);
        }catch(NullPointerException exc){}
        label.setText(nodeName+"更改数据为:"+(String)node.getUserObject());
    }
    public void treeNodesInserted(TreeModelEvent e){
        System.out.println("new node inserted");
    }
    public void treeNodesRemoved(TreeModelEvent e){
        System.out.println("node deleted");
    }
    public void treeStructureChanged(TreeModelEvent e){
        System.out.println("structure changed");
    }
    class MouseHandle extends MouseAdapter
    {
        public void mousePressed(MouseEvent e)
        {
        try{
```

```
            JTree tree=(JTree)e.getSource();
            int rowLocation=tree.getRowForLocation(e.getX(),e.getY());
            TreePath treepath=tree.getPathForRow(rowLocation);
            TreeNode treenode=(TreeNode)treepath.getLastPathComponent();
            nodeName=treenode.toString();
        }catch(NullPointerException ne){
        }
    }
  }
  public static void main(String[] args){
        new EditTree();
  }
}
```

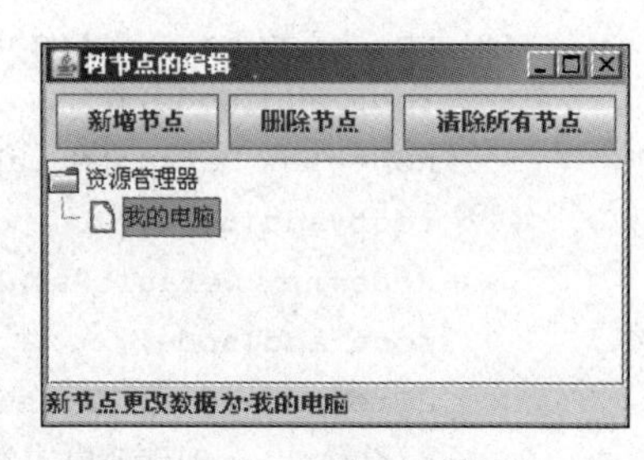

图 6-30　程序运行效果

程序运行效果如图 6-30 所示。

2）TreeSelectionEvent 事件处理

在 JTree 上点选任何一个节点都会触发 TreeSelectionEvent 事件。要处理这样的事件,必须实现 TreeSelectionListener 接口。该接口中定义了 valueChanged()方法。

事件类 TreeSelectionEvent 经常用于处理显示节点的内容。在 JTree 中选择节点的方式共有 3 种。这 3 种情况与选择 JList 中的项目是类似的,分别如下。

(1) DISCONTINUOUS_TREE_SELECTION：可进行单一选择、连续选择(按住 Shift 键)不连续选择多个节点(按住 Ctrl 键),是默认值。

(2) CONTINUOUS_TREE_SELECTION：按住 Shift 键,可对某一连续的节点区间进行选取。

(3) SINGLE_TREE_SELECTION：一次只能选一个节点。

类库中提供了默认的选择模式类 DefaultTreeSelectionModel,利用这个类可以很方便地设置上面 3 种选择模式。

【例 6-26】　TreeSelectionEvent 的使用(TreeSelectionEventUse.java)

```
/*
    功能简介：TreeSelectionEvent 的使用,当用户点选了一个文件名时,就会将文件的内容显
    示出来。
*/
import java.awt.*;
import java.awt.event.*;
import java.io.*;
import javax.swing.*;
import javax.swing.tree.*;
import javax.swing.event.*;
import java.util.*;

public class TreeSelectionEventUse implements TreeSelectionListener{
    JEditorPane editorPane;
    public TreeSelectionEventUse(){
```

```
        JFrame app=new JFrame("TreeSelectionEvent 的使用");
        Container c=app.getContentPane();
        DefaultMutableTreeNode root=new DefaultMutableTreeNode("资源管理器");
        DefaultMutableTreeNode node=new
             DefaultMutableTreeNode("DefaultMutableTreeNode.java");
        root.add(node);
        node=new DefaultMutableTreeNode("TreeModelTree.java");
        root.add(node);
        node=new DefaultMutableTreeNode("TreeModelEventUse.java");
        root.add(node);
        node=new DefaultMutableTreeNode("EditTree.java");
        root.add(node);
        JTree tree=new JTree(root);
        //设置 Tree 的选择模式为一次只能选择一个节点
        tree.getSelectionModel().setSelectionMode(
             TreeSelectionModel.SINGLE_TREE_SELECTION);
        //注册监听器,监听 TreeSelectionEvent 事件
        tree.addTreeSelectionListener(this);
        //在 JSplitPane 中,左边含有 JTree 的 JScrollPane,右边是 JEditorPane
        JScrollPane scrollPane1=new JScrollPane(tree);
        editorPane=new JEditorPane();
        JScrollPane scrollPane2=new JScrollPane(editorPane);
        JSplitPane splitPane=new JSplitPane(
        JSplitPane.HORIZONTAL_SPLIT,true, scrollPane1, scrollPane2);
        c.add(splitPane);
        app.pack();
        app.setDefaultCloseOperation(JFrame.EXIT_ON_CLOSE);
        app.setVisible(true);
    }
    //本方法实现 valueChanged()方法
    public void valueChanged(TreeSelectionEvent e){
        JTree tree=(JTree) e.getSource();
        //利用 JTree 的 getLastSelectedPathComponent()方法取得目前选取的节点
        DefaultMutableTreeNode selectionNode =
             (DefaultMutableTreeNode)tree.getLastSelectedPathComponent();
        String nodeName=selectionNode.toString();
        //判断是否为叶节点。若是,则显示文件内容;若不是,则不做任何事
        if (selectionNode.isLeaf())
        {
            /*取得文件的位置路径,System.getProperty("user.dir")可以取得当前工作
              的路径,System.getProperty("file.separator")取得文件分隔符。例如,
              在 Windows 环境中,文件分隔符是"\"。*/
            String filepath="file:"+System.getProperty("user.dir")+
                          System.getProperty("file.separator")+nodeName;
            try {
```

```
                /* 利用 JEditorPane 的 setPage()方法将文件内容显示在 editorPane
                   中。若文件路径错误,则会产生 IOException。*/
                editorPane.setPage(filepath);
            } catch(IOException ex) {
                System.out.println("找不到此文件");
            }
        }
    }
    public static void main(String[] args) {
        new TreeSelectionEventUse();
    }
}
```

程序运行效果如图 6-31 所示。

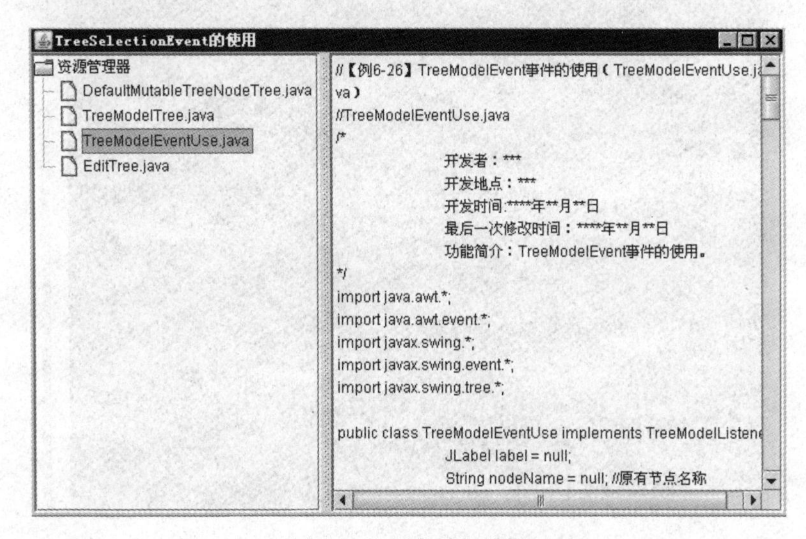

图 6-31　程序运行效果

8. JTree 的其他操作

JTree 中的每一个节点都是一个 TreeNode,可利用 JTree 的 setEditable()方法设置节点是否可编辑。若要在 JTree 中寻找节点的父节点或子节点,或判断是否为树节点,均可由 TreeNode 实现,但要编辑节点时,将编辑节点的任务交给 TreeCellEditor。该类定义了 getTreeCellEditorComponent()方法。此方法使节点具有可编辑的效果。不过,不用自己实现这个方法,类库本身提供了 DefaultTreeCellEditor 类来实现此方法,还提供了许多其他方法。例如,取得节点内容(getCellEditorValue())、设置节点字体(setFont())、决定节点是否可编辑(isCellEditable())等。如果 DefaultTreeCellEditor 所提供的功能不够,可以使用 TreeCellEditor。可以利用 JTree 的 getCellEditor()方法取得 DefaultTreeCellEditor 对象。当编辑节点时会触发 ChangeEvent 事件,可以实现 CellEditorListener 接口来处理此事件。CellEditorListener 接口包括两个方法,分别是 editingStopped(ChangeEvent e)与 editingCanceled(ChangeEvent e)。若没有实现 TreeCellEditor,系统会以默认的 DefaultTreeCellEdtior 类来处理这两个方法,因此无须再编写任何程序。

另外,JTree 还有一种事件处理模式,那就是 TreeExpansionEvent 事件。要处理这个事件必须注册 TreeExpansionListener 监听。该接口定义了两个方法,分别是 treeCollapsed(TreeExpansionEvent e)与 treeExpanded(TreeExpansionEvent e)。当节点展开时系统就会自动调用 treeExpanded()方法;当节点折叠时,系统就会自动调用 treeCollapsed()方法。可以在这两个方法中编写所要处理事件的程序代码。事件处理的过程可以参考以上代码,这里不再重复。

6.6 常见问题及解决方案

(1) 异常信息提示如图 6-32 所示。

```
管理员: C:\Windows\system32\cmd.exe
D:\Java程序设计与项目实训教程(第2版)\ch06>javac JFrameLabel.java
JFrameLabel.java:14: 错误: 找不到符号
public class JFrameLabel extends JFarme{
                                 ^
  符号: 类 JFarme
JFrameLabel.java:17: 错误: 找不到符号
        Container c=getContentPane( );
                    ^
  符号:   方法 getContentPane()
  位置: 类 JFrameLabel
JFrameLabel.java:39: 错误: 找不到符号
        app.setDefaultCloseOperation(JFrame.EXIT_ON_CLOSE);
           ^
  符号:   方法 setDefaultCloseOperation(int)
  位置: 类型为JFrameLabel的变量 app
JFrameLabel.java:40: 错误: 找不到符号
        app.setSize( 600, 300); //设置框架大小, 宽度和高度
           ^
  符号:   方法 setSize(int,int)
  位置: 类型为JFrameLabel的变量 app
JFrameLabel.java:41: 错误: 找不到符号
        app.setVisible(true ); //设置框架是否可见, true为框架可见, 否则, 不可见
           ^
  符号:   方法 setVisible(boolean)
  位置: 类型为JFrameLabel的变量 app
5 个错误

D:\Java程序设计与项目实训教程(第2版)\ch06>_
```

图 6-32　异常信息提示(1)

解决方案:在继承时由于类 JFrame 写成 JFarme,导致类定义中 JFrame 类的方法无法调用,所以提示有多处错误。把 JFarme 改为 JFrame 后保存并重新编译即可。一般在发生异常提示"找不到符号"的情况下,基本上都是由于标识符拼写错误或没有把需要的类导入到源文件中导致的。

(2) 异常信息提示如图 6-33 所示。

解决方案:这种异常情况是因为没有把需要的类导入到源文件中。应在源文件中添加"import javax.swing.ImageIcon;"。

(3) 异常信息提示如图 6-34 所示。

解决方案:接口 FocusListener 中的抽象方法无论是否使用都必须被覆盖。异常提示的信息是没有覆盖 focusLost(FocusEvent e)方法,需要覆盖该方法。

(4) 异常信息提示如图 6-35 所示。

解决方案:Java 语言中语句结束需要";",产生该异常是因为在"ta.addFocusListener(…)"后面缺少一个";"。有时在使用匿名类时忘记加";",而有时在方法体结束时反而加

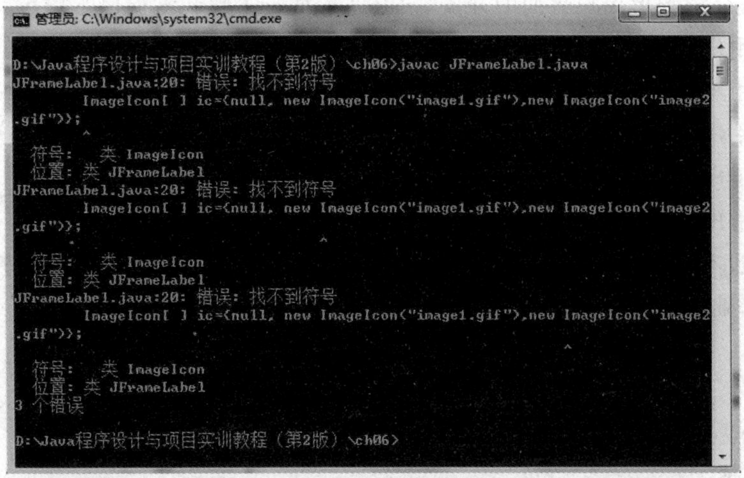

```
管理员: C:\Windows\system32\cmd.exe

D:\Java程序设计与项目实训教程（第2版）\ch06>javac JFrameLabel.java
JFrameLabel.java:20: 错误: 找不到符号
        ImageIcon[ ] ic={null, new ImageIcon("image1.gif"),new ImageIcon("image2
.gif")};
          ^
  符号:   类 ImageIcon
  位置: 类 JFrameLabel
JFrameLabel.java:20: 错误: 找不到符号
        ImageIcon[ ] ic={null, new ImageIcon("image1.gif"),new ImageIcon("image2
.gif")};
                                   ^
  符号:   类 ImageIcon
  位置: 类 JFrameLabel
JFrameLabel.java:20: 错误: 找不到符号
        ImageIcon[ ] ic={null, new ImageIcon("image1.gif"),new ImageIcon("image2
.gif")};
                                                              ^
  符号:   类 ImageIcon
  位置: 类 JFrameLabel
3 个错误

D:\Java程序设计与项目实训教程（第2版）\ch06>
```

图 6-33　异常信息提示(2)

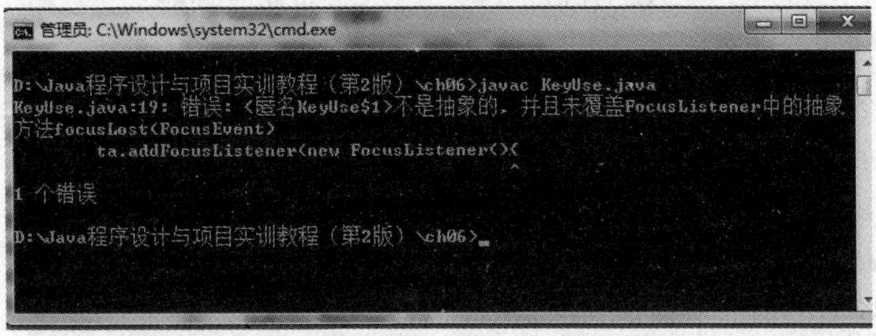

```
管理员: C:\Windows\system32\cmd.exe

D:\Java程序设计与项目实训教程（第2版）\ch06>javac KeyUse.java
KeyUse.java:19: 错误: <匿名KeyUse$1>不是抽象的, 并且未覆盖FocusListener中的抽象
方法focusLost(FocusEvent)
        ta.addFocusListener(new FocusListener(){
                                               ^
1 个错误

D:\Java程序设计与项目实训教程（第2版）\ch06>_
```

图 6-34　异常信息提示(3)

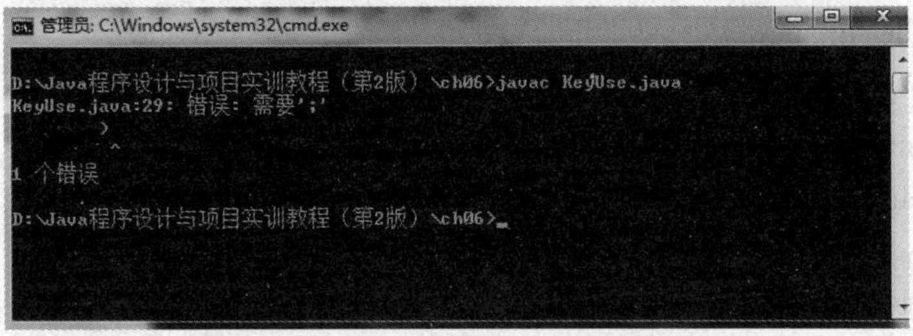

```
管理员: C:\Windows\system32\cmd.exe

D:\Java程序设计与项目实训教程（第2版）\ch06>javac KeyUse.java
KeyUse.java:29: 错误: 需要';'
        }
         ^
1 个错误

D:\Java程序设计与项目实训教程（第2版）\ch06>_
```

图 6-35　异常信息提示(4)

“;”,这样也会发生异常。

解决方案：这是因为方法体结束时多加了“;”发生的异常。应把多余的“;”去掉。

6.7　本 章 小 结

本章主要介绍 Java 语言中常用的图形用户界面组件。这些组件是开发 Java 应用程序所需的常用组件,也是第 8 章和第 12 章项目实训中将要用到的组件。通过本章的学习可为后续几章的学习奠定基础。

本章主要介绍图形用户界面的开发，学习完本章应了解和掌握以下内容。

- 图形用户界面的组件。
- 图形用户界面的容器。
- 图形用户界面的布局管理器。
- 图形用户界面的事件处理。
- 图形用户界面的高级应用。

总之，通过本章的学习，能够使用组件开发基于图形用户界面的应用程序，为后面的项目开发奠定基础。

6.8 习　　题

一、选择题

1. Swing 图形用户界面主要由(　　)组成。

   A. 组件　　B. 容器　　C. 布局管理器　　D. 事件

2. 下列说法正确的是(　　)。

   A. JTextArea 组件在需要时会自动显示滚动条

   B. JList 组件可以有选择地设置滚动条，即可以有也可以没有

   C. JTextArea 组件和 JList 组件本身都没有滚动条

   D. JScrollPane 容器只能包含 JTextArea 组件或 JList 组件

3. 创建一个有“开始”按钮语句的是(　　)。

   A. JTextField b=new JTextField("开始");

   B. JButton b=new JButton("开始");

   C. JLabel b=new JLabel("开始");

   D. JCheckbox b=new JCheckbox("开始");

4. 事件 ActionEvent 实现的接口是(　　)。

   A. FocusListener　　B. ComponentListener

   C. WindowListener　　D. ActionListener

5. 为了监听列表框的选项状态是否改变，应该注册的监听器是(　　)。

   A. ItemListener　　B. ActionListener

   C. KeyListener　　D. ListSelectionListener

二、填空题

1. ________的主要功能是容纳其他组件和容器。
2. 顶层容器包括________和________，这两个类的父类都是窗口类。
3. 容器有两种，分别是________和________。
4. 对话框分为________和________两种。
5. 图形用户界面的高级应用主要包括菜单界面、表格和________。
6. 常用的菜单形式有两种，分别是________和________。
7. 菜单由菜单栏、________和________组成。

三、简答题

1. 简述什么是组件和容器。

2. 简述什么是事件、事件源和事件处理以及它们之间的关系。

四、实验题

1. 设计一个简单的文本编辑器。

2. 设计一个计算器。

第7章　数据库编程

数据库技术是计算机科学技术中的重要领域，也是应用最广泛的技术之一，而且已经成为信息系统的重要核心技术。本章主要讲解数据库在Java程序中操作的相关概念与原理。

本章主要内容：

- JDBC结构。
- 通过JDBC驱动访问数据库。
- 数据查询的实现。
- 数据库更新的实现。

7.1　JDBC介绍

JDBC的全称为Java DataBase Connectivity，是面向应用程序开发人员和数据库驱动程序开发人员的应用程序接口（Application Programming Interface，API）。

7.1.1　什么是JDBC

JDBC是一个面向对象的应用程序接口，通过它可访问各类关系数据库。JDBC也是Java核心类库的一部分，由Java语言编写的类和界面组成。JDBC为数据库应用开发人员、Java Web开发人员提供了一种标准的应用程序设计接口，使开发人员可以用纯Java语言编写完整的数据库应用程序。

自从Java语言于1995年5月正式公布以来，Java语言风靡全球，出现了大量用Java语言编写的程序，其中也包括数据库应用程序。由于没有一个Java语言的数据库API，编程人员不得不在Java程序中加入C语言的ODBC（Open DataBase Connectivity）函数调用。这就使很多Java的优秀特性无法充分发挥，比如平台无关性、面向对象特性等。随着越来越多的编程人员对Java语言的日益喜爱，越来越多的公司在Java程序开发上投入的精力日益增加，对Java语言访问数据库的API需求越来越强烈。也由于ODBC本身有其不足之处，比如它不容易使用，没有面向对象的特性等，Sun公司决定开发Java语言的数据库应用程序开发接口。在JDK 1.x版本中，JDBC只是一个可选部件，到了JDK 1.1公布时，SQL类（也就是JDBC API）就成为了Java语言的标准部件。

JDBC给数据库应用开发人员、Java Web开发人员提供了一种标准的应用程序设计接口，使开发人员可以用纯Java语言编写完整的数据库应用程序。通过使用JDBC，开发人员可以很方便地将SQL语句传送给几乎任何一种数据库。也就是说，开发人员可以不必写一个程序访问MySQL，写另一个程序访问Oracle，再写一个程序访问Microsoft的SQL Server。用JDBC编写的程序能够自动地将SQL语句传送给相应的数据库管理系统（DBMS）。不但如此，使用Java编写的应用程序可以在任何支持Java的平台上运行，不必在不同的平台上编写不同的应用程序。Java 和 JDBC 的结合可以让开发人员在开发数据库应用时真正实现“Write Once，Run Everywhere!”。

简单地说，JDBC 能完成下列三件事。

(1) 同一个数据库建立连接。

(2) 向数据库发送 SQL 语句。

(3) 处理数据库返回的结果。

7.1.2 JDBC 的结构

JDBC 的结构如图 7-1 所示。

1. 应用程序

用户应用程序实现数据库的连接、发送 SQL 指令、然后获取结果。应用程序需执行以下任务：请求与数据源建立连接；向数据源发送 SQL 请求；询问结果；处理过程错误；控制传输；提交操作；关闭连接。

图 7-1 JDBC 的结构

2. JDBC API

JDBC API 是一个标准统一的 SQL 数据存取接口。JDBC 的作用与 ODBC 作用类似。它为 Java 程序提供统一的操作各种数据库的接口，程序员编程时，可以不关心它所要操作的数据库是哪个厂家的产品，从而提高了软件的通用性。只要系统中安装了正确的驱动器组件，JDBC 应用程序就可以访问其相关的数据库。

3. JDBC 驱动程序管理器

JDBC 驱动程序管理器的主要作用是代表用户的应用程序调入特定驱动程序，要完成的任务包括：为特定数据库定位驱动程序；处理 JDBC 初始化调用；为每个驱动程序提供 JDBC 功能入口点。

4. 驱动程序

驱动程序实现 JDBC 的连接，向特定数据源发送 SQL 声明，并且为应用程序获取结果。

5. 数据库

数据库由用户应用程序想访问的数据源和自身参数组成(即 DBMS 类型)。

7.2 通过 JDBC 驱动访问数据库

目前，每个数据库厂商都提供了数据库的 JDBC 驱动程序，可以直接使用 DBMS 厂商提供的 JDBC 驱动访问数据库。下面分别介绍 MySQL、Microsoft SQL Server 数据库的 JDBC 驱动在 IDE 中的配置。

7.2.1 通过 JDBC 访问 MySQL 数据库

1. MySQL JDBC 驱动下载和配置

本书使用的是 MySQL 5.6，需下载支持 5.6 版本的 JDBC 驱动。下载完成后，把得到的 zip 文件解压到任意目录，这里假设该目录是“D:\Java 程序设计与项目实训教程(第 2 版)\ch07”。然后设置 ClassPath 以保证能够访问到这个驱动程序。设置方法如下。

(1) 依次进入“我的电脑”→“系统”→“设置环境变量”，找到名为 ClassPath 的环境变量，如果没有就添加该变量。

(2) 设置环境变量 ClassPath 的值为“.；D:\Java 程序设计与项目实训教程(第 2 版)\ch07\mysql-connector-java-5.1.21\mysql-connector-java-5.1.21\mysql-connector-java-5.1.21-bin.jar”。

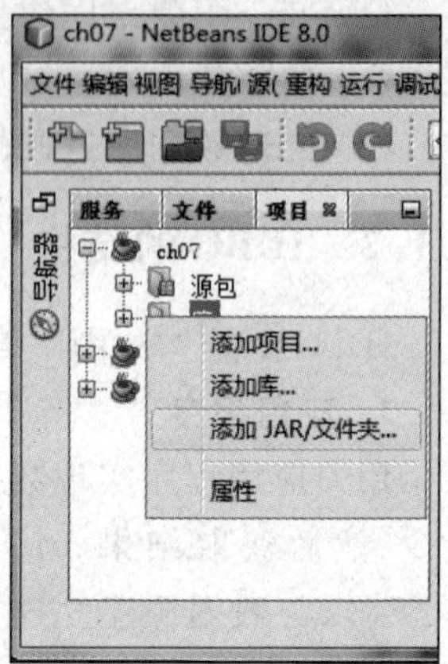

图 7-2 快捷菜单

如果使用 NetBeans 或 Eclipse 开发 Java 项目，JDBC 驱动的配置过程如下。

(1) MySQL JDBC 驱动在 NetBeans 中的配置。

在 NetBeans 项目 ch07 的“库”上右击，弹出添加信息的快捷菜单，如图 7-2 所示，单击“添加 JAR/文件夹”，弹出“添加 JAR/文件夹”对话框，找到 MySQL JDBC 驱动所在位置，如图 7-3 所示。找到驱动位置后单击“打开”按钮，MySQL JDBC 驱动配置即完成。

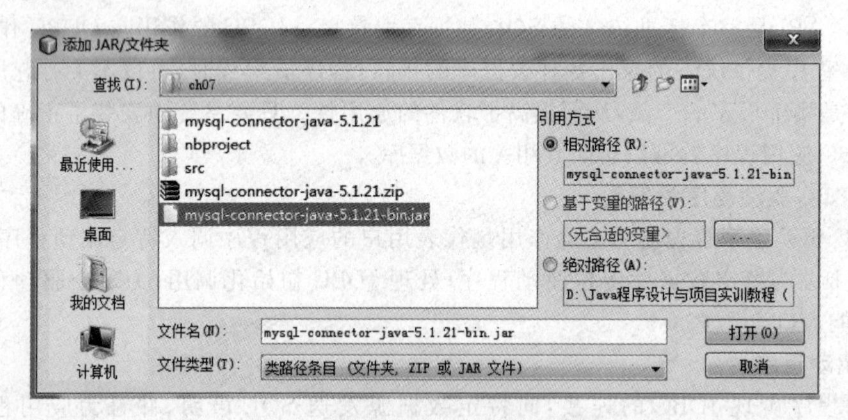

图 7-3 “添加 JAR/文件夹”对话框

(2) MySQL JDBC 驱动在 Eclipse 中的配置。

在 Eclipse 项目 ch07 上右击，在属性菜单中单击 Build Path→Configure Build Path 命令，如图 7-4 所示。

单击图 7-4 所示快捷菜单中的 Configure Build Path 命令，弹出图 7-5。在图中选择 Libraries→Add External JARS，找到 MySQL JDBC 驱动所在位置，如图 7-6 所示。找到驱动位置后单击“打开”按钮，MySQL JDBC 驱动在 Eclipse 中的配置完成。

2. 使用 MySQL 创建数据库和表

使用 MySQL 建立数据库 student 和表 stu。数据库、表以及表的字段名和字段类型如图 7-7 所示。安装完 MySQL 以后，建议安装一个 MySQL 管理工具 Navicat For MySQL。

3. 编写程序访问 MySQL(MySQLUse.java)

【例 7-1】 通过 JDBC 驱动访问 MySQL 数据库(MySQLUse.java)

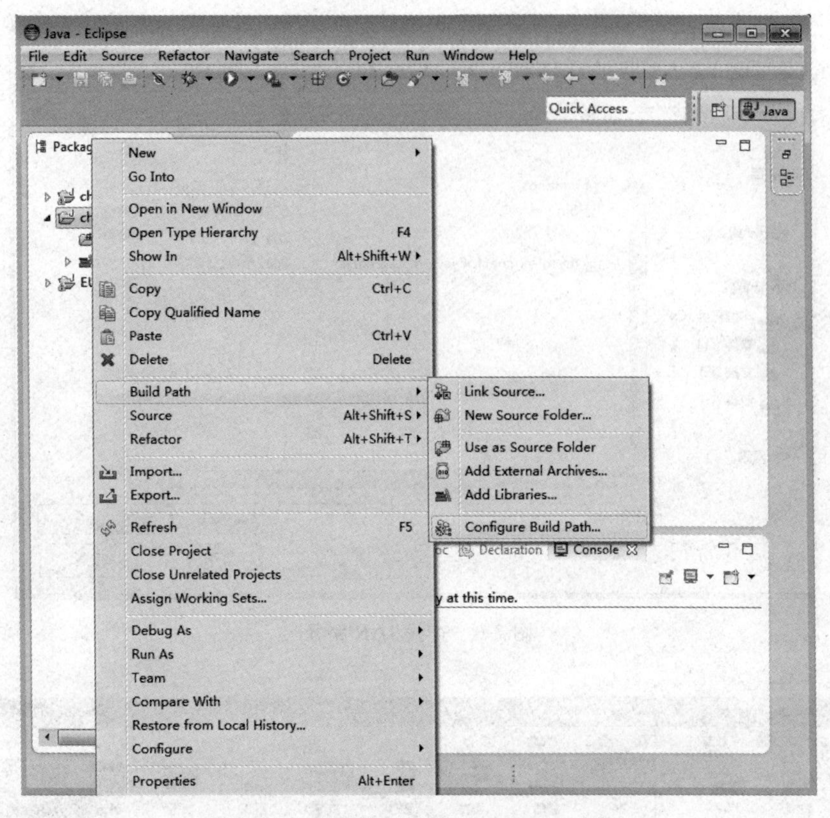

图 7-4　查找 Configure Build Path 功能

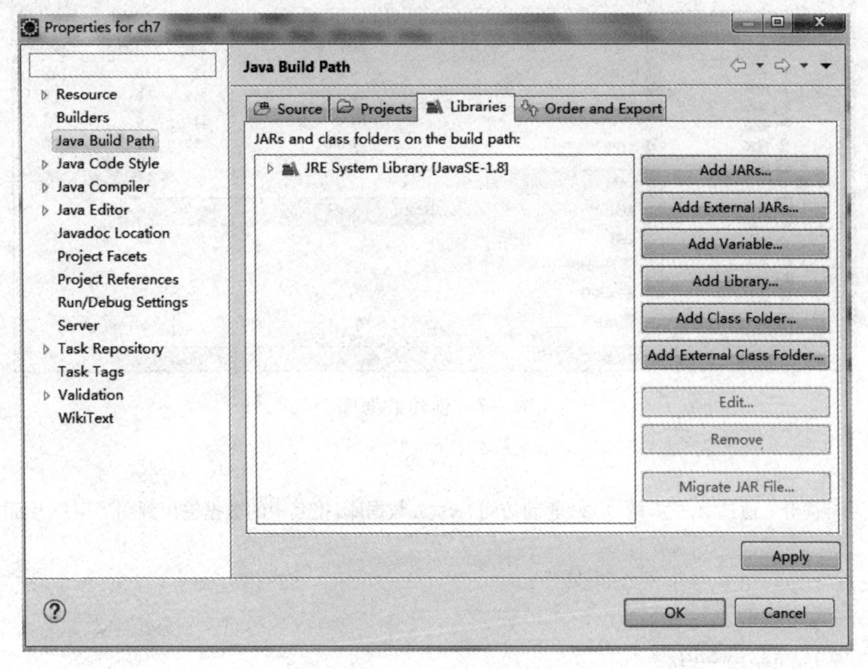

图 7-5　Java Build Path

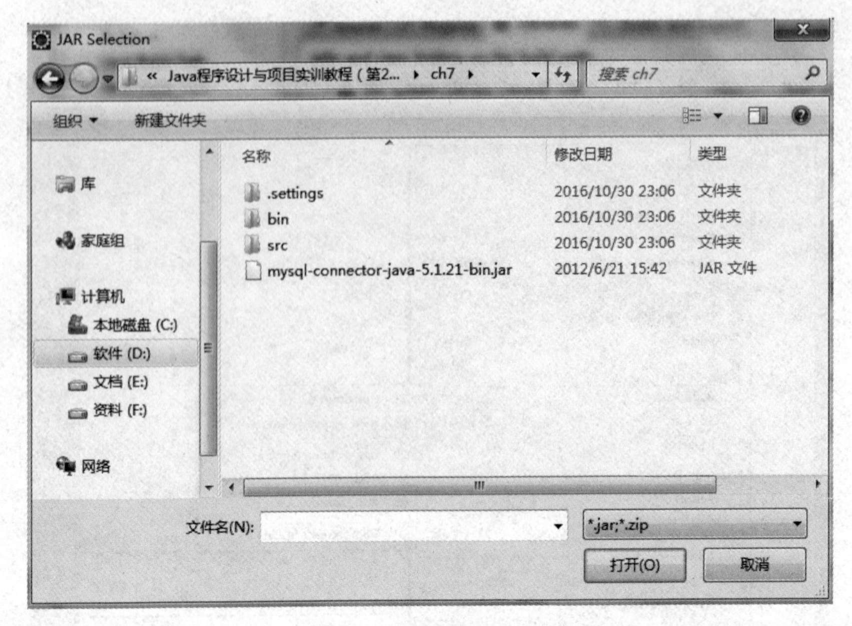

图 7-6　查找 JAR 路径

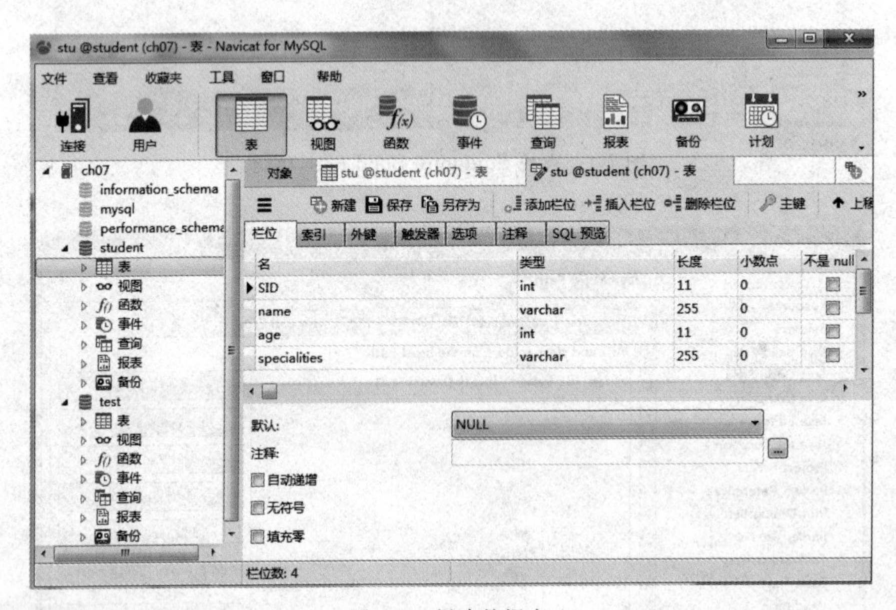

图 7-7　创建数据库

```
/*
    功能简介：通过 MySQL 的 JDBC 驱动访问 MySQL 数据库，把其中的数据输出到图形用户界面的表格中。
*/
import java.awt.*;
import java.sql.*;
import javax.swing.*;
public class MySQLUse extends JFrame{
    Object data[][];
```

```
Object colname[]={"学号","姓名","年龄","专业"};
JTable studentTable;
public MySQLUse() {
    super("通过 MySQL 的 JDBC 驱动访问数据库");
    Container c =getContentPane();
    c.setLayout(new BorderLayout());
    try{
        /*装载驱动程序,每种数据库都有数据库厂商提供的 JDBC 驱动,不同厂商数据库的
          JDBC 驱动不一样,MySQL 5.6 的驱动为 com.mysql.jdbc.Driver。
        */
        Class.forName("com.mysql.jdbc.Driver");
        /*建立连接,其中 URL 部分为"jdbc:mysql://localhost:3306/student",参数
          localhost 表示是本机操作,如果数据库不在本机,可以改成数据库所在机器的
          IP 地址;3306 是 MySQL 的端口地址,每种数据库都有自己默认的端口号;
          student 是数据库名。第一个 root 是登录 MySQL 数据库系统的用户名,第二个
          root 是登录密码。
        */
        Connection conn=DriverManager.getConnection(
                            " jdbc: mysql://localhost: 3306/student "," root ","
                            root");
        Statement stmt =conn.createStatement();
        String sql ="select * from stu";
        ResultSet rs =stmt.executeQuery(sql);
        //将记录指针移到结果集的最后一行
        rs.last();
        //获取结果集的行数,根据行数申请数组空间
        int n=rs.getRow();
        data =new Object[n][10];
        studentTable =new JTable(data, colname);
        c.add(new JScrollPane(studentTable),BorderLayout.CENTER);
        int i =0;
        //将记录指针重新移到结果集的第一行之前
        rs.beforeFirst();
        while (rs.next()){
            data[i][0] =rs.getString(1);
            data[i][1] =rs.getString(2);
            data[i][2] =rs.getInt(3);
            data[i][3] =rs.getString(4);
            i++;
        }
        rs.close();
        conn.close();
    }catch (Exception e) {
        e.printStackTrace();
    }
}
public static void main(String[] args) {
```

```
        MySQLUse app=new MySQLUse();
        app.setSize(500, 200);
        app.setVisible(true);
        app.setDefaultCloseOperation(JFrame.EXIT_ON_CLOSE);
    }
}
```

文件结构和运行效果如图 7-8 所示。

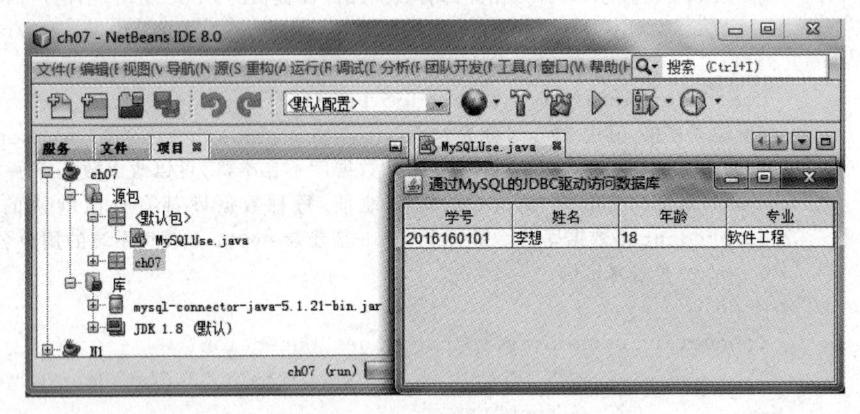

图 7-8　文件结构和运行效果

7.2.2　通过 JDBC 访问 Microsoft SQL Server 数据库

本书使用 SQL Server 2008 数据库。有关 SQL Server 2008 的下载、安装等知识请参考其他资料。

1. Microsoft SQL Server JDBC 驱动下载和配置

Microsoft SQL Server 2008 数据库的 JDBC 驱动是 Microsoft JDBC Driver 4.0 for SQL Server，可在 Microsoft 官方网站下载。下载解压后得到两个 JAR 包，如图 7-9 所示。

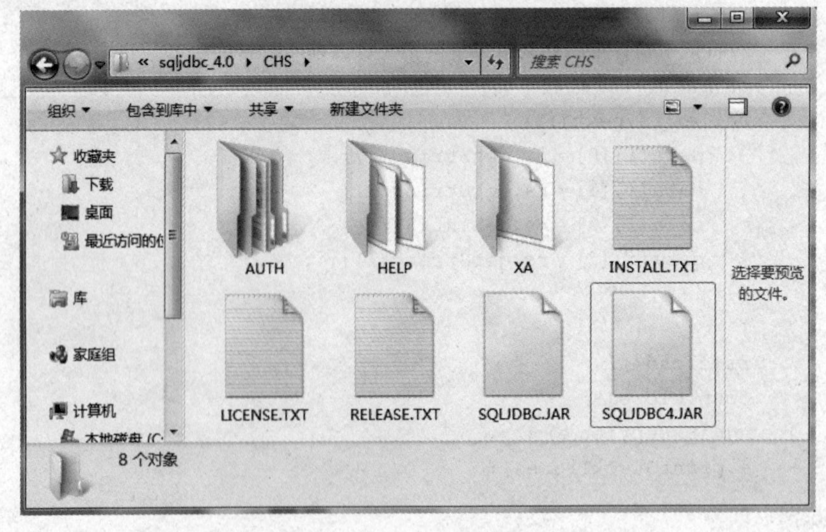

图 7-9　SQL Server 2008 JDBC 驱动的 JAR 文件

如果使用 NetBeans 或者 Eclipse 开发 Java 项目，在其中加载 SQL Server 2008 的 JDBC 驱动的方法与加载 MySQL 的 JDBC 驱动的方法相似，不过在加载 Microsoft JDBC Driver 4.0 for SQL Server 驱动时，只需选择 sqljdbc4.jar 文件即可，如图 7-10 所示。

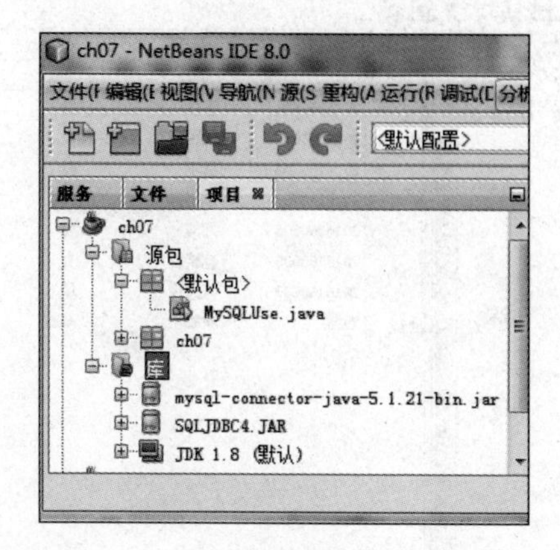

图 7-10　在库中只加载 sqljdbc4.jar 文件

2. 使用 Microsoft SQL Server 2008 建立数据库和表

在 SQL Server 2008 中创建要使用的数据库和表如图 7-11 所示，表中数据如图 7-12 所示。

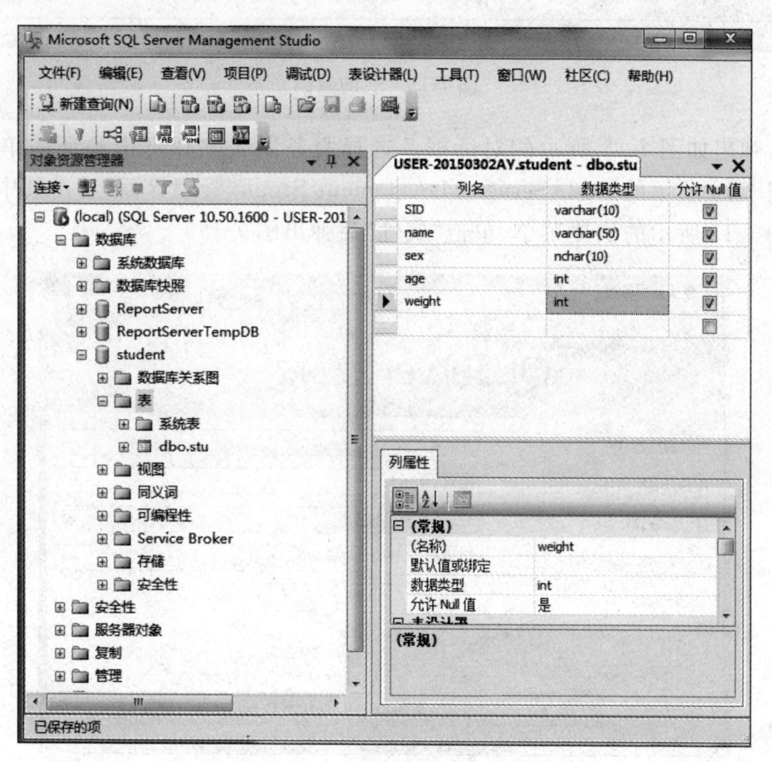

图 7-11　创建数据库和表

接下来设置 SQL Server 2008 的登录模式，步骤如下。

1）打开属性配置界面

单击“开始”→“所有程序”→Microsoft SQL Server 2008→SQL Server Management

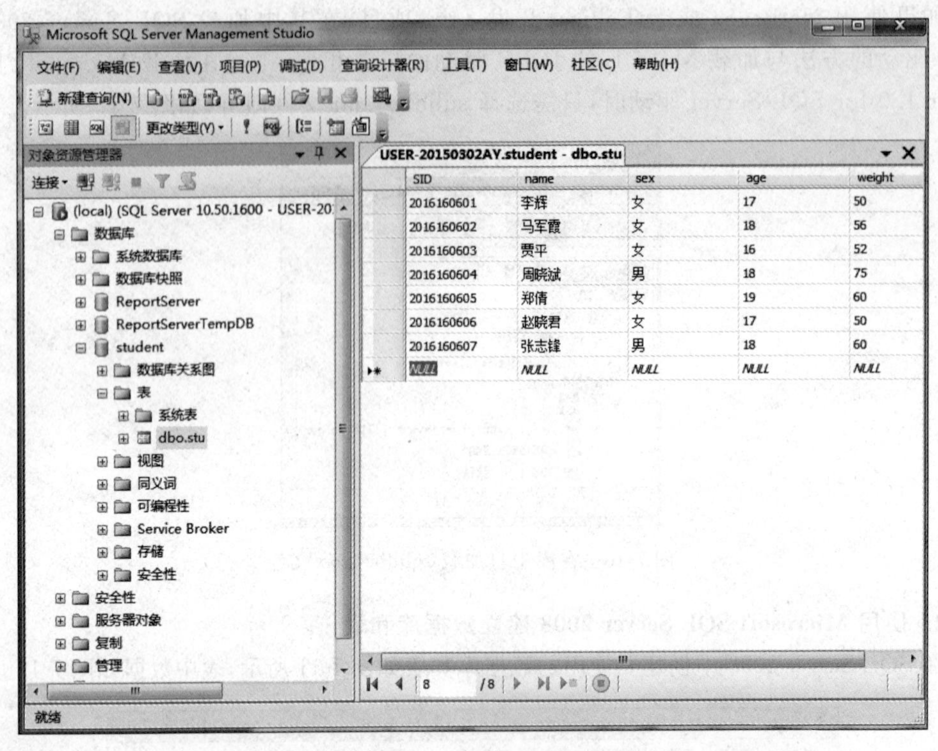

图 7-12　表的数据

Studio 命令，弹出如图 7-13 所示的对话框。选择服务器名称和身份验证后单击“连接”按钮，弹出如图 7-14 所示的 SQL Server Management Studio 管理界面，右击其中的服务器名称，弹出如图 7-15 所示的快捷菜单，单击“属性”后弹出图 7-16。

图 7-13　“连接到服务器”对话框

2）设置混合登录模式

在图 7-16 所示对话框中，单击“选择页”中的“安全性”后选中“SQL Server 和 Windows 身份验证模式”。

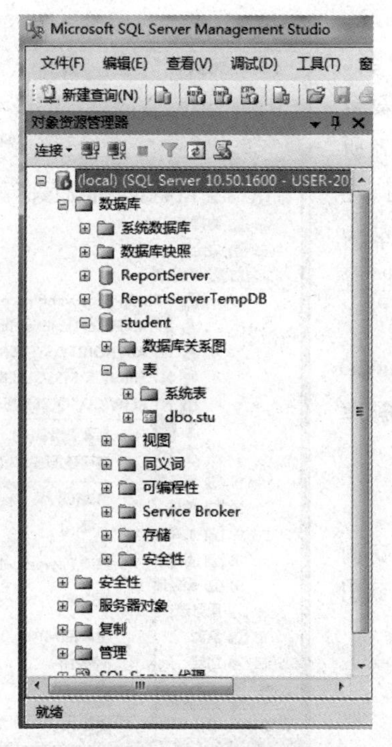

图 7-14 管理界面

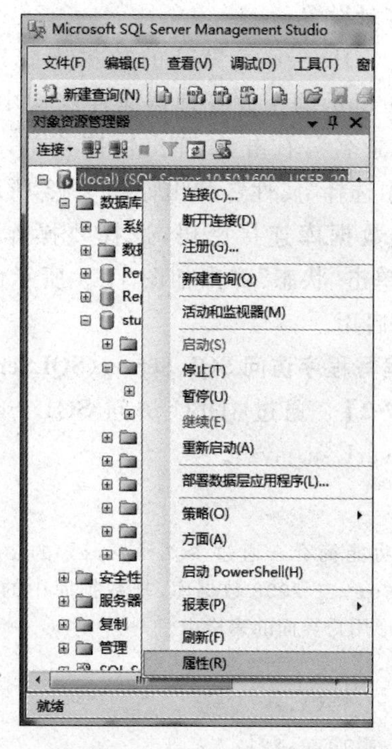

图 7-15 服务器属性

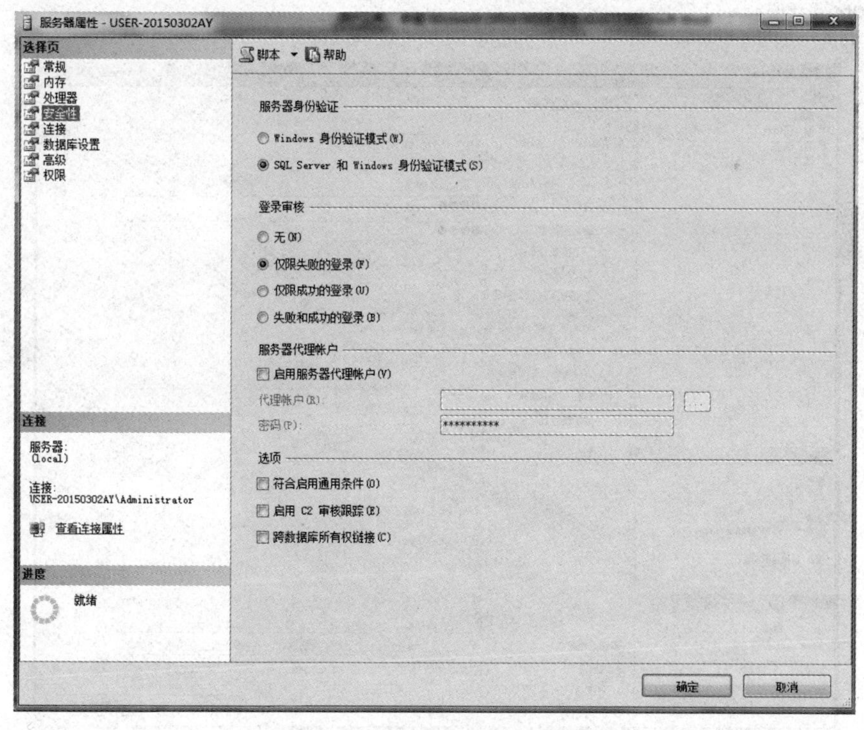

图 7-16 设置混合登录模式

3）登录设置

sa 是 SQL Server 默认的数据库管理员用户名。在图 7-14 所示的企业管理器属性结构中，单击“安全性”→“登录名”，右击 sa 弹出快捷菜单，如图 7-17 所示，在其中选择“属性”，弹出如图 7-18 所示的界面，在其中设置数据库连接密码，选择要操作的数据库为 student；单击“状态”弹出如图 7-19 所示的界面，把登录设置为启用。

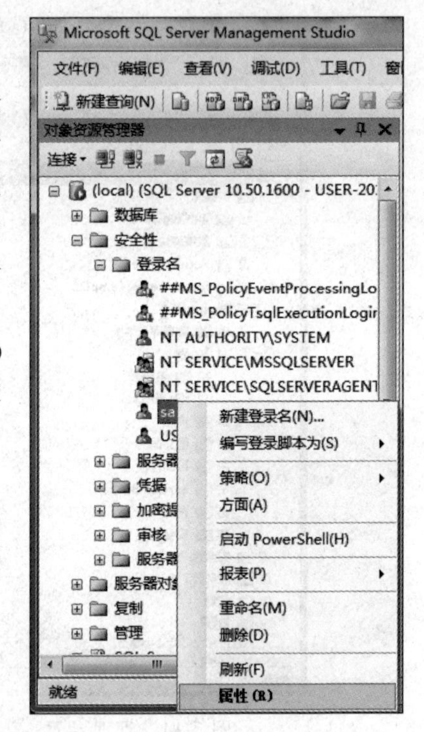

图 7-17　单击属性

3. 编写程序访问 SQL Server（SQLServerUse.java）

【例 7-2】　通过 JDBC 访问 SQL Server 数据库（SQLServerUse.java）

```
/*
    功能简介：通过 SQL Server 的 JDBC 驱动访问
    Server 2008 数据库，把数据库中的数据输出到图
    形用户界面的表格中。
*/
import java.awt.*;
import java.sql.*;
import javax.swing.*;
public class SQLServerUse extends JFrame{
    Object data[][];
```

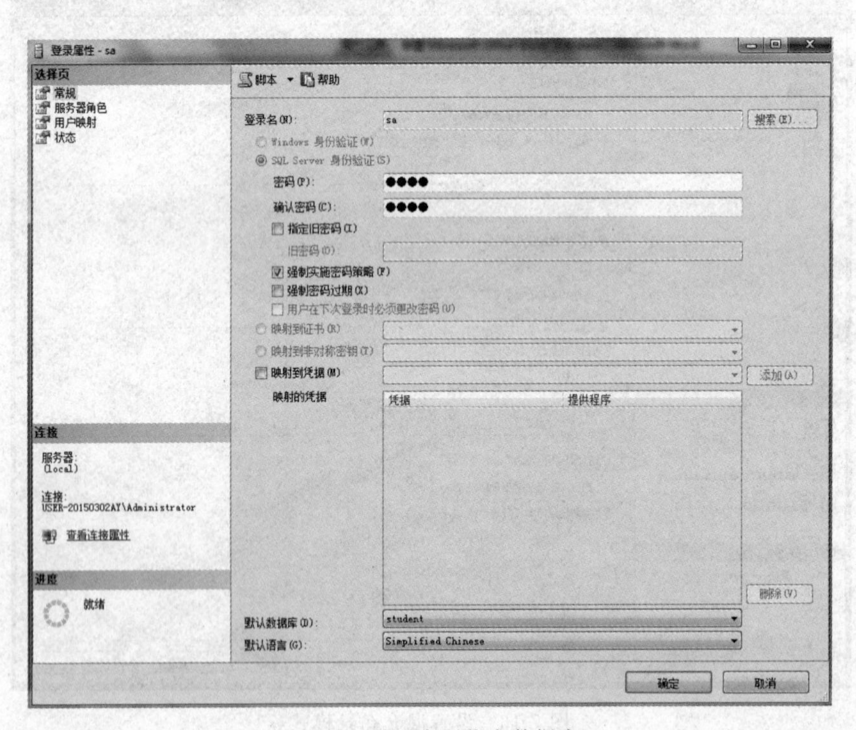

图 7-18　设置密码指定数据库

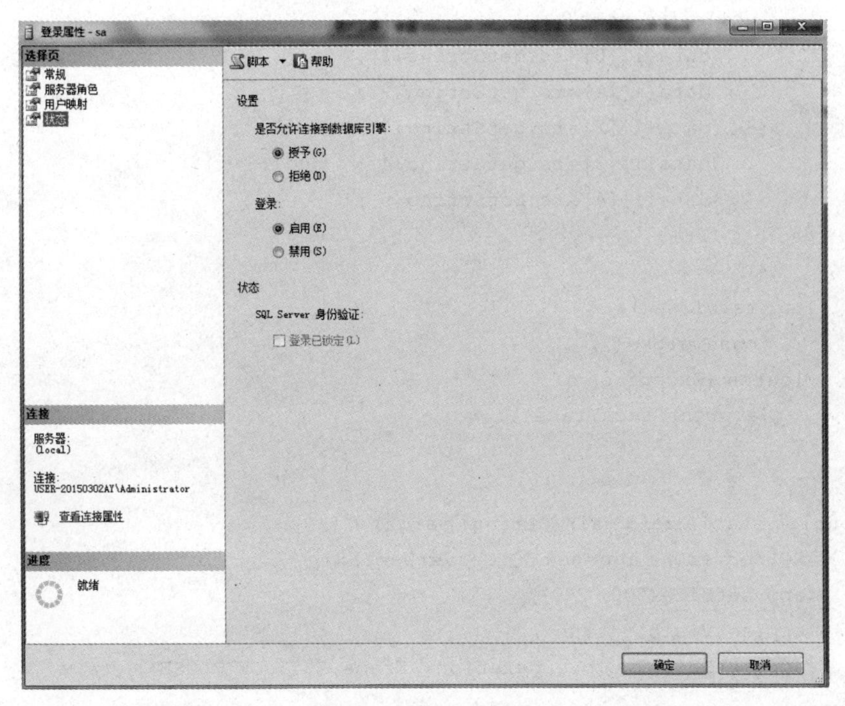

图 7-19　登录启用界面

```
Object colname[]={"学号","姓名","性别","年龄","体重(千克)"};
JTable studentTable;
public SQLServerUse(){
    super("通过 SQL Server 的 JDBC 驱动访问数据库");
    Container c=getContentPane();
    c.setLayout(new BorderLayout());
    try{
        Class.forName("com.microsoft.sqlserver.jdbc.SQLServerDriver");
        String url="jdbc:sqlserver://localhost:1433;databasename=student";
        String user="sa";//数据库登录用户名
        String password="root";//数据库登录密码
        Connection conn=DriverManager.getConnection(url,user,password);
        Statement stmt=conn.createStatement(
                    ResultSet.TYPE_SCROLL_SENSITIVE,
                    ResultSet.CONCUR_READ_ONLY);
        String sql="select * from stu";
        ResultSet rs=stmt.executeQuery(sql);
        rs.last();
        int n=rs.getRow();
        data=new Object[n][5];
        studentTable=new JTable(data, colname);
        c.add(new JScrollPane(studentTable),BorderLayout.CENTER);
        int i=0;
        rs.beforeFirst();
```

```
            while (rs.next()){
                data[i][0]=rs.getString(1);
                data[i][1]=rs.getString(2);
                data[i][2]=rs.getString(3);
                data[i][3]=rs.getString(4);
                data[i][4]=rs.getString(5);
                i++;
            }
            rs.close();
            conn.close();
        }catch (Exception e) {
            e.printStackTrace();
        }
    }
    public static void main(String[] args) {
        SQLServerUse app=new SQLServerUse();
        app.setSize(500, 260);
        app.setVisible(true);
        app.setDefaultCloseOperation(JFrame.EXIT_ON_CLOSE);
    }
}
```

文件结构和运行效果如图 7-20 所示。

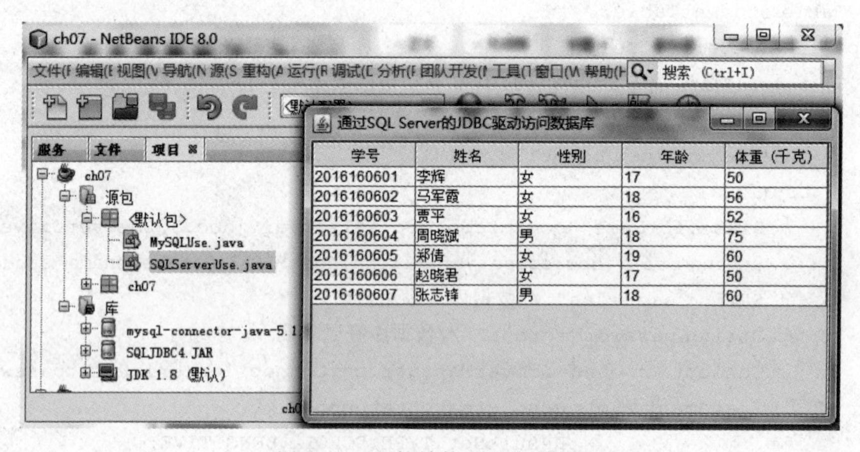

图 7-20　文件结构和运行效果

7.3　查询数据库

数据查询是数据库的一项基本操作，通常使用结构化查询语言(Structure Query Language，SQL)和 ResultSet 对记录进行查询和管理。查询数据库的方法有很多，可以分为顺序查询、带参数查询、模糊查询、查询分析等。

SQL 是标准的结构化查询语言，可以在任何数据库管理系统中使用，因此被普遍使用，其语法格式如下：

```
SELECT list FROM table
[WHERE search_condition]
[GROUP BY group_by_expression] [HAVING search_condition]
[ORDER BY order_expression [ASC/DESC] ];
```

各参数的含义如下。

list：目标列表达式，用来指明要查询的列名，或是有列名参与的表达式。用 * 代表所有列。

table：指定要查询的表名称，可以是一张表也可以是多张表。如果不同表中有相同列，需要用“表名.列名”的方式指明该列来自哪张表。

search_condition：查询条件表达式，用来设定查询的条件。

group_by_expression：分组查询表达式。按表达式条件将记录分为不同的记录组参与运算，通常与目标列表达式中的函数配合使用，实现分组统计的功能。

order_expression：排序查询表达式。按指定表达式的值来对满足条件的记录进行排序，默认是升序(ASC)。

SQL 中的查询语句除了可以实现单表查询以外，还可以实现多表查询和嵌套查询，使用起来比较灵活，可以参考其他资料了解较复杂的查询方式。

JDBC 提供 3 种接口实现 SQL 语句的发送执行，分别是 Statement、PreparedStatement 和 CallableStatement。Statement 接口的对象用于执行简单的不带参数的 SQL 语句；PreparedStatement 接口的对象用于执行带有 IN 类型参数的预编译过的 SQL 语句；CallableStatement 接口的对象用于执行一个数据库的存储过程。PreparedStatement 继承了 Statement，而 CallableStatement 又从 PreparedStatement 继承而来。通过上述类型的对象发送 SQL 语句进行查询，由 JDBC 提供的 ResultSet 接口对结果集中的数据进行操作。下面分别对 JDBC 中执行发送 SQL 语句以及实现结果集操作的接口进行介绍。

1. Statement

使用 Statement 发送要执行的 SQL 语句前首先要创建 Statement 对象实例，然后根据参数 type、concurrency 的取值情况返回 Statement 类型的结果集。语法格式如下：

```
Statement stmt=con.createStatement(type,concurrency);
```

其中，type 参数用来设置结果集的类型。type 参数有 3 种取值：取值为 ResultSet. TYPE_FORWORD_ONLY 时，代表结果集的记录指针只能向下滚动；取值为 ResultSet. TYPE_SCROLL_INSENSITIVE 时，代表结果集的记录指针可以上下滚动，数据库变化时，当前结果集不变；取值为 ResultSet. TYPE_SCROLL_SENSITIVE 时，代表结果集的记录指针可以上下滚动，数据库变化时，结果集随之改变。

concurrency 参数用来设置结果集更新数据库的方式，有两种取值：当 concurrency 参数取值为 ResultSet. CONCUR_READ_ONLY 时，代表不能用结果集更新数据库中的表；而当 concurrency 参数的取值为 ResultSet. CONCUR_UPDATETABLE 时，代表可以更新数据库。

Statement 还提供了一些操作结果集的方法。表 7-1 列出了 Statement 提供的常用方法。

表 7-1 Statement 提供的常用方法

方　法	说　明
executeQuery()	用来执行查询
executeUpdate()	用来执行更新
execute()	用来执行动态的未知操作
setMaxRow()	设置结果集容纳的最多行数
getMaxRow()	获取结果集的最多行数
setQueryTimeOut()	设置一个语句执行的等待时间
getQueryTimeOut()	获取一个语句的执行等待时间
close()	关闭 Statement 对象,释放其资源

2. PreparedStatement

PreparedStatement 可以将 SQL 语句传给数据库做预编译处理,即在执行的 SQL 语句中包含一个或多个 IN 参数。可以通过设置 IN 参数值多次执行 SQL 语句,而不必重新编译 SQL 语句,这样可以大大提高执行 SQL 语句的速度。

IN 参数就是指那些在 SQL 语句创建时尚未指定值的参数,在 SQL 语句中 IN 参数用"?"号代替。

例如:

```
PreparedStatement pstmt=connection.preparedStatement("SELECT * FROM student
WHERE 年龄>=? AND 性别=? ");
```

这个 PreparedStatement 对象用来查询表中符合指定条件的信息,在执行查询之前必须对每个 IN 参数进行设置,设置 IN 参数的语法格式如下:

```
pstmt.setXxx(position,value);
```

其中,Xxx 为要设置数据的类型,position 为 IN 参数在 SQL 语句中的位置,value 指定该参数被设置的值。

例如:

```
pstmt.setInt(1,20);
```

【例 7-3】 利用 PreparedStatement 查询数据(PreparedStatementUse.java)

```
/*
  功能简介:用 PreparedStatement 查询数据并把查询到的数据输出到图形用户界面的表格中。
*/
import java.awt.*;
import java.sql.*;
import javax.swing.*;

public class PreparedStatementUse extends JFrame{
    Object data[][];
    Object colname[]={"学号","姓名","性别","年龄","体重(千克)"};
```

```
    JTable studentTable;
    public PreparedStatementUse() {
        super("PreparedStatement 查询数据");
        Container c=getContentPane();
        c.setLayout(new BorderLayout());
        try{
            Class.forName("com.microsoft.sqlserver.jdbc.SQLServerDriver");
            String url="jdbc:sqlserver://localhost:1433;databasename=student";
            String user="sa";                //数据库登录用户名
            String password="root";          //数据库登录密码
            Connection conn=DriverManager.getConnection(url,user,password);
            String sql="select * from stu where age>=? and age<=?";
            PreparedStatement stmt=conn.prepareStatement(sql,
                                        ResultSet.TYPE_SCROLL_SENSITIVE,
                                        ResultSet.CONCUR_READ_ONLY);
            stmt.setInt(1,18);
            stmt.setInt(2,20);
            ResultSet rs=stmt.executeQuery();
            rs.last();
            int n=rs.getRow();
            data=new Object[n][5];
            studentTable=new JTable(data, colname);
            c.add(new JScrollPane(studentTable),BorderLayout.CENTER);
            int i=0;
            rs.beforeFirst();
            while (rs.next()){
                data[i][0]=rs.getString(1);
                data[i][1]=rs.getString(2);
                data[i][2]=rs.getString(3);
                data[i][3]=rs.getString(4);
                data[i][4]=rs.getString(5);
                i++;
            }
            rs.close();
            conn.close();
        }catch (Exception e) {
            e.printStackTrace();
        }
    }
    public static void main(String[] args) {
        PreparedStatementUse app=new PreparedStatementUse();
        app.setSize(500, 260);
        app.setVisible(true);
        app.setDefaultCloseOperation(JFrame.EXIT_ON_CLOSE);
    }
}
```

文件结构和运行效果如图 7-21 所示。

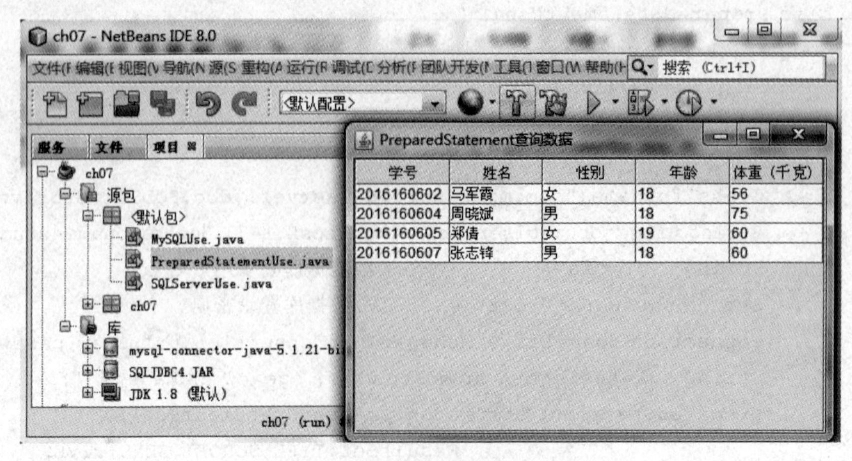

图 7-21　文件结构和运行效果

3. ResultSet 接口

可以通过 ResultSet 对象调用 ResultSet 接口中的方法对数据进行操作，并且在结果集中进行滚动查询。常用的 ResultSet 对象滚动查询的方法如表 7-2 所示。

表 7-2　ResultSet 对象滚动查询的方法

方　法	说　明
next()	顺序查询数据
previous()	将记录指针向上移动，当移动到结果集第一行之前时返回 false
beforeFirst()	将记录指针移动到结果集的第一行之前
afterLast()	将记录指针移动到结果集的最后一行之后
first()	将记录指针移动到结果集的第一行
last()	将记录指针移动到结果集的最后一行
isAfterLast()	判断记录指针是否到达记录集的最后一行之后
isFirst()	判断记录指针是否到达记录集的第一行
isLast()	判断记录指针是否到达记录集的最后一行
getRow()	返回当前记录指针所指向的行号，行号从 1 开始，如果没有结果集，返回结果为 0
absolute(int row)	将记录指针移动到指定的第 row 行
close()	关闭对象，并释放它所占用的资源

【例 7-4】 ResultSet 对象的指针滚动(ResultSetUse.java)

```
/*
    功能简介：使用 ResultSet 的方法滚动处理数据并把结果集中的数据输出到图形用户界面的
    表格中。
*/
import java.awt.*;
import java.sql.*;
import javax.swing.*;
```

```
public class ResultSetUse extends JFrame{
    Object data[][];
    Object colname[]={"学号","姓名","性别","年龄","体重(千克)"};
    JTable studentTable;
    public ResultSetUse() {
        super("使用 ResultSet 的游标滚动处理数据");
        Container c=getContentPane();
        c.setLayout(new BorderLayout());
        try{
            Class.forName("com.microsoft.sqlserver.jdbc.SQLServerDriver");
            String url="jdbc:sqlserver://localhost:1433;databasename=student";
            String user="sa";                //数据库登录用户名
            String password="root";          //数据库登录密码
            Connection conn=DriverManager.getConnection(url,user,password);
            Statement stmt=conn.createStatement(
                            ResultSet.TYPE_SCROLL_SENSITIVE,
                            ResultSet.CONCUR_READ_ONLY);
            String sql="select * from stu";
            ResultSet rs=stmt.executeQuery(sql);
            rs.last();
            int n=rs.getRow();
            data=new Object[n][5];
            studentTable=new JTable(data, colname);
            c.add(new JScrollPane(studentTable),BorderLayout.CENTER);
            int i=0;
            rs.afterLast();
            while (rs.previous()){
                data[i][0]=rs.getString(1);
                data[i][1]=rs.getString(2);
                data[i][2]=rs.getString(3);
                data[i][3]=rs.getString(4);
                data[i][4]=rs.getString(5);
                i++;
            }
            rs.close();
            conn.close();
        }catch (Exception e) {
            e.printStackTrace();
        }
    }
    public static void main(String[] args) {
        ResultSetUse app=new ResultSetUse();
        app.setSize(500, 260);
```

```
        app.setVisible(true);
        app.setDefaultCloseOperation(JFrame.EXIT_ON_CLOSE);
    }
}
```

文件结构和运行效果如图 7-22 所示。

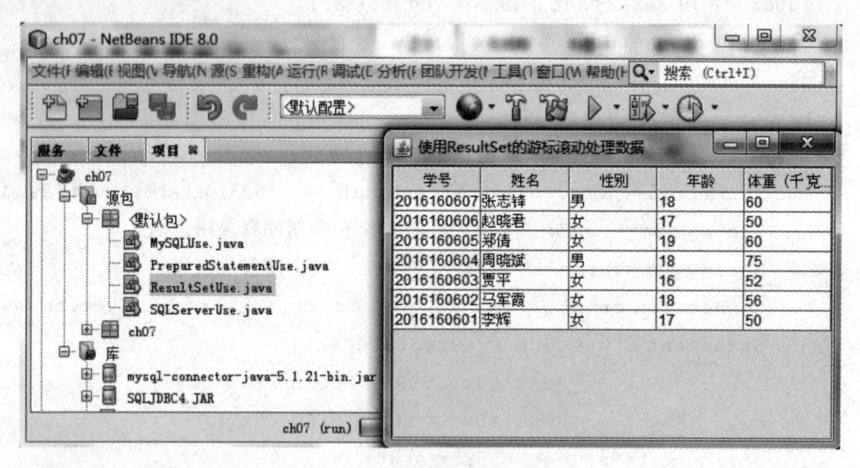

图 7-22　文件结构和运行效果

7.4　更新数据库(增、删、改)

更新数据库是数据库的基本操作之一。因为数据库中的数据是不断变化的，只有通过增加、删除、修改操作，才能使数据库中的数据保持动态更新。

1. 添加操作

在 SQL 中，通过使用 INSERT 语句可以将新行添加到表或视图中，语法格式为

```
INSERT INTO Table_name column_list VALUES({DEFAULT|NULL|expression} [,…n]);
```

其中，table_name 指定将要插入数据的表或 table 变量的名称；column_list 是要在其中插入数据的一列或多列的列表。必须用圆括号将 column_list 括起来，并且用逗号进行分隔；VALUES ({ DEFAULT I NULL | expression } [,…n])引入要插入的数据值的列表。对 column_list(如果已指定)中或者表中的每个列，都必须有一个数据值，且必须用圆括号将值列表括起来。如果 VALUES 列表中的值与表中列的顺序不相同，或者未包含表中所有列的值，那么必须使用 column_list 明确地指定存储每个传入值的列。

例如，在学生信息表中添加一个学生的信息('00001','david','male')，则对应的 SQL 语句应为

```
INSERT INTO student values('00001','david','male');
```

2. 修改操作

SQL 中的修改语句是 UPDATE，其语法格式为

```
UPDATE table_name SET column_name=expression[,column_name1=expression]
```

```
[WHERE search_condition]
```

其中,table_name 用来指定需要修改的表的名称。如果该表不在当前服务器或数据库不为当前用户所有,这个表名可用来连接服务器、数据库和所有者名称来限定;SET column_name=expression[,column_name1=expression]指定要更新的列或变量名称的列表,column_name 指定含有要更改数据的列的名称;WHERE search_condition 指定条件来限定所要更新的行。

例如,修改所有学生的年龄,将年龄都增加一岁,则对应的 SQL 语句应为

```
UPDATE student SET 年龄=年龄+1;
```

3. 删除操作

在 SQL 中,使用 DELETE 语句删除数据表中的行。DELETE 语句的语法格式为

```
DELETE FROM table_name [WHERE search_condition]
```

其中,table_name 用来指定从中删除记录的表;WHERE 用来指定用于限制删除行数的条件。如果没有提供 WHERE 子句,则 DELETE 语句将删除表中的所有行。

例如,要从学生信息表中删除学号为 00001 的学生信息,则对应的 SQL 语句应为

```
DELETE FROM stuInfo WHERE 学号='000001';
```

4. 更新数据库应用

Statement 类提供 executeUpdate()方法,用于执行 INSERT、UPDATE、DELETE 等命令。例如,要在数据库添加一条信息,可执行下列语句:

```
stmt=con.createStatement();
String condition="insert into student values('00001', '王力', 21, 'computer') ";
stmt.executeUpdate(condition);
```

7.5 学生信息管理系统项目实训

本项目通过一个学生信息管理系统的开发来综合应用数据库编程知识,通过项目训练达到复习并提高的目的。本项目是一个使用 MySQL 数据库管理数据的学生信息管理系统,能够实现对学生信息的浏览、添加、删除、修改和查询功能。为了实现代码重用、简化开发,首先编写了一个 GetStuInfo 类,该类是一个面板,该面板的主要作用是获取学生的基本信息,代码如例 7-5 所示;为了操作数据库以及减少重复,编写了一个 GetConnection 类,该类主要实现对数据库的连接功能,代码如例 7-6 所示;对学生信息的浏览、添加、删除、修改和查询功能封装到类 StuManage 中,代码如例 7-7 所示;项目的主类为 Main,代码如例 7-8 所示。

本项目使用的数据库是 MySQL(读者也可以选择自己所熟悉的其他数据库),数据库名和表名都为 stu,数据库、表以及表中对应的字段及其数据类型如图 7-23 所示。

项目结构以及运行效果如图 7-24 所示。

【例 7-5】 封装学生基本信息的类(GetStuInfo. java)

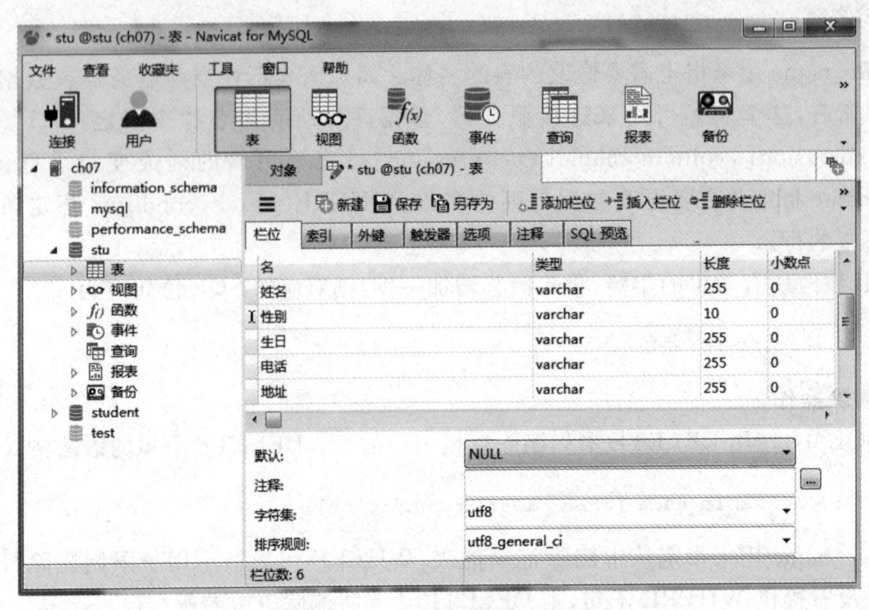

图 7-23 创建数据库和表

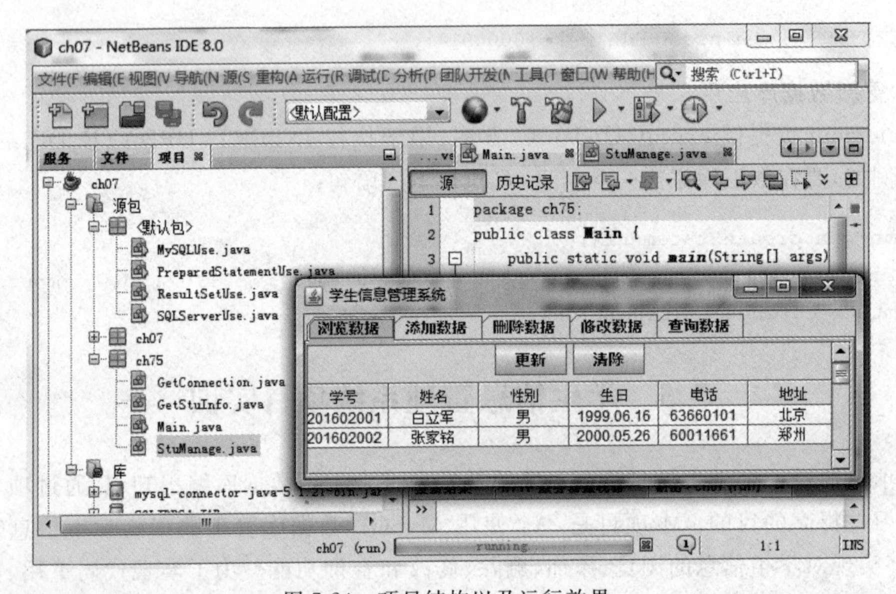

图 7-24 项目结构以及运行效果

```
package ch75;
import java.awt.FlowLayout;
import javax.swing.JLabel;
import javax.swing.JPanel;
import javax.swing.JTextField;

public class GetStuInfo extends JPanel {
    JTextField name;
    JTextField number;
```

```
JTextField sex;
JTextField birthday;
JTextField phone;
JTextField address;
public GetStuInfo() {
    JLabel stuname=new JLabel("姓名");
    name=new JTextField(10);
    JLabel stunumber=new JLabel("学号");
    number=new JTextField(10);
    JLabel stusex=new JLabel("性别");
    sex=new JTextField(10);
    JLabel stubirthday=new JLabel("生日");
    birthday=new JTextField(10);
    JLabel stuaddress=new JLabel("地址");
    address=new JTextField(10);
    JLabel stuphone=new JLabel("电话");
    phone=new JTextField(10);
    this.setLayout(new FlowLayout());
    this.add(stunumber);
    this.add(number);
    this.add(stuname);
    this.add(name);
    this.add(stusex);
    this.add(sex);
    this.add(stuphone);
    this.add(phone);
    this.add(stubirthday);
    this.add(birthday);
    this.add(stuaddress);
    this.add(address);
}
public String getnumber() {
    String number1=number.getText();
    return number1;
}
public String getname() {
    String name1=name.getText();
    return name1;
}
public String getsex() {
    String sex1=sex.getText();
    return sex1;
}
public String getbirthday() {
    String birthday1=birthday.getText();
```

```
        return birthday1;
    }
    public String getphone() {
        String phone1=phone.getText();
        return phone1;
    }
    public String getaddress() {
        String address1=address.getText();
        return address1;
    }
}
```

【例 7-6】 连接数据库的类(GetConnection. java)

```
package ch75;
import java.sql.Connection;
import java.sql.DriverManager;
import java.sql.SQLException;

public class GetConnection {
    public Connection getConn() {
        Connection conn=null;
        try {
            Class.forName("com.mysql.jdbc.Driver");
            conn=DriverManager.getConnection(
                  "jdbc:mysql://localhost:3306/stu", "root", "root");
        } catch (ClassNotFoundException e) {
            System.err.println(e.toString());
        } catch (SQLException ex) {
            System.err.println(ex.toString());
        }
        return conn;
    }
}
```

【例 7-7】 学生信息管理类(StuManage. java)

```
package ch75;

import java.awt.Dimension;
import java.awt.event.ActionEvent;
import java.awt.event.ActionListener;
import java.sql.Connection;
import java.sql.ResultSet;
import java.sql.SQLException;
import java.sql.Statement;
import javax.swing.JButton;
```

```java
import javax.swing.JFrame;
import javax.swing.JLabel;
import javax.swing.JOptionPane;
import javax.swing.JPanel;
import javax.swing.JScrollPane;
import javax.swing.JTabbedPane;
import javax.swing.JTable;
import javax.swing.JTextField;
import javax.swing.table.DefaultTableCellRenderer;

public class StuManage extends JFrame implements ActionListener {
    int row;
    JTabbedPane tab=new JTabbedPane();
    JPanel mainpanel=new JPanel();
    JScrollPane viewlistscroll;                              //显示所有数据的滚动面板
    JScrollPane viewscroll;                                  //显示单条数据的滚动面板
    JPanel updatepanel=new JPanel();
    GetStuInfo stuinfo1=new GetStuInfo();
    GetStuInfo stuinfo2=new GetStuInfo();
    JPanel querypanel=new JPanel();
    JButton dataButton=new JButton("删除");
    JTextField queryTextFile=new JTextField(10);
    Object data[][],data1[][], data2[][];
    Object colname[]={ "学号", "姓名", "性别", "生日", "电话", "地址" };
    JTable stutable, querytable, querylist;
    JButton add=new JButton("添加");
    JButton modifybutton=new JButton("修改");
    JButton updatebutton=new JButton("更新");
    JButton querybutton=new JButton("查询");
    JButton update=new JButton("更新数据");
    String sno;
    JTextField snotext=new JTextField(10);
    public StuManage() {
        super("学生信息管理系统");
        setDefaultCloseOperation(JFrame.EXIT_ON_CLOSE);
        viewDataList();
        addData();
        deleteData();
        modifyData();
        queryData();
        add(tab);
    }
    //添加数据
    public void addData() {
        JButton adddata_clear=new JButton("清除");
```

```
        mainpanel.add(stuinfo1);
        add.addActionListener(this);
        stuinfo1.add(add);
        stuinfo1.add(adddata_clear);
        adddata_clear.addActionListener(new ActionListener() {
            public void actionPerformed(ActionEvent d) {
                stuinfo1.number.setText("");
                stuinfo1.sex.setText("");
                stuinfo1.name.setText("");
                stuinfo1.phone.setText("");
                stuinfo1.address.setText("");
                stuinfo1.birthday.setText("");
            }
        });
        tab.add("添加数据", stuinfo1);
    }
    //修改数据
    public void modifyData() {
        JButton update_clear=new JButton("清除");
        mainpanel.add(stuinfo2);
        stuinfo2.add(modifybutton);
        stuinfo2.add(querybutton);
        querybutton.addActionListener(new ActionListener() {
            public void actionPerformed(ActionEvent d) {
                stuinfo2.number.setEditable(false);
                stuinfo2.sex.setEditable(true);
                stuinfo2.name.setEditable(true);
                stuinfo2.phone.setEditable(true);
                stuinfo2.address.setEditable(true);
                stuinfo2.birthday.setEditable(true);
                sno=stuinfo2.number.getText();
                if (stuinfo2.number.getText().isEmpty())
                    JOptionPane.showMessageDialog(null, "学号不能为空!");
                else
                    try{
                        ResultSet rs;
                        Connection conn=new GetConnection().getConn();
                        Statement stmt=conn.createStatement();
                        String sql="select * from stu where 学号="+sno;
                        rs=stmt.executeQuery(sql);
                        while (rs.next()){
                            stuinfo2.name.setText(rs.getString(2));
                            stuinfo2.sex.setText(rs.getString(3));
                            stuinfo2.birthday.setText(rs.getString(4));
                            stuinfo2.phone.setText(rs.getString(5));
```

```
                    stuinfo2.address.setText(rs.getString(6));
                }
                querytable.setVisible(false);
                querytable.setVisible(true);
                rs.close();
                conn.close();
            } catch (Exception e) {
            e.printStackTrace();
            }
        }
});
stuinfo2.add(modifybutton);
modifybutton.addActionListener(new ActionListener() {
    public void actionPerformed(ActionEvent d) {
    if (stuinfo2.number.getText().isEmpty())
        JOptionPane.showMessageDialog(null, "学号不能为空!");
    else
        try{
            stuinfo2.sex.setEditable(false);
            stuinfo2.name.setEditable(false);
            stuinfo2.phone.setEditable(false);
            stuinfo2.address.setEditable(false);
            stuinfo2.birthday.setEditable(false);
            String no=stuinfo2.number.getText();
            String name=stuinfo2.name.getText();
            String sex=stuinfo2.sex.getText();
            String birth=stuinfo2.birthday.getText();
            String phone=stuinfo2.phone.getText();
            String address=stuinfo2.address.getText();
            Connection conn=new GetConnection().getConn();
            Statement stmt=conn.createStatement();
            String sql="update stu set 姓名='" +name+"',性别='"+sex +"',
                        生日='" +birth +"',电话='" +phone+"',地址='" +
                        address +"' where 学号='" +no+"'";
            stmt.executeUpdate(sql);
            JOptionPane.showMessageDialog(null, "修改成功!");
            stmt.close();
        } catch (Exception e) {
            e.printStackTrace();
        } finally {
            StuManage add1=new StuManage();
            add1.setLocationRelativeTo(null);
            add1.setVisible(true);
            add1.setSize(500, 170);
            setVisible(false);
```

```
                    stuinfo2.number.setEditable(true);
                }
            }
        });
        stuinfo2.add(update_clear);
        update_clear.addActionListener(new ActionListener() {
            public void actionPerformed(ActionEvent d) {
                stuinfo2.number.setEditable(true);
                stuinfo2.sex.setEditable(false);
                stuinfo2.name.setEditable(false);
                stuinfo2.phone.setEditable(false);
                stuinfo2.address.setEditable(false);
                stuinfo2.birthday.setEditable(false);
                stuinfo2.number.setText("");
                stuinfo2.sex.setText("");
                stuinfo2.name.setText("");
                stuinfo2.phone.setText("");
                stuinfo2.address.setText("");
                stuinfo2.birthday.setText("");
            }
        });
        stuinfo2.sex.setEditable(false);
        stuinfo2.name.setEditable(false);
        stuinfo2.phone.setEditable(false);
        stuinfo2.address.setEditable(false);
        stuinfo2.birthday.setEditable(false);
        tab.add("修改数据", stuinfo2);
    }
    //删除数据
    public void deleteData() {
        JLabel snolabel=new JLabel("学号");
        JButton delete_query=new JButton("查询");
        JButton delete_clear=new JButton("清除");
        mainpanel.add(snolabel);
        mainpanel.add(snotext);
        mainpanel.add(delete_query);
        mainpanel.add(dataButton);
        mainpanel.add(delete_clear);
        data2=new Object[1][6];
        querylist=new JTable(data2, colname);
        JScrollPane jsp=new JScrollPane(querylist);
        mainpanel.add(jsp);
        querylist.setVisible(false);
        querylist.setFillsViewportHeight(true);
        delete_query.addActionListener(new ActionListener() {
```

```
            public void actionPerformed(ActionEvent d) {
                sno=snotext.getText();
                if (snotext.getText().isEmpty())
                    JOptionPane.showMessageDialog(null, "学号不能为空!");
                else
                    try{
                        ResultSet rs1;
                        Connection conn=new GetConnection().getConn();
                        Statement stmt1=conn.createStatement();
                        String sql1="select * from stu where 学号=" +sno;
                        rs1=stmt1.executeQuery(sql1);
                        int i=0;
                        if (rs1.next()) {
                            data2[i][0]=rs1.getString(1);
                            data2[i][1]=rs1.getString(2);
                            data2[i][2]=rs1.getString(3);
                            data2[i][3]=rs1.getString(4);
                            data2[i][4]=rs1.getString(5);
                            data2[i][5]=rs1.getString(6);
                            querylist.setVisible(true);
                        } else
                            JOptionPane.showMessageDialog(null,"无记录!");
                        querylist.setVisible(false);
                        querylist.setVisible(true);
                        rs1.close();
                        conn.close();
                } catch (Exception e) {
                    System.out.println(e.getMessage());
                }
            }
        });
        dataButton.addActionListener(new ActionListener() {
            public void actionPerformed(ActionEvent d) {
            sno=snotext.getText();
            if (snotext.getText().isEmpty())
                JOptionPane.showMessageDialog(null, "学号不能为空!");
            else
                try{
                    Connection conn=new GetConnection().getConn();
                    Statement stmt1=conn.createStatement();
                    String sql1="delete from stu where 学号='" +sno+"'";
                    stmt1.executeUpdate(sql1);
                    querytable.setVisible(false);
                    querytable.setVisible(true);
                    conn.close();
```

```
                JOptionPane.showMessageDialog(null, "删除成功!");
            } catch (Exception e) {
                e.printStackTrace();
            }
        }
    });
    delete_clear.addActionListener(new ActionListener() {
        public void actionPerformed(ActionEvent d) {
            snotext.setText("");
        }
    });
    tab.add("删除数据", mainpanel);
}
//查询数据
public void queryData() {
    JLabel cxjl=new JLabel("学号");
    JButton cxbutton=new JButton("查询");
    JButton cxqcbutton=new JButton("清除");
    querypanel.add(cxjl);
    querypanel.add(queryTextFile);
    querypanel.add(cxbutton);
    querypanel.add(cxqcbutton);
    cxqcbutton.addActionListener(new ActionListener() {
        public void actionPerformed(ActionEvent d) {
            queryTextFile.setText("");
        }
    });
    data1=new Object[1][6];
    querytable=new JTable(data1, colname);
    viewscroll=new JScrollPane(querytable);
    querypanel.add(viewscroll);
    querytable.setVisible(false);
    querytable.setFillsViewportHeight(true);
    tab.add("查询数据", querypanel);
    cxbutton.addActionListener(new ActionListener() {
        public void actionPerformed(ActionEvent d) {
            sno=queryTextFile.getText();
            if (queryTextFile.getText().isEmpty())
                JOptionPane.showMessageDialog(null, "学号不能为空!");
            else
                try {
                    ResultSet rs1;
                    Connection conn=new GetConnection().getConn();
                    Statement stmt1=conn.createStatement();
                    String sql1="select * from stu where 学号="+sno;
```

```
                rs1=stmt1.executeQuery(sql1);
                int i=0;
                if (rs1.next()) {
                    data1[i][0]=rs1.getString(1);
                    data1[i][1]=rs1.getString(2);
                    data1[i][2]=rs1.getString(3);
                    data1[i][3]=rs1.getString(4);
                    data1[i][4]=rs1.getString(5);
                    data1[i][5]=rs1.getString(6);
                    querytable.setVisible(true);
                } else
                    JOptionPane.showMessageDialog(null,"无记录!");
                querytable.setVisible(false);
                querytable.setVisible(true);
                rs1.close();
                conn.close();
            } catch (Exception e) {
                System.out.println(e.getMessage());
            }
        }
    });
}
//用表格显示数据
public void viewData() {
    try {
    JPanel content=new JPanel();
    JButton clear=new JButton("清除");
    ResultSet rs;
    Connection conn=new GetConnection().getConn();
    Statement stmt=conn.createStatement();
    String sql="select * from stu";
    rs=stmt.executeQuery(sql);
    rs.last();
    row=rs.getRow();
    data=new Object[row][6];
    stutable=new JTable(data, colname);
    DefaultTableCellRenderer r=new DefaultTableCellRenderer();
    r.setHorizontalAlignment(JLabel.CENTER);
    stutable.setDefaultRenderer(Object.class,r);
    content.setPreferredSize(new Dimension(50, 400));
    content.add(updatebutton);
    content.add(clear);
    updatebutton.addActionListener(new ActionListener() {
        public void actionPerformed(ActionEvent d) {
            StuManage add1=new StuManage();
```

```
                add1.setLocationRelativeTo(null);
                add1.setVisible(true);
                add1.setSize(476, 170);
                setVisible(false);
            }
        });
        content.add(new JScrollPane(stutable));
        viewlistscroll=new JScrollPane(content);
        rs.beforeFirst();
        clear.addActionListener(new ActionListener() {
            public void actionPerformed(ActionEvent d) {
                int i;
                for (i=0; i <stutable.getRowCount(); i++) {
                    data[i][0]="";
                    data[i][1]="";
                    data[i][2]="";
                    data[i][3]="";
                    data[i][4]="";
                    data[i][5]="";
                }
            }
        });
        int i=0;
        while (rs.next()) {
            data[i][0]=rs.getString(1);
            data[i][1]=rs.getString(2);
            data[i][2]=rs.getString(3);
            data[i][3]=rs.getString(4);
            data[i][4]=rs.getString(5);
            data[i][5]=rs.getString(6);
            i++;
        }
        rs.close();
        conn.close();
        } catch (Exception e) {
            e.printStackTrace();
        }
        tab.add("浏览数据", viewlistscroll);
    }
    //浏览数据
    public void viewDataList() {
        viewData();
    }
    //查询学号是否存在
    public boolean queryExist(String id){
```

```
        boolean b=false;
        try {
            ResultSet rs;
            Connection conn=new GetConnection().getConn();
            Statement stmt=conn.createStatement();
            String sql="select * from stu where 学号=" +id;
            rs=stmt.executeQuery(sql);
            if (rs.next()) {
                b=true;
            }
            rs.close();
            conn.close();
        } catch (Exception e) {
            System.out.println(e.getMessage());
        }
        return b;
    }
    public void actionPerformed(ActionEvent e) {
        if (e.getSource()==add) {
            Statement stmt=null;
            try {
                String no=stuinfo1.getnumber();
                String name1=stuinfo1.getname();
                String sex=stuinfo1.getsex();
                String birth=stuinfo1.getbirthday();
                String phone=stuinfo1.getphone();
                String address=stuinfo1.getaddress();
                if(queryExist(no)){
                    JOptionPane.showMessageDialog(null, "学号已存在!");
                }else{
                    Connection conn=new GetConnection().getConn();
                    stmt=conn.createStatement();
                    String sql="insert into stu (学号,姓名,性别,生日,电话,地址)" +"
                            values(" +"'" +no +"'," +"'" +name1 +"',"+"'" +sex
                            +"'," +"'" +birth +"'," +"'" +phone+"'," +"'" +
                           address +"')";
                    stmt.executeUpdate(sql);
                        JOptionPane.showMessageDialog(null, "添加成功!");
                }
            }catch (Exception f) {
                f.printStackTrace();
                JOptionPane.showMessageDialog(null, "添加失败");
            }finally{
                try {
                    stmt.close();
```

```
                } catch (SQLException e1) {
                    e1.printStackTrace();
                }
            }
        }
    }
}
```

【例 7-8】 项目主类(Main.java)

```
package ch75;
public class Main {
    public static void main(String[] args) {
        StuManage stumanage=new StuManage();
        stumanage.setLocationRelativeTo(null);
        stumanage.setVisible(true);
        stumanage.setSize(500,170);
    }
}
```

7.6 常见问题及解决方案

(1) 异常信息提示如图 7-25 所示。

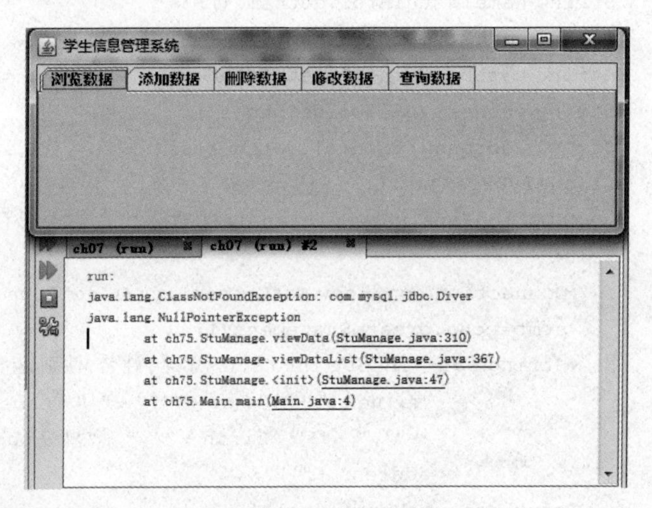

图 7-25 异常信息提示(1)

解决方案：出现图 7-25 所示异常是因为 MySQL 的 JDBC 驱动名称拼写错误，所以导致空指针异常，查询失败，窗口中没有数据可以显示。

(2) 异常信息提示如图 7-26 所示。

解决方案：出现图 7-26 所示异常的主要原因是在项目库中没有加载 MySQL 的 JDBC 驱动。

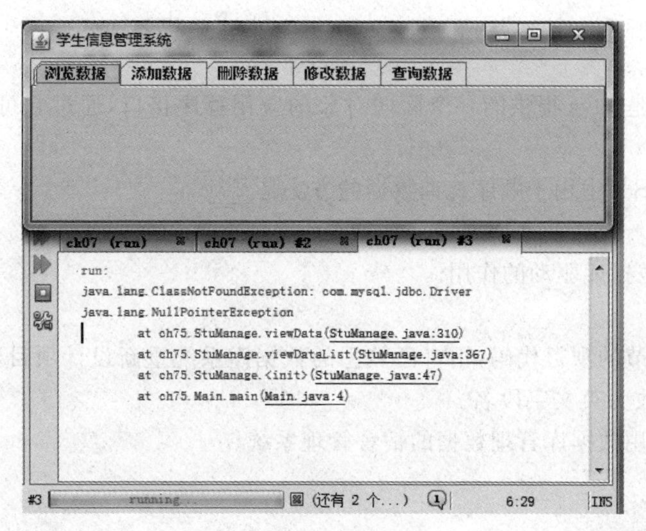

图 7-26　异常信息提示(2)

7.7　本 章 小 结

Java 语言具有强大的数据库开发功能,它简单易用,并以其特有的数据库访问技术和简单易用的强大功能满足了程序设计者快速开发和实施的需要。通过本章学习,应掌握以下内容。

- 了解 JDBC 的结构。
- 能够通过 JDBC 驱动访问数据库。
- 掌握数据库中的数据查询。
- 掌握数据库的更新。

本章内容为第 8 章和第 12 章的项目实训中数据库连接奠定基础,也为今后项目开发中数据库操作部分打下基础。

7.8　习　　题

一、选择题

1. JDBC 提供 3 个接口来实现 SQL 语句的发送,其中执行简单的不带参数 SQL 语句的是(　　)。

　A. Statement 类　　　　B. PreparedStatement 类

　C. CallableStatement 类　　　　D. DriverStatement 类

2. Statement 类提供 3 种执行 SQL 语句的方法,用来执行更新操作的是(　　)。

　A. executeQuery()　　　　B. executeUpdate()

　C. execute()　　　　D. query()

3. 负责处理驱动的调入并产生对新的数据库的连接支持的是(　　)。

　A. DriverManager　　　　B. Connection

C. Statement　　　　　　　　　　　D. ResultSet

二、填空题

1. ________是 Java 提供的一个面向对象的应用程序接口，通过它可访问各类关系型数据库。

2. 在 ResultSet 中用于顺序查询数据的方法是________。

三、简答题

简述 JDBC 数据库驱动的作用。

四、实验题

1. 优化 7.5 节的项目代码，用自己熟悉的数据库系统重新设计项目数据库，并把数据表的中文字段名改为英文字段名。

2. 编写一个用数据库管理数据的宿舍管理系统。

第 8 章　资费管理系统项目实训

本章主要运用前 7 章相关的概念与原理，完成一个 IP 电信资费管理系统项目的设计实现。通过本实训的综合训练，能够在逐步掌握 Java 项目开发的流程、图形用户界面和数据库设计的基础上，为后续的项目开发奠定基础。

8.1　项目需求说明

根据业务模型和电信业务的需要，本项目的功能需求分析及模块设计如下。

(1) 登录模块。

实现登录功能、注册功能的数据处理。要求新用户必须先注册。

(2) 用户管理模块。

实现开通账号、用户账号查询、用户列表功能。其中开通账号查询可以更方便用户的查询，用户可以通过开通账号查询来获取一些相关的信息。用户列表具有账号的增加、暂停、修改和删除等功能。

(3) 管理员管理模块。

管理员管理模块分为 3 部分：增加管理员、管理员列表和私人信息。

增加管理员时需要的信息有账号、登录密码、重复密码、真实姓名、管理员邮箱、联系电话、登录权限等。其中登录权限包括管理员管理、资费管理、用户管理、账务查询、账单查询。

管理员列表包括的信息有账号、姓名、电话、邮箱、开户日期、权限及修改和删除操作选项。

私人信息包括登录密码、重复密码、真实姓名、管理员邮箱、开通日期、联系电话、登录权限，其中登录权限又包括资费管理、账务查询和管理员管理 3 个级别。

管理员管理模块的需求如下。

① 管理员开通账户管理：管理用户账号，包括账号开通、暂停(加锁)、恢复、删除等。

② 管理员资料管理：管理员资料包括姓名、身份证号、地址等。

③ 管理员信息：ID、姓名、账号、密码、状态(正常/暂停/关闭)、联系电话、E-mail、开通日期、停止日期、权限(查询/修改/开户)等。

(4) 资费管理模块。

完成资费的增、删、改、查功能。

(5) 账单管理模块。

需求：整合系统数据按月生成用户账单。

账单信息(可参考移动或联通的账单管理模块)如下。

① 用户标识信息：账单 ID、姓名、账号、状态、联系电话、开通日期、E-mail。

② 账务信息：账号、日期、登录时间长度、本月费用。

③ 账单明细：登录时间、退出时间、时长。

(6) 账务管理模块。

需求：按月、年分别生成“月账务信息统计报表”和“年账务信息统计报表”。

月账务信息(可参考移动或联通的账务模块)如下。

① 生成一个计费月周期中每一天的账务信息。

② 月账务信息：日期、时长、费用。

③ 年账务信息(可参考移动或联通的账务模块)。

(7) 用户自服务管理模块。

需求：用户可以通过 Internet 查询自己的当前或历史账单，并能修改自己的密码或变更相关业务。

用户账务信息查询如下。

① 用户标识信息：账单 ID、姓名、状态、开通日期。

② 账务信息：日期、登录时长、本月费用。

③ 用户信息修改：账单明细，如登录时间、退出时间、时长。

备注：本章仅完成了本项目部分功能的实现，读者可以根据实际情况进行相应功能的增减、调整。通过本项目的练习，可以了解和掌握在项目开发过程中模块的划分以及对业务需求的分析方法。由于篇幅限制，本书不再对该项目的其他具体业务进行详细介绍，读者可参考软件工程的相关内容自行了解、分析和实现。

8.2 项目分析与设计

经过需求分析，本项目的总体功能模块架构如图 8-1 所示。注册用户需要登录系统才能使用各项功能。未注册用户不能登录系统。

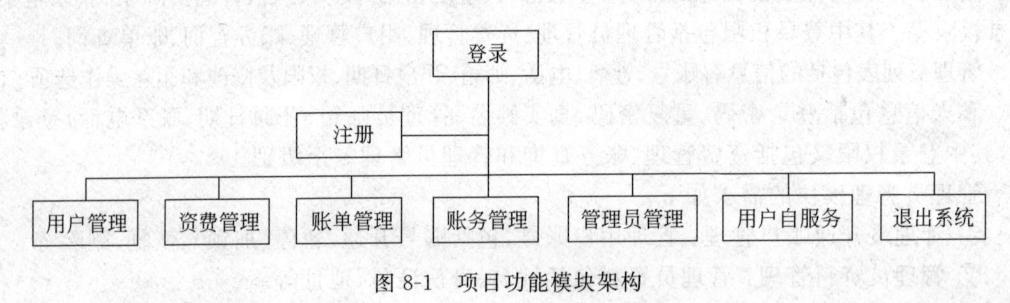

图 8-1 项目功能模块架构

8.3 项目的数据库设计

对于本项目使用的数据库，可以根据自己掌握的 DBMS 系统，按照数据优化的思想自行设计和创建数据库及表。需分别设计管理员用户表、顾客用户表、账单信息表、资源类别表、账务信息表、服务器信息表。管理员用户表包括的字段有用户编号、用户名、性别、用户密码、电话、邮箱、开户日期、用户权限，其中用户编号为主键，开通账户时不可输入相同的编号，否则系统不执行相应操作。顾客用户表包括的字段有用户编号、用户密码、姓名、性别、付款方式、职业、公司、省份、电话、邮箱、公司邮箱、邮政编码、开户日期、状态，同样，用户编号是主键，便于对用户进行统一管理。账单信息表包括的字段有账号、登录时长、费用、状态，其中账号是主键。资源类别表保存运营商提供的不同通信资源的资费信息。账务信息表是服务器的资费信息表，可以方便管理员进行查询和管理。服务器信息表保存系统服务器信息。

根据以上需求分析可知本项目所需的数据表有：管理用户表(user)、顾客用户表(consumer)、账单信息表(tab)、资源类别表(source)、账务信息表(unit)和服务器信息表(serve)。表8-1～表8-6所示的表设计仅供参考，读者可根据实际业务需求另行设计。数据库(ipttm)以及表的创建结果如图8-2所示。

表 8-1　管理用户表(user)

字段名称	字段类型	字段长度	字段说明	字段名称	字段类型	字段长度	字段说明
id	varchar	50	用户编号	telephone	varchar	50	电话
name	varchar	50	用户名	email	varchar	50	邮箱
sex	char	2	性别	date	date	50	开户日期
password	varchar	50	用户密码	authority	varchar	50	用户权限

表 8-2　顾客用户表(consumer)

字段名称	字段类型	字段长度	字段说明	字段名称	字段类型	字段长度	字段说明
id	varchar	50	用户编号	province	varchar	50	省份
password	varchar	50	用户密码	telephone	varchar	50	电话
name	varchar	50	姓名	mail	varchar	50	邮箱
sex	char	4	性别	mail2	varchar	50	公司邮箱
method	varchar	50	付款方式	post	varchar	50	邮政编码
job	varchar	50	职业	date	date	10	开户日期
company	varchar	50	公司	state	varchar	10	状态

表 8-3　账单信息表(tab)

字段名称	字段类型	字段长度	字段说明	字段名称	字段类型	字段长度	字段说明
id	varchar	50	账号	spent	double	11	费用(元)
time	double	11	登录时长(小时)	state	varchar	10	状态

表 8-4　资源类别表(source)

字段名称	字段类型	字段长度	字段说明	字段名称	字段类型	字段长度	字段说明
name	varchar	50	资费名称	hour_spent	double	20	小时费用
month_rent	double	20	月租费用	introduce	varchar	6	自费说明

表 8-5　账务信息表(unit)

字段名称	字段类型	字段长度	字段说明	字段名称	字段类型	字段长度	字段说明
id	varchar	50	账务账号	dengtime	date	50	登录时间
time	double	6	时长	tuitime	date	50	退出时间
spent	double	6	费用(元)	name	varchar	50	服务器名
state	varchar	10	状态				

表 8-6　服务器信息表(serve)

字段名称	字段类型	字段长度	字段说明	字段名称	字段类型	字段长度	字段说明
name	varchar	50	服务器	year	int	11	年份
all	double	11	总共时间	month	int	11	月份

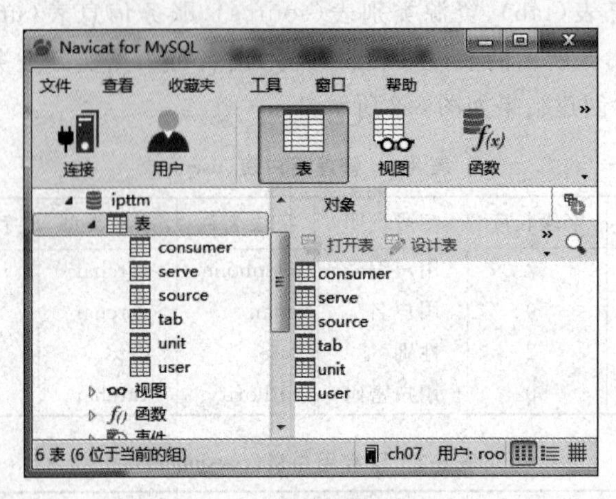

图 8-2　数据库以及表

8.4　项目实现

本项目开发一个 IP 电信资费管理(IP Telecom Tariff Management,IPTTM)系统,项目名称为 IPTTM。

8.4.1　项目的模块划分及其结构

系统有登录和注册功能,登录后系统主界面的功能模块有用户管理、资费管理、账单管理、账务管理、管理员管理、用户自服务等,项目的文件结构如图 8-3 所示。

8.4.2　项目的登录和注册功能设计与实现

本系统提供登录图形用户界面,效果如图 8-4 所示,代码如例 8-1 所示。输入正确的用户名和密码后可以登录系统,如果没有注册用户账号,需先注册。

【例 8-1】　登录功能(登录.java)

```
/*
  功能简介:实现登录功能。
*/
import java.awt.Container;
import java.awt.FlowLayout;
import java.awt.Label;
import java.awt.event.ActionEvent;
import java.awt.event.ActionListener;
import java.sql.Connection;
```

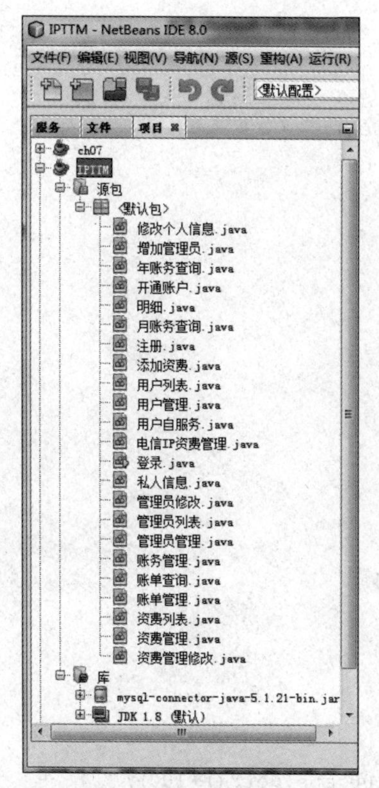

图 8-3　项目文件结构

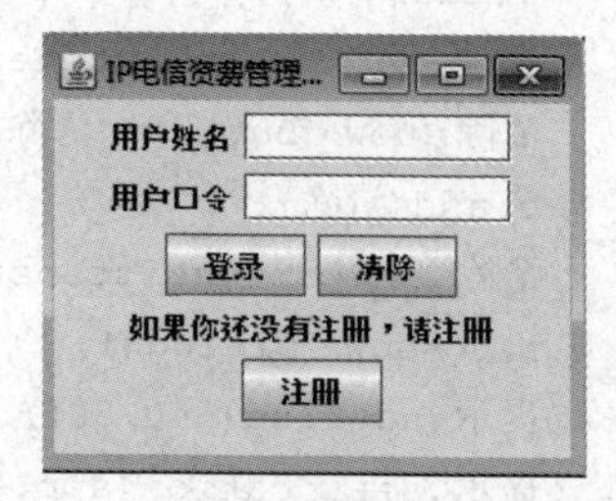

图 8-4　登录界面

```
import java.sql.DriverManager;
import java.sql.ResultSet;
import java.sql.SQLException;
import java.sql.Statement;
import javax.swing.JButton;
import javax.swing.JDialog;
import javax.swing.JFrame;
import javax.swing.JLabel;
import javax.swing.JOptionPane;
import javax.swing.JPasswordField;
import javax.swing.JTextField;

public class 登录 implements ActionListener{
    private JFrame app;
    private JButton 登录,清除,注册,重新输入,退出;
    private JLabel 用户姓名,用户口令;
    private JTextField 用户名;
    private JPasswordField 用户密码;
    private JDialog 提示;
    private int message=0;
    public 登录(){
        app=new JFrame("IP电信资费管理系统");
```

```
        app.setSize(200,200);
        app.setLocation(360,240);
        app.setDefaultCloseOperation(app.EXIT_ON_CLOSE);
        Container c=app.getContentPane();
        c.setLayout(new FlowLayout());
        用户姓名=new JLabel("用户姓名");
        c.add(用户姓名);
        用户名=new JTextField(10);
        c.add(用户名);
        用户口令=new JLabel("用户口令");
        c.add(用户口令);
        用户密码=new JPasswordField(10);
        c.add(用户密码);
        登录=new JButton("登录");
        c.add(登录);
        登录.addActionListener(this);
        清除=new JButton("清除");
        c.add(清除);
        清除.addActionListener(this);
        提示=new JDialog();
        提示.setSize(340,80);
        提示.setLocation(app.getX()+100,app.getY()+100);
        提示.setLayout(new FlowLayout());
        提示.add(new Label("重新输入还是退出?"));
        重新输入=new JButton("重新输入");
        重新输入.addActionListener(this);
        提示.add(重新输入);
        退出=new JButton("退出");
        提示.add(退出);
        退出.addActionListener(this);
        c.add(new JLabel("如果你还没有注册,请注册"));
        注册=new JButton("注册");
        c.add(注册);
        注册.addActionListener(this);
        app.setVisible(true);
    }
    public void actionPerformed(ActionEvent e) {
        if(e.getSource()==登录) {
            Connection con;
            Statement stmt;
            ResultSet rs;
            try{
                Class.forName("com.mysql.jdbc.Driver");
            }catch(ClassNotFoundException f) {
                System.out.println("SQLException:"+f.getLocalizedMessage());
```

```
        }
        try{
            con=DriverManager.getConnection("jdbc:mysql://localhost:3306/
            ip ttm","root","root");
            stmt=con.createStatement();
            rs=stmt.executeQuery("select * from consumer");
            while(rs.next()){
                String st1=rs.getString("id");
                String st2=rs.getString("password");
                char[] ps=用户密码.getPassword();
                String st3="";
                for(int i=0;i<ps.length;i++)
                    st3+=ps[i];
                if((用户名.getText().equals(st1))&&(st3.equals(st2))){
                    message=1;
                    new 电信IP资费管理();
                    app.setVisible(false);
                    rs.close();
                    stmt.close();
                    con.close();

                    break;
                }
            }
            if(message==0){
                JOptionPane.showMessageDialog(app,"您输入的账号或密码有误,请
                重新输入!","系统提示",JOptionPane.ERROR_MESSAGE);
            }
            con.close();
        }catch(SQLException f){
            System.out.println(f);
        }
    }
    if(e.getSource()==清除){
        提示.setVisible(true);
    }
    if(e.getSource()==退出)
        System.exit(0);
    if(e.getSource()==重新输入){
        用户名.setText("");
        用户密码.setText("");
        提示.setVisible(false);
    }
    if(e.getSource()==注册){
        new 注册();
```

```
            app.setVisible(false);
        }
    }
    public static void main(String args[]){
        new 登录();
    }
}
```

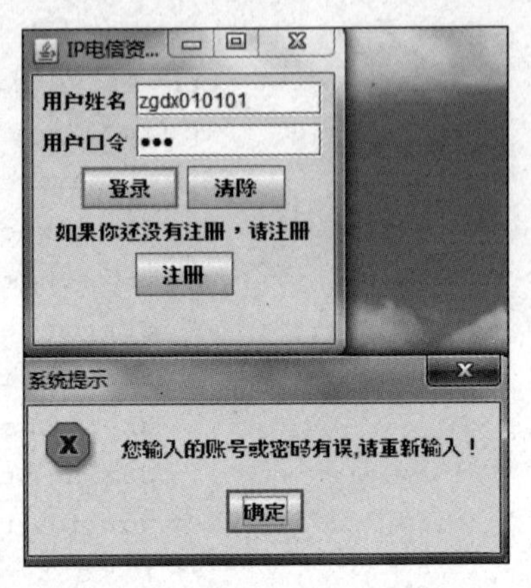

图 8-5 “消息提示”对话框

在图 8-4 所示的用户登录界面中,如果用户输入的用户名或密码有误,将弹出“消息提示”对话框提示用户,如图 8-5 所示。

如果用户没有注册,单击如图 8-4 所示界面中的“注册”按钮后执行代码行“new 注册();”,将出现如图 8-6 所示的注册图形用户界面。注册类的代码如例 8-2 所示。

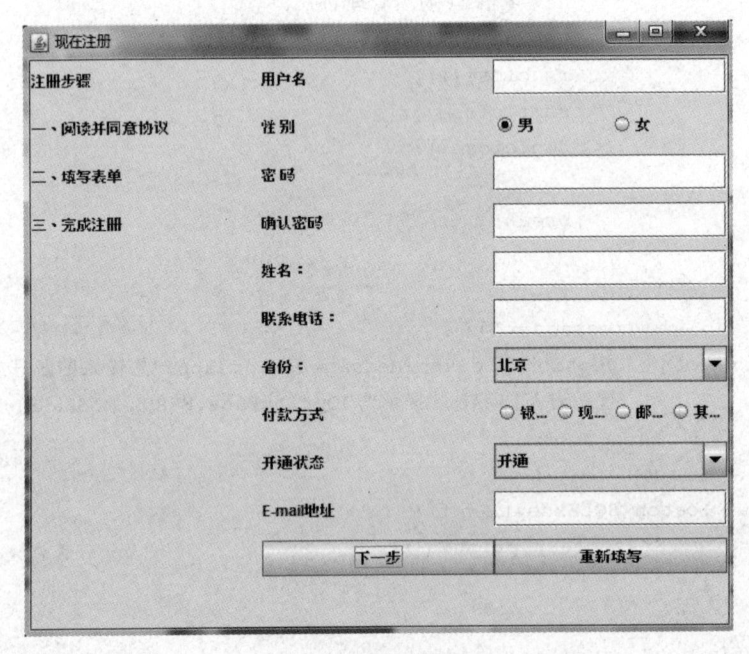

图 8-6 注册界面

【例 8-2】 注册功能(注册.java)

```
/*
    功能简介:实现注册功能。
 */
import java.awt.Container;
import java.awt.Dialog;
import java.awt.GridLayout;
import java.awt.event.ActionEvent;
import java.awt.event.ActionListener;
```

```
import java.awt.event.ItemEvent;
import java.awt.event.ItemListener;
import java.sql.Connection;
import java.sql.DriverManager;
import java.sql.SQLException;
import java.sql.Statement;
import javax.swing.ButtonGroup;
import javax.swing.JButton;
import javax.swing.JComboBox;
import javax.swing.JFrame;
import javax.swing.JLabel;
import javax.swing.JOptionPane;
import javax.swing.JPanel;
import javax.swing.JPasswordField;
import javax.swing.JRadioButton;
import javax.swing.JTextField;

public class 注册 implements ActionListener,ItemListener{
    private JFrame app;
    private JTextField 用户名,密码,确认密码,姓名,联系电话,e_mail 地址;
    private JRadioButton 男,女;
    private JRadioButton 银行转账,现金支付,邮政汇款,其他;
    private JComboBox 省份,开通状态;
    private JButton 下一步,重新填写;
    private Dialog dialog;
    public 注册(){
        app=new JFrame("现在注册");
        app.setSize(600,500);
        app.setLocation(200,140);
        app.setDefaultCloseOperation(EXIT_ON_CLOSE);
        Container c=app.getContentPane();
        c.setLayout(new GridLayout(1,3));
        JPanel p1=new JPanel();
        p1.setLayout(new GridLayout(12,1,0,10));
        p1.add(new JLabel("注册步骤"));
        p1.add(new JLabel("一、阅读并同意协议"));
        p1.add(new JLabel("二、填写表单"));
        p1.add(new JLabel("三、完成注册"));
        c.add(p1);
        JPanel p2=new JPanel();
        JPanel p3=new JPanel();
        c.add(p2);
        c.add(p3);
        p2.setLayout(new GridLayout(12,1,0,10));
        p3.setLayout(new GridLayout(12,1,0,10));
```

```
p2.add(new JLabel("用户名"));
用户名=new JTextField(10);
p3.add(用户名);
p2.add(new JLabel("性 别"));
ButtonGroup 性别=new ButtonGroup();
男=new JRadioButton("男",true);
性别.add(男);
女=new JRadioButton("女",false);
性别.add(女);
JPanel p31=new JPanel();
p31.setLayout(new GridLayout(1,2));
p31.add(男);
p31.add(女);
p3.add(p31);
p2.add(new JLabel("密 码"));
密码=new JPasswordField(10);
p3.add(密码);
p2.add(new JLabel("确认密码"));
确认密码=new JPasswordField(10);
p3.add(确认密码);
p2.add(new JLabel("姓名："));
姓名=new JTextField(10);
p3.add(姓名);
p2.add(new JLabel("联系电话："));
联系电话=new JTextField(10);
p3.add(联系电话);
p2.add(new JLabel("省份："));
Object province[]={"北京","上海","河南"};
省份=new JComboBox(province);
p3.add(省份);
p2.add(new JLabel("付款方式"));
ButtonGroup 方式=new ButtonGroup();
银行转账=new JRadioButton("银行转账");
方式.add(银行转账);
现金支付=new JRadioButton("现金支付");
方式.add(现金支付);
邮政汇款=new JRadioButton("邮政汇款");
方式.add(邮政汇款);
其他=new JRadioButton("其他");
方式.add(其他);
JPanel p32=new JPanel();
p32.setLayout(new GridLayout(1,4));
p32.add(银行转账);
p32.add(现金支付);
p32.add(邮政汇款);
```

```
        p32.add(其他);
        p3.add(p32);
        p2.add(new JLabel("开通状态"));
        Object zhuangtai[]={"开通","未开通"};
        开通状态=new JComboBox(zhuangtai);
        p3.add(开通状态);
        开通状态.addItemListener(this);
        p2.add(new JLabel("E-mail 地址"));
        e_mail 地址=new JTextField(10);
        p3.add(e_mail 地址);
        下一步=new JButton("下一步");
        p2.add(下一步);
        下一步.addActionListener(this);
        重新填写=new JButton("重新填写");
        p3.add(重新填写);
        重新填写.addActionListener(this);
        app.setVisible(true);
    }
    public void itemStateChanged(ItemEvent f){
    }
    public void actionPerformed(ActionEvent e){
        if(密码.getText().equals(确认密码.getText())){
            if(e.getSource()==下一步){
                Connection con;
                Statement stmt;
                try{
                    Class.forName("com.mysql.jdbc.Driver");
                }catch(ClassNotFoundException ce){
                    System.out.println("SQLException:"+ce.getLocalizedMessage());
                }
                try{
                    con=DriverManager.getConnection("jdbc:mysql://localhost:
                    3306/ipttm","root","root");
                    stmt=con.createStatement();
                    String xb="";
                    if(男.isSelected())
                        xb=男.getText();
                    if(女.isSelected())
                        xb=女.getText();
                    String sf="";
                    if(省份.getSelectedIndex()==0)
                        sf="河南省";
                    if(省份.getSelectedIndex()==1)
                        sf="北京";
                    if(省份.getSelectedIndex()==2)
```

```
            sf="上海";
        String fs="";
        if(银行转账.isSelected())
            fs="银行转账";
        if(现金支付.isSelected())
            fs="现金支付";
        if(邮政汇款.isSelected())
            fs="邮政汇款";
        if(其他.isSelected())
            fs="其他";
        String zt="";
        if(开通状态.getSelectedIndex()==0)
            zt="开通";
        if(开通状态.getSelectedIndex()==1)
            zt="未开通";
            String sqlstr="insert into consumer
                "+"(id,sex,password,name,telephone,province,method,
                state,mail)"+"values("+"'"+用户名.getText()+
                "'"+","+"'"+xb+"'"+","+"'"+密码.getText()+
                "'"+","+"'"+姓名.getText()+"'"+","+"'"+联系电话.
                getText()+"'"+","+"'"+sf+"'"+","+"'"+fs+
                "'"+","+"'"+zt+"'"+","+"'"+e_mail地址.getText()+
                "'"+")";
        stmt.executeUpdate(sqlstr);
        stmt.close();
        con.close();
        new 登录();
        app.setVisible(false);
    }
    catch(SQLException f)
    {
        System.out.println("SQLException:"+f.getMessage());
    }
  }
}
else
{
    JOptionPane.showMessageDialog(app,"对不起!两次密码输入不同,请重新输
    入!","系统提示",JOptionPane.INFORMATION_MESSAGE);
    用户名.setText("");
    密码.setText("");
    确认密码.setText("");
    姓名.setText("");
    联系电话.setText("");
    e_mail地址.setText("");
```

```
            this.setVisible(false);
        }
        if(e.getSource()==重新填写)
        {
            用户名.setText("");
            密码.setText("");
            确认密码.setText("");
            姓名.setText("");
            联系电话.setText("");
            e_mail地址.setText("");
        }
    }
}
```

8.4.3 项目主界面设计与实现

如果在图8-4所示的登录界面中输入的用户名和密码正确，将执行例8-1中的代码行"new 电信IP资费管理();"，出现如图8-7所示的系统主界面，代码如例8-3所示。

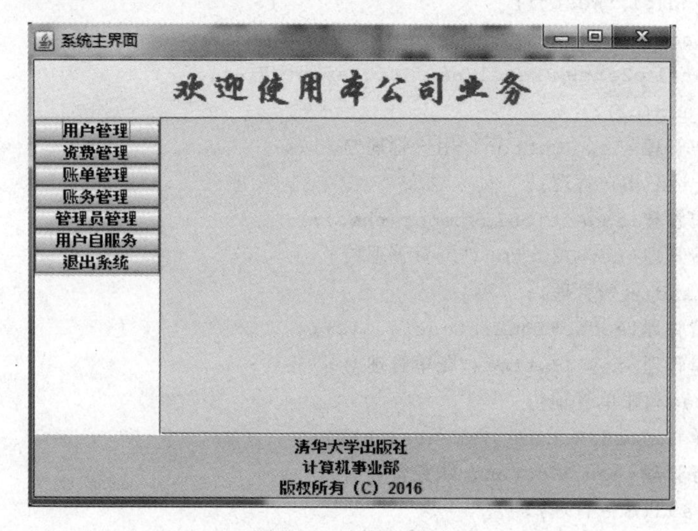

图8-7 系统主界面

【例8-3】 系统主界面功能(电信IP资费管理.java)

```
/*
    功能简介：实现电信IP资费管理系统主界面。
*/
import java.awt.BorderLayout;
import java.awt.Color;
import java.awt.Container;
import java.awt.FlowLayout;
import java.awt.Font;
import java.awt.GridLayout;
import java.awt.event.ActionEvent;
```

```
import java.awt.event.ActionListener;
import javax.swing.ImageIcon;
import javax.swing.JButton;
import javax.swing.JFrame;
import javax.swing.JLabel;
import javax.swing.JPanel;
import javax.swing.JScrollPane;

public class 电信IP资费管理 implements ActionListener{
    private JButton 用户管理,资费管理,账单管理,账务管理,管理员管理,用户自服务,退出系统;
    private JPanel p3;
    public 电信IP资费管理(){
        JFrame app=new JFrame("系统主界面");
        Container c=app.getContentPane();
        c.setLayout(new BorderLayout());
        JPanel p1=new JPanel();
        p1.setBackground(Color.WHITE);
        c.add(p1,"West");
        p1.setLayout(new GridLayout(2,1));
        JPanel p2=new JPanel(new GridLayout(7,1));
        p1.add(p2);
        用户管理=new JButton("用户管理");
        p2.add(用户管理);
        用户管理.addActionListener(this);
        资费管理=new JButton("资费管理");
        p2.add(资费管理);
        资费管理.addActionListener(this);
        账单管理=new JButton("账单管理");
        p2.add(账单管理);
        账单管理.addActionListener(this);
        账务管理=new JButton("账务管理");
        p2.add(账务管理);
        账务管理.addActionListener(this);
        管理员管理=new JButton("管理员管理");
        p2.add(管理员管理);
        管理员管理.addActionListener(this);
        用户自服务=new JButton("用户自服务");
        p2.add(用户自服务);
        用户自服务.addActionListener(this);
        退出系统=new JButton("退出系统");
        p2.add(退出系统);
        退出系统.addActionListener(this);
        p3=new JPanel();
        ImageIcon icon1=new ImageIcon("123.jif");
        JLabel cp1=new JLabel(icon1);
```

```
        cp1.setSize(500,300);
        p3.add(cp1);
        JScrollPane spane=new JScrollPane(p3);
        c.add(spane,"Center");
        JPanel p5=new JPanel(new GridLayout(3,1));
        p5.setBackground(Color.GREEN);
        c.add(p5,"South");
        p5.add(new JLabel("清华大学出版社",JLabel.CENTER));
        p5.add(new JLabel("计算机事业部",JLabel.CENTER));
        p5.add(new JLabel("版权所有(C)2016",JLabel.CENTER));
        JPanel p6=new JPanel(new FlowLayout(FlowLayout.CENTER));
        p6.setBackground(Color.YELLOW);
        c.add(p6,"North");
        JLabel huanying=new JLabel("欢迎使用本公司业务");
        huanying.setFont(new Font("华文行楷",1,30));
        huanying.setForeground(Color.RED);
        p6.add(huanying,JLabel.CENTER);
        app.setSize(700,640);
        app.setLocation(100,80);
        app.setVisible(true);
    }
    public void actionPerformed(ActionEvent e){
        if(e.getActionCommand()=="用户管理"){
            p3.setVisible(false);
            p3.removeAll();
            p3.add(new 用户管理());
            p3.setVisible(true);
        }
        if(e.getSource()==资费管理){
            p3.setVisible(false);
            p3.removeAll();
            p3.add(new 资费管理());
            p3.setVisible(true);
        }
        if(e.getSource()==账单管理){
            p3.setVisible(false);
            p3.removeAll();
            p3.add(new 账单管理());
            p3.setVisible(true);
        }
        if(e.getSource()==账务管理){
            p3.setVisible(false);
            p3.removeAll();
            p3.add(new 账务管理());
            p3.setVisible(true);
```

```
        }
        if(e.getSource()==管理员管理){
            p3.setVisible(false);
            p3.removeAll();
            p3.add(new 管理员管理());
            p3.setVisible(true);
        }
        if(e.getSource()==用户自服务){
            p3.setVisible(false);
            p3.removeAll();
            p3.add(new 用户自服务());
            p3.setVisible(true);
        }
        if(e.getSource()==退出系统)
            System.exit(10);
    }
}
```

8.4.4 项目的用户管理功能设计与实现

单击图 8-7 所示系统主界面中的“用户管理”，即执行例 8-3 中的“p3.add(new 用户管理());”,将出现如图 8-8 所示的界面。用户管理类的代码如例 8-4 所示。

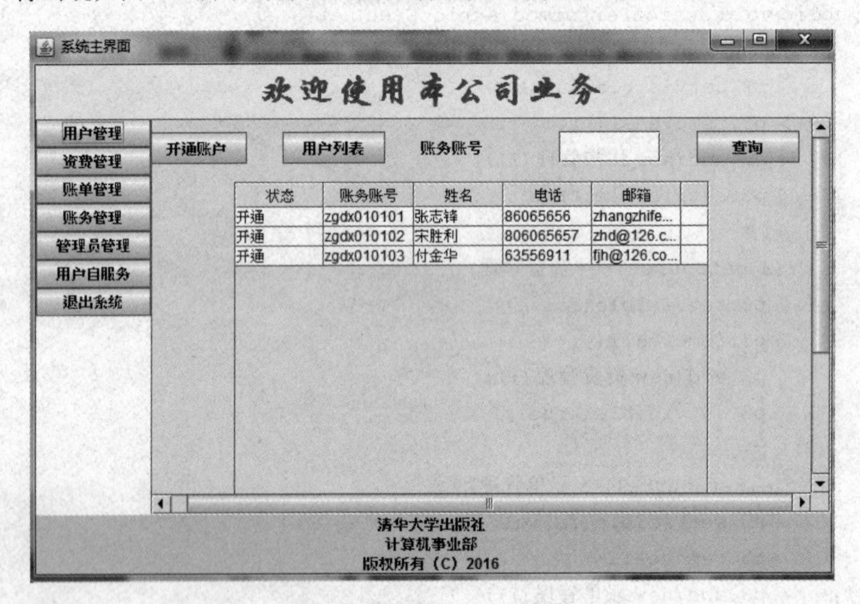

图 8-8 用户管理的主要功能

【例 8-4】 用户管理功能(用户管理.java)

```
/*
    功能简介：实现用户管理模块的"开通账户""用户列表"和"查询"功能。
 */
import java.awt.BorderLayout;
```

```
import java.awt.Dimension;
import java.awt.GridLayout;
import java.awt.HeadlessException;
import java.awt.event.ActionEvent;
import java.awt.event.ActionListener;
import java.sql.Connection;
import java.sql.DriverManager;
import java.sql.ResultSet;
import java.sql.SQLException;
import java.sql.Statement;
import javax.swing.JButton;
import javax.swing.JLabel;
import javax.swing.JOptionPane;
import javax.swing.JPanel;
import javax.swing.JScrollPane;
import javax.swing.JTable;
import javax.swing.JTextField;

public class 用户管理 extends JPanel implements ActionListener{
    private JButton 开通账户,用户列表,查询;
    private JTextField 账务账号;
    private JPanel p1,p2,p3,p4,p5;
    private JButton []jb=new JButton[3];
    private JScrollPane jsp1;
    private Connection con;
    private Statement stmt;
    private ResultSet rs;
    private int message=0;
    public 用户管理(){
        p1=new JPanel(new BorderLayout());
        p2=new JPanel();
        p1.add(p2,"North");
        p2.setLayout(new GridLayout(1,5,30,0));
        开通账户=new JButton("开通账户");
        开通账户.addActionListener(this);
        p2.add(开通账户);
        用户列表=new JButton("用户列表");
        p2.add(用户列表);
        用户列表.addActionListener(this);
        p2.add(new JLabel("账务账号"));
        账务账号=new JTextField();
        p2.add(账务账号);
        查询=new JButton("查询");
        p2.add(查询);
        查询.addActionListener(this);
```

```
        p4=new JPanel(new BorderLayout());
        p5=new JPanel(new GridLayout(17,1));
        p4.add(p5,"East");
        String s2[]={"恢复","暂停","删除"};
        int j=0;
        for(j=0;j<jb.length;j++){
            jb[j]=new JButton(s2[j]);
            jb[j].addActionListener(this);
            p5.add(jb[j]);
        }
        p3=new JPanel();
        p1.add(p3,"Center");
        p3.add(new 用户列表());
        this.add(p1);
        this.setVisible(true);
    }
    public void actionPerformed(ActionEvent e){
        try{
            Class.forName("com.mysql.jdbc.Driver");
            con=DriverManager.getConnection("jdbc:mysql://localhost:
                3306/ipttm", "root","root");
            stmt=con.createStatement();
            rs=stmt.executeQuery("select * from consumer");
            while(rs.next()){
                String st1=rs.getString("id");
                String st2=账务账号.getText();
                if(st2.equals(st1)){
                    message=1;
                    Object ob[][]=new Object[1][6];
                    String s1[]={"账号","姓名","电话","邮箱","性别","状态"};
                    String st4=rs.getString("state");
                    ob[0][0]=st1;
                    ob[0][1]=rs.getString("name");
                    ob[0][2]=rs.getString("telephone");
                    ob[0][3]=rs.getString("mail");
                    ob[0][4]=rs.getString("sex");
                    ob[0][5]=st4;
                    JTable table1=new JTable(ob,s1);
                    table1.setSize(300,200);
                    jsp1=new JScrollPane(table1);
                    jsp1.setPreferredSize(new Dimension(table1.getWidth(),
                    table1.getHeight()));
                    p4.add(jsp1,"Center");
                    if(e.getSource()==jb[1]){
                        String st3="update consumer set state='暂停' where id=
```

```
                            '"+st2+"'";
                            stmt.executeUpdate(st3);
                }
                if(e.getSource()==jb[0]){
                    String st5="update consumer set state='开通' where id=
                            '"+st2+"'";
                            stmt.executeUpdate(st5);
                }
                if(e.getSource()==jb[2]){
                    String st6="delete from consumer where id='"+st2+"'";
                    stmt.executeUpdate(st6);
                }
                p3.setVisible(false);
                p3.removeAll();
                p3.add(new 用户列表());
                p3.setVisible(true);
                break;
            }
        }
        stmt.close();
        con.close();
    }catch (HeadlessException ex){
        ex.printStackTrace();
    }catch (SQLException ex){
        ex.printStackTrace();
    } catch (ClassNotFoundException ex){
        ex.printStackTrace();
    }
    if(e.getSource()==开通账户){
        p3.setVisible(false);
        p3.removeAll();
        p3.add(new 开通账户());
        p3.setVisible(true);
    }
    if(e.getSource()==用户列表){
        p3.setVisible(false);
        p3.removeAll();
        p3.add(new 用户列表());
        p3.setVisible(true);
    }
    if(e.getSource()==查询){
        if(message==0){
        JOptionPane.showMessageDialog(this,"您查询的用户不存在!","系统提
        示",JOptionPane.WARNING_MESSAGE);
        }else{
```

```
                p3.setVisible(false);
                p3.removeAll();
                p3.add(p4);
                p3.setVisible(true);
            }
        }
    }
}
```

单击图 8-8 所示界面中的“开通账户”后,即执行例 8-4 中的“p3. add(new 开通账户());”,将出现如图 8-9 所示的界面。开通账户类的代码如例 8-5 所示。

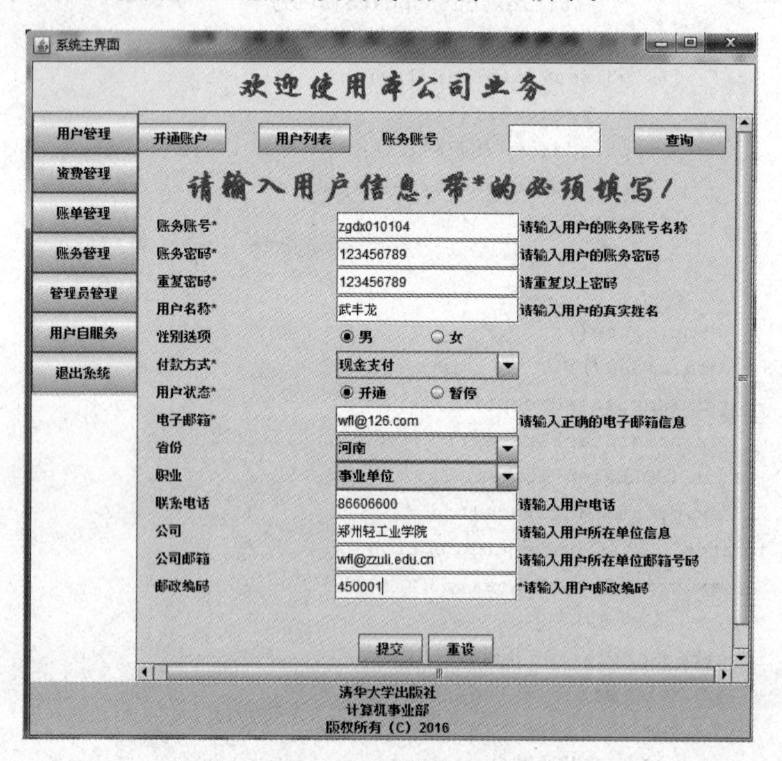

图 8-9 开通账号功能

【例 8-5】 开通账户功能(开通账户.java)

```
/*
    功能简介:实现开通账户功能,可以开通多个账务账号。
*/
import java.awt.BorderLayout;
import java.awt.Color;
import java.awt.Font;
import java.awt.GridLayout;
import java.awt.event.ActionEvent;
import java.awt.event.ActionListener;
import java.awt.event.ItemEvent;
```

```
import java.awt.event.ItemListener;
import java.sql.Connection;
import java.sql.DriverManager;
import java.sql.SQLException;
import java.sql.Statement;
import javax.swing.ButtonGroup;
import javax.swing.JButton;
import javax.swing.JComboBox;
import javax.swing.JLabel;
import javax.swing.JOptionPane;
import javax.swing.JPanel;
import javax.swing.JRadioButton;
import javax.swing.JTextField;

public class 开通账户 extends JPanel implements ActionListener,ItemListener{
    private JButton 提交,重设;
    private JTextField 账务账号,账务密码,重复密码,用户名称,电子邮箱,联系电话,公司,
                    公司邮箱,邮政编码;
    private JRadioButton 男,女,开通,暂停;
    private JComboBox 付款方式,省份,职业;
    private String st1,st2,st3;
    public 开通账户(){
        JPanel p1=new JPanel();
        p1.setLayout(new BorderLayout());
        JPanel p2=new JPanel();
        p1.add(p2,"North");
        JLabel tishi=new JLabel("请输入用户信息,带*的必须填写!");
        p2.add(tishi,JLabel.CENTER);
        tishi.setFont(new Font("华文行楷",1,30));
        tishi.setForeground(Color.RED);
        JPanel p3=new JPanel();
        p1.add(p3,"South");
        提交=new JButton("提交");
        p3.add(提交);
        提交.addActionListener(this);
        重设=new JButton("重设");
        p3.add(重设);
        重设.addActionListener(this);
        JPanel p4=new JPanel(new GridLayout(15,3));
        p1.add(p4,"Center");
        p4.add(new JLabel("账务账号*"));
        账务账号=new JTextField();
        p4.add(账务账号);
        p4.add(new JLabel("请输入用户的账务账号名称"));
        p4.add(new JLabel("账务密码*"));
```

```
账务密码=new JTextField();
p4.add(账务密码);
p4.add(new JLabel("请输入用户的账务密码"));
p4.add(new JLabel("重复密码 * "));
重复密码=new JTextField();
p4.add(重复密码);
p4.add(new JLabel("请重复以上密码"));
p4.add(new JLabel("用户名称 * "));
用户名称=new JTextField();
p4.add(用户名称);
p4.add(new JLabel("请输入用户的真实姓名"));
p4.add(new JLabel("性别选项"));
JPanel p5=new JPanel(new GridLayout(1,2));
p4.add(p5);
ButtonGroup bg1=new ButtonGroup();
男=new JRadioButton("男",true);
bg1.add(男);
p5.add(男);
女=new JRadioButton("女");
bg1.add(女);
p5.add(女);
p4.add(new JLabel());
p4.add(new JLabel("付款方式 * "));
Object fangshi[]={"现金支付","银行转账","邮政汇款","其他"};
付款方式=new JComboBox(fangshi);
p4.add(付款方式);
付款方式.addItemListener(this);
p4.add(new JLabel());
p4.add(new JLabel("用户状态 * "));
JPanel p6=new JPanel(new GridLayout(1,2));
p4.add(p6);
ButtonGroup gp2=new ButtonGroup();
开通=new JRadioButton("开通",true);
gp2.add(开通);
p6.add(开通);
暂停=new JRadioButton("暂停");
gp2.add(暂停);
p6.add(暂停);
p4.add(new JLabel());
p4.add(new JLabel("电子邮箱 * "));
电子邮箱=new JTextField("@ 126.com");
p4.add(电子邮箱);
p4.add(new JLabel("请输入正确的电子邮箱信息"));
p4.add(new JLabel("省份"));
Object shengfen[]={"北京","上海","河南","河北","西藏","其他"};
```

```
        省份=new JComboBox(shengfen);
        p4.add(省份);
        省份.addItemListener(this);
        p4.add(new JLabel());
        p4.add(new JLabel("职业"));
        Object zhiye[]={"公务员","事业单位","企业","其他"};
        职业=new JComboBox(zhiye);
        p4.add(职业);
        职业.addItemListener(this);
        p4.add(new JLabel());
        p4.add(new JLabel("联系电话"));
        联系电话=new JTextField();
        p4.add(联系电话);
        p4.add(new JLabel("请输入用户电话"));
        p4.add(new JLabel("公司"));
        公司=new JTextField();
        p4.add(公司);
        p4.add(new JLabel("请输入用户所在单位信息"));
        p4.add(new JLabel("公司邮箱"));
        公司邮箱=new JTextField("@ 163.com");
        p4.add(公司邮箱);
        p4.add(new JLabel("请输入用户所在单位邮箱号码"));
        p4.add(new JLabel("邮政编码"));
        邮政编码=new JTextField();
        p4.add(邮政编码);
        p4.add(new JLabel("*请输入用户邮政编码"));
        this.add(p1);
        this.setVisible(true);
    }
    public void itemStateChanged(ItemEvent f){
        if(付款方式.getSelectedIndex()==0)
            st1="现金支付";
        if(付款方式.getSelectedIndex()==1)
            st1="银行转账";
        if(付款方式.getSelectedIndex()==2)
            st1="邮政汇款";
        if(付款方式.getSelectedIndex()==3)
            st1="其他";
        if(省份.getSelectedIndex()==0)
            st2="北京";
        if(省份.getSelectedIndex()==1)
            st2="上海";
        if(省份.getSelectedIndex()==2)
            st2="河南";
        if(省份.getSelectedIndex()==3)
```

```
            st2="河北";
        if(省份.getSelectedIndex()==4)
            st2="西藏";
        if(省份.getSelectedIndex()==5)
            st2="其他";
        if(职业.getSelectedIndex()==0)
            st3="公务员";
        if(职业.getSelectedIndex()==1)
            st3="事业单位";
        if(职业.getSelectedIndex()==2)
            st3="企业";
        if(职业.getSelectedIndex()==3)
            st3="其他";
    }
    public void actionPerformed(ActionEvent e){
        if(e.getSource()==提交){
            if(账务密码.getText().equals(重复密码.getText())){
                try{
                    Class.forName("com.mysql.jdbc.Driver");
                }catch(ClassNotFoundException g){
                    System.out.println("SQLException:"+g.getLocalizedMessage());
                }
                String xb="";
                if(男.isSelected())
                    xb="男";
                if(女.isSelected())
                    xb="女";
                String zt="";
                if(开通.isSelected())
                    zt="开通";
                if(暂停.isSelected())
                    zt="暂停";
                try{
                    Connection con;
                    Statement stmt;
                    con=DriverManager.getConnection("jdbc:mysql://localhost:
                    3306/ipttm","root","root");
                    stmt=con.createStatement();
                    String sql="insert into consumer(id,sex,password,name,
                            telephone, province, method, state, mail, job, company,
                            mail2,post) values("+"'"+账务账号.getText()+"'"+","
                            +"'"+xb+"'"+","+"'"+账务密码.getText()+"'"+","+""
                            +"'"+用户名称.getText()+"'"+","+"'"+联系电话.getText
                            ()+"'"+","+"'"+st2+"'"+","+"'"+st1+"'"+","+"'"+zt
                            +"'"+","+"'"+电子邮箱.getText()+"'"+","+"" +""+"'"+
```

```
                    st3+"'"+","+"'"+公司.getText()+"'"+",'"+公司邮箱.
                    getText()+"'"+","+"'"+邮政编码.getText()+"'"+")";
                stmt.executeUpdate(sql);
                stmt.close();
                con.close();
                this.setVisible(false);
                this.removeAll();
                this.add(new 用户列表());
                this.setVisible(true);
            }catch (SQLException ex){
                ex.printStackTrace();
            }
        }
        if(!(账务密码.getText().equals(重复密码.getText()))){
        JOptionPane.showMessageDialog(this,"您输入的重复密码不正确,请重新输
                                    入!","系统提示",JOptionPane.ERROR_
                                    MESSAGE);
        }
    }
    if(e.getSource()==重设){
        账务账号.setText("");
        账务密码.setText("");
        重复密码.setText("");
        用户名称.setText("");
        电子邮箱.setText("");
        联系电话.setText("");
        公司.setText("");
        公司邮箱.setText("");
        邮政编码.setText("");
    }
  }
}
```

单击图 8-8 所示界面中的“用户列表”后，即执行例 8-4 中的“p3.add(new 用户列表());”，将出现如图 8-10 所示的界面，用户列表类的代码如例 8-6 所示。

【例 8-6】 用户列表功能(用户列表.java)

```
/*
    功能简介:把用户信息显示在用户列表中。
 */
import java.awt.BorderLayout;
import java.awt.Dimension;
import java.awt.FlowLayout;
import java.awt.event.ActionEvent;
import java.awt.event.ActionListener;
import java.sql.Connection;
```

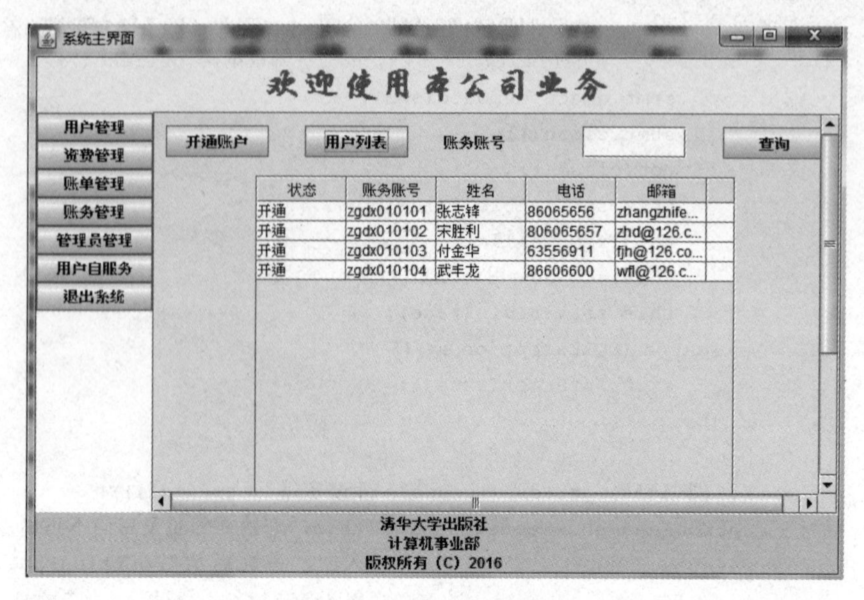

图 8-10　用户列表功能

```
import java.sql.DriverManager;
import java.sql.ResultSet;
import java.sql.SQLException;
import java.sql.Statement;
import javax.swing.JOptionPane;
import javax.swing.JPanel;
import javax.swing.JScrollPane;
import javax.swing.JTable;

public class 用户列表 extends JPanel implements ActionListener{

    private JTable m_view;
    private JPanel p1,p2,p3;
    public 用户列表(){
        JPanel p1=new JPanel(new BorderLayout());
        Connection con;
        Statement stmt;
        ResultSet rs;
        try{
            Class.forName("com.mysql.jdbc.Driver");
        }catch(ClassNotFoundException f){
            System.out.println("SQLException:"+f.getLocalizedMessage());
        }
        try{
            con=DriverManager.getConnection("jdbc:mysql://localhost:3306/ipttm",
                "root","root");
            stmt=con.createStatement(1005,1008);
```

```
            rs=stmt.executeQuery("select * from consumer");
            rs.last();
            int k=rs.getRow();
            if(k==0){
                JOptionPane.showMessageDialog(this,"您查询的表为空表!","系统提
                示",JOptionPane.WARNING_MESSAGE);
            }
            rs.beforeFirst();
            String ob[][]=new String[k][7];
            for(int i=0;i<k&&rs.next();i++){
                ob[i][0]=rs.getString("state");
                ob[i][1]=rs.getString("id");
                ob[i][2]=rs.getString("name");
                ob[i][3]=rs.getString("telephone");
                ob[i][4]=rs.getString("mail");
                ob[i][5]=rs.getString("date");
            }
            String s[]={"状态","账务账号","姓名","电话","邮箱","日期"};
            m_view=new JTable(ob,s);
            m_view.setSize(700,700);
            m_view.setAutoResizeMode(JTable.AUTO_RESIZE_OFF);
            JScrollPane sPane=new JScrollPane(m_view);
            sPane.setPreferredSize(new
                Dimension(m_view.getWidth()-300,m_view.getHeight()-300));
            p3=new JPanel(new FlowLayout());
            p1.add(p3,"Center");
            p3.add(sPane);
            this.add(p1);
            this.setVisible(true);
            con.close();
        }catch (SQLException ex){
            ex.printStackTrace();
        }
    }
    public void actionPerformed(ActionEvent e){
    }
}
```

在图 8-10 所示界面中输入账务账号后单击“查询”按钮，即执行例 8-4 中的“p3. add(p4);”，将出现如图 8-11 所示的界面。p4 面板的定义详见例 8-4。

8.4.5 项目资费管理功能设计与实现

单击图 8-11 所示系统主界面中的“资费管理”，即执行例 8-3 中的“p3. add(new 资费管理());”,将出现如图 8-12 所示的界面,资费管理类的代码如例 8-7 所示。

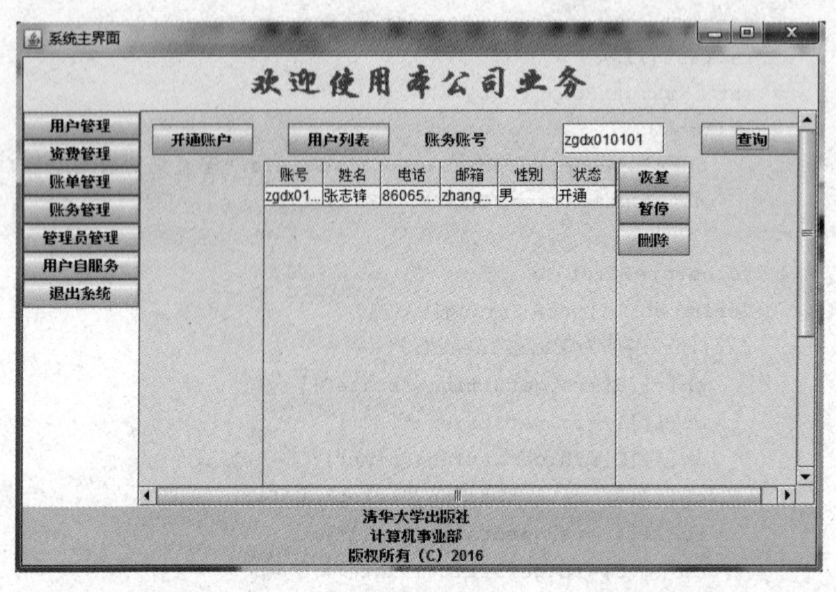

图 8-11　查询功能

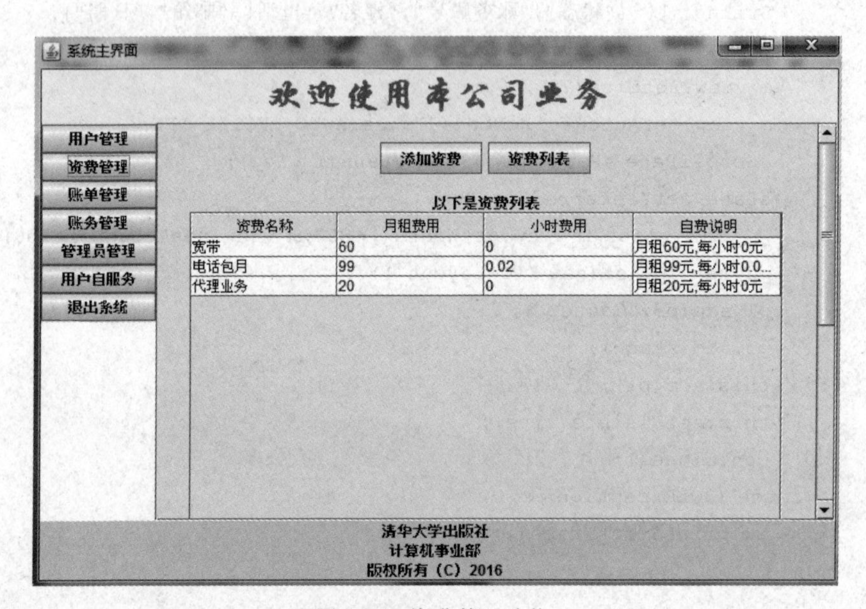

图 8-12　资费管理功能

【例 8-7】 资费管理功能(资费管理.java)

```
/*
    功能简介：实现资费管理功能。
 */
import java.awt.BorderLayout;
import java.awt.FlowLayout;
import java.awt.event.ActionEvent;
import java.awt.event.ActionListener;
import javax.swing.JButton;
```

```
import javax.swing.JPanel;

public class 资费管理 extends JPanel implements ActionListener{
    private JPanel p1,p2,p3;
    private JButton 添加资费,资费列表;
    public 资费管理(){
        p1=new JPanel(new BorderLayout());
        p2=new JPanel(new FlowLayout(java.awt.FlowLayout.CENTER));
        p1.add(p2,"North");
        添加资费=new JButton("添加资费");
        添加资费.addActionListener(this);
        p2.add(添加资费);
        资费列表=new JButton("资费列表");
        资费列表.addActionListener(this);
        p2.add(资费列表);
        p3=new JPanel();
        p1.add(p3);
        p3.add(new 资费列表());
        this.add(p1);
        this.setVisible(true);
    }
    public void actionPerformed(ActionEvent e){
        if(e.getSource()==资费列表){
            p3.setVisible(false);
            p3.removeAll();
            p3.add(new 资费列表());
            p3.setVisible(true);
        }
        if(e.getSource()==添加资费){
            p3.setVisible(false);
            p3.removeAll();
            p3.add(new 添加资费());
            p3.setVisible(true);
        }
    }
}
```

单击图 8-12 所示界面中的“添加资费”后,即执行例 8-7 中的“p3.add(new 添加资费());”,将出现如图 8-13 所示的界面,添加资费类的代码如例 8-8 所示。

【例 8-8】 添加资费功能(添加资费.java)

```
/*
    功能简介:实现添加资费功能。
*/
import java.awt.BorderLayout;
import java.awt.FlowLayout;
```

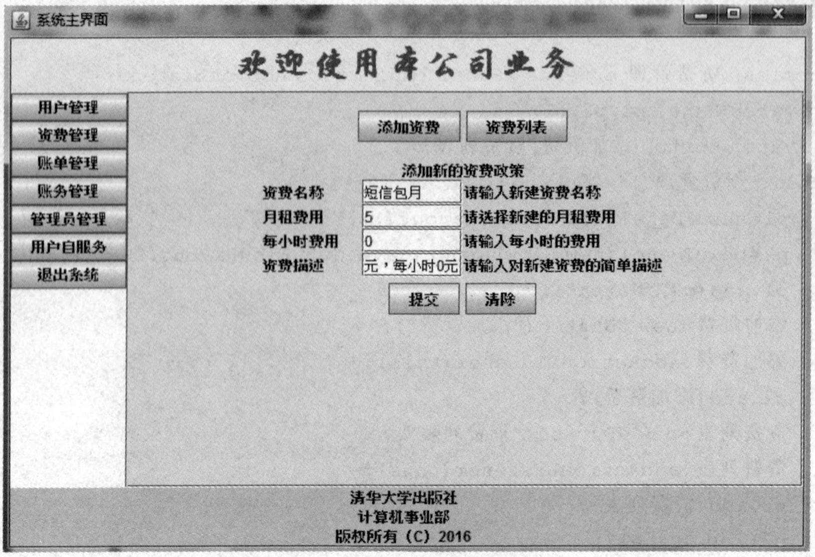

图 8-13　添加资费功能

```
import java.awt.GridLayout;
import java.awt.event.ActionEvent;
import java.awt.event.ActionListener;
import java.sql.Connection;
import java.sql.DriverManager;
import java.sql.SQLException;
import java.sql.Statement;
import javax.swing.JButton;
import javax.swing.JLabel;
import javax.swing.JPanel;
import javax.swing.JTextField;

public class 添加资费 extends JPanel implements ActionListener{
    private JPanel p1;
    private JTextField[]jt=new JTextField[4];
    private String s[]={"资费名称","月租费用","每小时费用","资费描述"};
    private JButton b[]=new JButton[2];
    public 添加资费(){
        p1=new JPanel(new BorderLayout());
        p1.add(new JLabel("添加新的资费政策",JLabel.CENTER),"North");
        JPanel p2=new JPanel(new GridLayout(1,2));
        JPanel p3=new JPanel(new GridLayout(4,2));
        p1.add(p2);
        p2.add(p3);
        for(int i=0;i<jt.length;i++){
            p3.add(new JLabel(s[i]));
            jt[i]=new JTextField();
```

```
        p3.add(jt[i]);
    }
    JPanel p4=new JPanel(new GridLayout(4,1));
    p2.add(p4);
    String s2[]={"请输入新建资费名称","请选择新建的月租费用","请输入每小时的费
            用","请输入对新建资费的简单描述"};
    for(int j=0;j<s2.length;j++)
        p4.add(new JLabel(s2[j]));
    JPanel p5=new JPanel(new java.awt.FlowLayout(FlowLayout.CENTER));
    String s3[]={"提交","清除"};
    for(int i=0;i<b.length;i++){
        b[i]=new JButton(s3[i]);
        p5.add(b[i]);
        b[i].addActionListener(this);
    }
    p1.add(p5,"South");
    this.add(p1);
    this.setVisible(true);
}
public void actionPerformed(ActionEvent e){
    if(e.getSource()==b[0]){
        try{
            Connection conn;
            Statement stmt;
            Class.forName("com.mysql.jdbc.Driver");
            conn=DriverManager.getConnection("jdbc:mysql://localhost:
                3306/ipttm","root","root");
            stmt=conn.createStatement();
            String s1="";
            String s2="";
            s1="P"+jt[1].getText()+"—"+jt[2].getText();
            s2="月租"+jt[1].getText()+"元"+","+"每小时"+jt[2].getText()+"元";
            jt[3].setText(s2);
            String sql="insert into source"+"(name,month_rent,hour_spent,
                    introduce)"+"values('"+jt[0].getText()+"','"+jt
                    [1].getText()+"','"+jt[2].getText()+"','"+s2+"'"+")";
            stmt.executeUpdate(sql);
            stmt.close();
            conn.close();
            this.setVisible(false);
            this.removeAll();
            this.add(new 资费列表());
            this.setVisible(true);
        }catch (SQLException ex) {
            ex.printStackTrace();
```

```
            } catch (ClassNotFoundException ex) {
                ex.printStackTrace();
            }
        }
        if(e.getSource()==b[1]){
            for(int i=0;i<jt.length;i++){
                jt[i].setText("");
            }
        }
    }
}
```

单击图 8-12 所示界面中的“资费列表”后，执行例 8-7 中的代码“p3.add(new 资费列表());”，将出现如图 8-14 所示的界面，资费列表类的代码如例 8-9 所示。

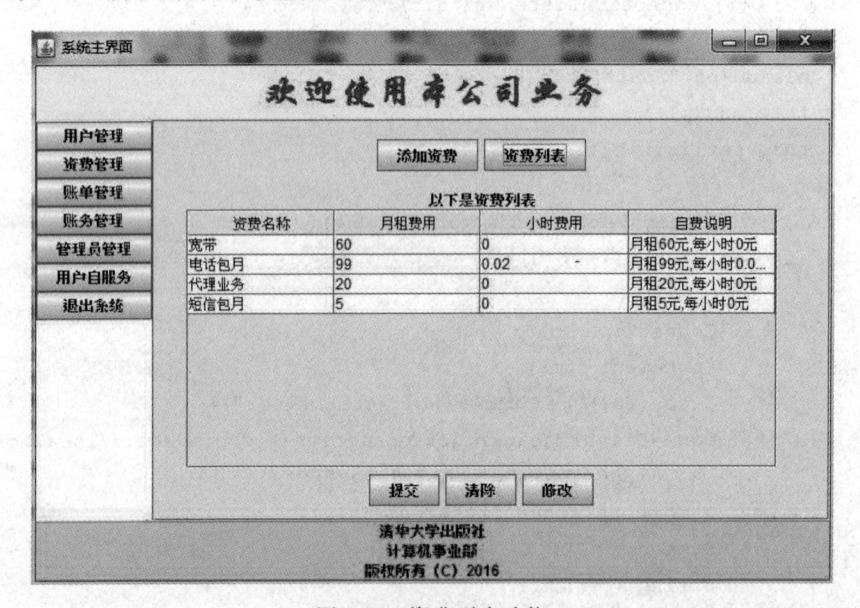

图 8-14　资费列表功能

【例 8-9】　资费列表功能(资费列表.java)

```
/*
    功能简介：实现资费列表功能。
*/
import java.awt.BorderLayout;
import java.awt.Dimension;
import java.awt.FlowLayout;
import java.awt.event.ActionEvent;
import java.awt.event.ActionListener;
import java.sql.Connection;
import java.sql.DriverManager;
import java.sql.ResultSet;
import java.sql.Statement;
```

```java
import javax.swing.JButton;
import javax.swing.JLabel;
import javax.swing.JOptionPane;
import javax.swing.JPanel;
import javax.swing.JScrollPane;
import javax.swing.JTable;

public class 资费列表 extends JPanel implements ActionListener{
    private JButton jb1,jb2,jb3;
    private JTable jt;
    private JPanel p1;
    public 资费列表(){
        p1=new JPanel(new BorderLayout());
        p1.add(new JLabel("以下是资费列表",JLabel.CENTER),"North");
        Connection con;
        Statement stmt;
        ResultSet rs;
        try{
            Class.forName("com.mysql.jdbc.Driver");
        }catch (ClassNotFoundException ex){
            System.out.println("error: "+ex);
        }
        try{
            con=DriverManager.getConnection("jdbc:mysql://localhost:
                                                    3306/iptm","root","root");
            stmt=con.createStatement(ResultSet.TYPE_SCROLL_SENSITIVE,
                                            ResultSet.CONCUR_READ_ONLY);
            rs=stmt.executeQuery("select * from source");
            rs.last();
            int k=rs.getRow();
            if(k==0){
                JOptionPane.showMessageDialog(this,"您查询的表为空表!","系统提示",
                                                JOptionPane.WARNING_MESSAGE);
            }
            rs.beforeFirst();
            String obj[][]=new String[k][4];
            for(int i=0;(i<k)&&(rs.next());i++){
                obj[i][0]=rs.getString("name");
                obj[i][1]=rs.getString("month_rent");
                obj[i][2]=rs.getString("hour_spent");
                obj[i][3]=rs.getString("introduce");
            }
            String s[]={"资费名称","月租费用","小时费用","自费说明"};
            jt=new JTable(obj,s);
            jt.setSize(600,600);
```

```
            JScrollPane jsp=new JScrollPane(jt);
            jsp.setPreferredSize(new
                    Dimension(jt.getWidth()-100,jt.getHeight()-100));
            p1.add(jsp,"Center");
            con.close();
        }catch(Exception e){
            e.printStackTrace();
        }jb1=new JButton("提交");
        jb1.addActionListener(this);
        jb2=new JButton("清除");
        jb3=new JButton("修改");
        jb3.addActionListener(this);
        JPanel p5=new JPanel(new FlowLayout());
        p5.add(jb1);
        p5.add(jb2);
        p5.add(jb3);
        p1.add(p5,"South");
        jb2.addActionListener(this);
        this.add(p1);
        this.setVisible(true);
    }
    public void actionPerformed(ActionEvent e){
        this.setVisible(false);
        this.removeAll();
        this.add(new 资费管理修改());
        this.setVisible(true);
    }
}
```

单击图 8-14 所示界面中的“修改”后，即执行例 8-9 中的代码“this.add(new 资费管理修改());”，将出现如图 8-15 所示的界面，资费管理修改类的代码如例 8-10 所示。

【例 8-10】 修改资费功能(资费管理修改.java)

```
/*
    功能简介：实现资费修改功能。
*/
import java.awt.BorderLayout;
import java.awt.FlowLayout;
import java.awt.GridLayout;
import java.awt.event.ActionEvent;
import java.awt.event.ActionListener;
import java.sql.Connection;
import java.sql.DriverManager;
import java.sql.ResultSet;
import java.sql.SQLException;
import java.sql.Statement;
```

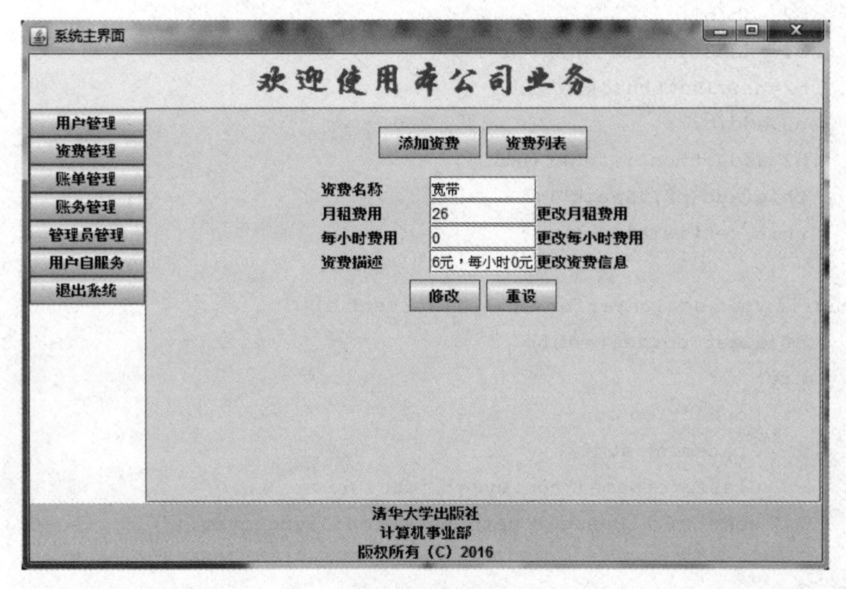

图 8-15 修改功能

```
import javax.swing.JButton;
import javax.swing.JLabel;
import javax.swing.JOptionPane;
import javax.swing.JPanel;
import javax.swing.JTextField;

public class 资费管理修改 extends JPanel implements ActionListener{
    private JPanel p1,p2;
    private JTextField[]j1=new JTextField[4];
    private JLabel jl1[]=new JLabel[4],jl2[]=new JLabel[4];
    private JButton b1,b2;
    public 资费管理修改(){
        this.setLayout(new BorderLayout());
        p1=new JPanel(new GridLayout(4,3));
        String []s1={"资费名称","月租费用","每小时费用","资费描述"};
        String []s2={"","更改月租费用","更改每小时费用","更改资费信息"};
        for(int i=0;i<4;i++){
            jl1[i]=new JLabel(s1[i]);
            p1.add(jl1[i]);
            j1[i]=new JTextField();
            p1.add(j1[i]);
            jl2[i]=new JLabel(s2[i]);
            p1.add(jl2[i]);
            this.add(p1,"Center");
        }
        p2=new JPanel(new FlowLayout(java.awt.FlowLayout.CENTER));
        b1=new JButton("修改");
```

```
        p2.add(b1);
        b1.addActionListener(this);
        b2=new JButton("重设");
        p2.add(b2);
        b2.addActionListener(this);
        this.add(p2,"South");
        this.setVisible(true);
    }
    public void actionPerformed(ActionEvent e){
        if(e.getSource()==b1)
        try{
            Connection con;
            Statement stmt;
            Class.forName("com.mysql.jdbc.Driver");
            con=DriverManager.getConnection("jdbc:mysql://localhost:3306/
                                            ipttm","root","root");
            stmt=con.createStatement();
            ResultSet rs=stmt.executeQuery("select * from source");
            String s1="";
            String s2="";
            s1=j1[0].getText();
            s2="月租"+j1[1].getText()+"元"+","+"每小时"+j1[2].getText()+"元";
            j1[3].setText(s2);
            int message=0;
            while(rs.next()){
                if(s1.equals(rs.getString("name"))){
                    message=1;
                    String str1="update source set name=
                            '"+s1+"',"+"month_rent='"+j1[1].getText()+"',"
                            +"hour _ spent = ' " + j1 [2]. getText ( ) +" '," +"
                            introduce='"+s2+"'"+"where name='"+s1+"'";
                    stmt.executeUpdate(str1);
                    break;
                }
            }
            if(message==0)
            JOptionPane.showMessageDialog(this,"对不起!此用户名不存在!请重新输
            入!","系统提示",JOptionPane.INFORMATION_MESSAGE);
            stmt.close();
            con.close();
        }catch (SQLException ex){
            ex.printStackTrace();
        }catch (ClassNotFoundException ex){
            ex.printStackTrace();
        }
```

```
    }
}
```

8.4.6 项目其他功能模块的设计与实现

由于篇幅的限制，本项目其他功能模块的设计与实现请参考前述内容自行完成。也可参考其他类似项目。

8.5 常见问题及解决方案

由于在项目编写过程中，每个人的编程习惯、编程思路以及解决问题的方法不同，所以每个人会遇到各不相同且类似的异常情况，读者可以结合前几章遇到的问题举一反三来完成项目实训，并把遇到的问题记录起来，今后在项目开发中遇到相同或者相似的问题时可作为参考。

8.6 本 章 小 结

本章主要介绍资费管理系统项目的开发过程。通过本章实训项目的训练，能够在掌握所学理论知识的同时，提高项目开发能力，激发对项目开发的兴趣。

8.7 习　　题

1. 请完成本实训项目未实现功能模块的设计开发。
2. 请编写一个宿舍值日管理系统。

第9章　I/O流与文件

在计算机上，数据一般都以文件的形式保存在存储介质上。程序可以通过读写操作来输入或输出文件中的数据，从而实现程序对数据的各种操作。Java语言提供了许多类来处理目录、文件和文件里的数据。

本章主要内容：

- 输入流。
- 输出流。
- 文件。

9.1　文件与流简介

文件是存储在磁盘上的数据的集合。输入与输出(I/O)就是要在文件中保存和从文件中读取数据。以文件形式存储起来的数据具有“永久性”。

9.1.1　文件简介

1. 文件

文件(File)用来存储计算机数据，是计算机软件的重要组成部分。文件可以存放在多种介质中，如硬盘、光盘，而且还可以通过网络传输。内存也可以存储计算机数据，但与存储在硬盘上的文件数据相比，存储在内存中的数据在计算机关机或掉电时一般就会消失。因此，文件是使计算机上的工作得以延续的一种重要媒介。另外，计算机程序在执行时，要求被处理的数据必须先加载到内存中。因此，一方面需要将位于内存中的数据保存到文件中，以便长期使用；另一方面又需要将在文件中的数据加载到内存中，以便计算机处理。

在文件中的数据只是一连串的字节或字符，并没有明显的结构。文件数据的内部结构需要由程序自己定义与处理。

Java语言将文件看作字节或字符序列的集合。组成文件的字节序列或字符序列分别被称为字节流或字符流。Java语言提供了非常丰富的类来处理目录、文件及文件数据，这些类主要位于包java.io中。

2. 文件系统

操作系统中负责管理和存储文件信息的软件机构称为文件管理系统，简称文件系统。文件系统由三部分组成：与文件管理有关的软件、被管理的文件以及实施文件管理所需的数据结构。从系统角度来看，文件系统是对文件存储空间进行组织和分配，负责文件的存储并对存入的文件进行保护和检索的系统。具体地说，它负责为用户建立文件，存入、读出、修改、转储文件，控制文件的存取，当用户不再使用时撤销文件等。

文件系统用文件来组织和管理存放在各种介质上的信息。

3. 目录结构

在计算机上有可能保存很多文件,归类存放有利于将来使用的时候快速查找。文件系统提供目录机制实现文件的检索。目录(Directory)是文件系统组织和管理文件的基本单位,保存所管理的每个文件的基本信息。文件目录项包括有文件名字、文件所有者、文件类型、文件长度、文件权限、文件创建时间、文件最后修改时间等文件属性。

文件保存在目录中,目录中还可以包含子目录。例如,磁盘顶层目录是根目录,根目录下面可以有子目录和文件,子目录下面还可以包含子目录和文件。

4. 文件和数组的区别

(1) 数组由固定多个元素组成,而文件的长度是不确定的、任意的。

(2) 数组元素总是存放在内存,而文件则往往与外部介质相联系。

(3) 以"数组变量[下标]"的形式可以访问数组中的任意一个元素,而文件不能通过下标形式访问,需要通过文件对象调用相应方法来访问。

9.1.2 流简介

1. 流

在计算机系统的实际应用中,常常需要处理许多资源。这些资源有的以文件形式保存在磁盘中,有的需要通过网络进行连接。这样在应用程序的实现中,必须在程序中提供一种将数据源连接到应用程序的方法。这样的方式称为流(Stream)。

按照数据传输的方向,可将流分为输入流和输出流。

2. 输入输出流

输入输出处理是程序设计中非常重要的一部分,如从键盘读取数据、从文件中读取数据或向文件中写入数据等。

输入流(Input Stream),将数据从文件、标准输入或其他外部输入设备中加载到内存。

输出流(Output Stream),将在内存中的数据保存到文件中,或者传输给输出设备。

Java 把这些不同类型的输入输出流抽象为流,用统一接口来表示,从而使程序简单明了。

JDK 提供了一系列类来实现输入输出处理。输入流在 Java 语言中对应抽象类 java.io.InputStream 和 java.io.Reader 及其子类,输出流对应抽象类 java.io.OutputStream 和 java.io.Writer 及其子类。

3. 字节流和字符流

按照流中元素的基本类型,可将流分为字节流和字符流。

字节流是由字节组成的;字符流是由字符组成的。Java 语言中一个字符由两个字节组成,即 1 字符=2 字节。

字节流与字符流的主要区别在于它们的处理方式不同。字节流是最基本的,InputStream 和 OutputStream 类以及它们的子类都是字节流,主要用于处理二进制数据,即按字节来处理。但实际应用中很多数据是文本,因此又提出了字符流的概念。字符流根据虚拟机的 Unicode 编码规范来处理,也就是要进行字符集的转换,Reader 和 Writer 类以及它们的所有子类都是字符流。

字节流在读写数据的时候以字节为单位,而字符流读写数据的时候以字符为单位。

9.2 字节输入输出流

字节流是从 InputStream 和 OutputStream 派生出来的一系列类。这类流以字节(Byte)为基本处理单位。

常用的字节流主要如下。

(1) InputStream 和 OutputStream。

(2) FileInputStream 和 FileOutputStream。

(3) DataInputStream 和 DataOutputStream。

(4) ObjectInputStream 和 ObjectOutputStream。

(4) BufferedInputStream 和 BufferedOutputStream。

(6) ByteArrayInputStream 和 ByteArrayOutputStream。

9.2.1 InputStream 和 FileInputStream

1. InputStream 类

InputStream 类是抽象类,所以不能构造实例对象。InputStream 类定义了字节输入流的基本操作,如读数据和关闭输入流等功能。因为 Java 语言提供了庞大的类库,而且每个类中都有许多方法,如需更详细地了解这些方法的使用,请查阅 Java API。

【例 9-1】 InputStream 类的使用(InputStreamUse.java)

```
package ch92;
/*
    功能简介:InputStream 类的使用。该类实现通过键盘输入数据后按 Enter 键使输入的数据
    显示出来。
*/
import java.io.InputStream;
import java.io.IOException;

public class InputStreamUse{
    //构造方法接收输入的数据并将数据输出
    public InputStreamUse(InputStream in){
        try{
            while(true){
                int i=in.read();
                char c=(char)i;
                System.out.print(c);
            }
        }catch(IOException e){
            System.out.print(e);
            e.printStackTrace();
        }
    }
    public static void main(String[] args){
```

```
            new InputStreamUse(System.in);
        }
    }
```

文件结构和运行效果如图 9-1 所示。

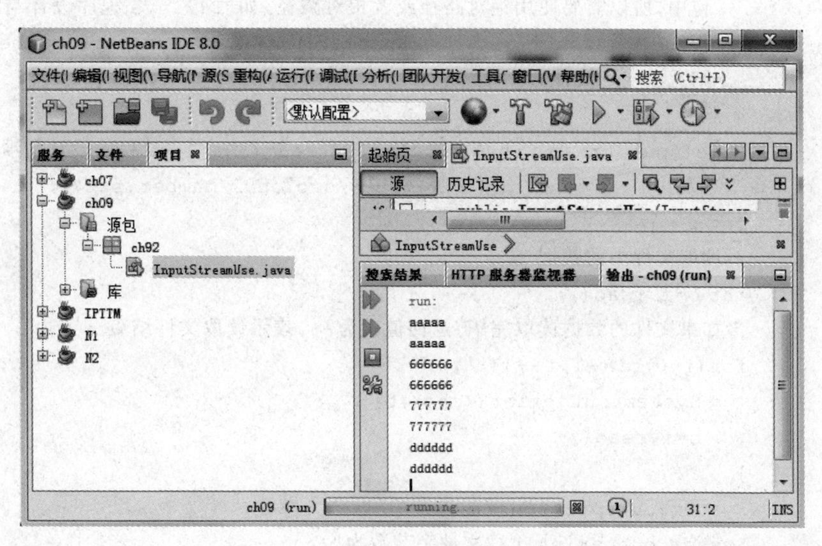

图 9-1　文件结构和运行效果

2. FileInputStream 类

InputStream 类是抽象类，不能通过构造方法实例化对象。但是可以通过子类的实例对象获取 InputStream 类的实例对象。其他字节输入流都是 InputStream 类的直接或者间接子类。FileInputStream 类（文件输入流）也是 InputStream 类的子类。相应的文件输出流是 FileOutputStream。文件输入输出流用来进行文件 I/O 处理，用它们所提供的方法可以打开本地主机上的文件，并进行顺序读/写。有关文件输入输出流的相关方法请参考 Java API。

对文件内容的操作步骤如下。

(1) 创建文件对应的输入输出流的实例对象，以获取相关的资源文件。如所需内存空间以及文件的访问权限。

(2) 对文件进行读（输入）/写（输出）操作。

(3) 最后调用 close()方法，关闭文件，释放所占的系统资源。

【例 9-2】 FileInputStream 类的使用(FileInputStreamUse.java)

```
package ch92;
/*
    功能简介：使用 FileInputStreamUse 类读取文件中的数据并输出到控制台，最后统计文件
    所占的字节数。
*/
import java.io.FileInputStream;
import java.io.IOException;
```

```
public class FileInputStreamUse {
    public FileInputStreamUse(){
        try{
            /* 通过构造方法实例化一个文件输入流对象,要访问的文本文件和源文件在同一个
               包中,所以需要使用绝对路径或者相对路径,如"D:/Java 程序设计与项目实训教
               程(第 2 版)/ch09/src/ch92/number.txt"或者" src/ch92/number.txt",否
               则无法找到文件。
            */
            FileInputStream f=new FileInputStream("D:/Java 程序设计与项目实训教程
                               (第 2 版)/ch09/src/ch92/number.txt");
            int i ;
            //读取文件中的数据
            int b=f.read();
            //如果文件的数据读取完毕,返回值就为-1,表示读取文件结束
            for(i=0;b!=-1;i++){
                System.out.print((char)b);
                b=f.read();
            }
            System.out.println();
            System.out.println("文件字节数为"+i);
            f.close();
        }catch (IOException e){
            System.err.println(e);
        }
    }
    public static void main(String args[]){
        new FileInputStreamUse();
    }
}
```

FileInputStreamUse 类和 number.txt 在同一个包中,获取 number.txt 文件的绝对路径的最简单方法之一是在其上右击,在弹出的快捷菜单中选择"属性",如图 9-2 所示;单击"属性"弹出图 9-3。

文件结构和运行效果如图 9-4 所示。

9.2.2 OutputStream 和 FileOutputStream

1. OutputStream

抽象类 InputStream 用来处理字节输入流,而抽象类 OutputStream 用来处理字节输出流。OutputStream 类定义了字节输出流的基本操作,如输出数据和关闭输出流等功能。

【例 9-3】 OutputStream 类的使用(OutputStreamUse.java)

```
package ch92;
/*
    功能简介:使用 OutputStream 类在控制台输出数据。
 */
```

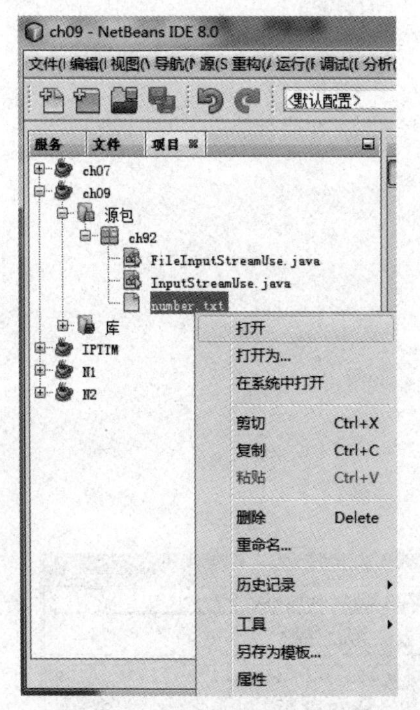

图 9-2　文本文件的快捷菜单

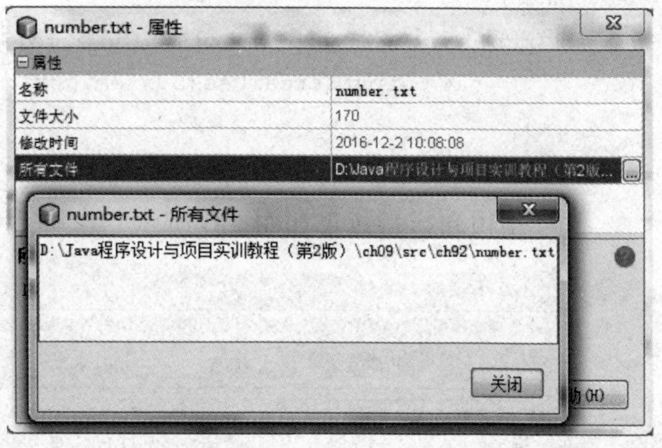

图 9-3　文件属性

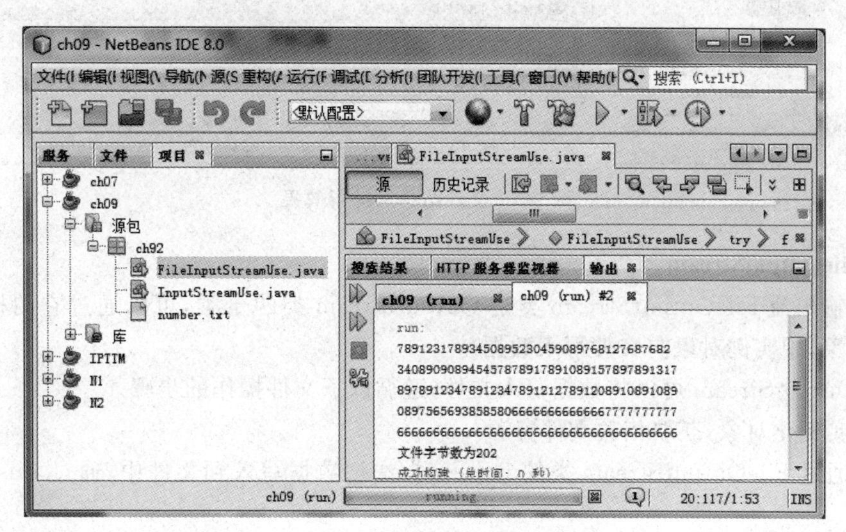

图 9-4　文件结构和运行效果

```
import java.io.IOException;
import java.io.OutputStream;

public class OutputStreamUse {
    public OutputStreamUse(OutputStream out){
        String s="慈母手中线,游子身上衣。临行密密缝,意恐迟迟归。谁言寸草心,报得三
                春晖。";
        byte[ ] b=s.getBytes();
```

```
        try{
            //将字节数组 b 写出到输出流
            out.write(b);
            //把缓存中的所有内容强制输出
            out.flush();
        }catch (IOException e){
            System.err.println(e);
        }
    }
    public static void main(String args[]){
        new OutputStreamUse(System.out);
    }
}
```

文件结构和运行效果如图 9-5 所示。

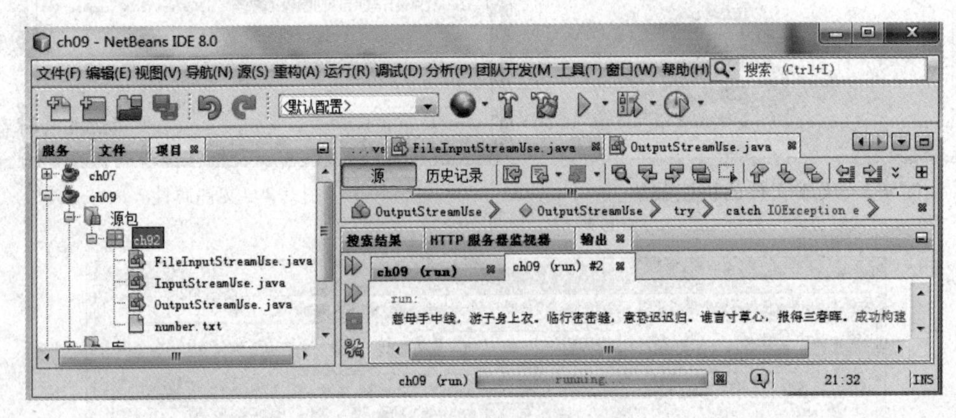

图 9-5 文件结构和运行效果

2. FileOutputStream

文件输出流 FileOutputStream 类是 OutputStream 类的子类,可以通过它的构造方法实例化对象,用实例对象向文件写入数据。

FileOutputStream 可以将数据写入文件,遵循以下文件操作的步骤。

(1) 实例化对象,获取相关文件资源。

(2) 通过 FileOutputStream 类的 write()方法把数据写入到文件中;通过 flush()方法强制输出。

(3) 调用 close()方法,关闭文件,释放系统资源。

【例 9-4】 FileOutputStream 类的使用(FileOutputStreamUse. java)

```
package ch92;
/*
    功能简介:使用 FileOutputStream 类把数据输出到文件中,即把数据写入文件。
*/
import java.io.FileOutputStream;
import java.io.IOException;
```

```
public class FileOutputStreamUse {
    public FileOutputStreamUse(){
        String s="有志者事竟成,破釜沉舟,百二秦关终属楚;苦心人天不负,卧薪尝胆,三千越
                甲可吞吴。";
        byte[] b=s.getBytes();
        try{
            /* 实例化一个文件输出流对象。其中,String 类型参数"座右铭.txt"是文本文件
               名,如果该文本文件在指定的路径下已存在,就覆盖里面的内容,否则就在指定的
               路径下新建一个名为"座右铭.txt"的文本文件,也可以使用重载方法
               FileOutputStream(String name,boolean append)指定追加方式,实现在文
               本文件末尾追加内容。
            */
            FileOutputStream f=new FileOutputStream("src/ch92 座右铭.txt");
            f.write(b);
            f.flush();
            f.close();
        }catch (IOException e){
            System.err.println(e);
        }
    }
    public static void main(String args[]){
        new FileOutputStreamUse();
    }
}
```

文件结构和运行效果如图 9-6 所示。

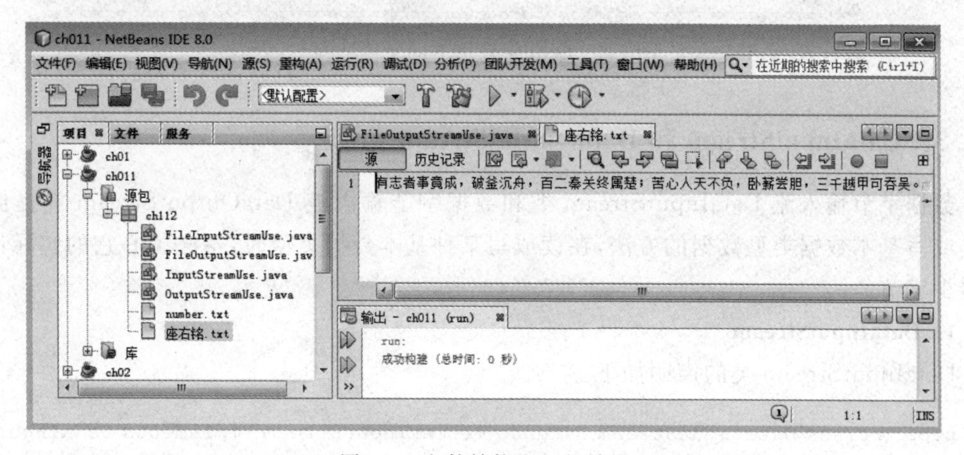

图 9-6 文件结构和运行效果

如果例 9-4 中的文件路径为“FileOutputStream f＝new FileOutputStream("座右铭.txt");”,则表示该文件在项目根目录下,如图 9-7 所示。此时在项目的文件结构图中看不到该文件,但能在项目根目录下查找到。如果使用 Eclipse 或者 MyEclipse 开发,可以直接把文本文件复制到项目文件结构中的根目录下。如图 9-8 所示的 number.txt 文件。

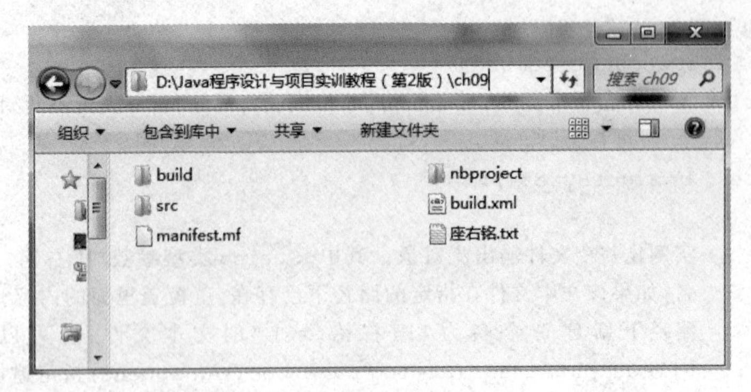

图 9-7　项目根路径下的文本

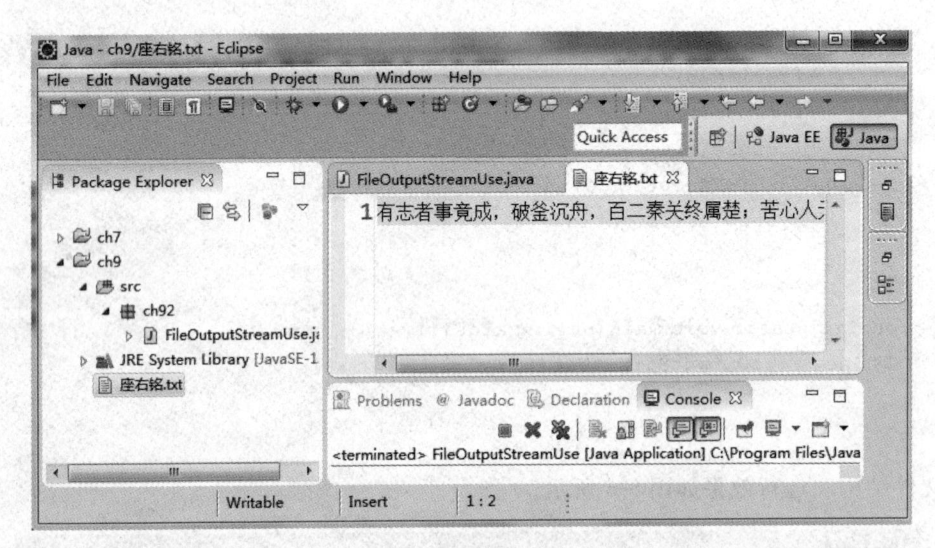

图 9-8　Eclipse 环境下的文件结构

9.2.3　DataInputStream 和 DataOutputStream

数据字节输入流 DataInputStream 类和数据字节输出流 DataOutputStream 类提供直接读或写基本数据类型数据的方法，在读或写某种基本数据类型时，不必关心它的实际长度是多少字节。

1. DataInputStream

DataInputStream 类的声明如下：

```
public class DataInputStream extends FilterInputStream implements DataInput {
    public DataInputStream(InputStream in);
    public final short readShort() throws IOException;
    public final byte readByte() throws IOException;
    public final int readInt() throws IOException;
    public final long readLong() throws IOException;
    public final float readFloat() throws IOException;
    public final double readDouble() throws IOException;
```

```
    public final char readChar() throws IOException;
    public final boolean readBoolean() throws IOException;
    public void close() throws IOException;
}
```

数据字节输入流提供了 8 个 read()方法,分别用于从字节输入流中获取基本数据类型的数据值。

2. DataOutputStream

DataOutputStream 类的声明如下:

```
public class DataOutputStream extends FilterOutputStream implements DataOutput
{
    public DataOutputStream(OutputStream out);  //构造方法
    public final void writeByte(int v) throws IOException;
    public final void writeShort(int v) throws IOException;
    public final void writeInt(int v) throws IOException;
    public final void writeLong(long v) throws IOException;
    public final void writeFloat(float v) throws IOException;
    public final void writeDouble(double v) throws IOException;
    public final void writeChar(int v) throws IOException;
    public final void writeBoolean(boolean v) throws IOException;
    public final void writeChars(String s) throws IOException;
    public final int size();                        //返回实际写入的字节数
    public void flush() throws IOException;  //强制立即将缓存中的数据写入到文件中
    public void close() throws IOException;
}
```

数据字节输出流提供了 9 个 write()方法,分别用于向字节输出流写入基本数据类型和字符串类型的数据值。

【例 9-5】 数据字节流的使用(DataStreamUse.java)

```
package ch92;
/*
    功能简介:数据字节流的使用。
 */
import java.io.DataInputStream;
import java.io.DataOutputStream;
import java.io.FileInputStream;
import java.io.FileOutputStream;

public class DataStreamUse {
    public DataStreamUse(){
        try{
            FileOutputStream fout=new FileOutputStream("src/ch92/out.txt");
            DataOutputStream dfout=new DataOutputStream(fout);
            for(int i=0; i<6; i++)
```

```
                dfout.writeInt(i);
            dfout.close();
            FileInputStream fin=new FileInputStream("src/ch92/out.txt");
            DataInputStream dfin=new DataInputStream(fin);
            for (int i=0; i<6; i++)
                System.out.print(dfin.readInt()+",");
            dfin.close();
        }catch (Exception e){
            System.err.println(e);
            e.printStackTrace();
        }
    }
    public static void main(String args[]){
        new DataStreamUse();
    }
}
```

文件结构和运行效果如图 9-9 所示。

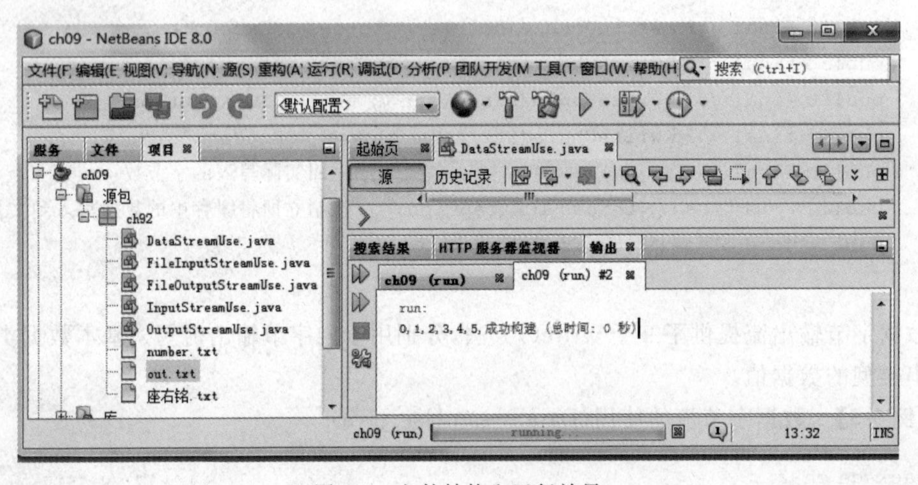

图 9-9　文件结构和运行效果

9.2.4　ObjectInputStream 和 ObjectOutputStream

记录数据可以包含若干个不同数据类型的数据项，在 C 和 C++ 中声明为结构，在 Java 语言中把这个结构声明为类。在 Java 类中，这种类型的数据读/写以对象为单位进行操作。Java 语言提供在字节流中直接读取或者写入一个对象的方法。对象流分为对象输入流 ObjectInputStream 和对象输出流 ObjectOutputStream。

【例 9-6】　序列化对象(Student.java)

```
package ch92;
/*
    功能简介：序列化对象。
 */
```

```
import java.io.Serializable;

/* Serializable 接口是序列化接口,该接口没有方法。实现了该接口的类 Student 是序列化
   类。当以对象为单位读/写数据时,必须将类声明为序列化类,以约定每次读/写的字节数,否则
   不知道应该读/写多少字节。
*/
public class Student implements Serializable{
    private int number;
    private String name;
    private static int count=0;
    public Student(String name){
        this.count++;
        this.number=this.count;
        this.name=name;
    }
    public String toString(){
        return this.number+"  "+this.name;
    }
}
```

Student 类是为了在例 9-7 中使用对象流而声明的一个序列化类。例 9-7 是对象流的使用示例。

【例 9-7】 对象流的使用(ObjectStreamUse.java)

```
package ch92;
/*
    功能简介:对象流的使用。
*/import java.io.FileInputStream;
import java.io.FileOutputStream;
import java.io.ObjectInputStream;
import java.io.ObjectOutputStream;
import java.io.IOException;

public class ObjectStreamUse{
    //向指定文件写入若干学生对象
    public void writeToFile() throws IOException {
        FileOutputStream fout=new FileOutputStream("src/ch92/学生.text");
        ObjectOutputStream objout=new ObjectOutputStream(fout);
        //写入对象
        objout.writeObject(new Student("张志锋"));
        objout.writeObject(new Student("宋胜利"));
        objout.writeObject(new Student("邓璐娟"));
        objout.writeObject(new Student("张建伟"));
        objout.close();
        fout.close();
    }
```

```
    //从指定文件中读取若干学生对象
    public void readFromFile() throws IOException {
        FileInputStream fin=new FileInputStream("src/ch92/学生.text");
        ObjectInputStream objin=new ObjectInputStream(fin);
        while (true) {
            try{
                //读取一个对象
                Student stu=(Student)objin.readObject();
                System.out.println(stu.toString()+"  ");
            }catch (Exception e){
                e.getMessage();
                break;
            }
        }
        objin.close();
        fin.close();
    }
    //返回从指定文件中读取的学生对象数组
    public Student[] openFile() throws IOException {
        FileInputStream fin=new FileInputStream("src/ch92/学生.text");
        ObjectInputStream objin=new ObjectInputStream(fin);
        Student[] students=new Student[20];
        int i=0;
        while (true){
            try{
                //读取一个对象
                students[i]=(Student)objin.readObject();
                i++;
            }catch (Exception e){
                e.getMessage();
                break;
            }
        }
        objin.close();
        fin.close();
        return students;
    }
    public static void main(String args[]) throws IOException{
        ObjectStreamUse afile=new ObjectStreamUse();
        afile.writeToFile();
        afile.readFromFile();
    }
}
```

文件结构和运行效果如图 9-10 所示。

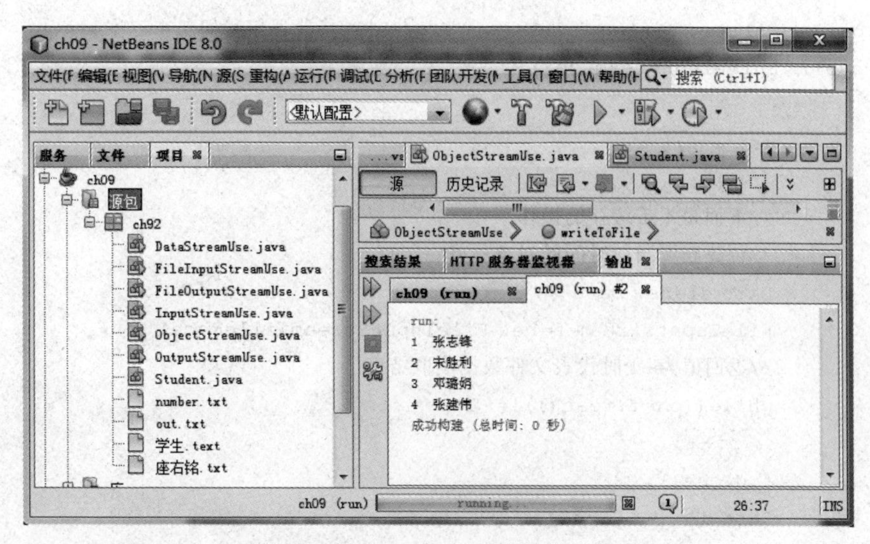

图 9-10　文件结构和运行效果

9.2.5　BufferedInputStream 和 BufferedOutputStream

类 BufferedInputStream 和类 BufferedOutputStream 是带缓存的输入流和输出流。使用缓存，就是在实例化类 BufferedInputStream 和类 BufferedOutputStream 对象时，会在内存中开辟一个字节数组用来存放数据流中的数据。借助字节数组，在读取或者存储数据时可以以字节数组为单位把数据读入内存或以字节数组为单位把数据写入指定的文件中，从而大大提高数据的读/写效率。

类 BufferedInputStream 的构造方法如下。

(1) BufferedInputStream(InputStream in)。其中，in 是指定的输入流，通常是 FileInputStream 类的实例对象。

(2) BufferedInputStream(InputStream in,int size)。其中，in 的含义同前，size 是大于 0 的数，用于指定缓存大小。如果 size 缺省，系统会指定默认大小。

类 BufferedOutputStream 的构造方法和类 BufferedInputStream 的构造方法相似。

下面通过带缓存和不带缓存两种方式分别读取同一个文件，以比较说明使用缓存和不用缓存时读取效率的明显差异。

【例 9-8】 缓存流的使用(BufferedStreamUse.java)

```
package ch92;
/*
   功能简介：带缓存流的使用。
 */
import java.io.FileInputStream;
import java.io.BufferedInputStream;
import java.util.Date;

public class BufferedStreamUse{
```

```
    private static String fileName="src/ch92/毕业那年我们二十三岁.txt";
    public BufferedStreamUse(){
        try{
            int i=0;
            int ch;
            //下面是不带缓存的操作
            //创建获取当前时间的对象
            Date d1=new Date();
            FileInputStream f=new FileInputStream(fileName);
            //返回值为-1时代表文件数据读取结束
            while((ch=f.read())!=-1)
                i++;
            f.close();
            Date d2=new Date();
            /*getTime()方法是类 Date 中的方法,用于获取当前时间,单位为毫秒。读取文件
              前后的两个时间相减就是读取文件所用的时间,通过时间比较评价两个流的效率
              高低。
             */
            long t=d2.getTime()-d1.getTime();
            //输出读取的文件名及其大小
            System.out.printf("读取文件%s(共%d字节)\n",fileName,i);
            //输出读取文件所用时间
            System.out.printf("不带缓存的方法需要%1$ d毫秒\n", t);
            //下面是带缓存的操作
            i=0;
            d1=new Date();
            f=new FileInputStream(fileName);
            BufferedInputStream fb=new BufferedInputStream(f);
            while ((ch=fb.read()) !=-1)
                i++;
            fb.close();
            d2=new Date();
            t=d2.getTime()-d1.getTime();
            System.out.printf("带缓存的方法需要%1$ d毫秒\n", t);
        }catch (Exception e){
            System.err.println(e);
        }
    }
    public static void main(String args[]){
        new BufferedStreamUse();
    }
}
```

文件结构和运行效果如图 9-11 所示。

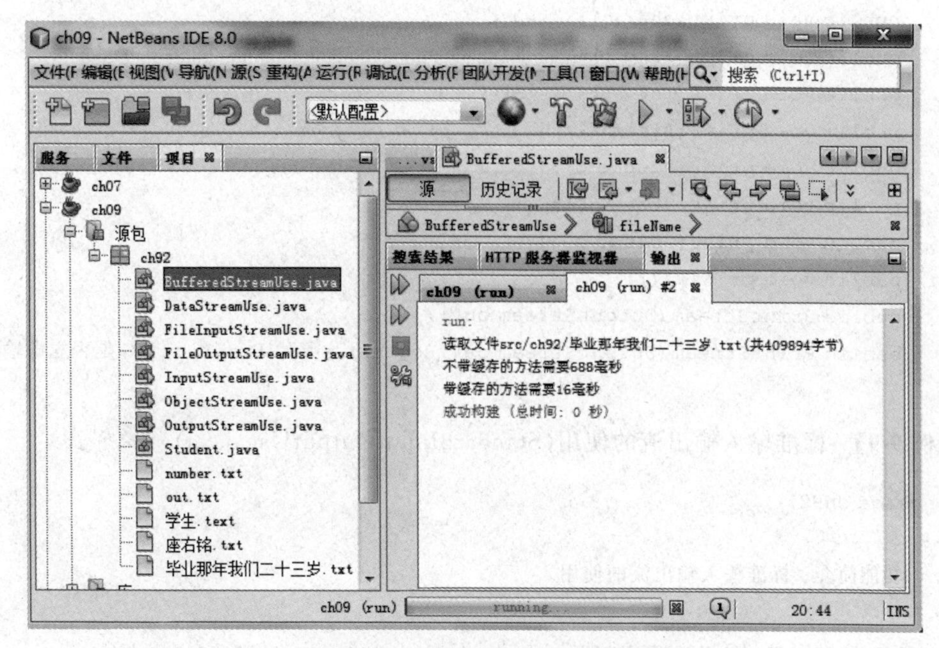

图 9-11　文件结构和运行效果

备注：读取一个文件的快慢和计算机硬件、软件以及运行在系统上的文件多少等都有关系，是否使用缓存只是其中一个因素。总之，从运行结果来看，带缓存的流要比不带缓存的流快得多。

9.2.6　标准的输入输出流

在计算机系统中，标准输入是指从键盘等外部输入设备中获得数据，标准输出是指向显示器或打印机等外部输出设备发送数据。

1. 标准输入输出常量

标准输入输出在 System 类中已声明。System 类的声明如下：

```
public final class System extends Object {
    public final static InputStream in=nullInputStream;   //标准输入常量
    public final static PrintStream out=nullPrintStream; //标准输出常量
    public final static PrintStream err=nullPrintStream; //标准错误输出常量
}
```

System.in 是 InputStream 类的常量，通过 read()方法获取从键盘输入的数据。System.out 是 PrintStream 类的常量，通过调用 print()或 println()方法向显示器或其他输出设备输出数据。System.err 实现标准的错误输出。

2. PrintStream

类 PrintStream 是标准的输出类。该类的常用对象是 System.out。类 PrintStream 的声明如下：

```
public class PrintStream extends FilterOutputStream{
    public void print(boolean b);
```

```
    public void print(char c);
    public void print(long l);
    public void print(int i);
    public void print(float f);
    public void print(double d);
    public void print(String s);
    public void print(Object obj);
    public void println();
    public PrintStream(OutputStream out);
    public PrintStream(OutputStream out,Boolean autoFlush);     //是否立即输出
}
```

【例 9-9】 标准输入输出流的使用(StandardInputOutputUse.java)

```
package ch92;
/*
    功能简介:标准输入输出流的使用。
*/
import java.io.IOException;

public class StandardInputOutputUse{
    //抛出异常交由 Java 虚拟机处理
    public static void main(String args[]) throws IOException{
        System.out.print("请从键盘上输入数据:");
        byte buffer[]=new byte[512];        //以字节数组作为缓冲区
        //从标准输入流中读取若干字节到指定缓冲区,返回实际读取的字节数
        int count=System.in.read(buffer);
        System.out.print("通过标准的输出流输出的数据:");
        for (int i=0;i<count;i++)
            //按字节方式输出 buffer 中的元素值
            System.out.print(" "+buffer[i]);
        System.out.println();
        for (int i=0;i<count;i++)
            //按字符方式输出 buffer 中的元素值
            System.out.print((char) buffer[i]);
        //输出实际读取的字节数
        System.out.println("count="+count);
    }
}
```

文件结构和运行效果如图 9-12 所示。

从图 9-12 中可以看出,从键盘上输入 6 个字符"abc123"并按 Enter 键后,“int count=System.in.read(buffer);”从标准输入流中读取数据并把它们存储到缓冲区 buffer 中,count 变量记录实际读入的字节数为 8,其中,回车和换行符各占一个字节。标准的输入过程如图 9-13 所示。标准的输出过程如图 9-14 所示。

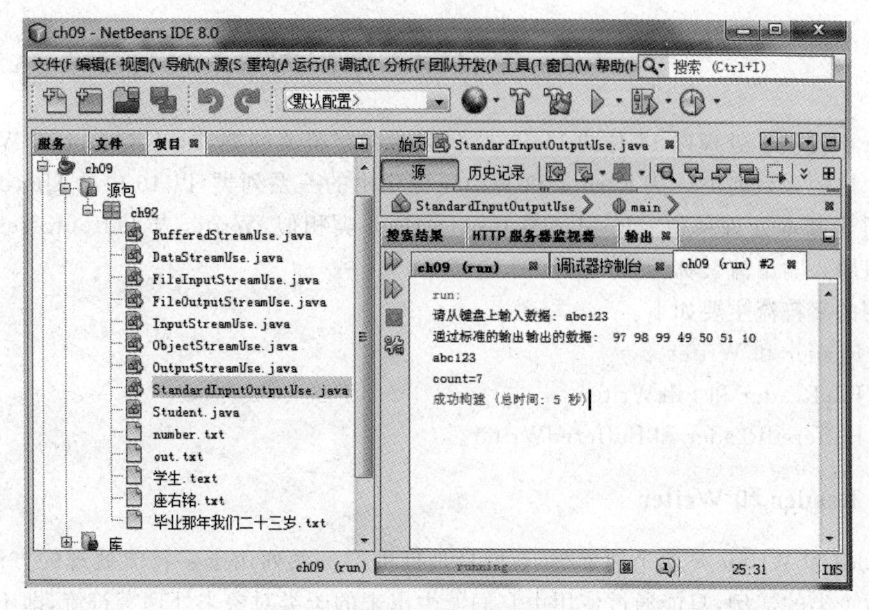

图 9-12 文件结构和运行效果

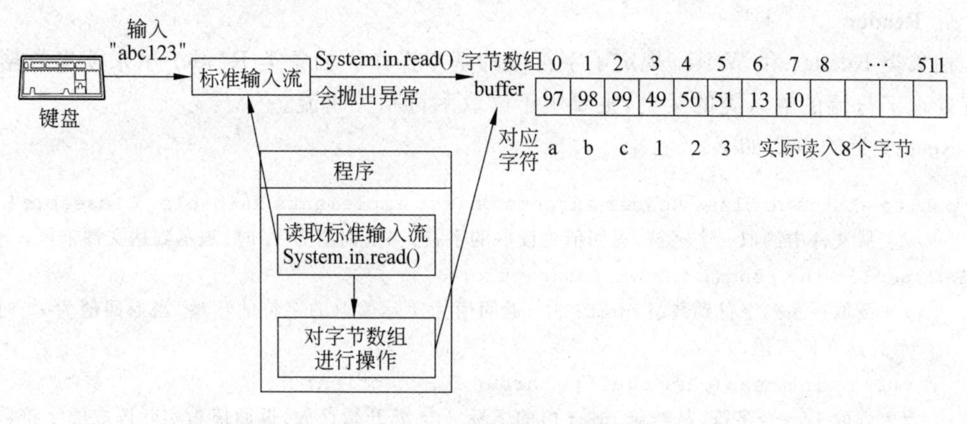

图 9-13 标准的输入过程

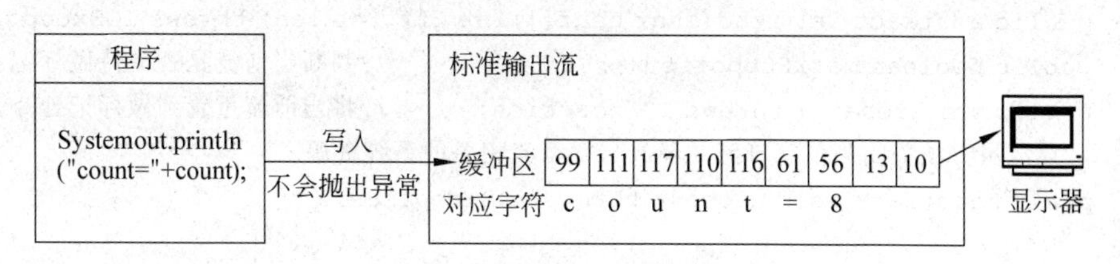

图 9-14 标准的输出过程

从图 9-12～图 9-14 可以看出来，在使用字节流处理数据的时候，有时候希望输出人们已输入的数据，但实际输出结果和原来输入的数据不一致，即可能以 ASCII 码的形式显示。而使用字符流可以保证输出结果和输入的字符完全保持一致。下面介绍字符流的使用。

9.3 字符输入输出流

Java 中提供了处理以 16 位的 Unicode 码表示的字符流的类，即以 Reader 和 Writer 为基类派生出的一系列类。从 Reader 和 Writer 派生出的一系列类，以 16 位的 Unicode 码表示的字符为基本处理单位。Reader 与 InputStream 类相似，Writer 与 OutputStream 类相似。字符输入输出流又称为读/写器。

常用的字符流主要如下。

(1) Reader 和 Writer。

(2) FileReader 和 FileWriter。

(3) BufferedReader 和 BufferedWriter。

9.3.1 Reader 和 Writer

Reader 和 Writer 是两个抽象类，它们只是提供了一系列用于字符流处理的方法，不能生成这两个类的实例，只能通过使用由它们派生出来的子类对象来处理字符流，即不能使用 new Reader()或 new Writer()。

1. Reader

抽象类 Reader 和 Writer 规定了字符流的基本操作。抽象类 Reader 用来读出数据，是所有处理字符流的输入类的父类，主要用于读取字符和关闭流。

Reader 类的声明如下：

```
public abstract class Reader extends Object implements Readable, Closeable{
    /*从文件中读取一个字符,返回值为读取的字符,当返回值为-1时,表示到达文件末尾。*/
    public int read() throws IOException;
    /*读取一系列字符到数组 cbuf[]中,返回值为实际读取的字符的数量,当返回值为-1时,表
    示到达文件末尾。*/
    public int read(char cbuf[]) throws IOException;
    /*读取 len 个字符,从数组 cbuf[]的下标 off 处开始存放,返回值为实际读取的字符数量,
    该方法必须由子类实现,当返回值为-1时,表示到达文件末尾。*/
    public abstract int read(char cbuf[],int off,int len) throws IOException;
    public boolean markSupported();              //判断当前流是否支持做标记
    public void reset() throws IOException;      //将当前流重置到做标记处
    //该成员方法关闭当前字符流并释放与字符流相关的系统资源
    public abstract void close() throws IOException;
}
```

2. Writer

抽象类 Writer 用来存储数据，提供了多个成员方法，分别用来输出单个字符、字符数组和字符串。该类是所有处理字符流的输出类的父类。

Writer 类的声明如下：

```
public abstract class Writer implements Appendable,Closeable,Flushable{
    //将整型值 c 的低 16 位写入当前文件中
```

```
    public void write(int c) throws IOException;
    //将字符数组 cbuf[]写入当前文件中
    public void write(char cbuf[]) throws IOException;
    //将字符数组 cbuf[]中从索引为 off 的位置处开始的 len 个字符写入当前文件中
    public abstract void write(char cbuf[],int off,int len) throws IOException;
    //将字符串 str 中的字符写入当前文件中
    public void write(String str) throws IOException;
    //将字符串 str 中从索引 off 处开始的 len 个字符写入当前文件中
    public void write(String str,int off,int len) throws IOException;
    //将字符序列 csq 添加到当前文件中
    public Writer append(CharSequence csq) throws IOException;
    //将字符 c 添加到当前文件中
    public Writer append(char c) throws IOException;
    //强制输出,使得数据立即写入文件中
    public abstract void flush() throws IOException;
    //关闭当前字符流并释放与字符流相关的系统资源
    public abstract void close() throws IOException;
}
```

9.3.2 FileReader 和 FileWriter

类 FileReader 和 FileWriter 分别是抽象类 Reader 和 Writer 类的子类。FileReader 兼有抽象类 Reader 的所有成员方法,可以进行读取字符串和关闭流等操作。类 FileWriter 兼有抽象类 Writer 的所有成员方法,可以进行输出单个或多个字符、强制输出和关闭流等操作。

类 FileReader 和类 FileWriter 中方法的声明和使用,与类 FileInputStream 和类 FileOutputStream 中的方法的声明和使用非常相似。

【例 9-10】 文件字符流的使用(FileReaderWriterUse.java)

```
package ch93;
/*
    功能简介:文件字符流的使用。用文件字符输出流把数据写入文件,用文件字符输入流把文件
    中的数据读出。
 */
import java.io.FileReader;
import java.io.FileWriter;
import java.io.IOException;

public class FileReaderWriterUse{
    public FileReaderWriterUse(){
        try{
            FileWriter writer=new FileWriter("src/ch93/日记.txt");
            writer.write("吃得苦中苦,方为人上人!");
            writer.close();
            //读取日记文件中的数据并输出到控制台
```

```
            FileReader reader=new FileReader("src/ch93/日记.txt");
            for(int c=reader.read();c!=-1; c=reader.read())
                System.out.print((char)c);
            reader.close();
        }catch(IOException e){
            System.err.println(e);
        }
    }
    public static void main(String args[]){
        new FileReaderWriterUse();
    }
}
```

文件结构和运行效果如图 9-15 所示。

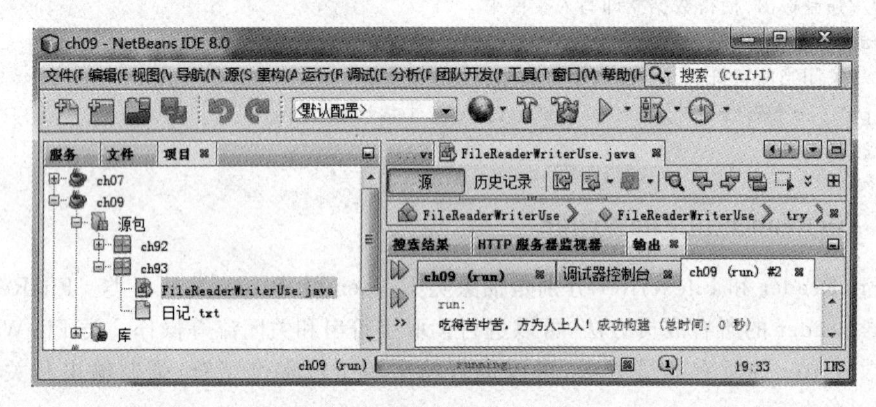

图 9-15　文件结构和运行效果

9.3.3　BufferedReader 和 BufferedWriter

FileReader 类和 FileWriter 类以字符为单位进行数据读/写操作，数据的传输效率很低。Java 提供 BufferedReader 类、LineNumberReader 类和 BufferedWriter 类以缓冲流方式进行数据读写操作。

1. BufferedReader

BufferedReader 类的声明如下：

```
public class BufferedReader extends Reader{
    public BufferedReader(Reader in);                //使用缺省的缓冲区大小
    public BufferedReader(Reader in, int sz);        //sz 为指定的缓冲区大小
    //读取一行字符串，输入流结束时返回 null
    public String readLine() throws IOException;
    public void close() throws IOException;
}
```

从字符输入流中读取文本，把字符存放在缓冲区中，从而提供字符、数组和行的高效读取。可以指定缓冲区的大小，或者使用默认的大小。大多数情况下，默认值就足够用了。

例如：

```
BufferedReader in=new BufferedReader(new FileReader("test.txt"));
```

将缓冲指定文件的输入。如果没有缓冲，则每次调用 read()或 readLine()都会导致从文件中读取字节，并将其转换为字符后返回，而这是极其低效的。

可以对 DataInputStream 按原文输入的程序进行本地化，方法是用合适的 BufferedReader 替换每个 DataInputStream。

2. LineNumberReader

LineNumberReader 类的声明如下：

```
public class LineNumberReader extends Reader{
    public LineNumberReader(Reader in);
    public LineNumberReader(Reader in, int sz);          //获取当前行号
    public String getLineNumber() throws IOException;
    public void close() throws IOException;
}
```

LineNumberReader 类是跟踪行号的缓冲字符输入流。此类定义了方法 void setLineNumber(int)和 int getLineNumber()，它们可分别用于设置和获取当前行号。默认情况下，行编号从 0 开始。该行号随数据读取递增，并可以通过调用 setLineNumber(int)进行更改。但要注意，setLineNumber(int)不会实际更改流中的当前位置；它只更改将由 getLineNumber()返回的值。可认为行是由换行符('\n')、回车符('\r')或回车后面紧跟换行符中的任何一个终止的。

3. BufferedWriter

BufferedWriter 类的声明如下：

```
public class BufferedWriter extends Writer{
    public BufferedWriter(Writer out);
    public BufferedWriter(Writer out, int sz);
    public void newLine() throws IOException;          //写入一个换行符
    public void flush() throws IOException;
    public void close() throws IOException;
}
```

将文本写入字符输出流，缓冲各个字符，从而提供单个字符、数组和字符串的高效写入。可以指定缓冲区的大小，或者接受默认的大小。在大多数情况下，默认值就足够用了。

【例 9-11】 缓冲字符流的使用(BufferedReaderWriterUse. java)

```
package ch93;
/*
    功能简介：缓冲字符流的使用。
 */
import java.io.FileReader;
import java.io.FileWriter;
import java.io.BufferedWriter;
```

```
import java.io.LineNumberReader;
import java.io.IOException;

public class BufferedReaderWriterUse{
    public BufferedReaderWriterUse(){
        try{
            /* new FileWriter("src/ch93/励志.txt")生成文件输出流对象,为生成的文件
               输出流对象添加缓冲。
            */
            BufferedWriter bw=new BufferedWriter(new FileWriter("src/ch93/励志.
                                txt"));
            bw.write("有志者,事竟成");
            bw.newLine();
            bw.write("苦心人,天不负");
            bw.newLine();
            bw.close();
            LineNumberReader br=new LineNumberReader(new FileReader("src/ch93/
                                励志.txt"));
            String s;
            for (s=br.readLine();s!=null;s=br.readLine())
                System.out.println(br.getLineNumber()+":"+s);
            br.close();
        }catch(IOException e){
            System.err.println(e);
        }
    }
    public static void main(String args[]){
        new BufferedReaderWriterUse();
    }
}
```

文件结构和运行效果如图 9-16 所示。

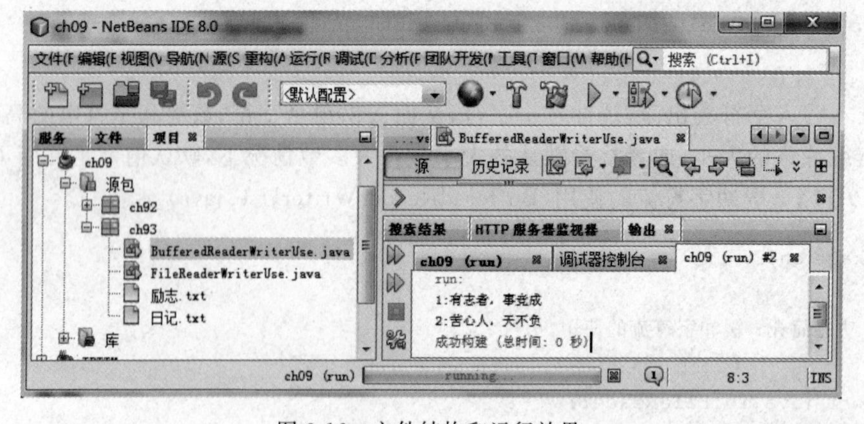

图 9-16　文件结构和运行效果

9.4 文件操作类

在 Java 应用程序中，许多时候需要执行对文件的操作。下面介绍一些在 Java 语言中常用的文件类。

9.4.1 文件类

文件类 File 可以设置文件或者目录的各种属性，如文件名、文件大小、文件类型、文件修改日期和文件权限等，提供实现判断指定文件是否存在、获取当前文件路径、获取当前目录文件列表、创建文件、删除文件、创建目录和删除目录等操作的方法。

在打开、保存和复制文件时，需要读/写文件的数据内容，这些操作由流实现。文件类型不同，使用的流的类型也不同。

创建文件和目录可以通过 File 类的构造方法和成员方法实现。

File 类的声明如下：

```
public class File extends Object implements Serializable, Comparable<File>{
    public File(String pathname);             //构造方法,pathname 用于指定路径名
    public String getName();                  //得到一个文件的名称(不包括路径)
    public String getPath();                  //得到一个文件的路径名
    public String getAbsolutePath();          //得到一个文件的绝对路径名
    public String getParent();                //得到一个文件的上一级目录名
    public String renameTo(File newName);     //将当前文件名转换为给定的完整文件路径
    public boolean exists();             //测试当前 File 对象所指示的文件是否存在
    public boolean canWrite();           //测试当前文件是否可写
    public boolean canRead();            //测试当前文件是否可读
    public boolean isFile();             //测试当前文件是否是文件(不是目录)
    public boolean isDirectory();        //测试当前文件是否是目录
    public long lastModified();          //得到文件最近一次修改的时间
    public long length();                //得到文件的长度,以字节为单位
    public boolean delete();             //删除当前文件
    public boolean mkdir();              //根据当前对象生成一个由该对象指定的路径
    public String[] list();              //以字符串数组形式返回当前目录下的所有文件
    public File[] listFiles();           //以 File 类数组形式列出当前目录中的所有文件
}
```

该类是文件和路径名的抽象表示形式。

File 类的实例是不可变的，也就是说，一旦创建，File 对象表示的抽象路径名将永不改变。

【例 9-12】 文件类的使用(FileUse. java)

```
package ch94;
/*
    功能简介：文件类的使用。
 */
```

```
import java.io.File;
import java.util.Date;
import java.text.SimpleDateFormat;
import java.io.IOException;

public class FileUse{
    public FileUse(){
        //当前目录
        File dir=new File(".");
        //统计目录数
        int count_dirs=0;
        //统计文件数
        int count_files=0;
        //统计所有文件总字节数
        long byte_files=0;
        System.out.println(dir.getAbsolutePath()+"目录\r\n");
        //SimpleDateFormat 类实现日期格式转换(日期->文本)、(文本->日期)
        SimpleDateFormat sdf=new SimpleDateFormat("yyyy-MM-dd hh:mm");
        File[] files=dir.listFiles();
        for (int i=0;i<files.length;i++){
            //显示文件名
            System.out.print(files[i].getName()+"\t");
            //判断指定 File 对象是否是文件
            if (files[i].isFile()){
                //显示文件长度
                System.out.print(files[i].length()+"B\t");
                count_files++;
                byte_files+=files[i].length();
            }
            else{
                //<DIR>表示 file 对象是目录
                System.out.print("<DIR>\t");
                count_dirs++;
            }
            System.out.println(sdf.format(new Date(files[i].lastModified())));
        }
        System.out.println("\r\n 共有"+count_files+"个文件,总字节数为 "+byte_
        files);
        System.out.println("共有"+count_dirs+"个目录");
    }
    public static void main(String args[]) throws IOException {
        new FileUse();
    }
}
```

文件结构和运行效果如图 9-17 所示。

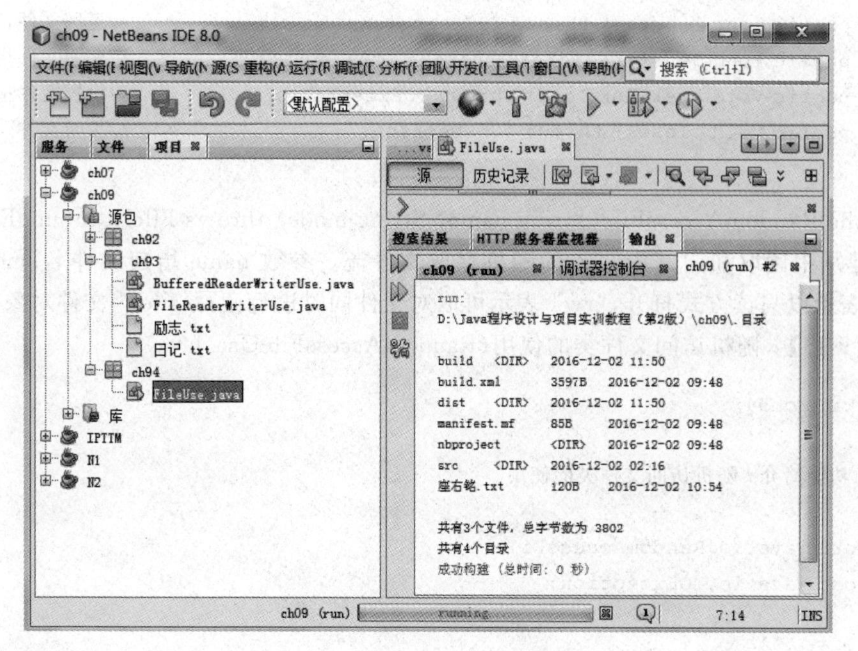

图 9-17　文件结构和运行效果

9.4.2　随机访问文件类

RandomAccessFile 类的实例支持对随机存取文件的读取和写入。随机存取文件类似于存储在文件系统中的一个大型字节数组。存在指向该隐含数组的光标或索引，称为文件指针；输入操作从文件指针所指位置开始读取字节，并随着对字节的读取而前移此文件指针。如果随机存取文件以读取/写入模式创建，则也可以进行输出操作；输出操作从文件指针所在位置开始写入字节，并随着对字节的写入而前移此文件指针。在隐含数组的当前末尾之后进行输出操作将导致该数组扩展。该文件指针可以通过 getFilePointer()方法获取，并通过 seek()方法设置指向的位置。

通常，如果此类中的所有读取操作在读取所需数量的字节之前已到达文件末尾，则抛出 EOFException(是一种 IOException)。如果由于某些原因无法读取任何字节，而不是在读取所需数量的字节之前已到达文件末尾，则抛出 IOException，而不是 EOFException。需要特别指出的是，如果流已被关闭，则可能抛出 IOException。

随机访问文件类可以对一个文件同时进行读、写操作，可以在文件中的指定位置随机读写数据。

RandomAccessFile 类的声明如下：

```
public class RandomAccessFile extends Object implements DataOutput,DataInput,
Closeable {
    public RandomAccessFile(String name, String mode) throws FileNotFoundException;
    public RandomAccessFile(File file, String mode) throws FileNotFoundException;
    public final int readInt() throws IOException;              //读取一个整型值
    public final void writeInt(int v) throws IOException;       //写入一个整型值
```

```
    public long length() throws IOException;                        //返回文件长度
    public long getFilePointer() throws IOException;                //获取文件指针位置
    public void seek(long pos) throws IOException;                  //设置文件指针位置
    public void close() throws IOException;                         //关闭文件
}
```

public RandomAccessFile(String name, String mode) throws FileNotFoundException 用于创建从中读取和向其中写入的随机存取文件流。参数 name 指定文件名；mode 是模式，"r"表示以只读方式打开，"rw" 表示可以对文件同时进行读写；file 为文件对象。

【例 9-13】 随机访问文件类的使用(RandomAccessFileUse. java)

```
package ch94;
/*
    功能简介：随机访问文件类的使用。
 */
import java.io.RandomAccessFile;
import java.io.IOException;

public class RandomAccessFileUse{
    public RandomAccessFileUse(){
        try{
            RandomAccessFile f=new RandomAccessFile("写偶数.txt", "rw");
            int a;
            /*通过 for语句向"写偶数.txt"文本文件中写入 10 个偶数,即 0,2,4,6,…,18。
            */
            for(int i=0;i<10;i++)
                f.writeInt(2*i);
            /*seek(8)从文件开头以字节为单位测量偏移量位置,在该位置设置文件指针,这里
               定位到第 3 个偶数上。
            */
            f.seek(8);
            //f.writeInt(0)把定位到的第 3 个偶数修改为 0
            f.writeInt(0);
            //将文件指针定位到文件的头部
            f.seek(0);
            //把"写偶数.txt"文件中的数据通过一个 for 语句输出
            for(int i=0;i<10; i++){
                a=f.readInt();
                System.out.println("["+i+"]: "+a);
            }
            f.close();
        }catch (IOException e){
            System.err.println(e);
        }
    }
    public static void main(String args[]){
```

```
            new RandomAccessFileUse();
    }
}
```

文件结构和运行效果如图 9-18 所示。

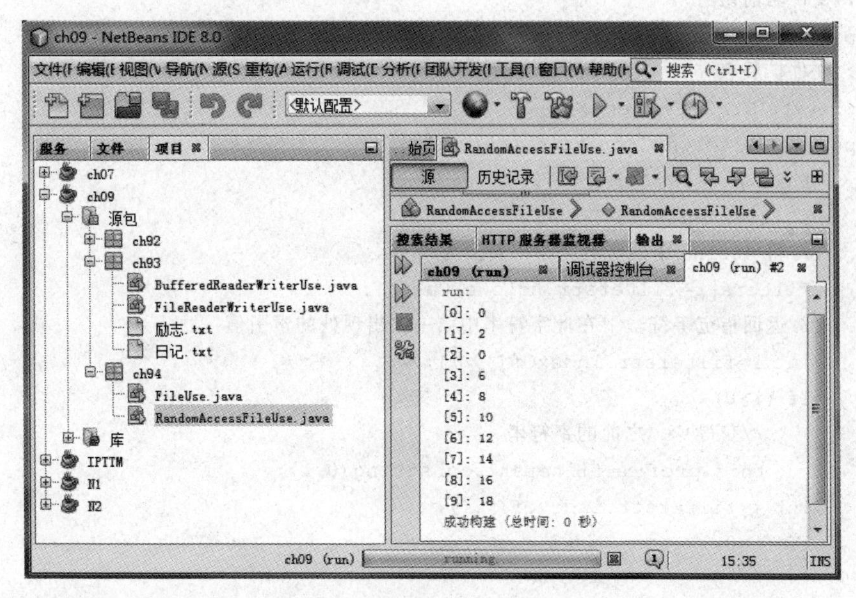

图 9-18　文件结构和运行效果

9.4.3　文件过滤器接口

在查找目录中的文件信息时,假如希望只查看一部分文件,可以使用过滤条件。操作系统中提供了约定的通配符“?”“*”等。如 *.java 表示扩展名为 java 的所有文件。Java 程序中,可以通过 File 类和过滤器接口来实现该功能。

Java 语言提供 FileFilter 和 FilenameFilter 两种对文件过滤的接口。两种过滤接口的声明如下:

```
public interface FileFilter{
    boolean accept(File pathname)
}
public interface FilenameFilter{
    boolean accept(File dir, String name)
}
```

这两个接口通常结合 File 类中的 list(filter)和 listFiles(filter)一起使用。

【例 9-14】 过滤器的使用(FilterUse.java)

```
package ch94;
/*
    功能简介:过滤器的使用。
 */
```

```
import java.io.FilenameFilter;
import java.io.File;

public class FilterUse implements FilenameFilter{
    //文件名前缀
    private String prefix;
    //文件扩展名
    private String extend;
    public FilterUse(String filterstr){
        this.prefix="";
        this.extend="";
        //将 String 中的所有字符都转换为小写
        filterstr=filterstr.toLowerCase();
        //返回指定字符'*'在此字符串中第一次出现处的索引值
        int i=filterstr.indexOf('*');
        if (i>0)
            //获得'*'之前的字符串
            this.prefix=filterstr.substring(0,i);
        int j=filterstr.indexOf('.');
        if (j>0)
        {
            //获得'.'之后的文件扩展名字符串
            this.extend=filterstr.substring(j+1);
            //识别"*.*"
            if (this.extend.equals("*"))
                this.extend="";
        }
        //当前目录
        File dir=new File(".","");
        System.out.println(dir.getAbsolutePath()+"目录中,"+filterstr+"文件如
        下:");
        //获得指定目录中满足过滤器要求的文件名列表
        String[] filenames=dir.list(this);
        for (i=0;i<filenames.length;i++)
            System.out.println(filenames[i]);
    }
    public FilterUse(){
        this("*.*");
    }
    public boolean accept(File dir, String filename){
        filename=filename.toLowerCase();
        return (filename.startsWith(this.prefix))&(filename.endsWith(this.extend));
    }
    public static void main(String args[]){
        new FilterUse("*.txt");
```

```
    }
}
```

文件结构和运行效果如图 9-19 所示。

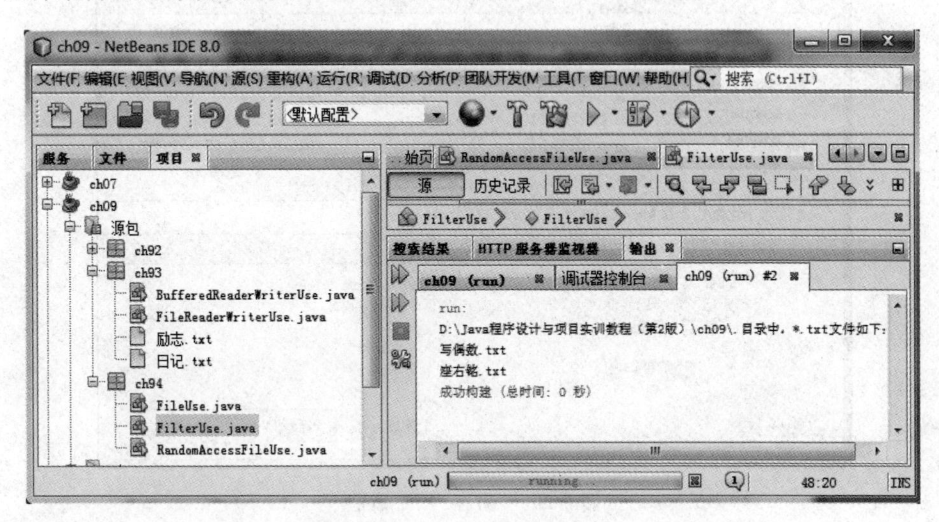

图 9-19　文件结构和运行效果

当调用 list()方法或者 listFiles()方法时，首先获取全部文件列表，再对这个列表按指定条件进行过滤。对列表中的每个数据项调用 accept()方法。如果 accept()方法为真，把相应的数据项保存在列表中，否则将相应的数据项从列表中删除。经过这样不断地过滤得到新的目标文件列表。

9.4.4　文件对话框类

在 Windows 操作系统中，当打开文件、保存文件或者另存文件时，会弹出“另存为”对话框让人们选择，如图 9-20 所示。

Java 语言提供文件对话框类 FileDialog。该类调用 Windows 操作系统中的 API，即调用 Windows 操作系统中的“保存”对话框（“另存为”文件对话框和“保存”对话框是一样的）和“打开”对话框。java.awt.FileDialog 类是 java.awt.Dialog 类的子类。文件对话框是一个独立的、可移动的窗口，给用户提供选择文件的操作。

FileDialog 类的声明如下：

```
public class FileDialog extends Dialog{
    //此常量值指定文件对话框是"打开"对话框
    public static final int LOAD=0;
    //此常量值指定文件对话框是"保存"或"另存为"对话框
    public static final int SAVE=1;
    //创建一个文件对话框,parent 参数指定对话框的所有者
    public FileDialog(Frame parent);
    //创建一个具有指定标题的文件对话框
    public FileDialog(Frame parent,String title);
    //mode 是对话框的模式,可以是 FileDialog.LOAD 或 FileDialog.SAVE
```

图 9-20 “另存为”对话框

```
    public FileDialog(Frame parent,String title,int mode);
    //获取模式
    public int getMode();
    //设置模式
    public void setMode(int mode);
    //将此文件对话框的目录设置为指定目录
    public void setDirectory(String dir);
    //获得文件对话框中当前选定的文件
    public String getFile();
    //获取文件对话框的文件名过滤器
    public FilenameFilter getFilenameFilter();
    //设置文件名过滤器
    public void setFilenameFilter(FilenameFilter filter);
}
```

9.5 常见问题及解决方案

(1) 异常信息提示如图 9-21 所示。

解决方案：该异常发生的原因可能是文本文件“数字.txt”不存在、文件路径不对，或者是实际文件名与程序中使用的文件名不一致。

(2) 异常信息提示如图 9-22 所示。

解决方案：由于按行读取是以行为单位，类型是 String 不是－1，所以改“for (s＝br.readLine();s!＝－1;s＝br.readLine())”为“for (s＝br.readLine();s!＝null;s＝br.readLine())”。

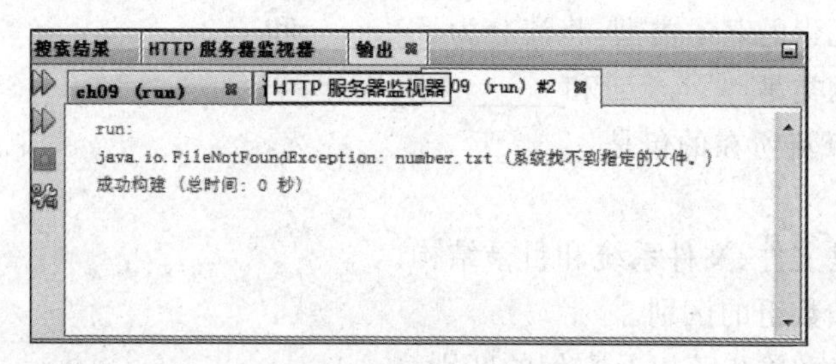

图 9-21　异常信息提示(1)

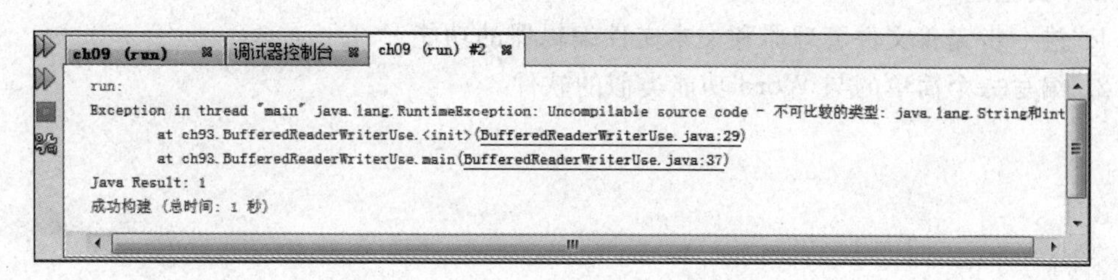

图 9-22　异常信息提示(2)

9.6　本章小结

本章主要介绍文件与流。文件与流是对数据操作的基本技术,通过文件与流的学习能够掌握对数据操作的基本过程和方法,为项目开发奠定基础。

通过本章的学习,应了解和掌握以下内容。

- 输入流。
- 输出流。
- 文件。

总之,通过本章的学习能够使我们掌握对数据的操作,并且为后面章节的学习奠定基础。

9.7　习　　题

一、选择题

1. 所有字节输入流的父类是(　　)。

   A. InputStream　　B. FileInputStream

   C. DataInputStream　　D. BufferInputStream

2. 所有字节输出流的父类是(　　)。

   A. OutputStream　　B. FileOutputStream

   C. DataOutputStream　　D. BufferOutputStream

二、填空题

1. ________用来存储计算机的数据,并可以存放到多种介质上。

2. 按照数据传输的方向,将流分为________和________。

3. 按照流中元素的基本类型，将流分为________和________。

4. 字符流的父类是 ________和________。

5. Java 中 I/O 流所在的包是________。

三、简答题

1. 简述什么是文件、文件系统和目录结构。

2. 简述文件和数组的区别。

3. 简述输入流和输出流以及它们的区别。

四、实验题

1. 进一步完善文件管理器和文本文件编辑器的功能。

2. 编写一个简单的与 Word 功能类似的软件。

第10章 多 线 程

目前主流的操作系统都是多任务、多进程的，即操作系统能够同时执行多项任务。随着计算机软硬件技术的不断提高，怎样提高系统的综合效率是软件应用开发人员应当考虑的问题。为了真正提高系统效率，可以采用多线程技术。Java 语言提供了多线程机制。合理设计和利用多线程可以充分利用计算机资源，提高程序执行效率。

本章主要内容：

- 进程和线程的概念。
- 多线程的实现。
- 线程的生命周期。
- 线程的优先级。
- 线程同步。

10.1 多线程的概念

采用多线程技术的应用程序可以更好地利用系统资源。其主要优势在于充分利用了 CPU 的空闲时间片，可以用尽可能少的时间来对用户的要求做出响应，使得进程的整体运行效率得到较大提高，同时增强了应用程序的灵活性。

10.1.1 程序、进程和线程

在休闲的时候，人们可以一边浏览网页、一边听着歌曲，时不时有好友通过 QQ 系统发来问候。这个时候我们需要通过启动应用程序"千千静听"来听歌、打开 IE 浏览器来看新闻、登录 QQ 系统来聊天。"千千静听"、IE 浏览器和 QQ 都是应用程序。

现在的操作系统都是支持多进程的，进程有时又称为任务。操作系统负责对 CPU 等硬件资源进行合理分配和管理，在每一时刻只能处理某一个事情，由于 CPU 执行速度非常快，如果以非常小的时间间隔（CPU 时间片）交替执行几件事情，给人的感觉就像是几件事情在同时进行一样，这就是操作系统的并发性。也是人们常说的：现在的操作系统是并发的、多进程的、多任务的。

程序是静态的代码，能够提供满足用户需求的功能，但是只有在程序执行时才能够为用户提供功能。用户执行或者打开这些程序的时候，程序就进行一次动态的执行过程，从代码加载到内存、分配内存空间、CPU 执行程序直到程序执行完毕。因此进程就是获取系统资源动态执行程序的一次过程。进程是动态的，程序是静态的。进程是程序动态执行的过程。例如，QQ 软件是程序，但是如果不执行该程序，用户就无法使用其功能，登录后程序执行，就是一个进程。在 Windows 操作系统的任务管理器中，可以查看正在运行的进程,如图 10-1 所示。在任务管理器的“进程”选项卡区域中,TTPlayer. exe 是播放器“千千静听”进程,QQ. exe 是腾讯公司的 QQ 聊天系统进程,iexplore. exe 是微软的 IE 浏览器进程。

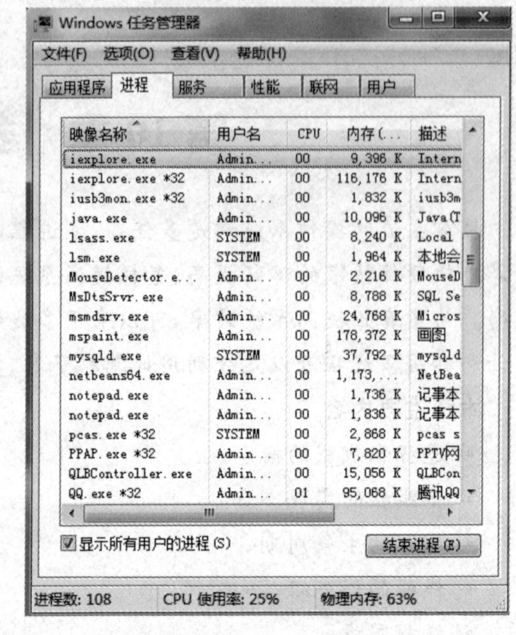

图 10-1　在 Windows 操作系统任务管理器中查看进程

在操作系统中,每个进程都是拥有独立的内存区域的系统资源,进程之间一般不相互占用系统资源,所以一般进程之间的通信比较困难。多进程运行和程序开发没有关系,多进程运行是由计算机的操作系统来实现的。而如果要实现一个程序内部多个任务并发执行,其中的每个任务就称为线程(Thread)。线程是在进程独立内存区域内部独立执行的流程。一个进程内部可以有多个线程,这样的程序就是多线程程序。

以本书第 12 章的网络聊天系统为例。程序由 Java 语言开发,分为客户端程序(一般称为 C)和服务器端程序(一般称为 S,也就是 C/S 模式)。首先运行客户端程序(和人们登录腾讯的 QQ 系统一样,登录的 QQ 系统就是客户端),通过程序的 main()方法启动进程,main()是一个线程,一般称为主线程。可以在不同的地点同时启动许多客户端程序(腾讯的 QQ 系统也是这样)。其次,运行服务器端程序(腾讯的 QQ 系统的服务器端程序,由腾讯公司负责启动。没有服务器端就无法进行聊天,服务器端的软件实现 QQ 用户的管理,如账号管理、聊天信息管理以及实现聊天等功能),服务器端进程的启动也是通过 main()方法。客户端和服务器端的进程都启动后,会有许多客户端用户想和自己的朋友、同学聊天。当我们发送消息,服务器端会与客户端进行通信,在服务器端会启动一个对应的线程进行通信,这样看起来似乎每个客户端都在同时与服务器端进行通信。以腾讯 QQ 聊天系统为例,腾讯 QQ 注册用户大约 7 亿,经常在线的有 5 亿,如果不用多线程编程技术,假定有 3 亿人在线聊天,用户就要排队把信息发出去。可以想象,你发过去第一条信息后,对方有可能经过好多分钟后才能收到你的信息。这样不仅发送时间长,而且 CPU 的利用率也很低。

为了提高程序的执行效率和系统资源的综合利用率,可以把进程分为多个线程同时执行。

程序执行后就是进程,进程可以分多个线程,线程能够并发执行多项进程内部的操作。

10.1.2　使用线程的好处

使用多线程编程有如下优点。

(1) 可以把程序中执行时间长的任务放到后台(交给线程)处理。

(2) 用户界面可以更加吸引人,比如当用户单击了一个按钮触发某些事件的处理时,可以弹出一个进度条来显示处理的进度,从而提供友好的操作界面。

(3) 程序的运行速度可能加快。

(4) 在实现一些需要等待的任务时,如用户输入、文件读写和网络收发数据等,线程就比较有用了。在这种情况下可以释放一些珍贵的资源,如内存等。

(5) 充分利用系统资源。如充分利用 CPU 资源,最大限度地发挥硬件性能。

10.2 线程的实现

除了人们经常用到的 QQ 聊天系统是用多线程技术实现的以外,Java 程序开发过程中用到的很多专业技术软件也是采用多线程机制开发的。如 MySQL 数据库、Microsoft SQL Server 数据库、Tomcat 服务器、JVM 虚拟机等。

在实现多线程编程时要声明一个类,该类实现 Runnable 接口,或者通过继承 Thread 类就会具有多线程的能力,然后创建线程对象,用线程对象调用方法启动线程。这样就能够实现多线程的处理。

程序中可以有多个具有线程能力的类。一个程序同时可以启动两个或多个线程,每个线程在处理具体业务时可以分为若干个子线程来处理。

Java 语言提供 3 种线程实现方式:Thread、Runnable 和 Timer/TimerTask。

10.2.1 继承 Thread 线程类

Java 虚拟机允许应用程序并发地运行多个线程。创建新线程的一种方法是将类声明为 Thread 的子类。该子类应重写 Thread 类的 run()方法。

Thread 类的声明如下:

```
public class Thread extends Object implements Runnable{
    public Thread();                                    //构造方法
    public Thread(String name);                         //name 指定线程名
    public Thread(Runnable target);                     //target 指定线程的目标对象
    public Thread(Runnable target,String name)
    public void run()                                   //描述线程操作的线程体
    {
        if(target!=null)
              target.run();                             //用于执行目标对象的 run()方法
    }
    public final String getName();                      //返回线程名
    public final void setName(String name);             //设置线程名
    public static int activeCount();                    //返回当前活动线程个数
    public static Thread currentThread();               //返回当前执行线程对象
    public synchronized void start();                   //启动已创建的线程对象
    public String toString();              //返回线程的字符串信息,包括名字、优先级和线程组
}
```

【例 10-1】 ThreadUse 类的使用(ThreadUse.java)

```
/*
    功能简介:Thread 类的使用。通过继承类 Thread 声明一个多线程的类,由于 Thread 类是线程
```

```
类,所以通过继承 Thread 声明的类也是线程类。该类的功能是通过两个线程类分别输出奇数和
偶数。
*/
public class ThreadUse extends Thread{
    private String name;                                  //线程名
    private int a;                                        //输出序列的初始值
    public ThreadUse(String name,int a){
        super(name);
        this.a=a;
    }
    public ThreadUse(String name){
        this(name,0);                                     //调用当前对象
    }
    //覆盖父类 Thread 类的线程体 run()方法
    public void run(){
        int i=a;
        //获取线程名并输出
        System.out.print("\n"+this.getName()+":");
        while(i<200)                                  //通过 while 语句把数字输出后自增 2
        {
            System.out.print(i+"  ");
            i+=2;
        }
        System.out.println(this.getName()+"结束!");
    }
    public static void main(String args[]){
        ThreadUse t1=new ThreadUse("奇数线程",1);      //创建线程对象
        ThreadUse t2=new ThreadUse("偶数线程",2);
        t1.start();                                       //启动线程
        t2.start();                                       //启动线程
    }
}
```

main()方法也是一个线程,称为主线程。在 main()方法中首先创建两个线程对象 t1 和 t2,分别调用 start()方法启动后,两个对象分别执行各自的 run()方法即线程体,输出数字序列。

文件结构和运行效果如图 10-2 所示。

从图 10-2 中可以看出,奇偶数字是交替出现的。这是因为,启动线程对象的语句顺序只是决定线程对象的启动顺序。线程启动后与系统中的其他线程一样要等待操作系统调度后执行,线程何时执行、线程执行次序以及是否被高优先级的线程打断都不由程序控制,而是由操作系统决定。奇数线程的执行时间较长,执行过程中一个 CPU 时间片结束,下一个 CPU 时间片执行偶数线程;偶数线程还没有执行完,一个 CPU 时间片又结束,又执行奇数线程。因此,程序运行时两个线程交替执行,产生交替输出数字序列的效果。由于线程运行结果的不确定性,多次运行程序有可能产生不同的输出结果,也有可能后启动的线程先执行。

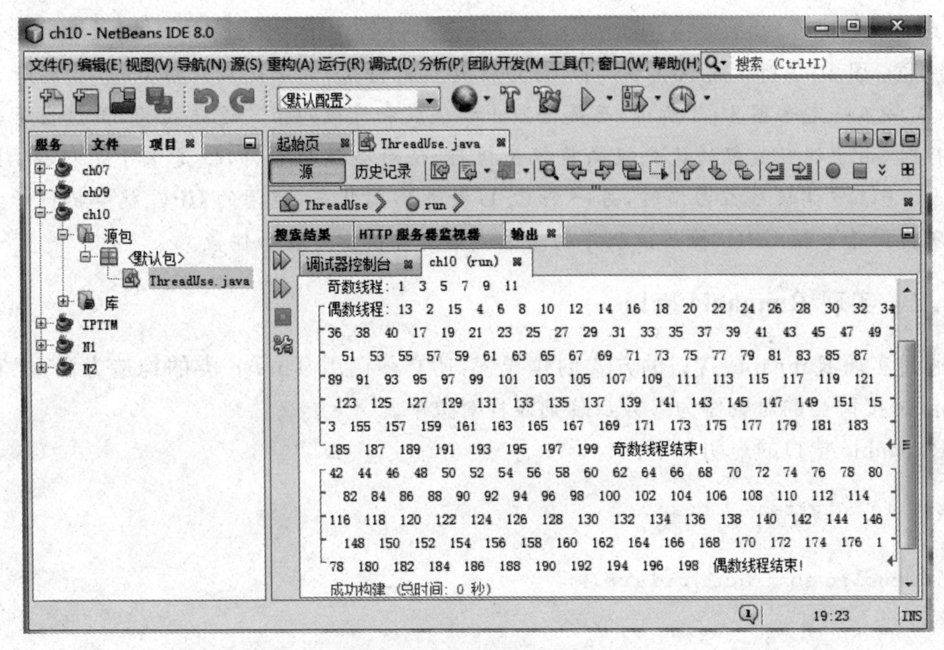

图 10-2 文件结构和运行效果

如果改变线程的优先级,程序的执行结果就会不一样。

如果例 10-1 中的其他代码不变,对 main(String args[])方法做如下修改:

```
public static void main(String args[]){
    ThreadUse t1=new ThreadUse("奇数线程",1);        //创建线程对象
    ThreadUse t2=new ThreadUse("偶数线程",2);
    t1.start();                                      //启动线程
    t2.start();                                      //启动线程
    t2.setPriority(10);                              //设置 t2 的优先级为 10
}
```

运行结果如图 10-3 所示。

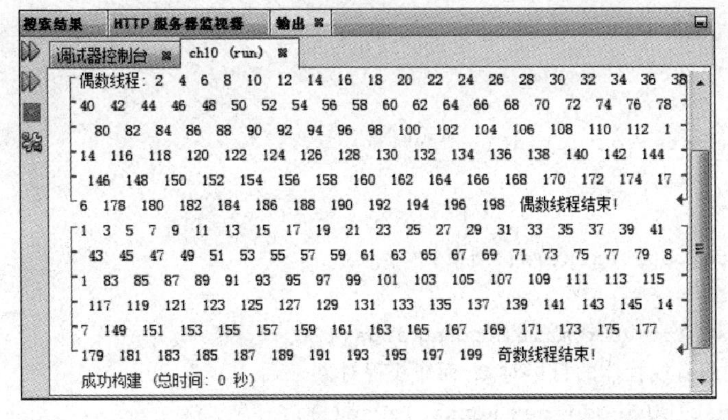

图 10-3 线程优先级设定以后的运行结果

由于线程 t2 的优先级 10 为最高,所以即使先启动线程 t1,最后还是先执行优先级高的

线程 t2。

注意：图 10-3 所示是该类在单核 CPU 上运行的结果，如果是在双核 CPU 上运行该程序，结果将不一定如图 10-3 所示，而是轮流出现偶数和奇数的值。这是因为，虽然当奇数线程执行时，由于偶数线程的优先级高将优先执行，使奇数线程等待，但是由于是双核 CPU，当一个 CPU 被偶数线程占用时，另一个 CPU 处于空闲状态，空闲的 CPU 就会执行奇数线程。所以对于双核 CPU，执行该程序的结果还是交替输出奇数和偶数。

10.2.2 实现 Runnable 接口

通过实现 Runnable 接口的方式创建线程，还必须调用 Thread 类的构造方法，把实现 Runnable 接口类的对象作为参数封装到线程对象中。

Runnable 接口的声明如下：

```
public interface Runnable
{
    public abstract void run();
}
```

【例 10-2】 Runnable 接口的使用(RunnableUse.java)

```
/*
    功能简介：Runnable 接口的使用。声明一个类以实现 Runnable 接口的功能。该类不是线
    程类。
 */
public class RunnableUse implements Runnable{
    private int a;
    public RunnableUse(int a){
        this.a=a;
    }
    //实现接口的方法
    public void run(){
        int i=a;
        System.out.println();
        while(i<200)
        {
            System.out.print(i+"  ");
            i+=2;
        }
        System.out.println("结束！");
    }
    public static void main(String args[]){
        //创建有线程体的目标对象，而非线程对象
        RunnableUse odd=new RunnableUse(1);
        //以目标对象为对象，通过 Thread 类的构造方法创建线程对象
        Thread t1=new Thread(odd,"奇数线程");
        t1.start();                                         //启动线程对象
```

```
        //创建有线程体的目标对象,而非线程对象
        RunnableUse even=new RunnableUse(2);
        //以目标对象为对象,通过 Thread 类的构造方法创建线程对象
        Thread t2=new Thread(even,"偶数线程");
        t2.start();                                         //启动线程对象
    }
}
```

RunnableUse 类是实现接口 Runnable 的类,它没有继承 Thread 类。RunnableUse 类的对象 odd 和 even 本身不是线程对象,没有 start()方法。odd 实现了 Runnable 的 run()方法,odd 对象可以作为一个线程对象的目标对象。以目标对象为参数,通过 Thread 类的构造方法,执行语句"Thread t1=new Thread(odd,"奇数线程");"创建线程对象。以目标对象为参数创建的线程对象 t1 在运行时将实际执行 odd 的 run()方法。

例 10-1 中的 ThreadUse 类继承 Thread 类并覆盖了 Thread 类的 run()方法,所以 ThreadUse 类的对象有自己的非空的 run()方法,执行的也是自己的 run()方法,因此不需要目标对象。

例 10-1 和例 10-2 分别使用两种方式创建线程对象,效果相同。但两种创建线程对象的方法有如下区别。

(1) 通过继承 Thread 类的方式声明的类,必须覆盖 Thread 类中的 run()方法,在该方法中直接声明线程对象所要执行的操作。这种方式声明的类具有 Thread 类的方法,其对象本身就是线程对象,可以直接控制和操作。

(2) 通过实现 Runnable 接口方式声明的类,其对象本身不是线程对象,需要再声明线程对象,并用实现 Runnable 接口的类对象作为线程对象的目标对象。

10.2.3 使用 Timer 类和继承 TimerTask 类

Timer 类是一种线程类,用于安排在后台线程中执行的任务。可安排任务执行一次,或者定期重复执行。

通过继承 TimerTask 类声明的类具有多线程的能力,可以将要执行的线程功能写在线程体 run()方法中,然后通过 Timer 类启动线程的执行。在实际使用时,一个 Timer 类可以启动多个继承了 TimerTask 类的线程对象。Timer 类实现的是类似闹钟的功能,即定时或者每隔一段时间触发一次线程。

【例 10-3】 Timer 类和 TimerTask 类的使用(TimerTimerTaskUse.java)

```
/*
    功能简介:Timer 类和 TimerTask 类的使用。
*/
import java.util.Timer;
import java.util.TimerTask;

public class TimerTimerTaskUse extends TimerTask{
    private int a;                              //输出序列的初始值
    public TimerTimerTaskUse(int a){
        this.a=a;
```

```
    }
    public void run(){
        int i=a;
        while(i<200)                        //通过 while 语句输出数字并自增 2
        {
            System.out.print(i+"  ");
            i+=2;
        }
        System.out.println("结束!");
    }
    public static void main(String args[]){
        //创建 Timer 对象,用于启动线程
        Timer t=new Timer();
        //创建继承了 TimerTask 类的类对象,即 TimerTask 类的子类对象
        TimerTimerTaskUse tu=new TimerTimerTaskUse(2);
        /* Timer 对象启动线程,方法是 t.schedule(tu,0),0 表示立即启动,如果把 0 改为
           1000,表示 1000ms 及其以后启动线程。 */
        t.schedule(tu,0);
    }
}
```

10.3 线程的生命周期

线程从创建到执行完成的整个过程称为线程的生命周期。在线程的生命周期中会经历 6 种状态,即新建状态、就绪状态、运行状态、等待状态、阻塞状态和终止状态,如图 10-4 所示。

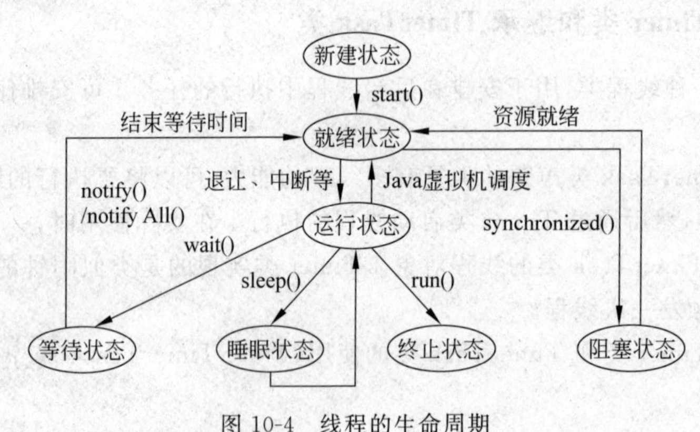

图 10-4　线程的生命周期

10.3.1 线程的状态

线程在生命周期中总会处于某个状态,线程的状态有以下 6 种。

(1) 新建状态。使用 new 运算符创建一个线程对象后,该线程仅仅是一个空对象,系统没有为它分配资源,该线程处于新建状态。

(2) 就绪状态和运行状态。从操作系统角度看,处于新建状态的线程调用 start()启动

线程后，进入就绪状态，再由操作系统调度执行而成为运行状态。由于线程调度由操作系统控制和管理，程序无法控制，所以，从程序设计角度看，线程启动后即进入运行状态，程序中不需要区分就绪状态或运行状态。对于进入运行状态的线程对象，系统会执行线程对象的run()方法。

(3) 阻塞状态和等待状态。一个运行状态的线程因某种原因不能继续运行时，进入阻塞状态或等待状态。处于阻塞状态或等待状态的线程不能执行，即使处理器空闲也不能执行。只有当引起阻塞的原因被消除或等待的条件满足时，线程再转入运行状态，重新进入线程队列排队等待运行，再次运行时将从暂停处继续运行。导致线程进入阻塞状态或等待状态的原因有多种，如输入输出、等待消息、睡眠和锁定等。等待状态有 WAITING 和 TIMED_WAITING 两种，WAITING 的等待时间不确定，TIMED_WAITING 的等待时间是确定值。

(4) 终止状态。线程对象停止运行且未被撤销时处于终止状态。导致线程终止有两种情况：运行结束或被强行停止。当线程对象的 run()方法执行结束时，该线程对象进入终止状态，等待系统撤销对象所占用的资源；当进程因故停止运行时，该进程中的所有线程将被强行终止。

10.3.2 线程的优先级

在操作系统中，同一时刻有多个线程处于可运行状态，它们需要排队等待 CPU 资源，只有获取 CPU 时间片后才能执行。每个线程在排队等待时，根据线程重要性以及紧急程度自动获取一个优先级。可运行状态的线程按优先级进行排队，在优先级相同的基础上依据“先到先服务”原则进行线程的调度。

Java 语言提供 10 个等级的线程优先级，分别用 1～10 表示，优先级最低为 1，最高为 10，默认值为 5。

Thread 类中声明了 3 个表示优先级的公有静态常量：

```
public static final int MIN_PRIORITY=1;            //最低优先级
public static final int NORM_PRIORITY=5;           //默认优先级
public static final int MAX_PRIORITY=10;           //最高优先级
```

Thread 类中与线程优先级有关的方法有以下两个：

```
public final int getPriority();                    //获得线程的优先级
public final void setPriority(int newPriority);    //设置线程的优先级
```

在线程执行的过程中，如果遇到优先级比它高的线程，原则上该线程应被中断，先执行优先级高的线程，等优先级高的线程执行完成后，再执行该线程。

【例 10-4】 线程优先级的使用(PriorityUse.java)

```
/*
    功能简介：线程优先级的使用。
 */
public class PriorityUse extends Thread{
    public PriorityUse(String name,int i){
```

```
            setName(name);
            setPriority(i);
        }
        public void run(){
            //通过 for 语句循环输出线程名字和级别,每次循环间隔是 3000ms
            for(int i=0;i<6;i++){
                System.out.println("线程名字:"+getName()+""+"线程优先级别:"+
                        getPriority());
                try{
                    Thread.sleep(3000);
                }catch(InterruptedException e){
                        System.err.println(e);
                        e.printStackTrace();
                }
            }
        }
        public static void main(String args[]){
            PriorityUse t1=new PriorityUse("线程 1",9);
            t1.start();
            PriorityUse t2=new PriorityUse("线程 2",6);
            t2.start();
            PriorityUse t3=new PriorityUse("线程 3",7);
            t3.start();
        }
}
```

10.3.3 线程的调度

线程对象生成后处于新建状态,该状态表示线程对象初始化完成,但没有启动,也不会获取 CPU 的执行时间。通过 start()方法使该线程进入就绪状态,等待 CPU 的执行,一旦执行就进入运行状态。进入就绪状态的线程等待系统调度,在运行状态和阻塞状态之间切换。当线程执行完成后切换到终止状态,释放线程占用的资源,线程结束。

在线程执行的过程中,可以根据具体的需要调用 Thread 类的方法改变线程的状态。下面介绍 Thread 类中常用的改变线程状态的方法。

1. sleep()方法

执行 sleep()方法可以使当前线程睡眠若干毫秒。睡眠就是线程停止执行,直到指定睡眠时间结束为止。睡眠的线程由运行状态进入不可运行的状态,等到睡眠时间结束后线程再次进入可运行状态。

【例 10-5】 sleep()方法的使用(SleepUse.java)

```
/*
    功能简介:sleep()方法的使用。开发一个简单的电子时钟,在图形用户界面实时显示时间。
*/
import javax.swing.*;
```

```
import java.awt.*;
import java.util.*;

public class SleepUse {
    public SleepUse(){
        JFrame app=new JFrame("电子时钟");
        Container c=app.getContentPane();
        JLabel clock=new JLabel("电子时钟");
        clock.setHorizontalAlignment(JLabel.CENTER);        //设置标签水平对齐方式
        c.setLayout(new BorderLayout());
        c.add(clock,BorderLayout.CENTER);
        app.setSize(160,80);
        app.setLocation(600,300);
        app.setDefaultCloseOperation(JFrame.EXIT_ON_CLOSE);
        app.setVisible(true);
        Thread t=new MyThread(clock);
        t.start();
    }
    class MyThread extends Thread{
        private JLabel clock;
        public MyThread(JLabel clock){
            this.clock=clock;
        }
        public void run(){
            while(true){
                    clock.setText(this.getTime());
                    try{
                          Thread.sleep(1000);
                    }catch(Exception e){
                          System.err.println(e);
                          e.printStackTrace();
                    }
                }
        }
        public String getTime(){
            Calendar cl=new GregorianCalendar();
            String time=cl.get(Calendar.YEAR)+"-"+(cl.get(Calendar.MONTH)+1)+"
                      -"+cl.get(Calendar.DATE)+" ";
            int h=cl.get(Calendar.HOUR_OF_DAY);
            int m=cl.get(Calendar.MINUTE);
            int s=cl.get(Calendar.SECOND);
            time+=h+":"+m+":"+s;
            return time;
        }
    }
```

```
    public static void main(String args[]){
        new SleepUse();
    }
}
```

图 10-5　程序运行效果

程序运行效果如图 10-5 所示。

注意：上面的时钟不一定是精确的，因为线程在睡眠结束后要转入等待队列，不一定能立即运行。

2. yield()方法

执行 yield()方法可以暂停当前线程执行，将 CPU 资源让出来，允许其他线程执行，但该线程仍然处于可运行状态，不切换为阻塞状态。这时，系统选择其他同优先级线程执行，若无其他同优先级的线程，则选中该线程继续执行。

yield()方法的优点是能够保证在有线程的时候不会让 CPU 闲置。主要针对多个线程合作的问题，适用于强制线程间的合作。

【例 10-6】　yield()方法的使用(YieldUse.java)

```
/*
    功能简介：yield()方法的使用。
*/
import java.util.*;

public class YieldUse extends Thread{
    private String name;
    private boolean b;
    public YieldUse(String name,boolean b){
        this.setName(name);                          //设置线程名字
        this.b=b;
    }
    public void run(){
        long start=new Date().getTime();
        /*使用 for 语句是为了控制线程循环执行，否则 3 个线程会在一个 CPU 时间片内执行完。
          使用两个 for 语句可以观察到：在执行该线程时，若使用了 yield()方法，要等待同优
          先级的线程执行完后该线程才执行，所以该线程执行的时间会长一些。*/
        for(int i=0;i<6000;i++){
            if(b)
                Thread.yield();
            for(int j=0;j<10000;j++){
                ;
            }
        }
        long end=new Date().getTime();
        System.out.println("\n"+this.getName()+" "+"执行时间:"+(end-start)+"毫秒");
    }
    public static void main(String args[]){
        YieldUse t1=new YieldUse("线程 1",false);
```

```
        YieldUse t2=new YieldUse("线程 2",true);
        YieldUse t3=new YieldUse("线程 3",false);
        t1.start();
        t2.start();
        t3.start();
    }
}
```

程序运行效果如图 10-6 所示。

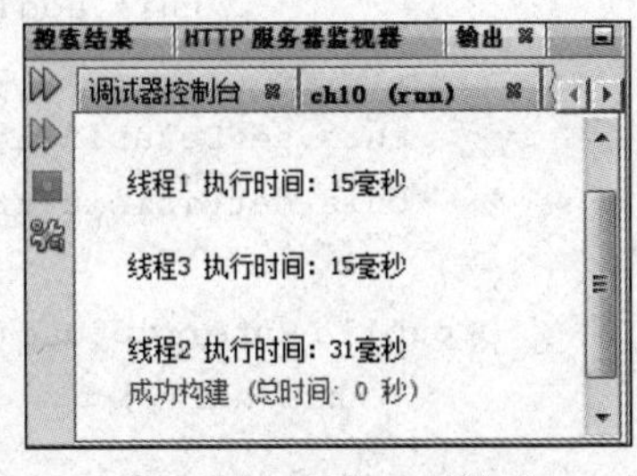

图 10-6　程序运行效果

注意：由于计算机硬件和软件系统运行环境的不同，以及运行在计算机上的软件数量不同，所以在不同计算机环境中运行该程序的效果也不同。另外，再次执行该程序时，由于在 CPU 中排队被调用的顺序有可能不同，有可能线程 3 执行所用时间比线程 1 短，而线程 2 的执行时间比其他两个线程时间长。

3. interrupt()方法

执行 interrupt()方法可以设置当前线程对象的运行中断标记，与该方法配合使用的还有如下两个判断线程是否中断的方法：

```
public boolean isInterrupted()方法
public static boolean interrupted()方法
```

上述两个方法的关系是：interrupt()方法为线程设置一个中断标记，以便 run()方法运行时使用 isInterrupted()方法检测到，此时线程在 sleep()方法中被阻塞时，由 sleep()方法抛出一个 InterruptedException 异常，然后捕获这个异常以处理中断操作。

【例 10-7】　interrupt()方法的使用(InterruptUse.java)

```
/*
    功能简介：interrupt()方法的使用。实现在图形用户界面上使用线程演示滚动字符的功能。
    本程序由框架中的 3 个面板组成，每个面板都有一个文本框，字符串在文本框内向左移动。3 个
    面板对应了 3 个线程对象。
*/
import java.awt.*;
import java.awt.event.*;
import javax.swing.*;

public class InterruptUse extends JFrame{
    public InterruptUse(String[] texts)          //texts 用来保存需要滚动的字符串
    {
        super("interrupt()方法的使用——字体滚动");
        this.setSize(400,300);
        this.setLocation(300,260);
        //if 语句，用于设置至少一行字符串
        if(texts==null||texts.length==0)
            this.add(new RollbyJPanel("欢迎学习 Java 程序设计!"));
        else{
```

```
            this.setLayout(new GridLayout(texts.length,1));
                                                                //网格布局,一行若干列
            for(int i=0;i<texts.length;i++)
                this.add(new RollbyJPanel(texts[i]));
        }
        this.setDefaultCloseOperation(EXIT_ON_CLOSE);
        this.setVisible(true);
    }
    public InterruptUse(){
        this(null);
    }
    //自定义内部私有面板类,实现事件监听器接口和线程接口
    private class RollbyJPanel extends JPanel implements ActionListener,Runnable{
        private JTextField text_word;                           //滚动字
        private JTextField text_sleep;                          //线程睡眠
        private JButton button_start,button_interrupt;          //启动按钮,中断按钮
        private JTextField text_state;                          //线程状态
        private Thread thread_rollby;                           //线程对象
        private int sleeptime;                                  //线程睡眠时间
        private RollbyJPanel(String text)                       //内部面板类的构造方法
        {
            this.setLayout(new GridLayout(2,1));
            for(int i=0;i<100;i++)                              //for语句用于为字符串添加空格
                text=text+" ";
            text_word=new JTextField(text);
            this.add(text_word);
            JPanel panel_sub=new JPanel(new FlowLayout(FlowLayout.LEFT));
            this.add(panel_sub);
            panel_sub.add(new JLabel("sleep"));
            //使用Math类中的random()生成一个随机数,用于设定线程的睡眠时间
            this.sleeptime=(int)(Math.random()*100);
            text_sleep=new JTextField(""+sleeptime,5);
            panel_sub.add(text_sleep);
            text_sleep.addActionListener(this);
            button_start=new JButton("启动");
            panel_sub.add(button_start);
            button_start.addActionListener(this);
            button_interrupt=new JButton("中断");
            panel_sub.add(button_interrupt);
            button_interrupt.addActionListener(this);
            thread_rollby=new Thread(this);     //创建线程对象,目标对象是当前对象
            button_interrupt.setEnabled(false);          //设置中断按钮为无效状态
            panel_sub.add(new JLabel("state"));
            //设置初始文本和列数
            text_state=new JTextField(""+thread_rollby.getState(),10);
```

```
        text_state.setEditable(false);
        panel_sub.add(text_state);
    }
    public void run(){
        //判断线程是活动的且未被中断
        while(thread_rollby.isAlive()&&! thread_rollby.isInterrupted())
        {
            try{
                String str=text_word.getText();
                str=str.substring(1)+str.substring(0,1);
                text_word.setText(str);
                thread_rollby.sleep(sleeptime);  //线程睡眠,抛出异常
            }
            catch(InterruptedException e){
                break;                   //一旦中断则抛出异常,处理结果为退出循环
            }
        }
    }
    public void actionPerformed(ActionEvent e)        //事件处理
    {
        if(e.getSource()==button_start)               //单击"启动"按钮时
        {
            thread_rollby.start();
            text_state.setText(""+thread_rollby.getState());
                                                  //显示线程状态
            button_start.setEnabled(false);   //设置"启动"按钮为不可编辑状态
            button_interrupt.setEnabled(true); //设置"中断"按钮为可编辑状态
        }
        if(e.getSource()==button_interrupt)    //单击"中断"按钮时
        {
            thread_rollby.interrupt();         //设置当前线程对象中断标记
            text_state.setText(""+thread_rollby.getState());
            button_start.setEnabled(true);     //设置"启动"按钮为可编辑状态
            button_interrupt.setEnabled(false);
                                              //设置"中断"按钮为不可编辑状态
        }
    }
  }
  public static void main(String arg[]){
      String[]texts={"欢迎学习 Java 程序设计!","Java 将带你进入面向对象的时
      代!","一分耕耘、一分收获! Java 语言你学好了吗?"};
      new InterruptUse(texts);
  }
}
```

程序运行效果如图 10-7 所示。

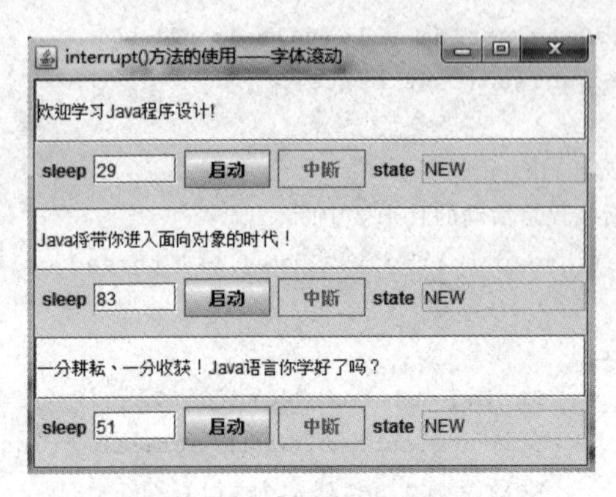

图 10-7 程序运行效果

10.4 线程的同步

多线程为程序开发带来许多便利，但在多个线程同时访问同一个资源时，如果处理不好，多线程也会带来一些问题。Java 语言中使用线程同步来解决在多线程中对同一资源访问带来的问题。

10.4.1 线程间的关系

在系统资源里面，线程之间有的有关系，有的无关系。例如，两个进程的线程一般没有关系；如果是同一个进程的多个线程，有可能由于要同时访问或操作同一个数据，它们之间就存在关联。处理不好线程之间的关系将导致很多问题。

1. 无关线程

无关线程是指多个线程分别在不同的内存区域或变量集合上操作。一个线程的执行与其他并发线程的进展没有关系，即一个线程不会改变另一个线程的变量值。

2. 交互线程

交互线程是指多个线程共享同一个内存区域的某些变量，一个线程的执行可能影响其他线程的执行结果。交互的线程之间具有制约关系。因此，线程的交互必须是有控制的，否则会出现不正确的结果。

同一个进程中的多个线程由系统调度而并发执行时，彼此之间没有直接联系，并不知道其他线程的存在，一般情况下，也不受其他线程执行的影响。但是，如果两个线程要访问同一资源，则线程间存在资源竞争关系，这是线程间的间接制约关系。一个线程通过操作系统分配得到该资源，另一个将不得不等待，这时一个线程的执行可能影响同其竞争资源的其他线程。

在极端的情况下，被阻塞线程永远得不到访问权，从而不能成功地终止。所以，资源竞争出现了两个问题：一个是死锁问题，一组线程如果都获得了部分资源，还想要得到其他线程所占用的资源，最终所有的线程将陷入死锁；另一个是饥饿问题，一个线程由于其他线程总是优先于它而被无限期拖延。由于操作系统负责资源分配，所以操作系统必须协调好线程对资源的争用。操作系统需要保证诸线程能互斥地访问共享资源，既要解决饥饿问题，也要解决死锁问题。

3. 线程竞争关系和协作关系

交互线程间存在两种关系：竞争关系和协作关系。

当一个进程中的多个线程为完成同一任务而分工协作时，它们彼此之间有联系，知道其他线程的存在，而且受其他线程执行的影响，这些线程间存在协作关系，这是线程间的直接制约关系。由于合作的每一个线程都是独立地以不可预知的速度推进，这就需要相互协作的线程在某些协调点上协调各自的工作。当合作线程中的一个到达协调点后，在尚未得到其他伙伴线程发来的信号之前应阻塞自己，直到其他合作线程发来协调信号后才被唤醒并继续执行。这种协作线程之间相互等待对方消息或信号的协调关系称为线程同步。

交互线程并发执行时相互之间会产生干扰或影响其他线程的执行结果，因此交互线程间需要有同步机制。

线程的同步机制包括线程互斥和线程同步，线程互斥是线程同步的特殊情况。存在竞争关系的交互线程间需要采用线程互斥方式解决共享资源访问冲突问题；存在协作关系的交互线程间需要采用线程同步方式解决线程间的通信及因执行速度不同而引起的不同步问题。

4. 线程互斥和临界区管理

线程互斥是解决线程间竞争关系的手段。线程互斥是指若干个线程都需要使用同一共享资源时，任何时刻最多允许一个线程使用该资源，其他要使用该资源的线程必须等待，直到占有资源的线程释放该资源。

需要互斥访问的共享变量称为临界资源，并发线程中与共享变量有关的程序段称为临界区(Critical Section)。由于与同一变量有关的临界区分散在各有关线程的程序段中，而各线程的执行速度不可预知，操作系统对共享一个变量的若干线程进入各自临界区有以下 3 个调度原则。

(1) 一次至多只能有一个线程在自己的临界区内。

(2) 不能让一个线程无限期地留在自己的临界区内。

(3) 不能强迫一个线程无限期地等待进入自己的临界区。特别地，进入临界区的任一线程不能妨碍正等待进入的其他线程的进展。

把临界区的调度原则总结成 4 句话：无空等待、有空让进、择一而入、算法可行。算法可行是指不能因为所选的调度策略不当而导致死锁或者饥饿。这样能保证一个线程在临界区执行时，不让另一个线程进入相关的临界区，即各线程对共享变量的访问是互斥的，这样就不会造成与时间有关的错误。

操作系统提供“互斥锁”机制实现并发线程互斥地进入临界区，对共享资源进行操作。至于操作系统采用什么样的锁(信号灯、只读锁等)以及如何实现加锁和解锁等问题，Java 程序员并不需要关心，这些细节都由操作系统和 Java 虚拟机处理好了，程序员只需要在程序中声明哪个程序段是临界区即可。采用 Java 抽象的锁模型，就能够使程序在所有平台上可靠地、可预见地运行。

5. 线程互斥的实现

Java 提供关键字 synchronized 用于声明一段程序为临界区，使线程对临界资源采用互斥方式访问。synchronized 有两种用法：声明一条语句和声明一个方法。

1）同步语句

使用 synchronized 声明一条语句为临界区，该语句称为同步语句，语法格式如下：

```
synchronized(对象) 语句;
```

其中，对象是多个线程共同操作的公共变量，即需要被锁定的临界资源，它将被互斥地使用。语句是临界区，它描述线程对临界资源的操作。如果是多条语句，需要用{} 括起来成为一条复合语句。

一个同步语句允许一个对象锁保护一个单独的语句（也包括一个复合语句），在执行这个语句之前，必须要获得这个对象锁。

同步语句的执行过程如下。

（1）当第一个线程希望进入临界区执行语句时，它获得临界资源，即指定对象的使用权，并将对象加锁，然后执行语句对对象进行操作。

（2）在此过程中，如果有第二个线程也希望对同一个对象执行这条语句，由于作为临界资源的对象已被锁定，则第二个线程必须等候。

（3）当第一个线程执行完临界区语句时将释放对象锁。

（4）在此之后第二个线程才能获得对象的使用权并运行。

这样，对于同一个对象，在任何时刻都只能有一个线程执行临界区语句，对该对象进行操作，其他竞争使用该对象的线程必须等待，直到对象锁被释放。这样就实现了多个并发执行的交互线程间对同一个临界资源的互斥使用。

2）同步方法

使用 synchronized 声明一个方法，该方法称为同步方法，语法格式如下：

```
synchronized 方法声明
```

同步方法的方法体称为临界区，互斥使用（锁定）的是调用该方法的对象。该声明与以下声明效果相同：

```
synchronized(this)
{
    方法体;
}
```

同步语句与同步方法的行为基本相似，只是前者的作用范围小，它只是锁住一条语句或复合语句，而不是完整的方法。这样就增加了灵活性并且缩小了对象锁的作用域。

10.4.2 线程同步问题

多线程之间共享同一内存资源时，由于线程的竞争会导致数据的不安全、不一致性问题，最严重的会导致死锁和饥饿问题。Java 语言中使用线程同步机制解决这些问题。

【例 10-8】 当线程竞争时不使用同步（NoSynchronizedUse.java）

```
/*
    功能简介：当线程竞争不使用同步时，发现获取的数据和期望的值不一样。
*/
```

```
public class NoSynchronizedUse extends Thread{
    String name;                    //用户姓名
    CriticalSection cs;             //使用 CriticalSection 类生成一个对象
    public NoSynchronizedUse(String name,CriticalSection cs){
        this.name=name;
        this.cs=cs;
        start();
    }
    public void run(){
        try{
            for(int i=0;i<10;i++){
                System.out.println(name+":"+"抢到了"+cs.a+"号票!");
                cs.a--;
                Thread.sleep(30);
            }
        }catch(Exception e){
            System.err.println(e);
            e.printStackTrace();
        }
    }
    public static void main(String arg[]){
        CriticalSection cs=new CriticalSection();
        NoSynchronizedUse ns1=new NoSynchronizedUse("马军霞",cs);
        NoSynchronizedUse ns2=new NoSynchronizedUse("郑倩",cs);
    }
}
//声明一个类,模拟临界区资源,在 NoSynchronizedUse 类中使用该类
public class CriticalSection{
    public int a;
    public CriticalSection(){
        a=20;
    }
}
```

多次运行该程序,其中一次运行的结果如图 10-8 所示。

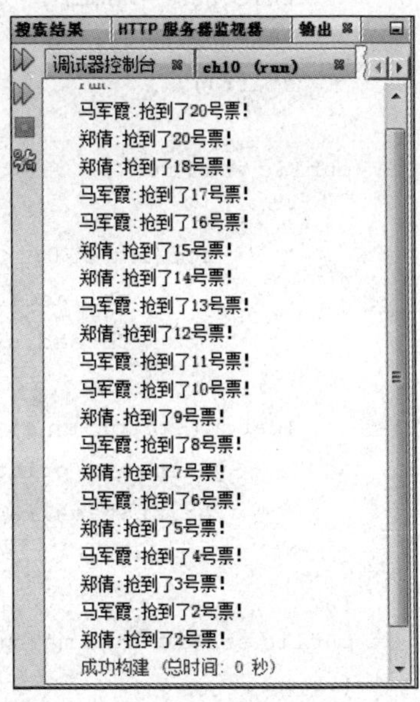

图 10-8　某次运行时共享数据出现问题

在例 10-8 中,线程类 NoSynchronizedUse 的两个对象 ns1 和 ns2 都需要访问 CriticalSection 类的对象 cs,以此来模拟两个人抢票的操作。因此,对象 cs 是临界资源。线程 ns1 和 ns2 每隔 30ms 输出各自抢到的票号,并将总票数减 1。

出现图 10-8 所示的结果是由于线程 ns1 和 ns2 的并发执行引起的。当线程 ns1 输出了抢到的票号后,还没来得及改变变量 a 的值,线程 ns2 也输出了抢

到的同一个票号。

出现这个问题的原因比较容易理解，因为对于最基本的多线程程序，系统只保证线程同时执行，而不能保证哪个先执行，哪个后执行，或者一个线程执行到一半就把 CPU 的执行权交给另外一个线程，即线程的执行顺序是随机的，不受控制的，所以会出现上面的结果。

这种结果在很多实际应用中是不能被接受的。例如，在银行存款、取款的应用程序中，两个人同时取一个账户的存款，一个使用存折，一个使用卡，这样访问账户的金额就会出现问题。又如在售票系统中，如果也这样就会出现多人买到相同座位的票，而有些座位的票却未售出。

在多线程编程中，这是一个典型的临界资源问题，解决该问题最基本、最简单的思路就是使用线程同步。

线程同步关键字 synchronized 的作用是：对于同一个对象（不是一个类的不同对象），当多个线程都同时调用该方法或代码块时，必须依次执行，也就是说，如果两个或两个以上的线程同时执行该段代码，如果一个线程已经开始执行该段代码，则另外一个线程必须等待这个线程执行完这段代码后才能开始执行。就像在银行的柜台办理业务一样，营业员就像这个对象，每个顾客就像线程，当一个顾客开始办理时，其他顾客都必须等待，即使这个顾客在办理过程中接了一个电话（类似于这个线程释放了占用 CPU 的时间，而处于阻塞状态），其他顾客也只能等待。

【例 10-9】 线程同步的使用（SynchronizedUse.java）

```
/*
    功能简介：线程同步的使用。
*/
public class SynchronizedUse extends Thread{
    String name;                                //用户姓名
    CriticalSection1 cs1;                       //使用 CriticalSection 类生成一个对象
    public SynchronizedUse(String name,CriticalSection1 cs1){
        this.name=name;
        this.cs1=cs1;
        start();
    }
    public void run(){
        try{
            for(int i=0;i<10;i++){
                cs1.action(name);
                Thread.sleep(30);
            }
        }catch(Exception e){
            System.err.println(e);
            e.printStackTrace();
        }
    }
    public static void main(String arg[])
    {
        CriticalSection1 cs1=new CriticalSection1();
```

```
        SynchronizedUse ns1=new SynchronizedUse("张威",cs1);
        SynchronizedUse ns2=new SynchronizedUse("张江伟",cs1);
    }
}
//声明一个类,模拟临界区资源,在 NoSynchronizedUse1类中使用该类
public class CriticalSection1{
    public int a;
    public CriticalSection1(){
        a=20;
    }
    public synchronized void action(String name){
        System.out.println(name+":"+"抢到了"+a+"号票!");
        a--;
    }
}
```

```
搜索结果  HTTP 服务器监视器  输出
调试器控制台  ch10 (run)
马军霞:抢到了20号票!
郑倩:抢到了19号票!
马军霞:抢到了18号票!
郑倩:抢到了17号票!
郑倩:抢到了16号票!
马军霞:抢到了15号票!
马军霞:抢到了14号票!
郑倩:抢到了13号票!
郑倩:抢到了12号票!
马军霞:抢到了11号票!
马军霞:抢到了10号票!
郑倩:抢到了9号票!
郑倩:抢到了8号票!
马军霞:抢到了7号票!
马军霞:抢到了6号票!
郑倩:抢到了5号票!
马军霞:抢到了4号票!
郑倩:抢到了3号票!
马军霞:抢到了2号票!
郑倩:抢到了1号票!
成功构建 (总时间: 0 秒)
```

图 10-9　使用同步运行的结果

线程同步以后一般不会发生数据安全问题,也不会导致死锁和饥饿问题。程序运行结果如图 10-9 所示。

10.5　常见问题及解决方案

(1) 异常信息提示如图 10-10 所示。

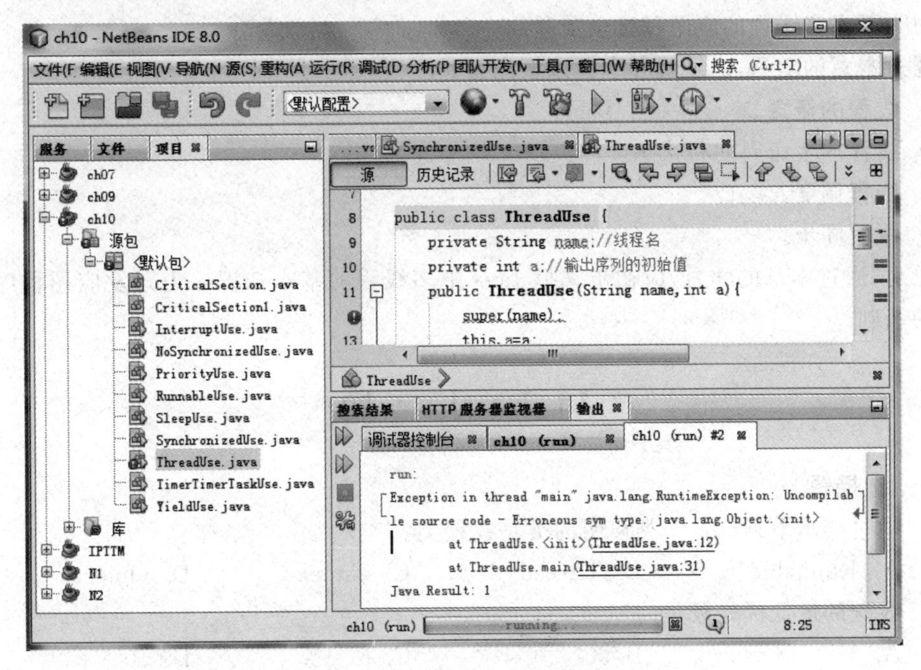

图 10-10　异常信息提示(1)

解决方法：实现线程功能有 3 种方式：继承 Thread 类、实现 Runnable 接口、使用 Timer 和 TimerTask。产生以上异常是因为没有继承 Thread 类，应在声明类时继承 Thread 类。

(2) 异常信息提示如图 10-11 所示。

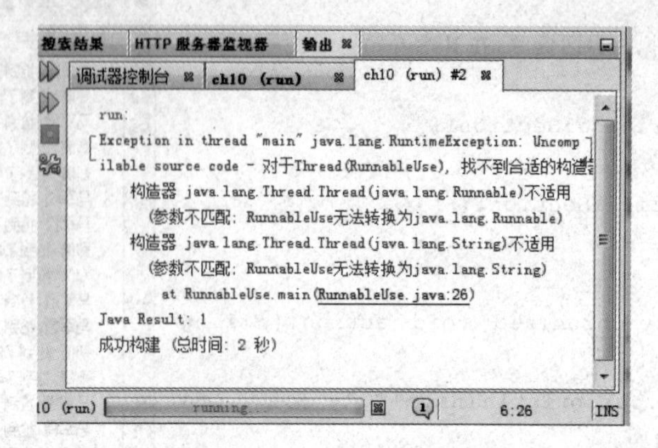

图 10-11　异常信息提示(2)

解决方案：构造方法 Thread(RunnableUse,java.lang.String)中的参数 RunnableUse 是目标对象，是目标对象的类一般要实现 Runnable 接口。产生以上异常是因为在类的声明中没有实现 Runnable 接口。

10.6　本章小结

本章介绍了线程的概念以及线程在 Java 应用程序开发中用到的基本知识，包括线程的生命周期、线程的状态、线程的优先级、线程的调度、线程的关系和线程同步问题。通过本章的学习为开发多线程的应用程序奠定基础。

通过本章的学习，应了解和掌握以下内容。

- 线程的概念。
- 线程的生命周期和状态。
- 线程调度。
- 线程同步。

总之，通过本章的学习，应初步掌握 Java 中多线程的基本知识。为开发应用程序奠定良好的基础。

10.7　习　　题

一、选择题

1. 通过继承下列(　　)类声明的类是线程类。

   A. Runnable　　B. Thread　　C. Timer　　D. Object

2. 线程的最低优先级是(　　)。

   A. 1　　B. 3　　C. 6　　D. 10

3. 解决线程资源共享遇到的问题可以采用(　　)。

A. 异常机制　　　　B. 事件机制　　　　C. 同步机制　　　　D. 内存管理机制

二、填空题

1. Java 语言提供了 3 种线程实现方式：________、________、Timer 和 TimerTask。
2. 线程的默认优先级是________。
3. 资源竞争可能出现两个问题：________和________。

三、简答题

1. 简述什么是程序、进程和线程以及它们之间的关系。
2. 简述使用线程的好处。
3. 简述线程的 6 种状态。
4. 简述什么是死锁和饥饿。
5. 简述什么是线程同步机制和临界区管理。

四、实验题

使用多线程方法编程模拟银行存款和取款系统。

第11章 网络编程

21世纪的一个重要特征就是数字化、网络化和信息化,这是一个以网络为核心的信息时代。网络现已成为信息社会的命脉和发展经济的重要基础。现在人们的生活、工作、学习和交往都已离不开Internet。1994年,中国作为第71个国家加入Internet。

在网络上,通过IP地址标识,使得位于不同地理位置的计算机有可能互相访问和通信。每台计算机都可以存放一定数量的资源,并通过网络共享。现在网络上的资源非常丰富。统一资源定位器(URL)指向网络上的各种资源,通过统一资源定位器可以获取网络上的资源。在网络上进行通信通常要遵循一定的规则,这些规则常常称为协议。常用的网络通信协议有TCP、UDP和SSL安全网络通信协议等。

本章主要内容:

- 网络通信概念。
- URL。
- 基于TCP的Socket编程。
- 基于UDP的Socket编程。
- 基于SSL的Socket编程。

11.1 网络通信概念

网络用物理链路将各个孤立的工作站或主机相互连在一起,组成数据链路,从而达到资源共享和通信的目的。通信是人与人之间通过某种媒体进行的信息交流与传递。网络通信一般指网络协议。当今网络协议有很多,常用到的是TCP/IP,应根据需要来选择合适的网络协议。

网络协议就是网络之间沟通和交流的桥梁,只有网络协议相同的计算机才能进行信息的沟通与交流。这就好比人与人之间交流所使用的各种语言一样,只有使用相同语言才能正常、顺利地进行交流。从专业角度定义,网络协议是计算机在网络中实现通信时必须遵守的约定,也就是通信协议,主要是对信息传输的速率、传输代码、代码结构、传输控制步骤和出错控制等做出规定并制定出标准。

网络中不同的工作站、服务器之间能传输数据就是由于协议的存在。随着网络的发展,不同的网络应用程序开发商开发了不同的通信方式。为了使通信成功可靠,网络中的所有主机都必须使用同一语言,不能带有方言。因而必须开发严格的标准来定义主机之间的每个包中每个字中的每一位。这些标准来自多个组织的努力,约定好通用的通信方式,即协议。这些都使通信更容易。至今已经开发了许多协议,但是只有少数被保留了下来。大部分协议被淘汰有多种原因——设计不好、实现不好或缺乏支持。而保留下来的协议经历了时间的考验并成为有效的通信方法,这些协议都符合一定的协议标准。

网络协议标准可分为两类。

（1）事实标准：是由厂家制定的，未经有关标准化组织审定通过，但由于广泛使用形成的标准。

（2）法定标准：是经有关标准化组织审定通过的标准。国际上的标准化组织如下。

① 国际电信联盟（International Telecommunication Union，ITU）。

② 国际标准化组织（International Standards Organization，ISO）。

③ Internet 体系结构委员会（Internet Architecture Board，IAB）。

作为法定标准的国际标准网络协议 OSI 并没有得到市场的认可。非国际标准网络协议 TCP/IP 现在获得了最广泛的应用，它常被称为事实上的国际标准网络协议。

1977 年，ISO 成立研究机构。1983 年，形成了 OSI 的正式文件，即 7 层协议体系结构，只要遵循 OSI 标准，一个系统就可以和位于世界上任何地方的也遵循同一标准的其他任何系统进行通信。7 层协议分别是物理层、数据链路层、网络层、传输层、会话层、表示层和应用层。

TCP/IP 把整个网络划分为 4 层的体系结构：应用层、传输层、网络层和网络接口层。在实际网络应用中，网络接口层包含数据链路层和物理层。

每种网络协议都有自己的优点，但是只有 TCP/IP 允许与 Internet 完全连接。TCP/IP 是在 20 世纪 60 年代由麻省理工学院和一些商业组织为美国国防部开发的 ARPANET 基础上诞生的。开发网络的目的是，即便遭到核攻击而破坏了大部分网络，TCP/IP 仍然能够维持有效的通信。ARPANET 就是基于 TCP/IP 协议开发的，逐渐发展成为作为科学家和工程师交流媒介的 Internet。

TCP/IP 同时满足了可扩展性和可靠性的需求。TCP/IP 的开发得到了美国政府的大力资助。Internet 商业化以后，人们开始发现全球互联网的强大功能。Internet 的普遍性是 TCP/IP 至今仍然使用的原因。用户常常在没有意识到的情况下就在自己的 PC 上安装了 TCP/IP，从而使该网络协议在全球应用最广。目前 TCP/IP 的 32 位寻址功能方案已不足以支持即将加入 Internet 的主机和网络数，可能的替代标准是 IPv6。

11.2 统一资源定位器（URL）的使用

在信息化时代，网络上有丰富的资源可供人们使用。行政单位、学校和公司等各个单位都可以通过网络发布消息。用户也可以在网络上获取各种各样的软件、电子书籍和歌曲等。这些网络资源都可以通过统一资源定位器定位。

URL（Uniform Resource Locator）是统一资源定位器的简称，它表示 Internet 上某一资源的地址。通过 URL 可以访问 Internet 上的各种网络资源，比如最常见的 WWW 和 FTP 站点。浏览器通过解析给定的 URL 可以在网络上查找相应的文件或其他资源。

在获取各种网络资源之前一般需要知道网络资源所在的网络地址。

1. 网络地址

在网络上，计算机是通过网络地址标识的。网络地址通常有两种表示方法。第一种表示方法通常由 4 个整数组成一个 32 位的地址。每个 32 位的 IP 地址被分割成两部分：前缀和后缀。地址前缀部分确定了计算机从属的物理网络；后缀部分确定了该网络上的一台计算机。例如：

```
218.28.242.228
```

是郑州轻工业学院的网络地址。

另外一种方法是通过域名表示网络地址。例如:

```
www.zzuli.edu.cn
```

是郑州轻工业学院网站的域名。该域名与 IP 表示的是同一个网络地址。如果在网页浏览器的地址栏中输入 218.28.242.228 或输入 www.zzuli.edu.cn,打开的是同一个网页,即郑州轻工业学院的主页。

在网络程序中,可以用 InetAddress 类的实例对象来记录网络地址,并获取其相关的信息。InetAddress 类的常用成员方法有以下 3 个。

(1) getLocalHost( ) 方法可获取本地计算机的网络地址,表示成 127.0.0.1 或 localhost。

(2) getByAddress(byte[] addr)方法可获取参数 addr 指定的对应的网络 IP 地址。

(3) getByName(String host)方法获取字符串参数 host 所对应的网络地址,IP 地址和主机名都可作 host 参数值。

【例 11-1】 获取网络地址的使用(InetAddressUse.java)

```
/*
  功能简介:使用 InetAddress 类获取网络地址。
*/
import java.net.InetAddress;
import java.net.UnknownHostException;

public class InetAddressUse{
    private String hostAddress;                              //主机名或域名
    InetAddress ia;                                          //声明一个对象
    public InetAddressUse(String hostAddress){
        this.hostAddress=hostAddress;
    }
    public void address(){
        try{
            ia=InetAddress.getByName(hostAddress);
        }catch(UnknownHostException e){
            System.err.println(e);
            e.printStackTrace();
        }
        if(ia!=null){
            System.out.println("网络地址是:"+ia.getHostAddress());
            System.out.println("网站的主机名是:"+ia.getHostName());
        }
        else
            System.out.println("无法访问该网络地址:"+hostAddress);
    }
```

```
    public static void main(String args[]){
        InetAddressUse iau=new InetAddressUse("www.zzuli.edu.cn");
        iau.address();
    }
}
```

文件结构和运行效果如图 11-1 所示。

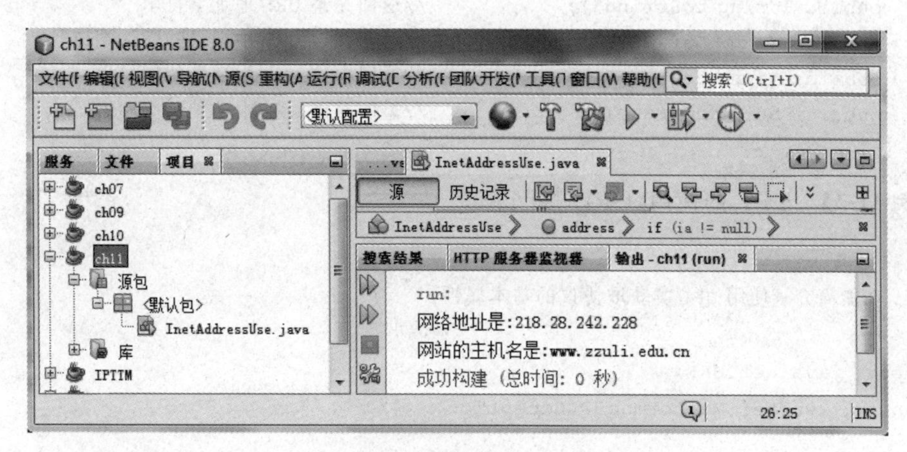

图 11-1　文件结构和运行效果

2. 统一资源定位器(URL)

统一资源定位器也称为网络资源定位器或统一资源定位地址,它一般指向网络中的资源。网络资源不仅包括网络中的各种简单对象,如网络中的路径和文件等,还可以是一些复杂的对象,如数据库或搜索引擎。统一资源定位器通常由若干个部分组成,其中常用的有协议(Protocol)、主机(Host)、端口号(Port)和文件(File)等。

协议(Protocol)指的是获取网络资源的网络传输协议。例如,超文本传输协议(HyperText Transfer Protocol,HTTP)是在网络上进行超文本数据传输的一种协议,文件传输协议(File Transfer Protocol,FTP)是在网络上进行文件传输的协议。这两种协议都是常用的网络协议。

主机(Host)指的是网络资源所在的主机。它可以用网络地址表示。

端口号(Port)指的是与主机进行通信的端口号。端口号是一个整数,通常范围在0～65 535之间(即 16 位二进制整数)。小于 1024 的端口号一般分配给特定的服务协议,如Telnet(远程登录)的默认端口号是 23,简单邮件传输协议(Simple Mail Transfer Protocol,SMTP)的默认端口号是 25,HTTP 的默认端口号是 80,FTP 的端口号是 21(控制端口)和20(数据端口)。如果没有注明端口号,URL 将使用默认的端口号。

文件(File)指的是广义的文件,即除了可以是普通文件之外,还可以是路径。

3. URL 类的声明

URL 类的声明如下:

```
public final class URL implements Serializable{
    //参数指定一个包含协议、主机名、端口号和文件名的完整 URL 地址
    public URL(String spec)throws MalformedURLException;
```

```
    //参数指定协议名、主机名和文件名
    public URL(String protocol,String host,String file)throws MalformedURLException;
    public  URL (String protocol, String host, Sting port, String file) throws
    MalformedURLException;                //参数指定协议名、主机名、端口号和文件名
    public String getProtocol();          //返回在该 URL 中记录的协议名称
    public String getHost();              //返回在该 URL 中记录的主机名
    public String toString();             //返回完整 URL 地址字符串
    public int getDefaultPort();          //返回在该 URL 中记录的默认端口号
    public int getPort();                 //返回在该 URL 中记录的端口号
    public String getFile();              //返回在该 URL 中记录的文件名
}
```

【例 11-2】 URL 的使用(URLUse.java)

```
/*
    功能简介:使用 URL 类获取协议的基本属性。
*/
import java.net.URL;
import java.net.MalformedURLException;

public class URLUse{
    public static void main(String args[]){
        try{
            URL u=new URL("http://www.zzuli.edu.cn");
            System.out.println("在 URL("+u+")当中:");
            System.out.println("协议是"+u.getProtocol());
            System.out.println("主机名是"+u.getHost());
            System.out.println("文件名是"+u.getFile());
            System.out.println("端口号是"+u.getPort());
        }catch(MalformedURLException e){
            System.err.println(e);
            e.printStackTrace();
        }
    }
}
```

4. 获取网络资源

统一资源定位器指向网络中的资源。通过 URL 类的成员方法 openStream()可以将 URL 类的实例对象与它所指向的资源建立关联,从而将该网络资源当作一种特殊的数据流,这样就可以利用处理数据流的方法获取该网络资源。

读取网络资源数据的步骤如下。

(1) 创建 URL 类的实例对象,使其指向给定的网络资源。

(2) 通过 URL 类的成员方法 openStream()建立 URL 连接,并返回输入流对象的引用,以便读取数据。

(3) 通过 java.io.BufferedInputStream 或 java.io.BufferedReader 封装输入流。

(4) 读取数据,并进行数据处理。

(5) 关闭数据流。

其中,步骤(3)不是必要的步骤。当网络不稳定或速度很慢时,通过步骤(3)可以提高获取网络资源数据的速度。

【例 11-3】 通过 URL 获取网络资源的应用示例(URLReadDataUse.java)

```
/*
    功能简介:通过 URL 获取网络资源。可以获取网站的资源。
 */
import java.io.BufferedReader;
import java.io.InputStreamReader;
import java.net.URL;

public class URLReadDataUse{
    public URLReadDataUse(){
        try{
            URL url=new URL("http://www.zzuli.edu.cn");
            BufferedReader br=new BufferedReader(new
                            InputStreamReader(url.openStream()));
            String s;
            while((s=br.readLine())!=null)          //读取网络资源信息
               System.out.println(s);               //输出网络资源信息
            br.close();
        }catch(Exception e){
            System.err.println(e);
            e.printStackTrace();
        }
    }
    public static void main(String args[]){
        new URLReadDataUse();
    }
}
```

11.3 Java 网络编程

使用 Java 语言提供的网络编程类库编写类似于 QQ 聊天系统、FTP 服务器和 Web 服务器等应用软件。

11.3.1 Java 网络编程概述

通过使用套接字来实现进程间通信的编程就是网络编程。网络编程从大的方面说就是从信息的发送到接收的过程。中间传输由物理线路完成,编程人员可以不用考虑。网络编程最主要的工作就是在发送端把信息通过规定的协议分封装成包,在接收端按照规定的协议把包进行解析,从而提取出对应的信息,达到通信的目的。其中最主要的工作就是数据包的封装、数据包的过滤、数据包的捕获和数据包的分析，最后再做一些处理。

套接字是一种基于网络通信的接口，是一种软件形式的抽象表述，用于表达两台机器之间在同一个连接上的两个"终端"，即针对一个连接，每台机器上都有一个"套接字"，它们之间有一条虚拟的"线缆"，线缆的每一端都插入到一个"套接字"里。

套接字主要有以下几类。

(1) 套接字(Socket)：应用程序和网络协议的接口。

(2) Java Socket：Java 应用程序和网络协议的接口，提供若干个类的定义。Java 应用程序利用这些类继承网络协议的行为，实现网络通信。

(3) TCP Socket：使用 TCP 实现可靠的网络通信。

(4) UDP Socket：使用 UDP 实现效率较高的网络通信。

(5) SSL Socket：使用 SSL 实现安全的网络编程。

Java 语言中的套接字就是网络通信协议的一种应用，Java 语言将 TCP/IP 封装到 java.net 包的 Socket 和 ServerSocket 类中，通过 TCP/IP 提供网络上两台计算机之间(程序之间)交互通信的可靠连接。

Java 网络编程可在以下 4 个层次上进行。

(1) URL 层次：即最高级层次，利用 URL 直接进行 Internet 上的资源访问和数据传输。

(2) Socket 层次：即传统网络编程经常采用的方式，通过在 Client/Server(客户端/服务器)结构的应用程序之间建立套接字连接，然后在连接之上进行数据通信，是一种常用的通信模式。在使用套接字通信的过程中，主动发起通信的一方称为客户端，接收请求进行通信的一方称为服务器。

(3) Datagram 数据流层次：即最低级层次，是使用"用户数据报协议"(UDP)的通信方式。

(4) SSL：是基于加密和安全的网络编程。

java.net 包中提供的 Socket 类实现了客户端的通信功能，ServerSocket 类实现了服务器端的通信功能。当客户端和服务器连通后，它们之间就建立了一种双向通信模式。

通过套接字建立连接的过程分为以下 3 个步骤。

(1) 服务器建立进程，负责监听端口(客户端)是否要求进行通信。

(2) 客户端创建一个 Socket 对象，包括连接的主机号和端口号，指定使用的通信协议，通过发出通信请求，试图与服务器建立连接。

(3) 服务器监听到客户端的请求，创建一个 ServerSocket 对象，与客户端进行通信。

在使用套接字编写客户端/服务器应用程序时，建立客户端和服务器两端相互通信的过程是一样的，该过程的主要工作可归纳为以下 4 个方面。

(1) 打开套接字。

(2) 打开到套接字的输入输出流。

(3) 根据服务器协议读写套接字。

(4) 通信结束前的清理工作。

在 Java 网络编程中，一个套接字由主机号、端口号和协议名 3 部分组成。

TCP/IP 模型提供了两个传输层协议：传输控制协议(TCP)和用户数据报协议(UDP)。

11.3.2 基于 TCP 的 Socket 编程原理

TCP 是一个可靠的面向连接的传输层协议，它将某结点的数据以字节流形式无差错地投递到互联网的任何一台机器上。发送方的 TCP 将用户交来的字节流划分成独立的报文并交给网络层进行发送，而接收方的 TCP 将接收的报文重新装配交给接收用户。TCP 同时处理有关流量控制的问题，以防止快速的发送方淹没慢速的接收方。

UDP 是一个不可靠的、无连接的传输层协议，UDP 将可靠性问题交给应用程序解决。UDP 主要面向请求/应答式的交易型应用，一次交易往往只有一来一回两次报文交换，假如为此而建立连接和撤销连接，开销是相当大的，这种情况下使用 UDP 就非常有效。另外，UDP 也应用于那些对可靠性要求不高，但要求网络的延迟较小的场合，如语音和视频数据的传送。

基于 TCP 的 Socket 编程原理如图 11-2 所示。

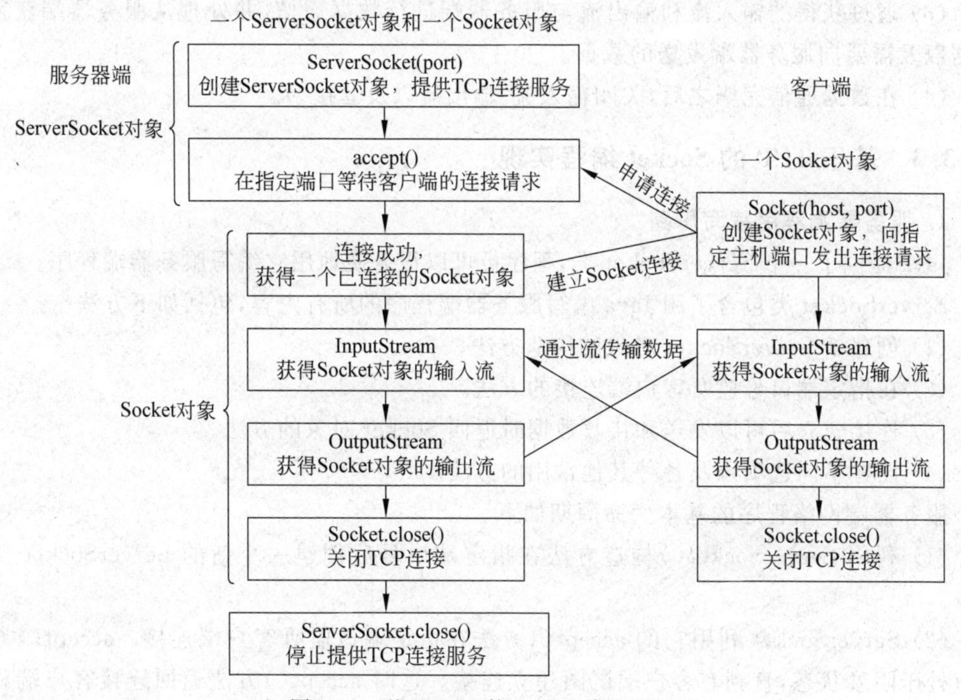

图 11-2　基于 TCP 的 Socket 编程原理

服务器端编程通常由如下 5 个步骤组成。

(1) 在服务器端，首先要创建 ServerSocket 类的实例对象，注册在服务器端进行连接的端口号以及允许连接的最大客户数目。

(2) 调用类 ServerSocket 的成员方法 accept()等待并监听来自客户端的连接。当有客户端请求与该服务器建立连接时，ServerSocket 类的成员方法 accept()将返回连接通道在服务器端的套接字，套接字的类型是 Socket。通过该套接字可以与客户端进行数据通信。

(3) 调用类的成员方法 getInputStream()和 getOutputStream()获得该套接字所对应的输入流和输出流。

(4) 通过获得的输入流和输出流与客户端进行数据通信，并处理从客户端获得的数据以及需要向客户端发送的数据。

(5) 在数据通信完毕之后,关闭输入流、输出流和套接字。

在服务器端创建 ServerSocket 类的实例对象,并且调用 ServerSocket 类的成员方法 accept()之后,服务器端开始一直等待客户端与其连接。

客户端编程通常由如下 4 个步骤组成。

(1) 在客户端创建 Socket 类的实例对象,与服务器端建立连接。在创建 Socket 的实例对象时需要指定服务器端的主机名以及进行连接的端口号(即在服务器端构造 ServerSocket 类的实例对象时所注册的端口号)。主机名与端口号必须完全匹配才能建立起连接,并构造出 Socket 类的实例对象。在构造出 Socket 类的实例对象之后的步骤与服务器端的相应步骤基本一致。

(2) 调用 Socket 类的成员方法 getInputStream()和 getOutputStream()获得该套接字所对应的输入流和输出流。

(3) 通过获得的输入流和输出流与服务器端进行数据通信,并处理从服务器端获得的数据以及需要向服务器端发送的数据。

(4) 在数据通信完毕之后,关闭输入流、输出流以及套接字。

11.3.3 基于 TCP 的 Socket 编程实现

1. 服务器端程序编写思路

Java 提供了一个 ServerSocket 类,程序员可以很方便地用它编写服务器端程序。

ServerSocket 类包含了用 Java 编写服务器端程序的所有内容,包括如下方法。

(1) 创建新 ServerSocket 对象的构造方法。

(2) 在指定端口号监听客户端连接的方法。

(3) 连接建立后可以发送和接收数据时返回 Socket 对象的方法。

(4) 设置不同选项以及各种其他常用的方法。

服务器端网络程序的基本生命周期如下。

(1) 利用 ServerSocket()构造方法在指定端口号后创建一个新的 ServerSocket 实例对象。

(2) ServerSocket 利用它的 accept()方法在指定端口监听客户端连接。accept()方法一直处于阻塞状态,直到有客户端试图建立连接。这时 accept()方法返回连接客户端和服务器端的 Socket。

(3) 调用 getInputStream()方法、getOutputStream()方法或者两者都调用,得到与客户端通信的输入流和输出流,具体调用哪一个方法还是两者都调用与具体服务器的类型有关。

(4)服务器端和客户端根据双方都承认的协议进行交互,直到关闭连接时为止。

(5)服务器端、客户端或两者均关闭连接。

(6)服务器返回步骤(2),等待下一个连接到来。

ServerSocket 的 3 个构造方法如下:

```
public ServerSocket(int port)throws IOException,BindException
public ServerSocket(int port,int queueLength)throws IOException,BindException
public ServerSocket(int port,int backlog,InetAddress bindAddr)throws IOException
```

使用指定的端口侦听 backlog 和要绑定到的本地 IP 地址创建的服务器套接字。port 是端口号。backlog 参数必须是大于 0 的正值。如果传递的值等于或小于 0，则使用默认值。传入连接指示（对连接的请求）的最大队列长度被设置为 backlog 参数。如果队列满时收到连接指示，则拒绝该连接。bindAddr 参数可以在 ServerSocket 的多宿主主机上使用，ServerSocket 仅接收对其地址之一的连接请求。如果 bindAddr 为 null，则默认接收任何所有本地地址上的连接。端口必须在 0～65 535 之间（包括两者）。

例如，为创建一个在 HTTP 服务器的 80 端口使用的服务器套接字，可以编写如下代码：

```
try {
      ServerSocket ss=new ServerSocket(80);
}catch(IOException e){
      System.err.println(e);
}
```

如果不能在所要求的端口号创建服务器套接字，则此构造方法触发一个 IOException。创建 ServerSocket 时触发 IOException 通常总是意味着下面两种情况之一。

(1) 可能有从另外一个完全不同的程序来的服务器套接字已经占用了所要求的端口号。

(2) 在没有 root（超级用户）权限的情况下试图与范围在 1～1023 之间的端口号建立连接。

例如，为在端口号 5776 上创建一个服务器套接字，同时使队列中所能存储的到来的连接请求数达到 100，可以编写下面的代码：

```
try {
      ServerSocket httpd=new ServerSocket(5776,100);
}catch(IOException e){
      System.err.println(e);
}
```

2. 客户端程序编写思路

Java 提供了一个 Socket 类，程序员可以很方便地用它来编写客户端程序。

Socket 类包含了用 Java 编写客户端程序的所有内容。

客户端网络程序的基本生命周期如下。

(1) 利用 Socket()构造方法创建一个套接字对象，与服务器的指定端口号建立连接。

(2) 调用 Socket 类的 getOutputStream()和 getInputStream()获取输出流和输入流，使用 OutputStream()和 InputStream()进行网络数据的发送和接收。

(3) 最后关闭通信套接字。

Socket 类中有如下 4 种构造方法。

(1) Socket(String,int)：构造一个连接指定主机和指定端口号的 Socket 类。

(2) Socket(String,int,Boolean)：构造一个连接指定主机和指定端口号的 Socket 类。boolean 类型的参数用来设置是数据流 Socket 类还是数据包 Socket 类的实例对象。

(3) Socket(InetAddress,int)：构造一个连接指定网络地址和指定端口号的 Socket 类。

(4) Socket(InetAddress,int,Boolean)：构造一个连接指定 Internet 地址和指定端口号的 Socket 类。

3. 服务器端和客户端的实现

例 11-4～例 11-8 采用多线程的网络编程技术实现一个简单聊天系统。

例 11-4 声明的类是服务器端和客户端公用的图形用户界面部分，利用继承性减少例 11-5和例 11-6 的图形界面的代码书写量。例 11-6 中的类继承例 11-5 中的类。例 11-7 中的类是服务器端的类(ServerSocket)。例 11-8 中的代码是客户端程序代码(Socket)。

【例 11-4】 聊天系统图形用户界面通用面板(MyPanel2. java)

```
/*
    功能简介：声明聊天系统图形用户界面通用面板，是聊天界面的父类。
 */
import java.awt.*;
import javax.swing.*;

public class MyPanel2 extends JPanel{
    //北区域：可根据 size 的值创建多个标签和文本框
    protected int size;
    protected JLabel labels[];
    protected JTextField fields[];
    protected JButton doTask1;                //"确定"按钮，根据派生子类的要求具体实现
    protected JLabel promptLabel;
    //中区域：文本区
    protected JTextArea textArea;
    //南区域：根据派生子类的要求可放置不同的图形组件
    JPanel southPanel;
    public MyPanel2(int mySize){
        setLayout(new BorderLayout());
        //北区域
        size=mySize;
        labels=new JLabel[size];
        fields=new JTextField[size];
        for(int count=0;count<labels.length;count++)
            labels[count]=new JLabel("标签"+count,SwingConstants.RIGHT);
        for(int count=0;count<fields.length;count++)
            fields[count]=new JTextField(12);
        JPanel innerPanelCenter=new JPanel();
        for(int count=0;count<size;count++){
            JPanel innerPanel=new JPanel();
            innerPanel.add(labels[count]);
            innerPanel.add(fields[count]);
            innerPanelCenter.add(innerPanel);
        }
        doTask1=new JButton("确定");
        innerPanelCenter.add(doTask1);
        promptLabel=new JLabel("设置提示！");
        promptLabel.setForeground(Color.red);
```

```
        promptLabel.setBorder(BorderFactory.createTitledBorder("提示"));
        JPanel northPanel=new JPanel(new BorderLayout());
        northPanel.add(innerPanelCenter,BorderLayout.CENTER);
        northPanel.add(promptLabel,BorderLayout.SOUTH);
        add(northPanel,BorderLayout.NORTH);
        //中区域
        textArea=new JTextArea();
        textArea.setLineWrap(true);                        //设置自动换行
        textArea.setWrapStyleWord(true);                   //字边界换行
        textArea.setFont(new Font("幼圆",Font.PLAIN,16));
        add(new JScrollPane(textArea),BorderLayout.CENTER);
        //南区域
        southPanel=this.setSouthPanel();     //调用本类方法：初始化南区图形界面组件
        add(this.setSouthPanel(),BorderLayout.SOUTH);
    }
    //该方法创建南区的图形界面组件,子类中根据需要覆盖它
    protected JPanel setSouthPanel(){
        JPanel panelSouth=new JPanel();
        panelSouth.add(new JLabel("子类中需重写南边的图形组件,以满足不同要求!"));
        return panelSouth;
    }
    //测试 MyPanel2 类
    public static void main(String args[]){
        JFrame app=new JFrame("通用图形界面——父类 MyPanel2");
        MyPanel2 p=new MyPanel2(1);
        p.labels[0].setText("姓名");
        app.getContentPane().add(p,BorderLayout.CENTER);
        app.setSize(400,300);
        app.setDefaultCloseOperation(JFrame.EXIT_ON_CLOSE);
        app.setVisible(true);
    }
}
```

该类的运行效果如图 11-3 所示。

例 11-5 中声明的类继承了例 11-4 中声明的类,并增加了一部分功能,如“发送”“离线”等功能,如图 11-4 所示。

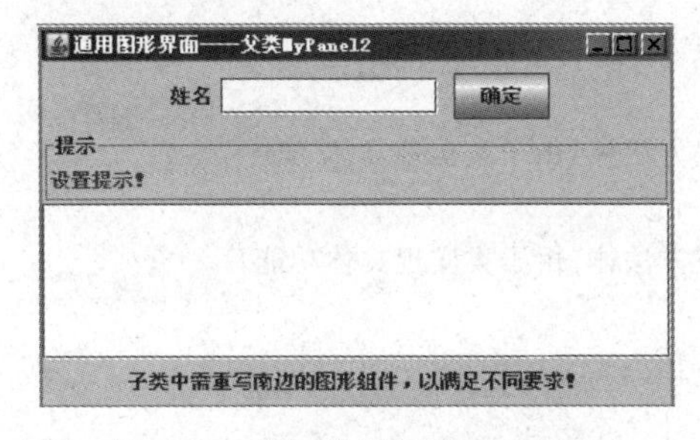

图 11-3　通用父类图形用户界面

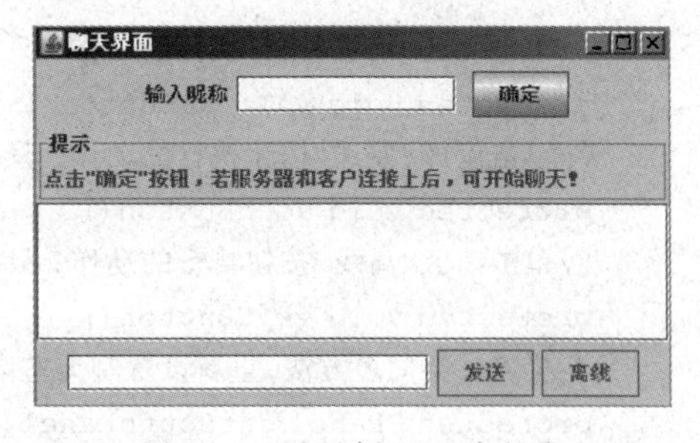

图 11-4　继承例 11-4 中的类

【例 11-5】 聊天界面(ChatPanel. java)

```
/*
    功能简介:声明聊天界面。该类继承聊天系统图形用户界面通用面板类 MyPanel2。
*/
import java.awt.event.*;
import javax.swing.*;

/*聊天室图形界面类:实现了各按钮的动作监听,但只提供空方法体,由子类分别实现具体的功能。*/
public class ChatPanel extends MyPanel2 implements ActionListener{
    //南区的图形界面
    protected JTextField southField;                    //文本框:输入聊天内容
    protected JButton sendButton;                       //"发送"按钮:发送聊天内容
    protected JButton exitButton;                       //"离线"按钮:断开连接
    protected String nickname="咪咪";                   //昵称
    //初始化面板中的图形组件
    public ChatPanel(){
        //图形界面继承自父类,但修改了文字提示和南区图形界面
        super(1);   //调用父类的构造方法:有一个标签 labels[0]和一个文本框 fields[0]
        labels[0].setText("输入昵称");                       //设置第一个标签提示文字
        promptLabel.setText("单击\"确定\"按钮,若服务器和客户连接上后,可开始聊天!");
        doTask1.addActionListener(this);                     //北区"确定"按钮增加监听
            sendButton.addActionListener(this);              //南区"发送"按钮增加监听
            exitButton.addActionListener(this);              //南区"离线"按钮增加监听
    }
    //"确定"、"发送"和"离线"3 个按钮被单击时将执行的任务
    public void actionPerformed(ActionEvent e){
        if(e.getSource()==doTask1){                          //北区"确定"按钮
            doTask1Button();
        }
        if(e.getSource()==sendButton){                       //南区"发送"按钮
            sendButton();
        }
        if(e.getSource()==exitButton){                       //南区"离线"按钮
            exitButton();
        }
    }
    //单击北区"确定"按钮执行的动作:只提供空方法体,由子类实现具体功能
    protected void doTask1Button(){     }
    //单击南区"发送"按钮执行的动作:只提供空方法体,由子类实现具体功能
    protected void sendButton()  {    }
    //单击南区"离线"按钮执行的动作:只提供空方法体,由子类实现具体功能
    protected void exitButton()  {    }
    //覆盖父类同名方法,重新设置聊天室南区的 GUI:
    protected JPanel setSouthPanel(){
        //聊天面板南区:一个文本框(输入聊天内容)、两个按钮("发送"和"离线")
```

```
        JPanel southPanel=new JPanel();                //放置南区组件的面板对象
        southField=new JTextField(20);                 //输入聊天内容的文本框
        southPanel.add(southField);
        sendButton=new JButton("发送");                 //"发送"按钮
        sendButton.setEnabled(false);                  //初始设置为不可用
        southPanel.add(sendButton);
        exitButton=new JButton("离线");                 //"离线"按钮
        exitButton.setEnabled(false);                  //初始设置为不可用
        southPanel.add(exitButton);
        return southPanel;                             //返回包含上述组件的面板对象
    }
    //测试 ChatPanel 类
    public static void main(String args[]){
        JFrame app=new JFrame("聊天界面");
        app.getContentPane().add(new ChatPanel());
        app.setSize(400,300);
        app.setDefaultCloseOperation(JFrame.EXIT_ON_CLOSE);
        app.setVisible(true);
    }
}
```

例 11-6 中的代码继承例 11-5 中声明的类,并实现多线程,该类能够实现通信功能。

【例 11-6】 增加通信功能(ChatPanelSocket.java)

```
/*
    功能简介:继承于聊天室图形界面 ChatPanel 类,增加了通信功能并实现接口 Runnable。
*/
import java.net.*;
import java.io.*;
import javax.swing.*;

public class ChatPanelSocket extends ChatPanel implements Runnable{
    protected Socket socket;                    //与对方通信的 Socket 对象
    protected DataInputStream input;            //读数据
    protected DataOutputStream output;          //写数据
    protected Thread thread;                    //线程对象,用于接收对方发送的字符串
    public ChatPanelSocket(){
        super();                                //调用父类构造方法:创建聊天图形界面
    }
    /*本类没有覆盖 doTask1Button()方法,由其子类"服务器程序"和"客户程序"分别覆盖父类
      方法,具体实现"发送"按钮(sendButton)执行的动作。*/
    protected void sendButton(){
    try{
        //发送聊天内容,对方在 run()方法中接收
        output.writeUTF(nickname+"说:"+southField.getText());
        textArea.append("我说:"+southField.getText()+"\n");     //文本区中显示
```

```
            southField.setText("");                    //清空南区输入发送内容的文本框
        } catch(IOException ioe){
            ioe.printStackTrace();
        }
    }
    //覆盖父类方法实现"离线"按钮(exitButton)执行的动作
    protected void exitButton(){
        try {
            //向对方发送串"bye",对方收到后,也关闭连接
            output.writeUTF("bye");
            sendButton.setEnabled(false);          //设置南区"发送"按钮不可用
            exitButton.setEnabled(false);          //设置南区"离线"按钮不可用
            textArea.append("连接断开!");           //关闭连接和流
            socketClosing();
        }catch(IOException ioe){
            ioe.printStackTrace();
        }
    }
    //接收对方发送过来的字符串
    public void run(){
        System.out.println("线程启动!");
        String inStr="";                              //存放对方发送过来的字符串
        while(true){
            try {
                //读对方发送的字符串,根据不同内容分别处理
                inStr=input.readUTF();
                if(inStr.equals("bye")){           //如果对方端发送"bye",本方端关闭连接
                    sendButton.setEnabled(false);
                    exitButton.setEnabled(false);
                    textArea.append("连接断开!!");
                    socketClosing();                 //关闭 Socket 和流
                    break;                           //终止循环
                }else{
                    /*如果对方端发送的不是"bye",则在本方文本区追加显示聊天内容*/
                    textArea.append(inStr+"\n");
                }
            } catch(IOException e){
                socketClosing();                     //关闭 Socket 和数据流
                System.out.println("有异常,连接中断!");
                break;                               //终止循环
            }
        }
        System.out.println("线程结束!");
    }
    private void socketClosing(){                    //关闭所有连接
```

```
        try {
            input.close();
            output.close();
            socket.close();
        } catch(Exception e){
            System.out.println("关闭 Socket 和流时发生异常！");
        }
    }
        public static void main(String[] args){
            JFrame app=new JFrame("具有通信功能的聊天界面");
            app.getContentPane().add(new ChatPanelSocket());
            app.setSize(400,300);
            app.setDefaultCloseOperation
            (JFrame.EXIT_ON_CLOSE);
            app.setVisible(true);
        }
    }
```

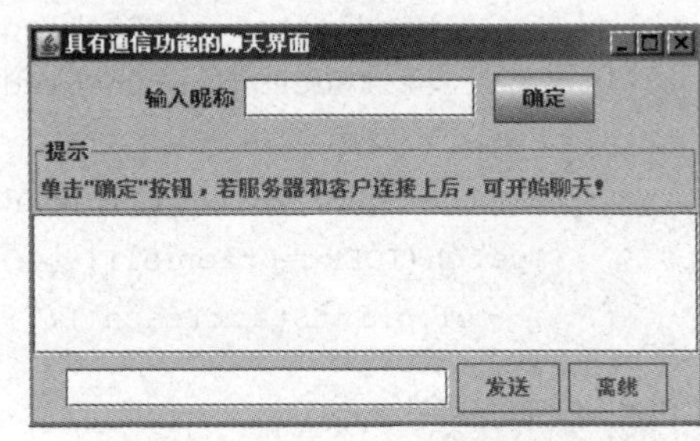

图 11-5　具有通信功能的聊天界面

程序运行效果如图 11-5 所示。

例 11-7 中声明的类继承例 11-6 中声明的类，是服务器端程序代码。例 11-4 到例 11-6中都是界面的代码。例 11-7 和例 11-8 是实现客户端和服务器端网络编程的代码。

【例 11-7】 服务器端程序(ChatServer.java)

```
/*
    功能简介：声明实现服务器端的类，是 C/S 模式中的服务器端部分。该类继承具有通信功能的
    聊天界面 ChatPanelSocket 类。
*/
import javax.swing.*;
import java.io.*;
import java.net.*;
public class ChatServer extends ChatPanelSocket{
        public ChatServer(){
        super();                                        //调用父类构造方法
        //设置提示标签的提示内容
        promptLabel.setText("服务器端聊天程序，应先启动后，等待客户连接…");
    }
    //单击北区按钮：启动服务器端，并等待客户连接
    protected void doTask1Button(){
        textArea.append("启动服务器！\n");
        nickname=fields[0].getText();              //得到北区文本框输入的"昵称"
        //中间文本区追加显示内容
        textArea.append(nickname+"等待客户连接…\n");
        try {
```

```
            ServerSocket server=new ServerSocket(7500);  //指定端口 7500
            //等待客户连接,连接成功后才能继续执行下面的语句
            socket=server.accept();
            //从套接字读数据流
            input=new DataInputStream(socket.getInputStream());
            //向套接字写数据流
            output=new DataOutputStream(socket.getOutputStream());
            //创建线程对象:在 run()方法中接收对方发送的字符串
            thread=new Thread(this);
            thread.start();                     //启动线程,然后会自动执行 run()方法
            doTask1.setEnabled(false);          //已连接后,设置北区按钮不可用
            sendButton.setEnabled(true);        //设置南区"发送"按钮可用
            exitButton.setEnabled(true);        //设置南区"离线"按钮可用
            //发送
            output.writeUTF(nickname+"说: 好想你!一直在等你连上我呢!");
        }catch(IOException e1){
            e1.printStackTrace();
        }
    }
    //启动服务器端的聊天程序
    public static void main(String args[]){
        JFrame app=new JFrame("服务器端");
        app.getContentPane().add(new ChatServer());
        app.setSize(400,300);
        app.setDefaultCloseOperation(JFrame.EXIT_ON_CLOSE);
        app.setVisible(true);
    }
}
```

运行该类就是启动服务器端。运行效果如图 11-6 所示。

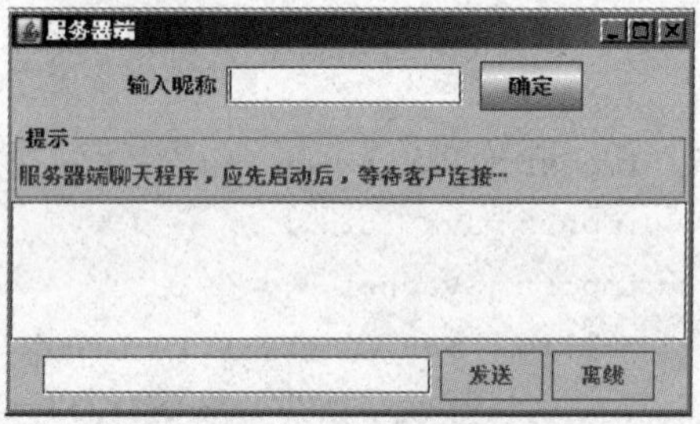

图 11-6　启动服务器端

例 11-8 中声明的类是客户端程序。

【例 11-8】 客户端程序(ChatClient. java)

```
/*
    功能简介: 声明实现客户端的类,是 C/S 模式中的客户端部分。该类继承聊天界面
    ChatPanel 类。
*/
import javax.swing.*;
import java.io.*;
import java.net.*;

public class ChatClient extends ChatPanelSocket{
        public ChatClient(){
```

```
        super();                        //调用父类的构造方法
        promptLabel.setText("客户端聊天程序,服务器端已启动后,才能连接,开始聊天!");
    }
    //单击北区按钮:连接服务器端,开始聊天
    protected void doTask1Button(){
        textArea.append("连接服务器!\n");
        try {
            //得到北区文本框输入的"昵称"
            nickname=fields[0].getText();
            //中间文本区追加显示内容
            textArea.append(nickname+"连接服务器!\n");
            socket=new Socket("127.0.0.1",7500);
            //从套接字读数据流
            input=new DataInputStream(socket.getInputStream());
            //向套接字写数据流
            output=new DataOutputStream(socket.getOutputStream());
            //创建线程对象:在 run()方法中接收对方发送的字符串
            thread=new Thread(this);
            //启动线程,执行 run()方法
            thread.start();
            doTask1.setEnabled(false);          //已连接后,设置北区按钮不可用
            sendButton.setEnabled(true);        //设置南区"发送"按钮可用
            exitButton.setEnabled(true);        //设置南区"离线"按钮可用
            output.writeUTF(nickname+"说:想和你聊天!");      //发送
        } catch(IOException e1){
            e1.printStackTrace();
        }
    }
    //启动聊天室客户端程序
    public static void main(String args[]){
        JFrame app=new JFrame("客户端");
        app.getContentPane().add(new ChatClient());
        app.setSize(400,300);
        app.setDefaultCloseOperation(JFrame.EXIT_ON_CLOSE);
        app.setVisible(true);
    }
}
```

运行该类启动客户端。运行效果如图 11-7 所示。

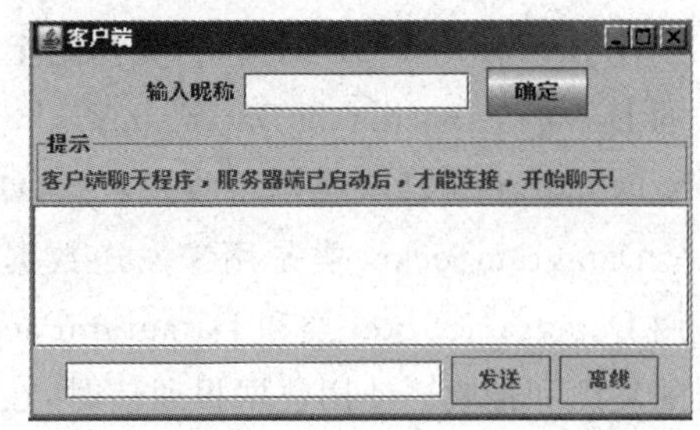

图 11-7　启动客户端

在服务器端输入昵称,单击“确定”按钮启动服务器,在客户端输入昵称,单击“确定”按钮连接服务器,如图 11-18 所示。

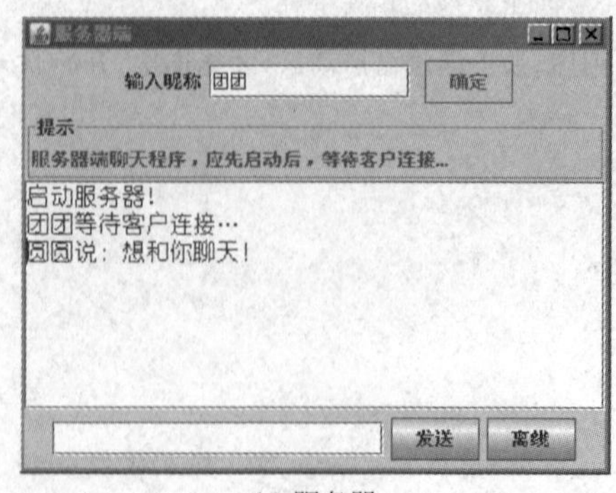

(a) 服务器

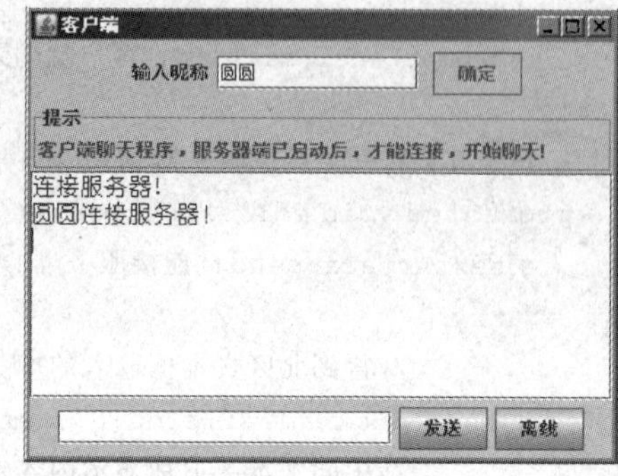

(b) 客户端

图 11-8　在服务器端和客户端分别输入昵称后

在图 11-8 中所示的服务器端和客户端进行聊天，效果如图 11-9 所示。

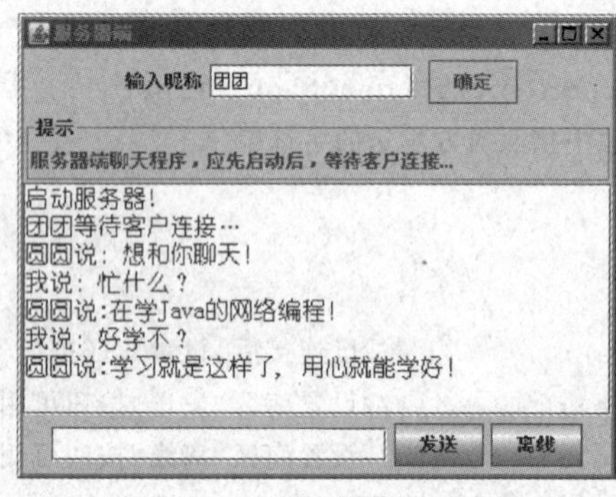

(a) 服务器端

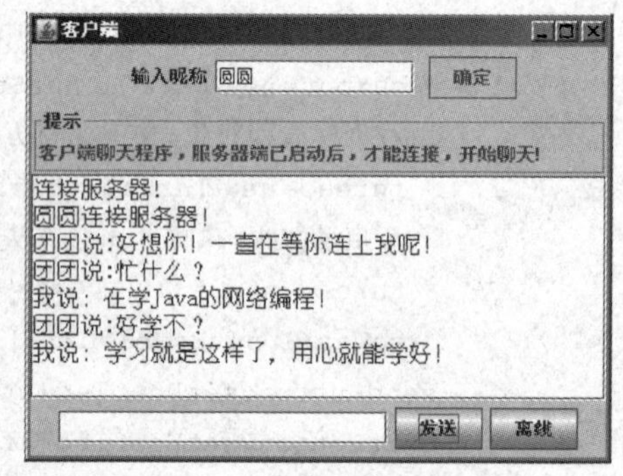

(b) 客户端

图 11-9　聊天信息

11.3.4　基于 UDP 的 Socket 编程原理

TCP 是面向连接的协议，而用户数据报协议（UDP）是一种无连接的协议。

数据报是以 UDP 为通信协议的一种通信方式，它为两台计算机之间提供一种不可靠的无连接投递报文的通信服务，由于这种通信方式不建立连接，所以不能保证所有的数据都能准确、有序地送到目的地，它允许重传那些由于各种原因半路“走失”的数据。数据报的优点是通信速度比较快，因此，数据报服务一般用于传送非关键性的数据。

在 Java 网络 UDP 编程中，在网络上发送和接收数据报包需要使用 java. net 类库中提供的 DatagramSocket 和 DatagramPacket 等类。

DatagramSocket 类用于收发数据，DatagramPacket 类包含了具体的数据信息。

DatagramSocket 类是用来发送数据报的套接字，它通过套接字方式进行数据报通信。使用 DatagramSocket 类和 DatagramPacket 类来编写发送端和接收端程序就可以实现数据报的发送和接收。使用数据报通信时，在接收端和发送端需要创建并运行各自的 Java 语言程序。

基于 UDP 的 Socket 编程原理如图 11-10 所示。

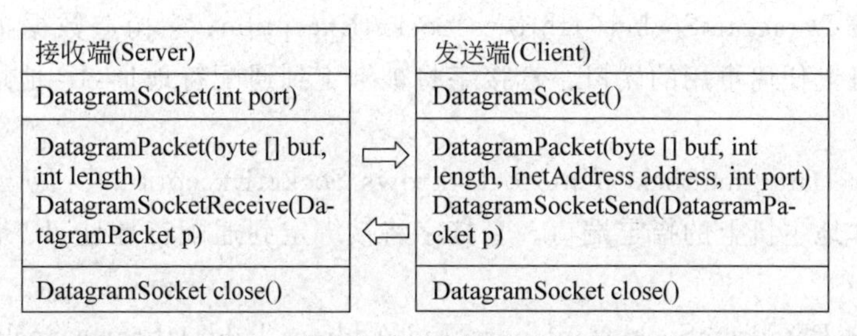

图 11-10 基于 UDP 的 Socket 编程原理

接收端(服务器端)程序编写通常由 4 个步骤组成。

(1) 通过 DatagramSocket(int port)构造方法创建一个数据报套接字,并绑定到指定端口上。

(2) 调用 DatagramPacket(byte[] buf,int length)建立一个字节数组以接收 UDP 包。

(3) 调用 DatagramSocket 类的 receive()方法接收 UDP 包。

(4) 最后调用 DatagramSocket 类的 close()方法关闭数据报套接字。

包的消息包括发送方、消息长度和消息自身。

发送端(客户端)程序编写通常由 4 个步骤组成。

(1) 通过 DatagramSocket()构造方法创建一个数据报套接字。

(2) 调用 DatagramPacket(byte[] buf,int length,InetAddress address,int port)建立要发送的 UDP 包。

(3) 调用 DatagramSocket 类的 send()方法发送 UDP 包。

(4) 最后调用 DatagramSocket 类的 close()方法关闭数据报套接字。

11.3.5 基于 UDP 的 Socket 编程实现

1. 服务器端(数据接收端)程序编写思路

Java 提供 DatagramSocket 类以表示用来发送和接收数据报的套接字。

数据报套接字是包投递服务的发送或接收点。每个在数据报套接字上发送或接收的包都是单独编址和路由的。从一台计算机发送到另一台计算机的多个包可能选择不同的路由,也可能按不同的顺序到达。

在 DatagramSocket 上总是启用 UDP 广播发送。为了接收广播包,应该将 DatagramSocket 绑定到通配符地址。在某些实现中,将 DatagramSocket 绑定到一个更加具体的地址时广播包也可以被接收。例如:

```
DatagramSocket s=new DatagramSocket(null);
s.bind(new InetSocketAddress(8888));
```

等价于

```
DatagramSocket s=new DatagramSocket(8888);
```

两个例子都能创建在 UDP 8888 端口上接收广播的 DatagramSocket。

DatagramSocket 类的构造方法如下。

(1)“public DatagramSocket() throws SocketException;”：构造数据报套接字并将其绑定到本地主机上任何可用的端口。套接字将被绑定到通配符地址，IP 地址由操作系统内核来选择。

(2)“public DatagramSocket(int port) throws SocketException;”：创建数据报套接字并将其绑定到本地主机上的指定端口。套接字将被绑定到通配符地址，IP 地址由操作系统内核来选择。

(3)“public DatagramSocket(int port, InetAddress laddr) throws SocketException;”：创建数据报套接字，将其绑定到指定的本地地址。本地端口必须在 0～65 535 之间(包括两者)。如果 IP 地址为 0.0.0.0，套接字将被绑定到通配符地址，IP 地址由操作系统内核选择。laddr 是要绑定的本地地址。

2. 客户端(数据发送端)程序编写思路

发送端也使用 DatagramSocket 类。具体的区别请参考图 11-10。

3. 服务器端(接收端)和客户端(发送端)的实现

例 11-9 和例 11-10 分别是服务器端的程序和客户端的程序。

【例 11-9】 基于 UDP 的 Socket 编写服务器端程序(UDPServer.java)

```
/*
    功能简介：基于 UDP 的 Socket 编写服务器端程序。
*/
import java.net.DatagramPacket;
import java.net.DatagramSocket;
import java.net.InetAddress;
import java.util.Date;

public class UDPServer{
    public UDPServer(){
        DatagramSocket dSocket;
        DatagramPacket inPacket;
        DatagramPacket outPacket;
        InetAddress cAddr;
        int cPort;
        byte[]inBuffer=new byte[100];
        byte[]outBuffer;
        String s;
        try{
          //创建 DatagramSocket 对象，端口是 7600
          dSocket=new DatagramSocket(7600);
          //接收客户端的数据
          while(true){
              /*创建一个对象用于接收客户端(发送端)发送的数据，且包的大小和客户端创建
                的包大小一样，用于接收发送端发送的包。*/
              inPacket=new DatagramPacket(inBuffer,inBuffer.length);
```

```
            dSocket.receive(inPacket);                  //接收数据报
            cAddr=inPacket.getAddress( );               //获取客户端的地址
            cPort=inPacket.getPort( );                  //获取客户端的端口
            s=new String(inPacket.getData(),0,inPacket.getLength());
            System.out.println("接收到客户端信息:"+s);
            System.out.println("客户端主机名为:"+cAddr.getHostName());
            System.out.println("客户端端口为:"+cPort);
            //向客户端发送数据
            Date d=new Date();
            outBuffer=d.toString().getBytes();
            outPacket=new DatagramPacket(outBuffer,outBuffer.length,cAddr,cPort);
            dSocket.send(outPacket);                    //发送数据报到客户端
          }
        }catch(Exception e){
          e.printStackTrace();
        }
    }
    public static void main(String args[]){
        new UDPServer();
    }
}
```

【例 11-10】 基于 UDP 的 Socket 编写客户端程序(UDPClient.java)

```
/*
    功能简介:基于 UDP 的 Socket 编写客户端程序。
 */
import java.net.DatagramPacket;
import java.net.DatagramSocket;
import java.net.InetAddress;

public class UDPClient{
      public static void main(String args[]){
          DatagramPacket inPacket;
          InetAddress sAddr;
          byte[]inBuffer=new byte[100];
          try{
              DatagramSocket dSocket=new DatagramSocket();
              if(args.length==0)
                  sAddr=InetAddress.getByName("127.0.0.1");
              else
                  sAddr=InetAddress.getByName(args[0]);
              String s="请求连接";
              byte[]outBuffer=s.getBytes();
              /*创建一个对象用于发送客户端的数据包,定义包的大小,以及要发送到的地址和
```

```
            端口号,即目的地以及端口号。*/
        DatagramPacket outPacket=new DatagramPacket(outBuffer,outBuffer.
        length,sAddr,7600);
        dSocket.send(outPacket);                //发送数据报
        //接收服务器发送的数据
        inPacket=new DatagramPacket(inBuffer,inBuffer.length);
        dSocket.receive(inPacket);              //接收数据报
        s=new String(inPacket.getData(),0,inPacket.getLength());
        System.out.println("接收到服务器端信息:"+s);
        dSocket.close();
    }catch(Exception e){
        e.printStackTrace();
    }
  }
}
```

文件结构和运行效果如图 11-11 所示。

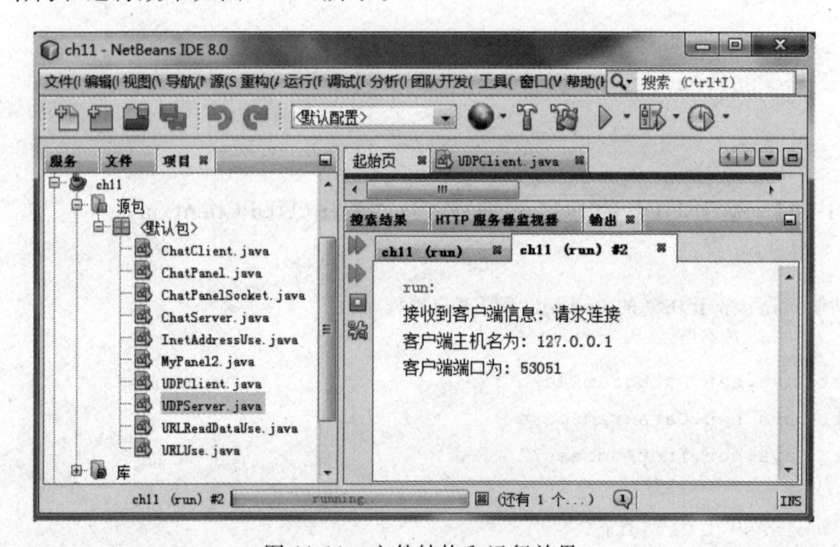

图 11-11　文件结构和运行效果

11.3.6　基于 SSL 的 Socket 编程原理

随着网络的普及,网络对数据传输的安全要求越来越迫切。1994 年,网景(Netscape)公司推出 SSL(Secure Sockets Layer)安全网络通信协议。

SSL 协议的主要设计目的是提供网络通信的保密性和可靠性。基于 SSL 协议的网络数据通信一般采用多种密钥对通信的数据进行加密,即使 SSL 网络通信被攻击者窃听,攻击者也只能得到已经加密的数据,而且多种密钥同时加密的方法也加大了攻击者破解加密数据的难度。

应用层协议	
SSL协议	SSL握手协议
	SSL记录协议
可靠的传输协议(TCP)	

图 11-12　SSL 协议在网络协议上的层次结构

SSL 协议在网络协议上的层次结构如图 11-12 所示。

SSL 协议由 SSL 记录协议(SSL Record Protocol)和 SSL 握手协议(SSL Handshake Protocol)组成。

SSL 记录协议规定了如何将传输的数据封装在记录中,即规定记录的格式、加密方式以及压缩和解压缩方式等。在 SSL 协议中,每个记录的最大长度是 32 767B。

SSL 握手协议要求进行通信的双方分别是服务器端与客户端。SSL 握手协议规定了在服务器端和客户端之间进行连接的步骤、选择数据加密方式的步骤以及进行数据通信的步骤等。一般操作系统中都提供密钥和证书管理工具来实现对程序的加密,也可以自定义加密算法进行加密。

基于 SSL 的 Socket 编程原理如图 11-13 所示。

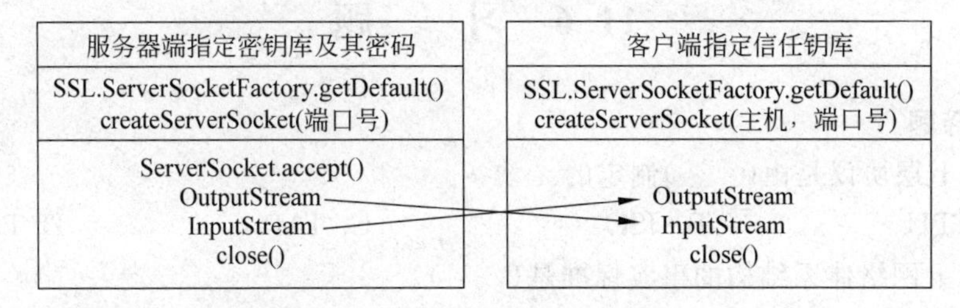

图 11-13 基于 SSL 的 Socket 编程原理

11.4 常见问题及解决方案

异常信息提示如图 11-14 所示。

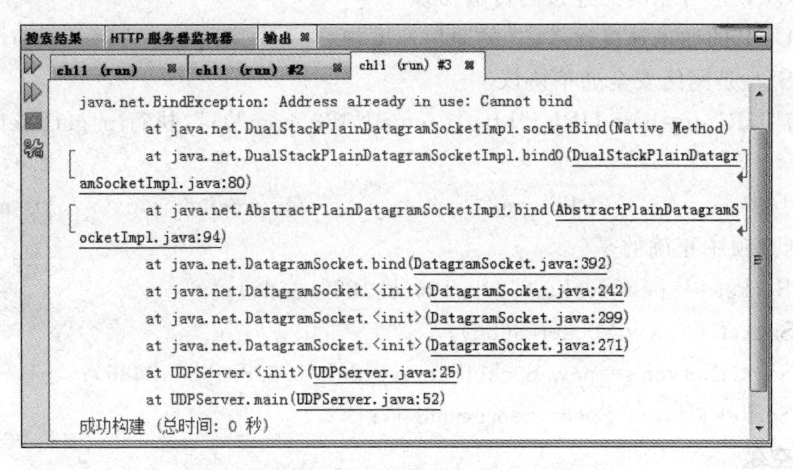

图 11-14 异常信息提示

解决方案:如果需要的端口号被占用或者重复运行类的时候将会发生该异常。

11.5 本 章 小 结

本章介绍了网络编程的基本知识。通过本章的学习能够了解网络编程的过程,为第 12 章的网络编程项目以及今后的高级网络编程打下良好的基础。

通过本章的学习，应了解和掌握以下内容。

- 网络编程的概念。
- URL。
- 基于 TCP 的网络编程。
- 基于 UDP 的网络编程。
- 基于 SSL 的网络编程。

总之，通过本章的学习，应对 Java 网络编程有一定的了解，能够开发出简单的网络应用程序。

11.6 习 题

一、选择题

1. OSI 七层协议是由（　　）制定的。

A. ITU　　B. ISO　　C. IAB　　D. TCP/IP

2. 国际上网络体系结构的事实标准是（　　）。

A. ISO　　B. OSI　　C. TCP/IP　　D. ITU

3. 定位网络资源的是（　　）。

A. WWW　　B. FTP　　C. TCP　　D. URL

4. 下列说法中错误的是（　　）。

A. TCP 是可靠的面向连接的传输协议

B. UDP 是可靠的无连接的传输协议

C. UDP 的通信速度比 TCP 的通信速度快

D. SSL 是网络安全通信协议

5. 若有"URL u=new URL("http://email.163.com");"，执行 u.getFile()方法得到的结果是（　　）。

A. 163　　B. com　　C. email　　D. null

6. 下列选项中正确的是（　　）。

A. Socket s=new Socket("202.196.8.189",8686);

B. Socket s=new Socket(8686);

C. SocketServer s=new SocketServer("202.196.8.189",8686);

D. Socket s=new SocketServer(8686);

二、填空题

1. 网络协议标准可分为两类：厂家制定和________。

2. TCP/IP 把整个网络划分为 4 层体系结构：网络接口层、网络层、________和________。

3. IP 地址有 IPv4 和________两种。

4. ________是一种基于网络进程通信的接口。

5. 在 Java 网络编程中，一个套接字由________、________和________组成。

6. TCP/IP 模型提供两个传输层协议：________和________。

三、简答题

1. 简述基于 TCP 的 Socket 编程原理。
2. 简述基于 UDP 的 Socket 编程原理。
3. 简述基于 SSL 的 Socket 编程原理。

四、实验题

1. 编写一个简单的浏览器。
2. 编写一个简单的 Web 服务器。
3. 编写一个简单的 FTP 服务器。

第 12 章　网络聊天系统项目实训

本章综合运用前 11 章的相关概念与原理，设计和开发基于 C/S 模式的多线程网络程序。本章实训的目标是实现一个具有类似腾讯 QQ 系统的聊天功能的网络即时通信系统。通过本项目实训的练习可以在掌握本书所学的知识外，培养学生的项目开发经验、团队精神和协作能力，增强学生的综合能力。

12.1　C/S 模式

C/S(Client/Server，客户端/服务器)模式又称为 C/S 结构，是 20 世纪 80 年代末逐步成长起来的一种模式，是软件系统体系结构的一种。C/S 结构的关键在于功能的分布，一些功能放在前端机(即客户端)上执行，另一些功能放在后端机(即服务器)上执行。功能的分布在于减少计算机系统的各种瓶颈问题。

C/S 结构的优点是能充分发挥客户端 PC 的处理能力，很多工作可以在客户端处理后再提交给服务器，从而具有客户端响应速度快的优点。

C/S 模式是一种两层结构的系统，第一层在客户端上安装了客户端应用程序，第二层在服务器上安装服务器管理程序。在 C/S 模式的工作过程中，客户端程序发出请求，服务器程序接收并且处理客户端程序提出的请求，然后返回结果。

C/S 模式需要安装专用的客户端软件。例如，腾讯的 QQ 软件，要先安装后才能使用。

C/S 模式有以下特点。

- C/S 模式将应用与服务分离，系统具有稳定性和灵活性。
- C/S 模式配备的是点对点的结构模式，适用于局域网，有可靠的安全性。
- 由于客户端实现与服务器端的直接连接，没有中间环节，因此响应速度快。
- 在 C/S 模式中，作为客户端的计算机都要安装客户端程序，一旦软件系统升级，每台客户端都要安装客户端程序，系统升级和维护较为复杂。

C/S 模式的优势如下。

首先，交互性强是 C/S 固有的一个优点。在 C/S 中，客户端有一套完整的应用程序，在出错提示、在线帮助等方面都有强大的功能，并且可以在子程序间自由切换。

其次，C/S 模式提供了更安全的存取模式。由于 C/S 是配对的点对点的结构模式，采用适用于局域网、安全性比较好的网络协议，安全性可以得到较好的保证。

再次，采用 C/S 模式能降低网络通信量。

最后，与 B/S 模式相比，对于相同的任务，C/S 完成的速度总比 B/S 快，使得 C/S 更利于处理大量数据。

12.2　项目需求分析

本项目实现了 C/S 模式的网络编程，项目分客户端和服务器端程序。

服务器端程序需要实现的主要功能有服务器管理、用户管理、客户端监听、系统配置、事务管理、数据库管理、文件下发、群聊管理等，读者可参考腾讯 QQ 服务器并适当加以改进。

客户端程序需要实现客户端登录、QQ 号申请、增加好友、删除好友、多好友聊天、群聊、文件接收等功能，读者可参考腾讯 QQ 系统的客户端程序并适当加以改进。

工作过程是：启动启服务后，客户端即可连接服务器使用服务器开放的服务，如登录、注册、聊天等。服务器有管理客户端的部分权限，可远程获得客户端数据或改变客户端配置。

服务器端。服务器运行后自动监听某个本地端口(本系统使用 6666 端口为客户端提供服务)，并提供服务，直到系统管理员手动改变服务器配置或关闭服务。服务器可远程获取客户端数据和配置。个别情况下还可赋予服务器截取客户端通信数据和屏幕画面的权利。

客户端。客户端程序运行后为用户提供登录、注册等代理服务。客户端直接为广大用户服务，因此应具有人性化的设计和足够的功能模块。除了实现登录、申请号码、添加好友、与好友聊天等基本功能之外，本系统客户端还集成了文件接收、表情发送、群聊等功能。

12.3 项目设计

客户端和服务器设计思想类似，即在主界面里集成消息解析器，通过解析消息调用不同的功能模块进行响应。这样做的好处是，当本系统需要扩充功能时，只需更新两点：一是消息解析器对新服务的解析；二是响应该服务的功能模块。

12.3.1 服务器端设计

一台计算机运行的服务器只能有一个(本系统不考虑多服务器协同工作的可能)，但可能有众多客户端连接。这样，客户端的同时连接和不同时连接、多客户端请求服务的同时响应、拦截非法消息和客户端数据的管理都要在服务器设计之初制定完善的解决方案，因为这将影响服务器的稳定性和执行效率。如果处理不好，轻则导致服务器崩溃，重则造成计算机数据丢失。

因此，服务器的设计需要注意以下几点。

(1) 并发响应。当有多个客户端同时连接或请求某服务时，服务器应同时响应以提高服务器的响应速度，但同时也要对本地数据的安全性进行严格保护。这样对于服务器而言，用好的数据结构管理客户端连接就显得很重要。

(2) 垃圾过滤。服务器运行期间，严格监控来自客户端的消息，垃圾消息一概丢弃。

(3) 非法消息过滤。服务器运行期间，严格监控来自客户端的消息，当接收到非法消息时提示给系统管理员，以使管理员得知系统当前正遭受怎样的攻击，并采取相应的措施。

服务器功能模块包括服务器的管理模块(开启服务、暂停服务、注册和登录控制)；客户端的管理模块(文件发送，客户端监控，群聊控制等)，自身的安全性检测模块(系统跟踪)。对服务器，稳定安全最重要，因此界面只有一个。用标签窗格把各个功能模块分开，可以借助 NetBeans 封装的组件“拖拉”实现。

服务器作为该系统的核心，管理众多(这得看有多少客户端连接)客户端。于是服务器必须具有一般管理软件的共有特性，即具有客户端的部分管理权限。对本系统而言，向单个或多个客户端发送消息、文件，强制注销单个或多个用户，重置单个或多个用户的密码，单播或广播消息，截获客户端数据等就是上述特性的具体表现。

12.3.2 客户端设计

客户端的定位是为广大使用聊天系统的用户提供代理服务，因此除了一般系统设计中的稳定性、健壮性等要求外，还要有安全性、多功能和人性化设计等方面的考虑，尤其是安全方面，应该严格管控。

客户端系统设计应考虑的因素如下。

(1) 稳定性。稳定性是每个程序设计人员必须保证的最低目标。稳定性不仅是保证用户数据安全性的必须条件，而且能让用户直观地感受到程序设计的完善性，从而增加用户对系统的信赖。

(2) 健壮性。为了数据的安全及其他方面的考虑，健壮性很重要。

(3) 安全性。这里所说的安全性更多是指客户端与服务器通信过程的安全控制。拦截客户端向服务器发送垃圾或非法的消息，以使非法人员不能利用客户端漏洞对服务器进行攻击，保证服务器的安全稳定运行。

(4) 多功能。这一点显得尤为重要，一个程序要使用户喜欢，除了上述几点，多功能的设计也将为系统功能更加完善。

(5) 人性化。程序是用户使用的，如果一个程序不能让用户在使用过程中感到得心应手，它将不能赢得用户青睐，最后的结果是，该程序提前“退休”。

客户端要提供登录界面供用户登录，要提供注册界面供用户注册，要有登录等待界面(类似 QQ，在长时间登录时这将对降低用户对系统不满起到很好的作用)缓冲并提示登录结果(这里说的是登录不成功时的具体原因)，登录成功要有主界面供用户管理自己的数据，如身份信息、好友信息、文件、聊天等。

针对这样的需求，可以使用 NetBeans 可视化开发环境轻松设计图形用户界面。

12.3.3 通信协议设计

服务器和客户端的界面设计好后，接下来并不是填充实际的控制代码，因为还有一个很重要的事情要完成，就是编写客户端与服务器的通信协议。

通信协议是指双方实体完成通信或服务所必须遵循的规则和约定。协议定义了数据单元使用的格式，信息单元应该包含的信息与含义，连接方式，信息发送和接收的时序，从而确保网络中的数据顺利地传送到确定的地方。

通信协议的解释太复杂了，其实就是双发约定一些“暗号”，以便于双方在通信过程中进行消息的封装和解析，了解对方的意图。表 12-1 给出了本项目的部分通信协议内容。

表 12-1 本项目的部分通信协议内容

协议名	含 义
BYE_BYE	客户端用户离线或服务器关闭服务
R	消息头，代表注册
L	消息头，代表登录
F_List	请求好友信息
Se_Fri	查找好友

续表

协议名	含　义
ADD_FR	增加好友
DEL_FR	删除好友
DEL_FR_ACCESS	删除好友成功
DEL_FR_FAILE	删除好友失败
SYSQUN	消息头,代表群消息
NONESE	服务器未找到客户端查找的好友信息
Fri_ip	客户端请求好友 IP
SYS_IN	客户端的在线认证信息
QUN_ME	消息头,服务器转发群消息
0	登录失败,密码错误
1	登录成功
−1	登录失败,没有此用户
−2	登录失败,此用户已登录
−3	登录失败,服务器限制登录

12.4　项目的数据库设计

根据以上需求,本项目数据库所需创建的数据表有：chat 表(所有注册用户的信息都存储在此表中)、friends 表(存储各个用户的好友信息)。以上两张表是固定的,一直存放在数据库中,还有一张动态表——online 表(在线用户身份信息表),存储当前在线用户的身份信息,服务器启动时建立,退出时删除。表 12-2～表 12-4 给出的数据表设计仅供参考,读者可根据实际业务需求另行设计。

表 12-2　chat 表

字段名	字段类型(长度)	字段说明	备注
ID	char(10)	用户账号	主键
password	char(10)	用户密码	
name	varchar(8)	用户昵称	

表 12-3　friends 表

字段名	字段类型(长度)	字段说明	备注
ID	char(10)	好友持有人的 ID	主键
friendName	varchar(8)	好友昵称	
friendID	char(10)	好友 ID	主键

表 12-4　online 表

字段名	字段类型(长度)	字段说明	备注
ID	char(10)	在线用户 ID	主键
name	varchar(8)	在线用户昵称	
IP	char(16)	在线用户 IP	

12.5 项目的开发过程

12.5.1 项目简介

项目全称：网络即时通信系统。

项目开发平台：JDK 8。

项目开发工具：NetBeans 8.0。

项目数据库：MySQL 5.6 和 Navicat For MySQL。设计的表如图 12-1～图 12-3 所示。如果不了解 MySQL,可另行选择自己熟悉的数据库系统。

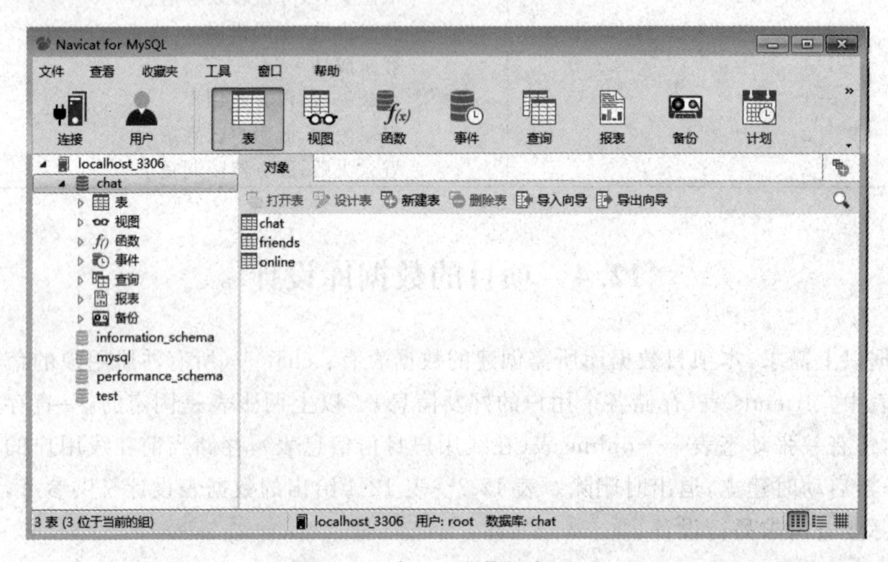

图 12-1　建立一个数据库 chat

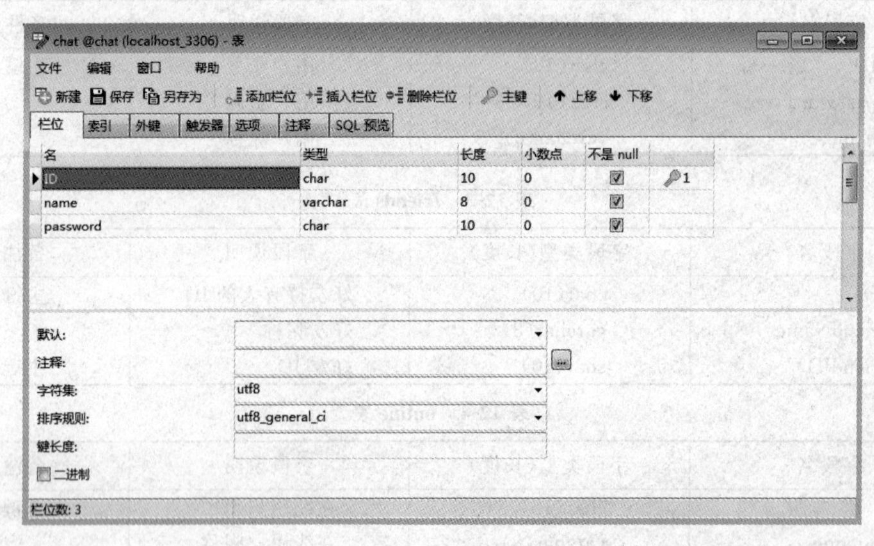

图 12-2　chat 表的设计

备注：图 12-1 所示的 chat 是数据库名，本项目使用的登录账号是 MySQL 默认的 root，密码是在安装 MySQL 时候设置的密码 root。

图 12-2 所示是 chat 表的设计。

图 12-3 所示是 friends 表的设计。

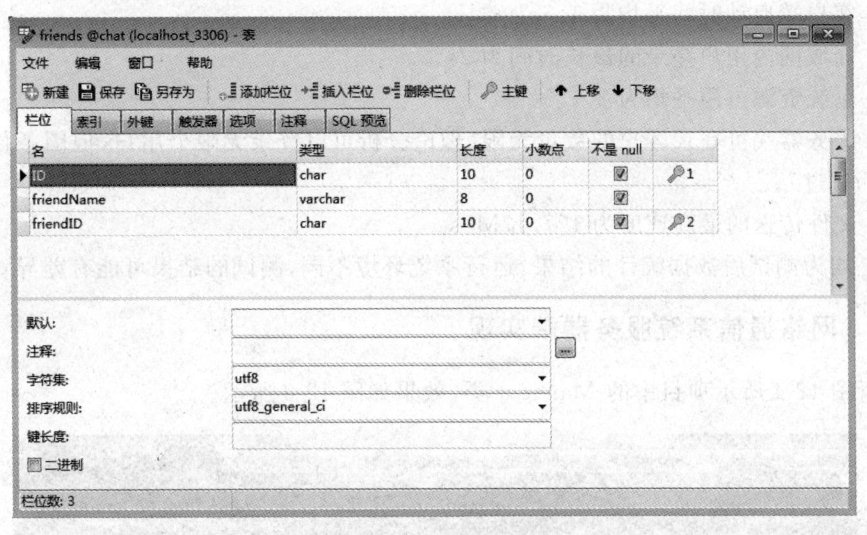

图 12-3 friends 表的设计

项目运行环境：Java 是跨平台的，因此，本项目运行所需的操作系统不限。

项目服务器端设计 13 个类和一个 jar 文件：约 3700 行代码，如图 12-4 所示。

项目客户端设计 18 个类：约 6500 行代码，如图 12-5 所示。

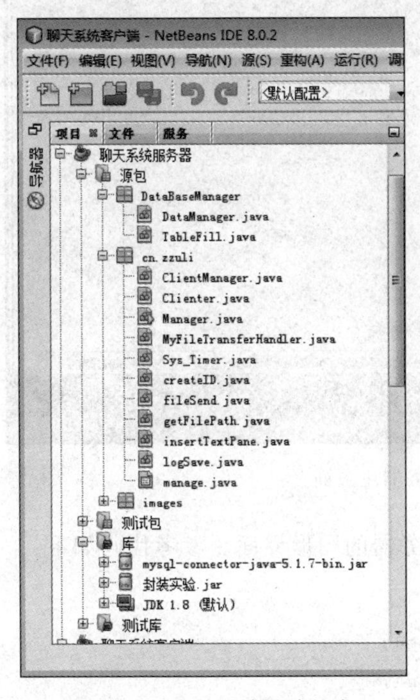

图 12-4 服务器端设计的类

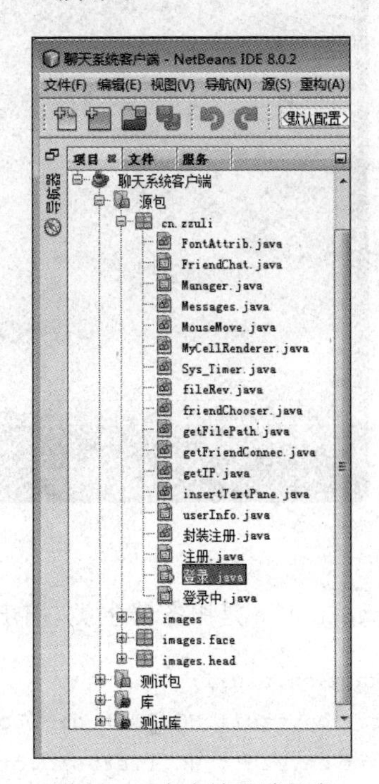

图 12-5 客户端设计的类

备注：由于本书篇幅的限制，本章只介绍部分代码，其他代码请读者根据图示以及项目需求自己编写。

项目测试数据如下。

(1) 服务器启动时间平均为 2s。

(2) 客户端启动时间平均为 1.5s。

(3) 局域网内用户登录的最长时间为 2s。

(4) 系统资源占用平均为 2%。

(5) 服务器端可登录客户的数量无限(理论分析可以登录无限个用户，但因条件有限并未实际测试过)。

(6) 文件传送的最高速度为 127.17M/s。

以上均为测试后数据统计的结果，运行系统环境不同，测试的结果可能有差异。

12.5.2 网络通信系统服务器端实现

运行图 12-4 所示项目中的 Manager 类，效果如图 12-6 所示。

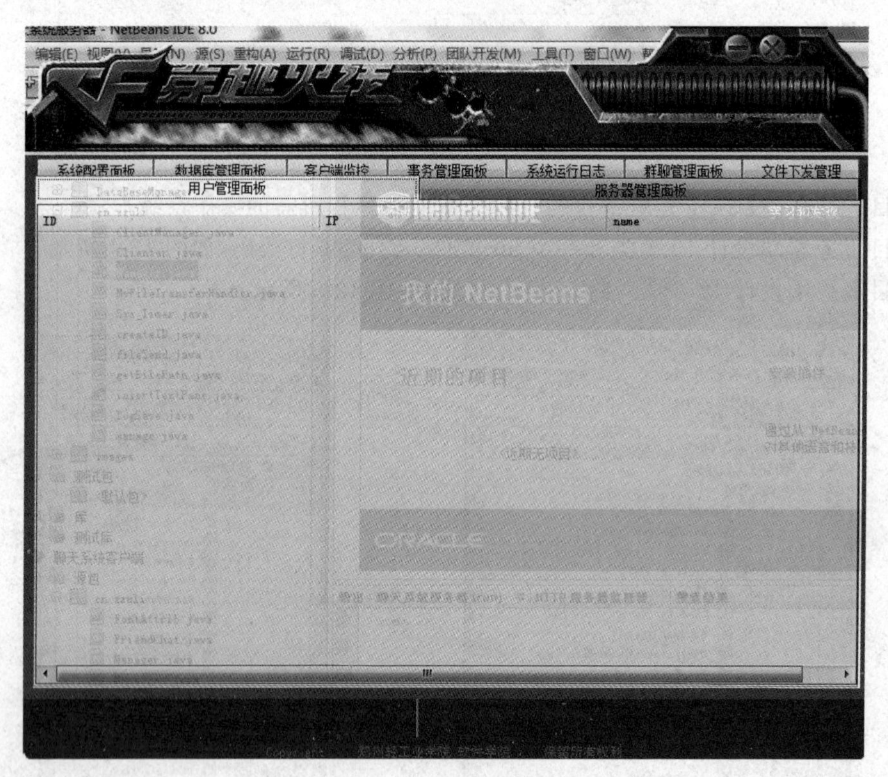

图 12-6 服务器主页面

Manager.java 是服务器主类，用于启动服务器的图形界面。参考代码如下：

```
package cn.zzuli;
import cn.zzuli.NC.ITstudio.LookAndFeel;
import cn.zzuli.NC.ITstudio.createShape;
import com.sun.awt.AWTUtilities;
```

```
import java.awt.Image;
import java.awt.event.WindowEvent;
import javax.swing.JFrame;
import javax.swing.UnsupportedLookAndFeelException;

public class Manager extends JFrame {
    private manage canvas=new manage(this);  //界面的实际代码类
    private final Image ico;                 //窗体图标
    //构造方法,实现自定义的窗体设计
    public Manager() {
        super();
        this.getContentPane().add(canvas, java.awt.BorderLayout.CENTER);
        new createShape(this, "/images/manager.png"); //实现不规则窗体的创建
        AWTUtilities.setWindowOpacity(this, 0.95f);  //设置窗体默认透明度为 95%
        ico=getToolkit().getImage(getClass().getResource("/images/ico.jpg"));
        setIconImage(ico);                           //设置窗体图标
    }
    //监听窗体关闭事件
    protected void processWindowEvent(WindowEvent e) {
        boolean flag=false;
        if (e.getID()==WindowEvent.WINDOW_CLOSING) {
            canvas.windowClose();
        }
    }
    //主方法,启动服务器图形界面
    public static void main(String[] args) throws UnsupportedLookAndFeelException {
        LookAndFeel.setFeel(0);
        Manager app=new Manager();
        app.setTitle("服务器");
        app.setDefaultCloseOperation(JFrame.EXIT_ON_CLOSE);
        app.setVisible(true);
    }
}
```

图 12-6 所示图形用户界面是由类 Manager 实现的,该类位置请参考图 12-4。该类是使用 NetBeans 的“Java 桌面应用程序”设计的,如图 12-7 所示。请读者自行设计该类的细节。

服务器主要功能有:服务器管理功能,如图 12-8 所示;服务器系统配置功能,如图 12-9 所示;服务器数据库管理功能,如图 12-10 所示。

客户端监控功能,如图 12-11 所示;事务管理功能,如图 12-12 所示。

系统运行日志管理功能,如图 12-13 所示;群聊管理功能,如图 12-14 所示。

文件发送功能,如图 12-15 所示。

图 12-8~图 12-15 所示功能以及用户注册、用户管理等功能,由图 12-4 中所示的 10 个类实现,下面按照图 12-4 所示的顺序依次给出 10 个类的部分代码。

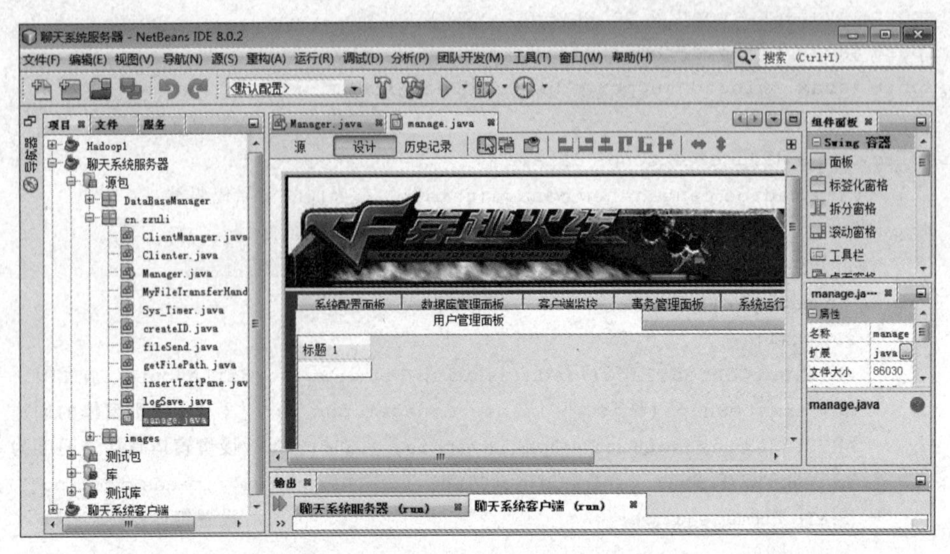

图 12-7　使用桌面应用程序设计服务器页面

图 12-8　服务器管理功能

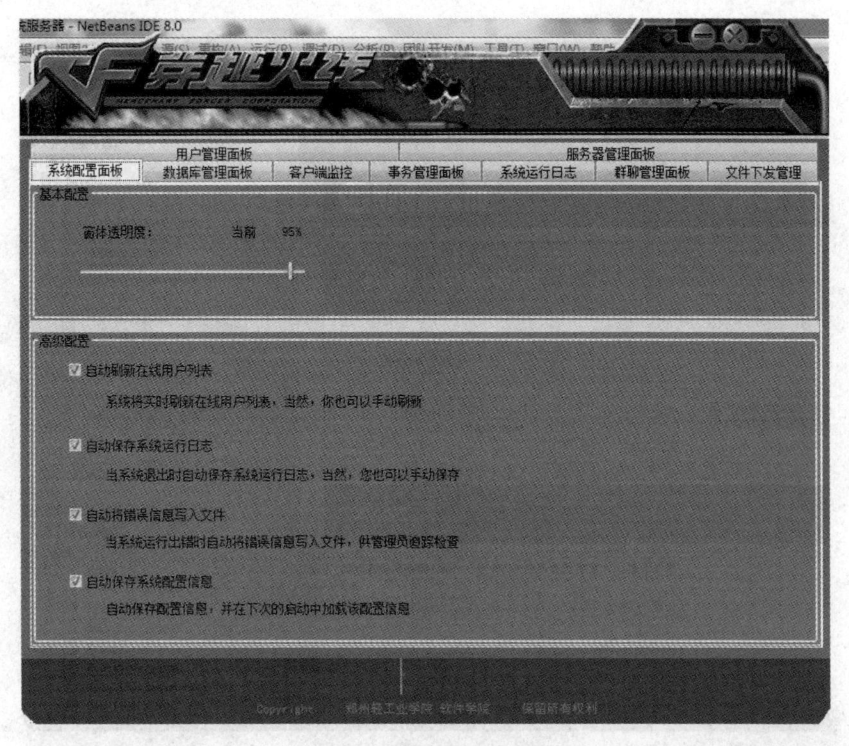

图 12-9 服务器系统配置

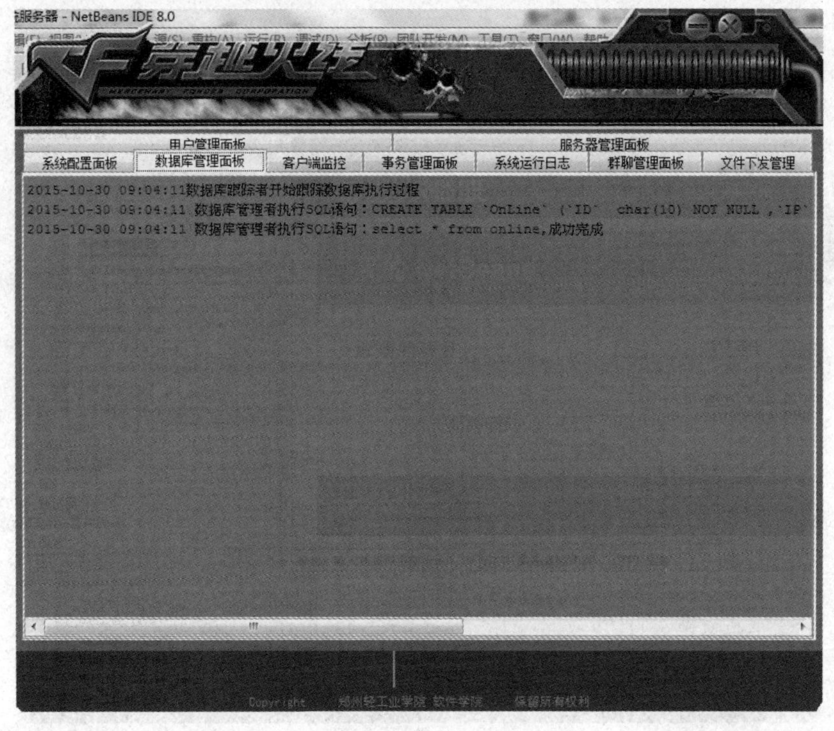

图 12-10 数据库管理

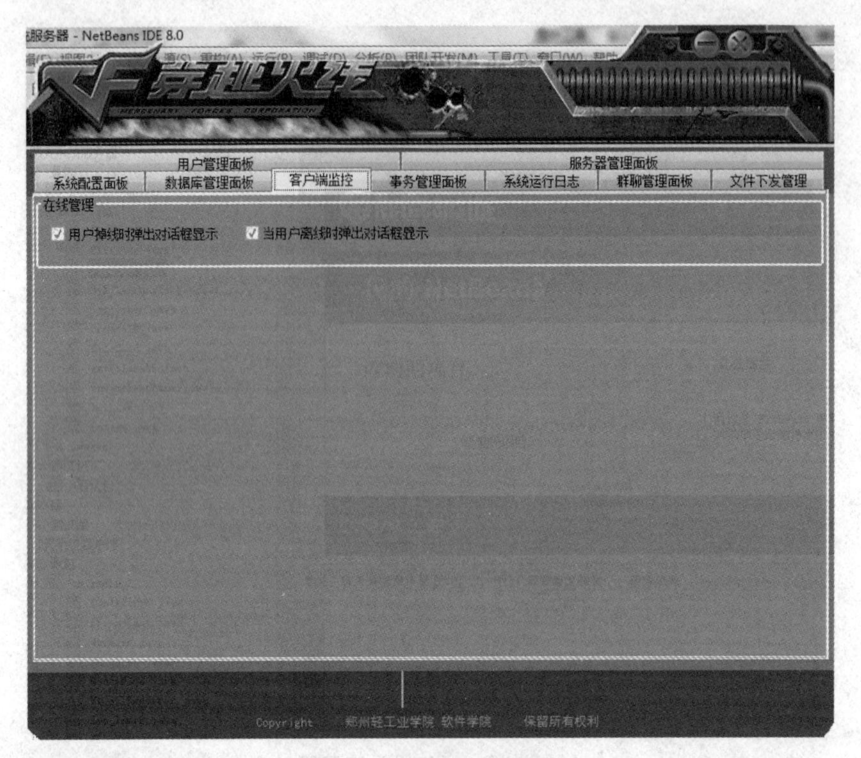

图 12-11　客户端监控

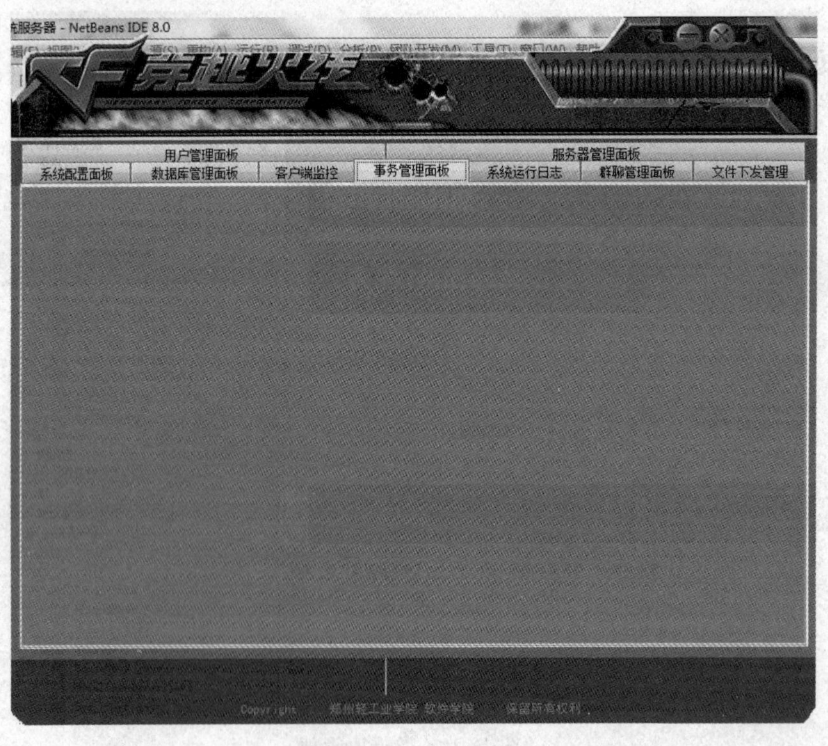

图 12-12　事务管理

图 12-13 系统运行日志

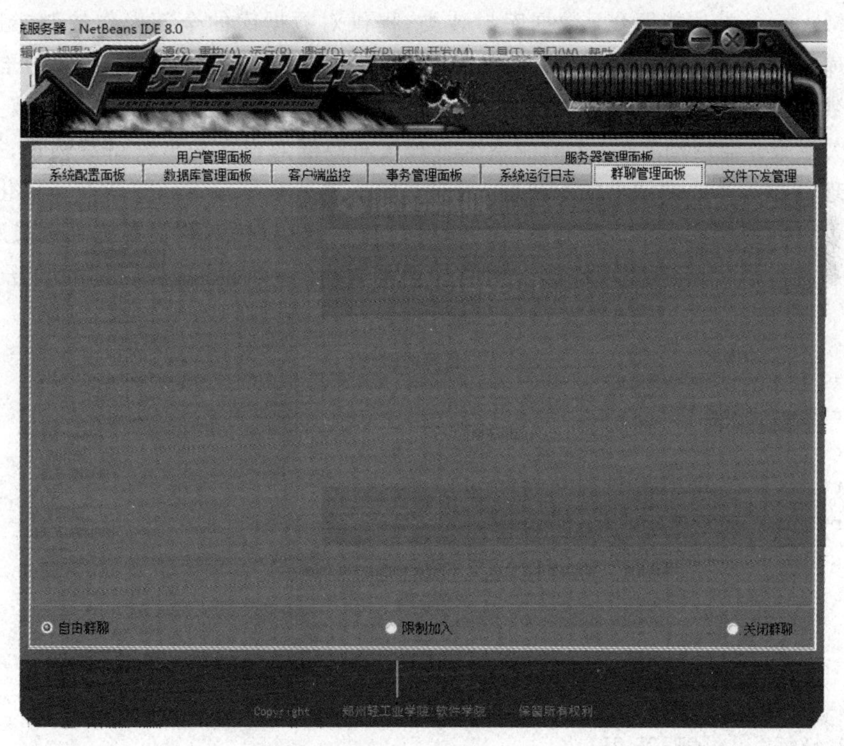

图 12-14 群聊管理

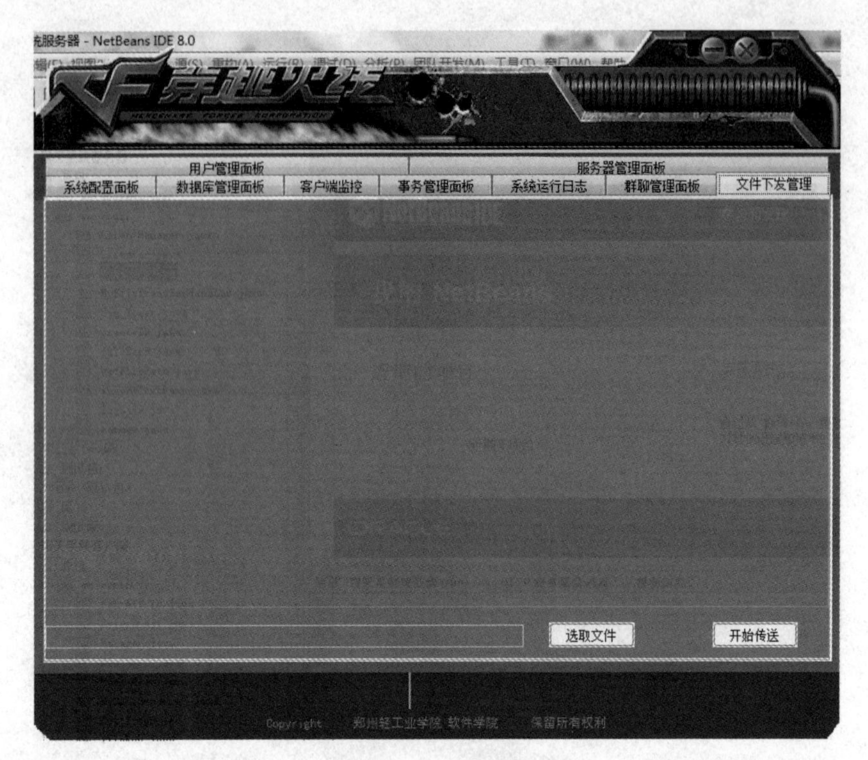

图 12-15　文件发送

DataManager 类功能简介：数据库封装类，提供对数据库的全部操作控制。这是一个关于数据库操作的类，封装了本系统（聊天系统）服务器端对数据库数据存取的全部方法。为了保证数据库数据的安全性和系统的稳定性，本类在整个服务器运行期间只被实例化两次：第一次在服务器启动之后，为响应系统管理员对数据的查看和修改而实例化；第二次在客户端管理器响应客户端请求的服务时，为对数据库进行数据检索和更新而实例化。

本类可以向上层图形组件回显本类的执行过程和错误跟踪，便于系统管理员和程序设计人员在系统出错时追踪错误所在，及时解决遇到的问题，为用户提供更好的服务。参考代码如下：

```
package DataBaseManager;
import cn.zzuli.Sys_Timer;
import java.sql.*;
import java.util.logging.Level;
import java.util.logging.Logger;
import javax.swing.*;
import javax.swing.table.DefaultTableModel;

public class DataManager {
    private Connection con;
    private Statement st;
    private int numCols=0;                          //当前查询的数据库表的列数
    private TableFill tableFiller;                  //将结果集数据填充在指定的 JTable 中
```

```
private String[] colunm;                        //当前查询的数据库表的列值
private String friends;                         //某用户的好友信息
private JTextArea jta;                          //向上显示本类的执行过程和错误跟踪
private Sys_Timer timer=new Sys_Timer();//需要时获得系统当前时间的对象
private static int count=0;                     //本类被实例化的次数
public DataManager() {                          //构造方法
    tableFiller=new TableFill();
    count++;
    if (jta !=null) {
        jta.append(timer.getSysTime() +"数据库跟踪者报告数据管理者类已
                                      被实例化" +count +"次\r\n");
    }
}
public void follow(JTextArea jta) {
    this.jta=jta;
    if (jta !=null) {
        jta.append(timer.getSysTime()+"数据库跟踪者开始跟踪数据库执行过程\r\n");
    }
}
//得到 MySQL 数据库连接,URL 为数据库路径,password 为数据库密码
public synchronized Statement getMySQLConnection(String URL, String password){
    try {
        Class.forName("com.mysql.jdbc.Driver");    //加载驱动
        if (jta !=null) {
            jta.append(timer.getSysTime()+"数据库管理者为 MySQL 数据库加载驱动
                                          完成\r\n");
        }
        con=DriverManager.getConnection(URL, "root", password);
        if (jta !=null) {
            jta.append(timer.getSysTime()+"数据库管理者为 MySQL 数据库建立连接
                                          完成\r\n");
        }
        st=con.createStatement();
        if (jta !=null) {
            jta.append(timer.getSysTime()+"数据库管理者为 MySQL 数据库创建连接
                                         对象完成\r\n");
        }
    } catch (SQLException ex) {
        if (jta !=null) {
            jta.append("\r\n" +timer.getSysTime()+"异常: 数据库管理者为 MySQL
                       数据库建立连接时出错!错误原因:" +ex +"\r\n\r\n");
        }
    } catch (ClassNotFoundException ex) {
        if (jta !=null) {
            jta.append("\r\n"+timer.getSysTime()+"异常: 数据库管理者为 MySQL
```

```
                    数据库建立连接时未找到驱动\r\n\r\n");
            }
        }
        return st;
    }
    //执行 SQL 语句更新数据库
    public synchronized boolean upDate(String sql) {
        boolean result=false;
        try {
            st.executeUpdate(sql);
            if (jta !=null) {
                jta.append(timer.getSysTime() +"数据库管理者执行 SQL 语句: " +sql
                                                        +",成功完成\r\n");
            }
            result=true;
        } catch (SQLException ex) {
            if (jta !=null) {
                jta.append("\r\n"+timer.getSysTime() +" 异常: 数据库管理者执行 SQL
                语句: " +sql+"时发生如下错误:" +ex+"\r\n\r\n");
            }
            result=false;
        }
        return result;
    }
    //执行数据库查询语句,返回得到的数据,column 指定要获得数据的列
    public String getData(String sql, String column) {
        String result=null;
        ResultSet rs=null;
        try {
            rs=st.executeQuery(sql);
            while (rs.next()) {
                result=rs.getString(column);
            }
            try {
                if (jta !=null) {
                    jta.append(timer.getSysTime()+"数据库管理者执行 SQL 语句:
                                "+sql +",成功完成\r\n");
                }
            } catch (Exception E) {
            }
        } catch (Exception e) {
            if (jta!=null) {
                jta.append("\r\n" +timer.getSysTime()+"异常: 数据库管理者执行
                            SQL 语句: " +sql+"时发生如下错误:" +e +"\r\n\r\n");
            }
```

```
    }
    return result;
}
//查询某用户的好友信息,ID 是该用户的 ID
public String getFriends(String ID) {
    int i=0;
    String sql="select * from friends where ID='" +ID +"'";
    friends="F_List";
    ResultSet rs=null;
    try {
        rs=st.executeQuery(sql);
        while (rs.next()) {
            i++;
        }
        rs.close();
        friends=friends +":" +i;
        System.out.println(i +" 条记录");
        if (i >0) {
            rs=st.executeQuery(sql);
            while (rs.next()) {
                friends=friends+":"+rs.getString("friendName")+
                        "("+rs.getString("friendID") +")";
            }
            rs.close();
        }
        try {
            if (jta !=null) {
                jta.append(timer.getSysTime()+" 数据库管理者执行 SQL 语句:
                        " +sql +",成功完成\r\n");
            }
        } catch (Exception E) {
        }
    } catch (SQLException e) {
        if (jta !=null) {
            jta.append("\r\n" +timer.getSysTime()+" 异常:数据库管理者执行 SQL
                    语句:" +sql +"时发生如下错误:" +e +"\r\n\r\n");
        }
    }
    return friends;
}
//查询某用户的好友的 IP 地址,ID 是该用户的 ID
public String getFri_ip(String ID) {
    ResultSet rs=null;
    String ip=null;
    String sql="select * from online where ID='" +ID +"'";
```

```
    try {
        rs=st.executeQuery(sql);
        while (rs.next()) {
            ip=rs.getString("IP");
        }
        rs.close();
        try {
            if (jta !=null) {
                jta.append(timer.getSysTime()+" 数据库管理者执行 SQL 语句:
                        " +sql +",成功完成\r\n");
            }
        } catch (Exception E) {
        }
    } catch (SQLException e) {
        if (jta !=null) {
            jta.append("\r\n" +timer.getSysTime()+"异常:数据库管理者执行 SQL
                    语句:" +sql +"时发生如下错误:" +e +"\r\n\r\n");
        }
    }
    return ip;
}
//验证某用户是否已在线,ID 是该用户的 ID
public int checkOnLine(String sql, String ID, String password) {
    int info_check=-1;                        //没有此用户
    ResultSet rs=null;
    try {
        rs=st.executeQuery(sql);
        for (int i=0; rs.next(); i++) {
            if (rs.getString("ID").equals(ID)) {
                info_check=0;                 //密码错误
                if (rs.getString("password").equals(password)) {
                    info_check=1;             //登录成功
                    break;
                }
            }
        }
        rs.close();
    } catch (SQLException e) {
    }
    return info_check;
}
//执行数据库查询语句,返回得到的数据集
public String[][] getData(String sql) {
    String[][] result=null;
    ResultSet rs;
```

```
    try {
        rs=st.executeQuery(sql);
    } catch (SQLException ex) {
        Logger.getLogger(DataManager.class.getName()).log(Level.SEVERE,
        null, ex);
    }
    int i=0;
    try {
        rs=st.executeQuery(sql);
        while (rs.next()) {
            i++;
        }
        rs.close();
        result=new String[i][numCols];
        if (i >0) {
            rs=st.executeQuery(sql);
            i=0;
            while (rs.next()) {
                for (int j=0; j <numCols; j++) {
                    result[i][j]=rs.getString(j +1);
                }
                i++;
            }
            rs.close();
        }
        try {
            if (jta !=null) {
                jta.append(timer.getSysTime()+"数据库管理者执行 SQL 语句:
                        " +sql +",成功完成\r\n");
            }
        } catch (Exception E) {
        }
    } catch (SQLException e) {
        if (jta !=null) {
            jta.append("\r\n"+timer.getSysTime()+"异常:数据库管理者执行 SQL
                    语句:" +sql +"时发生如下错误:" +e +"\r\n\r\n");
        }
    }
    return result;
}
//执行数据库查询语句,将得到的数据集填充到指定的表中
public void getDataToTable(String sql, JTable table) {
    boolean result=false;
    try {
        ResultSet rs=st.executeQuery(sql);
```

```
            getColunms(rs);
            tableFiller.fillData(numCols, getData(sql), colunm, table);
        } catch (SQLException ex) {
            Logger.getLogger(DataManager.class.getName()).log(Level.SEVERE,
            null, ex);
        }
    }
    public DefaultTableModel getTableModel() {
        return tableFiller.myModel;
    }
    //获得指定数据集的列值
    public String[] getColunms(ResultSet rs) {
        ResultSetMetaData rsmd=null;
        try {
            rsmd=rs.getMetaData();
        } catch (SQLException e) {
            if (jta !=null) {
                jta.append("\r\n" +timer.getSysTime()+"异常：数据库管理者获得
                            结果集时发生如下错误:" +e +"\r\n\r\n");
            }
        }
        try {
            numCols=rsmd.getColumnCount();
            if (!rs.isClosed()) {
                rs.close();
            }
        } catch (SQLException e) {
            if (jta !=null) {
                jta.append("\r\n"+timer.getSysTime()+"异常：数据库管理者获得
                            结果集列数时发生如下错误:" +e +"\r\n\r\n");
            }
        }
        colunm=new String[numCols];
        for (int i=0; i <numCols; i++) {
            try {
                colunm[i]=rsmd.getColumnLabel(i +1);
            } catch (SQLException e) {
                if (jta !=null) {
                    jta.append("\r\n"+timer.getSysTime()+" 异常：数据库管理者截取
                                结果集列值时发生如下错误:" +e +"\r\n\r\n");
                }
            }
        }
        return colunm;
    }
```

```
//关闭数据库连接及占用的其他资源
public synchronized void closer() {
    try {
      if (st !=null) {
          st.close();
      }
      if (con !=null) {
          con.close();
      }
      try {
          if (jta !=null) {
              jta.append(timer.getSysTime()+" 数据库管理者关闭数据库连接成功完
          成\r\n");
          }
      } catch (Exception E) {
      }
    } catch (Exception e) {
        if (jta !=null) {
            jta.append("\r\n"+timer.getSysTime()+"异常: 数据库管理者关闭
                            数据库连接时发生如下错误:" +e +"\r\n\r\n");
        }
    }
}
//执行数据库查询语句,查询某用户要查找的好友信息
public String getSearch(String sql) {
    String result="";
    try {
        ResultSet rs=st.executeQuery(sql);
        while (rs.next()) {
            result=result +rs.getString("ID");
            result=result +rs.getString("name");
        }
        try {
            if (jta !=null) {
                jta.append(timer.getSysTime()+"数据库管理者执行 SQL 语句:
                            " +sql +",成功完成\r\n");
            }
        } catch (Exception E) {
        }
    } catch (SQLException e) {
        if (jta !=null) {
            jta.append("\r\n"+timer.getSysTime()+"异常: 数据库管理者在执行
                            SQL 语句: " +sql +"时发生如下错误:" +e +"\r\n\r\n");
        }
    }
```

```
        if (result.length() <10) {
            result="NONESE";
        }
        return result;
    }
}
```

TableFill 类功能简介：将指定数据集填充在指定的 JTable 中。在将指定数据(集)填充在指定 JTable 的过程中,发现很多地方需要将一批数据在 JTable 中填充显示,如果每次都单独写代码实现有些麻烦,且违背了代码重用的思想。于是写了一个数据填充类,封装了向指定 JTable 中填充数据的全部操作,十分方便。TableFill 类的代码如下：

```
package DataBaseManager;
import javax.swing.JTable;
import javax.swing.table.DefaultTableModel;
import javax.swing.table.TableColumn;
import javax.swing.table.TableColumnModel;

public class TableFill {
    private Class[] types;                          //JTable 的类属性数组
    private boolean[] canEdit;                      //JTable 的编辑属性数组
    private int colunms=0;                          //当前将要填充的数据集的列数
    public DefaultTableModel myModel;               //JTable 的模型
    private TableColumnModel tcm;                   //JTable 的列模型
    private TableColumn tc;                         //JTable 的列对象
    public TableFill() {
    }
    public Class[] types() {                        //获得列属性
        types=new Class[colunms];
        for (int i=0; i <colunms; i++) {
            types[i]=java.lang.String.class;
        }
        return types;
    }
    public boolean[] canEdit() {                    //获得列的编辑属性
        canEdit=new boolean[colunms];
        for (int i=0; i <colunms; i++) {
            canEdit[i]=false;
        }
        return canEdit;
    }
    //实际的数据填充过程
    public boolean fillData(int colunms, String[][] data, String[] colunm,
    JTable jTable){
        boolean result=false;
        this.colunms=colunms;
```

```
        types();
        canEdit();
        jTable.setVisible(true);
        jTable.setBackground(new java.awt.Color(198, 62, 4));  //为 JTable 设置背景色
        jTable.getTableHeader().setVisible(true);         //是否显示表头
        //自定义的 JTable 表模型
        myModel=new javax.swing.table.DefaultTableModel(data,colunm) {
            public Class getColumnClass(int columnIndex) {
                return types[columnIndex];
            }
            public boolean isCellEditable(int rowIndex, int columnIndex) {
                return canEdit[columnIndex];
            }
        };
        jTable.setModel(myModel);
        jTable.getTableHeader().setReorderingAllowed(false);
        tcm=jTable.getColumnModel();
        if (colunms <5) {                                //设置 JTable 表列的宽度
            for (int i=0; i <jTable.getColumnCount(); i++) {
                tc=tcm.getColumn(i);
                tc.setPreferredWidth(750/colunms+10);
            }
        } else {
            for (int i=0; i <jTable.getColumnCount(); i++) {
                tc=tcm.getColumn(i);
                tc.setPreferredWidth(150);
            }
        }
        return result;
    }
}
```

ClientManager 类功能简介：客户端管理器，只实例化一次。负责为每一个接入服务器的客户端在服务器端创建一个独一无二的客户端托管对象，同时开辟资源区，并负责接收上层图形界面的命令，管理所有客户端托管者。本类是一个客户端管理器类，顾名思义，就是作为图形管理界面和所有客户端连接的中间平台，向上接收图形管理界面的命令同时在需要的时候向上传送客户端托管对象的执行数据，向下直接管理所有客户端连接。ClientManager 类的代码如下：

```
package cn.zzuli;
import DataBaseManager.DataManager;
import java.io.IOException;
import java.net.ServerSocket;
import java.sql.Statement;
```

```
import java.util.ArrayList;
import java.util.List;
import javax.swing.*;
import javax.swing.table.DefaultTableModel;

public class ClientManager {
    public boolean waitForClient=true;  //是否继续等待新的客户端接入
    public boolean leave=true;          //是否报告客户端的离线行为
    public boolean lost=true;           //是否报告客户端的掉线行为
    public boolean addRow=true;         //是否动态刷新 JTable 数据
    public boolean follow=true;         //是否跟踪客户端托管对象的执行过程
    public ClientManager parent;        //调用本类的上层类对象
    //存储所有客户端托管者对象的集合
    public List<Clienter>clientList=new ArrayList<Clienter>();
    private Thread server;              //为客户端提供接入服务的线程对象
    private ServerSocket serverSocket;  //监听本地 6666 端口,等待客户端接入
    private boolean canRegedit=true;    //是否提供自由注册服务
    private boolean canLogin=true;      //是否提供自由登录服务
    //客户端托管者对象,用于接收在集合中查找得到的指定客户端托管对象
    private Clienter client;
    private Sys_Timer timer;            //系统时间对象,用于在需要时获得系统时间
    //显示客户端托管者对象执行过程数据的文本区域
    private JTextArea systemFollow;
    //显示客户端托管者对象为客户端提供服务的过程数据
    private JTextArea userFollow;
    //显示客户端托管者对象收到的来自对应客户端的群消息
    private JTextArea qunDisplay;
    //数据库管理者类对象,这是在整个系统中该类的第二次也是最后一次实例化
    private DataManager userData=new DataManager();
    private Statement st;               //数据库连接对象
    public ClientManager(JTextArea jta, JTextArea userFollow, JTextArea qunMessage){
        this.systemFollow=jta;
        this.userFollow=userFollow;
        this.qunDisplay=qunMessage;
        timer=new Sys_Timer();
        st=userData.getMySQLConnection("jdbc:mysql://localhost:3306/test",
          "root");
    }
    /* 向上层图形管理界面显示系统群消息,userID 是群消息发送者的 ID,message 是群消息内
      容。*/
    public void displayQUNMessage(String userID, String message) {
        qunDisplay.append(userID + " " + timer.getSysTime() + "\r\n " + message+
                    "\r\n");
    }
    //设置以后的客户端托管者对象是否为客户端提供自由注册服务
```

```
public void setRegedit(boolean regedit) {
    this.canRegedit=regedit;
}
//设置以后的客户端托管者对象是否为客户端提供自由登录服务
public void setLogin(boolean login) {
    this.canLogin=login;
}
//设置所有的客户端托管者对象是否跟踪自身的执行过程
public void setFollow(boolean follow) {
    this.follow=follow;
    for (int i=0; i <clientList.size(); i++) {
        clientList.get(i).follow=follow;
    }
}
//向上层图形管理界面显示客户端托管者的执行数据
public void SystemFollow(String runInfo) {
    systemFollow.append(timer.getSysTime() +" " +runInfo +"\r\n");
}
//向上层图形管理界面显示客户端托管者为对应客户端提供的服务数据
public void UsermFollow(String userInfo) {
    userFollow.append(timer.getSysTime() +" " +userInfo +"\r\n");
}
/* 初始化服务,监听本地 6666 端口,同时动态刷新 JTable 中的在线用户数据,直到管理员关
   闭服务。*/
public void init(final DefaultTableModel tableModel) {
    parent=this;
    server=new Thread() {
        public void run() {
            try {
                serverSocket=new ServerSocket(6666);
            } catch (IOException ex) {
                System.out.println("监听本地端口 6666 时出错,请检查!");
            }
            while (waitForClient) {
                try {
                    clientList.add(new Clienter(serverSocket.accept(),
                    userData, st, tableModel, canRegedit, canLogin, parent,
                    leave, lost, addRow, follow));
                } catch (Exception e) {
                }
                try {
                    Thread.sleep(2000);
                } catch (InterruptedException ex) {
                }
            }
```

```
        }
    };
    server.start();
}
//关闭服务器,停止提供接入服务
public void stopServer() {
    try {
        serverSocket.close();
    } catch (IOException ex) {
    }
    if (server.isAlive()) {
        server.interrupt();
    }
}
//设置客户端托管者对象是否报告客户端用户的离线行为
public void setLeave(boolean leave) {
    for (int i=0; i <clientList.size(); i++) {
        clientList.get(i).isLeave=leave;
    }
}
//设置所有客户端托管者对象是否报告客户端用户的掉线行为
public void setLost(boolean lost) {
    for (int i=0; i <clientList.size(); i++) {
        clientList.get(i).isLost=lost;
    }
}
//设置所有客户端托管者对象是否动态刷新 JTable 中的在线用户数据
public void setAddRow(boolean addRow) {
    for (int i=0; i <clientList.size(); i++) {
        clientList.get(i).addrow=addRow;
    }
}
//服务器向所有客户端广播消息
public void multiCast(String message) {
    for (int i=0; i <clientList.size(); i++) {
        clientList.get(i).send_Thread(message);
    }
}
/*向所有在线用户(不包括群消息的发送者)转发群消息,message 为消息内容,sender 为发
  送者。*/
public void qunMultiCast(String message, Clienter sender) {
    for (int i=0; i <clientList.size(); i++) {
        if (clientList.get(i) !=sender) {
            clientList.get(i).send_Thread(message);
        }
```

```
    }
}
/*服务器禁止提供登录服务时告知所有客户端服务器的登录服务不可用,同时清理所有客户
   端托管者对象在本地占用的资源。*/
public void clearClients(String message) {
    for (int i=0; i <clientList.size(); i++) {
        clientList.get(i).send_Thread(message);
        clientList.get(i).clear();
    }
}
//在服务器端强制指定的客户端
public void cancelClient(String ID) {
    for (int i=0; i <clientList.size(); i++) {
        client=clientList.get(i);
        if (client.ID.equals(ID)) {
            client.send_Thread("SYS_CAN");
            client.beCancel();
        }
        break;
    }
}
/*管理员向指定用户发送私聊消息,ID是接收消息的用户 ID,Message是消息内容。*/
public void chatClient(String ID, String Message) {
    for (int i=0; i <clientList.size(); i++) {
        client=clientList.get(i);
        if (client.ID.equals(ID)) {
            client.send_Thread(Message);
        }
        break;
    }
}
/*向所有在线用户发送指定文件,fileName是文件名,length是文件长度,filePath是文
   件的本地路径,jta是用于显示文件发送过程数据的上层图形管理界面的文本区域,
   jScrollPane3保证滚动条总在最下,即显示的数据总是最新。*/
public void sendFile(String fileName, long length, String filePath, JTextArea
jta, JScrollPane jScrollPane3) {
    if (clientList.size() >0) {
        multiCast("Fil_ReV" +fileName);
        for (int i=0; i <clientList.size(); i++) {
            clientList.get(i).send_File(filePath, jta, jScrollPane3);
        }
    } else {
        jta.append(timer.getSysTime()+"当前无用户在线,文件发送被中止\r\n");
    }
}
```

```
/* 向单个指定用户发送指定文件,ID 是接收者的 ID,fileName 是文件名,length 是文件长
    度,filePath 是文件的本地路径,jta 是用于显示文件发送过程数据的上层图形管理界面
    的文本区域,jScrollPane3 保证滚动条总在最下,即显示的数据总是最新。*/
public void sendSingleFile(String ID, String fileName, long length, String
filePath, JTextArea jta, JScrollPane jScrollPane3) {
    multiCast("Fil_ReV"+fileName);
    for (int i=0; i<clientList.size(); i++) {
        if (clientList.get(i).ID.equals(ID)) {
            clientList.get(i).send_File(filePath, jta, jScrollPane3);
            break;
        }
    }
}
}
```

Clienter 类功能简介：客户端托管者,会被实例化很多次,负责为指定的客户端在服务器端开辟所需资源,并接收上层命令与客户端用户交互,响应客户端请求的服务。本类是一个客户端托管者类,有多少客户接入就会被实例化多少次。上层的客户端管理器检测到有新用户接入并建立稳定的 TCP 连接后,将该客户端的管理权限交给本类(客户端托管者)接收客户端请求,在本地独立完成客户端请求的响应;同时接收上层命令,实现服务器与客户端的动态交互。Clienter 类的代码如下：

```
package cn.zzuli;
import DataBaseManager.DataManager;
import java.io.*;
import java.net.Socket;
import java.sql.Statement;
import java.util.StringTokenizer;
import javax.swing.*;
import javax.swing.table.DefaultTableModel;

public class Clienter {
    public String ID;                       //托管的客户端用户 ID
    public boolean isLost=true;             //是否报告客户端用户的掉线行为
    public boolean isLeave=true;            //是否报告客户端用户的离线行为
    public boolean follow=true;             //是否跟踪自身的执行过程数据
    private Socket client;                  //托管的客户端连接
    private Thread rev;                     //消息的接收线程
    private boolean do_check=true;          //是否继续接收客户端消息
    private String name;                    //托管的客户端用户的昵称
    private String password;                //托管的客户端用户的密码
    private String userIP;                  //托管的客户端用户的 IP
    private DataInputStream in;             //输入流
    //数据库操作者类对象,并未实例化,只是接收上层调用者传来的值
    private DataManager userData ;
```

```
private createID IDcreater;            //ID生成者,为注册用户动态生成一个新 ID
private Statement st;                  //数据库连接对象,接收上层调用者传来的值
private DataOutputStream out;          //输出流
private DefaultTableModel tableModel;  //显示在线用户数据的 JTable 表模型
private boolean canRegedit=true;       //是否提供自由注册服务
private boolean canLogin=true;         //是否提供自由登录服务
private ClientManager parent;          //客户端管理器对象,用来接收上层调用者对象
private long timeStart=0;              //上一次收到客户端在线认证消息的时间
private long timeLast=0;               //最后一次收到客户端在线认证消息的时间
                  //当用户离线或无故掉线时该客户端托管者清理自身占用的系统资源的线程
private Thread clearClient
private int lostCount=0;          //客户端掉线次数,累计两次时认定该用户确实已掉线
private boolean isOnLine=true;         //托管的客户端用户是否还在线
//是否动态刷新顶层图形管理界面的 JTable 在线用户数据
public boolean addrow=true;
/ *构造方法,接收新接入的客户端。client 是托管的客户端的连接,userData 是数据库管
   理者类的实例化对象,st 是数据库连接对象,JTable 是表模型,regedit 决定是否提供自
   由的注册服务,login 决定是否提供自由的登录服务,parent 是上层调用者,isLeave 决
   定是否报告客户端用户的离线行为,isLost 决定是否报告客户端用户的掉线行为,
   addRow 决定是否动态刷新 JTable 的在线用户数据,follow 决定是否跟踪托管者自身的
   执行过程数据。* /
public  Clienter ( Socket  client,  DataManager  userData,  Statement  st,
                     DefaultTableModel tableModel, boolean regedit, boolean
                     login, ClientManager parent,
    boolean isLeave, boolean isLost, boolean addRow, boolean follow) {
    this.client=client;
    this.tableModel=tableModel;
    this.canRegedit=regedit;
    this.canLogin=login;
    this.parent=parent;
    this.isLeave=isLeave;
    this.isLost=isLost;
    this.addrow=addRow;
    this.follow=follow;
    this.userData=userData;
    this.st=st;
    if (follow) {
        parent.SystemFollow("系统运行正常: 客户端托管者初始化完成");
    }
    if (follow) {
        parent.SystemFollow("系统运行正常: 客户端托管者为客户创建数据库连接完成");
    }
    rev_Thread(this);
    if (follow) {
        parent.SystemFollow("系统运行正常: 客户端托管者为客户启动接收线程完成");
```

```
    }
  }
  /* 托管者类的核心代码区。实现消息的接收和解析,接收托管的客户端的请求,
     内置了消息解析器,将解析客户端请求的服务器类型,并独立完成该请求的
     响应。*/
  private void rev_Thread(final Clienter myself) {
    rev=new Thread() {
        public void run() {
          try {
            in=new DataInputStream(client.getInputStream());
            if (follow) {
              parent.SystemFollow("系统运行正常:客户端托管者为客户封转输
                                   入流完成");
            }
          } catch (Exception e) {
            if (follow) {
              parent.SystemFollow("系统出现异常:客户端托管者为客户封装输
                                   入流时出错:"+e);
              parent.SystemFollow("系统运行异常:客户端托管者将关闭为该客
                                   户开辟的资源区");
              del();
              parent.SystemFollow("系统运行异常:客户端托管者关闭为客户开
                                   辟资源区完成");
            }
            do_check=false;
          }
          while (do_check) {
            try {
              String str=in.readUTF();
              if (follow) {
                parent.SystemFollow("系统运行正常:客户端托管者收到来自
                                     客户的消息");
              }
              //判断客户端是否离线,BYE_BYE是约定的离线暗号
              if (!str.equals("BYE_BYE")) {
                String tag=null;
                if (follow) {
                  parent.SystemFollow("系统运行正常:客户端托管者正在
                                       解析消息");
                }
                StringTokenizer token=new StringTokenizer(str, ":");
                try {
                  //解析客户端消息头标识,匹配不同的服务类型
                  tag=token.nextToken();
                } catch (Exception e) {
```

```
}
if (follow) {
    parent.SystemFollow("系统运行正常：客户端托管者解析
        客户消息完成,正在响应客户端请求");
}
if (tag.equals("R")) {     //注册服务
    if (canRegedit) {
        //解析出注册用户的昵称
        name=token.nextToken();
        //解析出注册用户的密码
        password=token.nextToken();
        //实例化 ID 生成器
        IDcreater=new createID(st);
        //为该注册用户生成一个独一无二的 ID
        ID=IDcreater.checkID();
        parent.UsermFollow("系统检测到有新用户注册,注册
            昵称:" +name+"密码: "+password);
        if (userData. upDate ( " Insert Into chat (ID,
        password,name) Values ('" +ID +"','" +password
        +"','" +name +"')")){
            send_Thread(ID);
            parent.UsermFollow("该用户注册成功,服务器分
            配 ID: " + ID + "昵称:" + name + "密码:" +
            password);
        } else {
            send_Thread("" +0);
            parent.UsermFollow("服务器原因导致该用户注
                                册失败");
        }
        //注册成功,托管者响应完成,清理资源
        del(); if (follow){
            parent.SystemFollow("系统运行正常：客户端托
            管者响应客户端注册事件完成,正在关闭客户" +ID
            +"占用的资源区");
        }
        break;
    } else {
        send_Thread("" +-1);       //暂停注册
        parent.UsermFollow("服务器暂停注册服务,该客户注
        册失败");
        del();
        break;
    }
} else if (tag.equals("L")) {      //登录服务
if (canLogin) {
```

```
ID=token.nextToken();         //登录者 ID
password=token.nextToken(); //登录者密码
if (token.hasMoreTokens()) {
    //登录用户 IP
    userIP=token.nextToken();
}
parent.UsermFollow("系统检测到有用户登录,登录 ID: "
+ID +" 密码:"+password +" IP: " +userIP);
int result=userData.checkOnLine("select * from
chat where ID='" +ID +"'", ID, password);
                              //判断该用户是否已登录
if (follow) {
    parent.SystemFollow("系统运行正常: 客户端托管者
    正在为响应客户 " +ID +" 的登录事件而查询数据库");
}
if (result==1) {                  //该用户未登录
    //查询该用户的昵称
    name=userData.getData("select * from chat
    where ID='" +ID +"'", "name");
    parent.UsermFollow("用户 "+ID+" 登录成功,返回
                        用户昵称: "+name);
    if(userData.upDate("Insert Into online(ID,IP,
    name)Values('" +ID +"','" +userIP +"','" +name
    +"')")) {
        if (follow) {
            parent.SystemFollow("系统运行正常: 客户
            端托管者将客户 " +ID +" 的登录信息写入数据
            库");
        }
        /*在顶层图形管理界面的 JTable 中动态刷新在线
        人员数据。*/
        String[] userInfo=new
        String[]{ID, userIP, name};
        if (addrow) {
            tableModel.addRow(userInfo);
        }
        if (follow) {
            parent.SystemFollow("系统运行正常: 客户
            端托管者将客户 " +ID +" 的信息填充在在线用
            户列表");
        }
        //回发登录用户的昵称
        send_Thread(name);
        timeStart=System.currentTimeMillis();
        //启动内置的掉线检查管理器
```

```
                clearClient();
                if (follow) {
                    parent.SystemFollow("系统运行正常：客户
                    端托管者为客户 " +ID +" 启动掉线检查管理
                    器");
                }
            } else {
                //此用户已登录
                send_Thread(-2+""); parent.UsermFollow("
                用户 " +ID +" 登录失败：此用户已登录");
                del();
                break;
            }
        } else {
            send_Thread(result +"");
            if (result==0) {            //0表示密码错误
                parent.UsermFollow("用户 " +ID +" 登录失败：
                                        密码错误");
            } else if(result==-1){      //-1表示没有此账号
            parent.UsermFollow("用户 " +ID +" 登录失败：此账
            号未注册");
            }
        }
    } else {
        send_Thread(-3 +"");            //暂停登录服务
        parent.UsermFollow("用户 " +ID +" 登录失败：系统暂停
        登录服务");
        del();
        if (follow) {
            parent.SystemFollow("系统运行正常：客户 " +ID +
            " 登录失败,客户端管理者正在关闭其占用的资源");
        }
        break;
    }
}elseif(tag.endsWith("F_List")){ //客户端请求好友列表
    send_Thread(userData.getFriends(ID));
    parent.UsermFollow("服务器向用户 " +ID +" 发送好友
    列表完成");
    }else if (str.startsWith("ADD_FR:")){ //客户端添加好友
        send_Thread("" +userData.upDate("insert into
        friends(ID, friendID, friendName) values('" +
       str.substring(7, 16)+"','" +str.substring(16,
        25) +"','" +str.substring(25, str.length()) +"
        ')"));
        parent.UsermFollow("服务器响应用户 " +ID +" 的
```

```
                添加好友请求完成");
            } else if (tag.endsWith("Se_Fri")) { //客户端查找好友
                String result=userData.getSearch("select *
                from chat where ID='"+str.substring(7, str.
                length())+"'");
                parent.UsermFollow("服务器响应用户"+ID+"的查
                找好友请求完成,正在发送回响信息");
                if (result.equals("NONESE")) {
                    send_Thread("NONESE");
                } else {
                    send_Thread("Se_Fri:"+result);
                }
                parent.UsermFollow("服务器向用户"+ID+"发送好
                                        友查找结果完成");
                } else if (tag.endsWith("Fri_ip")) {
                    //客户端请求好友的 IP 地址
                    send_Thread("Fri_ip:"+userData.getFri_ip
                    (str.substring(7, str.length())));
                    parent.UsermFollow("服务器响应用户"+ID+"
                    的请求好友 IP 地址完成");
                }else if (str.equals("SYS_IN")){
                                        //客户端的在线认证消息
                    timeStart=System.currentTimeMillis();
                    if (follow) {
                        parent.SystemFollow("系统运行正常:掉线
                        检查管理器继续收到客户"+ID+"的在线信
                        息,该客户仍然在线");
                    }
            }else if(str.startsWith("DEL_FR")){ //客户端删除好友
                parent.UsermFollow("服务器收到用户"+ID+"的
                删除好友请求,正在查找数据库以完成响应");
                String friendID=str.substring(7, str.length
                ());
                if (userData.upDate("delete from friends where
                ID='"+ID+"'and friendID='"+friendID+"
                '")) {
                    send_Thread("DEL_FR_ACCESS");
                    send_Thread(userData.getFriends(ID));
                    parent.UsermFollow("服务器响应用户"+ID+"
                    的删除好友请求完成,删除成功");
                } else {
                    send_Thread("DEL_FR_FAILE");
                    parent.UsermFollow("服务器响应用户"+ID+"
                    的删除好友请求完成,删除失败");
                }
```

```
}else if(str.startsWith("SYSQUN")){
                                        //客户端发送群消息
    parent.qunMultiCast("QUN_ME:" +str.substring
    (7, str.length()) +ID, myself);
    parent.displayQUNMessage(ID,str.substring(7,
    str.length()));
    parent.UsermFollow("服务器收到用户 " +ID +" 发
    送的群消息,消息解析完成,正在向其他群用户转发");
    } else {                        //过滤器,过滤非法的消息
        if (follow) {
            parent.SystemFollow("系统运行异常: 客户
            端管理者意外收到来自客户 " +ID +" 的消息,
            此消息未过滤");
        }
        JOptionPane.showMessageDialog(null, "未过
        滤的消息,请过滤");
    }
} else {                            //用户正常离线,清理资源
    parent.UsermFollow("系统检测到用户 " +ID +" 断
    开与服务器连接,正在清理该用户占用的系统资源");
    userData.upDate("delete from online where ID=
    '" +ID +"'");
    parent.UsermFollow("服务器清理用户 " +ID +" 占
    用的系统资源完成");
    isOnLine=false;
    if (isLeave) {
        JOptionPane.showMessageDialog(null, "检测
        到有用户离线!\r\n 用户 ID:" +ID +"\r\n 用户昵
        称:" +name +"\r\n");
    }
    try {
        if (addrow) {
            tableModel.removeRow(search(ID));
        }
        if (follow) {
            parent.SystemFollow("系统运行正常: 客户
            端管理者清理下线客户 " +ID +" 占用的系统资
            源,并将该客户从在线用户列表中删除");
        }
    } catch (Exception e) {
        System.out.println(e);
        if (follow) {
            parent.SystemFollow("系统运行异常: 客户
            端管理者捕获从在线列表中删除离线用户 " +ID
            +" 时抛出的异常:" +e);
```

```
                    }
                }
                del();
                if (follow) {
                    parent.SystemFollow("系统运行正常：客户端管
                    理者清理离线客户 " +ID +" 占用的资源完成");
                }
                break;
            }
        } catch (IOException e) {
            if (follow) {
                parent.SystemFollow("系统运行异常：客户端管理者捕
                获接收来自客户 " +ID +" 的消息时抛出的异常:" +e);
            }
            break;
        }
      }
    }
  };
  rev.start();
}
//在 JTable 中查找指定 ID 所在的行,用于动态刷新 JTable 中的在线用户数据
private int search(String ID) {
    int i;
    System.out.println(tableModel.getRowCount());
    for (i=0; i <tableModel.getRowCount(); i++) {
        if (tableModel.getValueAt(i, 1).equals(ID)) {
          break;
        }
    }
    if ((i -1) >tableModel.getRowCount()) {
        i=-1;
    }
    return (i -1);
}
//向托管的客户端发送消息
public void send_Thread(String Message) {
    try {
        out=new DataOutputStream(client.getOutputStream());
        out.writeUTF(Message);
        if (follow) {
            parent.SystemFollow("系统运行正常：客户端管理者代理客户 " +
                                ID +" 向外发送消息完成");
        }
    } catch (Exception e) {
```

```
            if (follow) {
                parent.SystemFollow("系统运行异常:客户端管理者代理客户 " +ID +" 向
                                            外发送消息时出错:" +e);
        }
    }
}
//清理数据
public void clear() {
    userData.upDate("delete from online where ID='" +ID +"'");
    try {
        if (addrow) {
            tableModel.removeRow(search(ID));
        }
    } catch (Exception e) {
        System.out.println(e);
    }
    del();
}
//清理资源
public void del() {
    isOnLine=false;
    try {
        if (rev.isAlive()) {
            rev.interrupt();
        }
        if (in !=null) {
            in.close();
        }
        if (out !=null) {
            out.close();
        }
        if (client !=null) {
            client.close();
        }
        if (clearClient.isAlive()) {
            clearClient.interrupt();
        }
    } catch (Exception e) {
        System.out.println(e);
    }
    parent.clientList.remove(this);
}
//强制注销客户端连接,并清理数据和资源
public void beCancel() {
    userData.upDate("delete from online where ID='" +ID +"'");
```

```
        parent.UsermFollow("用户 " +ID +" 被系统管理员强制注销");
        try {
            if (addrow) {
                tableModel.removeRow(search(ID));
            }
        } catch (Exception e) {
            System.out.println(e);
        }
        del();
        if (follow) {
            parent.SystemFollow("系统运行正常：客户 " +ID +" 被系统管理员强制注销,客
                        户端管理者清理其占用的资源完成");
        }
    }
    /* 内置的掉线检查管理器,实时检查托管的客户端用户是否已掉线。托管者被
      实例化时启动该线程,直到托管者被销毁,该线程终止。 */
    public void clearClient() {
        clearClient=new Thread() {
            public void run() {
                while (isOnLine) {
                    timeLast=System.currentTimeMillis();
                    /* 客户端每隔 10s 发送一次在线认证消息,掉线检查管理
                    器每隔 10s 复活一次。为了容错,这里用 25s。 */
                    if ((timeLast -timeStart) >25000) {
                        if (lostCount >2) {                    //容错,2 次机会
                            userData.upDate("delete from online where ID='" +ID
                            +"'");
                            if (follow) {
                                parent.SystemFollow("系统运行正常：客户端管理者发现
                                客户 " +ID +" 无故掉线,正在清理其占用的系统资源");
                            }
                            if (isLost) {
                                JOptionPane.showMessageDialog(null, "检测到有用户
                                无故掉线!\r\n 用户 ID:" +ID +"\r\n 用户昵称:" +name +
                                "\r\n");
                            }
                            try {
                                if (addrow) {
                                    tableModel.removeRow(search(ID));
                                }
                            } catch (Exception e) {
                                System.out.println(e);
                            }
                            del();
                            break;
```

```
                        }
                        lostCount++;
                        } else {
                            lostCount=0;
                    }
                    try {
                        Thread.sleep(10000);                        //自身睡眠 10s
                    } catch (InterruptedException ex) {
                    }
                }
            }
        };
        clearClient.start();
    }
    /*向托管的客户端用户发送顶层图形管理界面选定的文件。fileName 是文件全名,jta 是发
      送过程数据的显示区域,jScrollPane3 是文本区域的滚动条,滚动条总在最下,显示最新
      的数据。*/
    public void send_File (final String fileName, final JTextArea jta, final
    JScrollPane jScrollPane3) {
        parent.UsermFollow("系统向用户 " +ID +" 发送文件,文件路径: "+fileName);
        new Thread() {
            private fileSend fileSender;                         //文件发送者对象
            public void run() {
                fileSender=new fileSend(userIP, fileName, jta, ID, jScrollPane3);
                if (follow) {
                    parent.SystemFollow("系统运行正常:客户端管理者启动文件发送管理
                    器,向客户 " +ID +" 发送文件");
                }
            }
        }.start();
    }
}
```

MyFileTransferHandler 类功能简介:代理调用者实现调用者的某个图形控件的鼠标拖动事件的捕获和处理。为顶层图形管理界面的文本区域添加自定义的文件拖入监听和处理。MyFileTransferHandler 类的代码如下:

```
package cn.zzuli;
import java.awt.Toolkit;
import java.awt.datatransfer.DataFlavor;
import java.awt.datatransfer.Transferable;
import java.awt.datatransfer.UnsupportedFlavorException;
import java.io.*;
import java.net.MalformedURLException;
import java.net.URL;
import java.util.Iterator;
```

```
import java.util.List;
import javax.swing.*;
import javax.swing.TransferHandler;

public class MyFileTransferHandler extends TransferHandler {
    private JTextArea jta;                          //文本区域,文件拖放目标区
    private JTextField jtf;                         //显示文件名
    public MyFileTransferHandler(JTextArea jTextArea, JTextField jTextField){
        this.jta=jTextArea;
        this.jtf=jTextField;
    }
    public boolean canImport(JComponent arg0, DataFlavor[] arg1) {
        for (int i=0; i <arg1.length; i++) {
            DataFlavor flavor=arg1[i];
            if (flavor.equals(DataFlavor.javaFileListFlavor)) {
                System.out.println("canImport: JavaFileList FLAVOR: " +flavor);
                return true;
            }
            if (flavor.equals(DataFlavor.stringFlavor)) {
                System.out.println("canImport: String FLAVOR: " +flavor);
                return true;
            }
            System.err.println("canImport: Rejected Flavor: " +flavor);
        }
        return false;
    }
    public boolean importData(JComponent comp, Transferable t) {
        DataFlavor[] flavors=t.getTransferDataFlavors();
        System.out.println("Trying to import:" +t);
        System.out.println("… which has " +flavors.length +" flavors.");
        for (int i=0; i <flavors.length; i++) {
            DataFlavor flavor=flavors[i];
            try {
                if (flavor.equals(DataFlavor.javaFileListFlavor)) {
                    System.out.println("importData: FileListFlavor");
                    List  l  =  ( List )  t.  getTransferData  ( DataFlavor.
                    javaFileListFlavor);
                    Iterator iter=l.iterator();
                    while (iter.hasNext()) {
                        File file=(File) iter.next();
                        if (file.isFile()) {
                            getFileInfo(file);
                            jtf.setText(file.getCanonicalPath());
                        } else {
                            JOptionPane.showMessageDialog(comp, "您拖入的东西不是
```

```
                                                    文件!");
                    }
                }
                return true;
            } else if (flavor.equals(DataFlavor.stringFlavor)) {
                System.out.println("importData: String Flavor");
                String fileOrURL= (String) t.getTransferData(flavor);
                System.out.println("GOT STRING: " +fileOrURL);
                try {
                    URL url=new URL(fileOrURL);
                    System.out.println("Valid URL: " +url.toString());
                    //Do something with the contents…
                    return true;
                } catch (MalformedURLException ex) {
                    System.err.println("Not a valid URL");
                    return false;
                }
            } else {
                System.out.println("importData rejected: " +flavor);
            }
        } catch (IOException ex) {
            System.err.println("IOError getting data: " +ex);
        } catch (UnsupportedFlavorException e) {
            System.err.println("Unsupported Flavor: " +e);
        }
    }
    Toolkit.getDefaultToolkit().beep();
    return false;
}
//将拖入的文件信息显示在上层图形管理界面
public void getFileInfo(File file) {
    jta.append("文 件 名:" +file.getName() +"\r\n");
    jta.append("文件路径:" +file.getPath() +"\r\n");
    jta.append("文件长度:" +file.length() +"\r\n");
}
}
```

Sys_Timer 类功能简介：系统时间类，用于在需要的时候获得系统时间。本类实现在任何需要的地方实时获得系统当前时间并返回。系统有的操作需要显示时间，不仅需要的地方多而且操作频繁，如果每次需要时就临时写代码获得时间，会导致代码凌乱、拖慢系统运行速度不说，对计算机系统资源的占用也是一个很大的问题。鉴于这些问题，封装了这个类，满足了所有相关需求。在本系统的实际应用中，此类被实例化了很多次，唯一的方法被调用了无数次。哪里需要，哪里调用，在实践中证明了此类的价值。Sys_Timer 类的代码如下：

```java
package cn.zzuli;
import java.text.SimpleDateFormat;
import java.util.Date;
public class Sys_Timer {
    private String date="";
    public String getSysTime() {
        SimpleDateFormat formatter_f=new SimpleDateFormat("yyyy-MM-dd HH:mm:ss");
        Date currentTime_f=new Date();                    //得到当前系统的时间
        date=formatter_f.format(currentTime_f);  //将日期时间格式化
        return date;
    }
}
```

createID 类功能简介：为合法注册的客户端用户随机生成一个独一无二的 9 位的 ID。createID 类的代码如下：

```java
package cn.zzuli;
import java.sql.Statement;
import java.util.Random;

public class createID {
    private String ID="";
    private Random create;
    private Statement st;
    //构造方法,接收参数为数据库连接对象,用于验证新生成的 ID 是否已存在
    public createID(Statement st){
        this.st=st;
    }
    //验证账号可用性
    public boolean check(String sql) {
        boolean check_id=false;
        try {
            st.executeQuery(sql);
        } catch (Exception ex) {
            check_id=true;
        }
        return check_id;
    }
    //验证新 ID 可用性
    public String checkID(){
        while(check("Select ALL * From chat where ID='"+getID()+"'"))
            break;
        return ID;
    }
    //制造新 ID,ID 长度为 9 位,前三位固定为 616,可改
    public String getID(){
```

```
        ID="616";
        create=new Random();
        for(int i=0;i<6;i++){
            ID=ID+create.nextInt(8);
        }
        return ID;
    }
}
```

fileSend 类功能简介：文件发送者，负责向客户端发送选定的文件。文件发送者与指定 IP 建立可靠的 TCP 连接，然后将指定的文件传送至目的地。fileSend 类的代码如下：

```
package cn.zzuli;
import java.io*;
import java.net.Socket;
import java.net.UnknownHostException;
import java.util.logging.Level;
import java.util.logging.Logger;
import javax.swing.*;

public class fileSend {
    private Socket server=null;                         //Socket 连接
    private DataInputStream fileIn;                     //输入流
    private DataOutputStream fileOut;                   //输出流
    public String fileName;                             //文件名
    private int n=0;                                    //判断是否到达文件末尾
    /*字节缓冲区,默认为 512MB,当文件大小在 80~200MB 时最合适,当文件大小
       超出 200MB 时建议调大此值。*/
    private byte[] data=new byte[512];
    private Sys_Timer timer=new Sys_Timer();            //获得系统时间
    private long timeStart;                             //起始时间
    private long timeEnd;                               //结束时间
    private long timeUse;                               //发送文件时用
    private long length;                                //文件长度
    private float speed;                                //速度
    private String ID;                                  //接收用户 ID
    private JScrollPane jScrollPane3;                   //滚动条
    /*构造方法。ip 是接收者的 IP,fileName 是文件全名,jta 是信息显示区域,ID
       是接收用户的 ID,jScrollPane3 是滚动条。*/
    public fileSend(String ip, String fileName, JTextArea jta, String ID,
    JScrollPane jScrollPane3) {
        try {
            this.fileName=fileName;
            this.ID=ID;
            this.jScrollPane3=jScrollPane3;
            server=new Socket(ip, 6667);
```

```
            fileIn=new DataInputStream(new FileInputStream(fileName));
            fileOut=new DataOutputStream(server.getOutputStream());
            n=fileIn.read(data);
            jta.append("\r\n"+timer.getSysTime()+"文件发送管理器开始向用户" +ID
            +"发送文件.");
            jScrollPane3. getVerticalScrollBar ( ). setValue ( jScrollPane3.
            getVerticalScrollBar().getMaximum());
            timeStart=System.currentTimeMillis();
            while (n !=-1) {
                fileOut.write(data);
                n=fileIn.read(data);
            }
            fileIn.close();
            fileOut.close();
            server.close();
        } catch (UnknownHostException ex) {
            Logger.getLogger(fileSend.class.getName()).log(Level.SEVERE,null, ex);
        } catch (IOException ex) {
             Logger. getLogger (fileSend. class. getName ()). log (Level. SEVERE,
                                    null, ex);
        }
        jta.append("\r\n"+timer.getSysTime()+"文件发送管理器向用户"+ID+"发送文
        件完成.");
        jScrollPane3.getVerticalScrollBar ().setValue (jScrollPane3.getVertical-
        ScrollBar().getMaximum());
        timeTest(jta);
    }
    /* 计算发送文件过程中产生的数据,包括时间、文件长度。以此测算传送速度,
       实现文件传送的技术统计。*/
    public void timeTest(JTextArea jta) {
        String unit="字节";
        timeEnd=System.currentTimeMillis();
        timeUse=timeEnd -timeStart;
        File file=new File(fileName);
        length=file.length();
        if (length <1024) {
            unit="字节";
            speed=length;
        } else if (length <1024 * 1024) {
            unit="K";
            speed=(float) (length/1024);
        } else {
            unit="M";
            speed=(((float) length)/((float) (1024*1024)));
        }
```

```
        if (timeUse >1000) {
            jta.append("\r\n\r\n 技术统计: 文件发送管理器共向 " +ID +" 发送文件长度:
                    " +speed +unit +" ,共用时: " + (float) (timeUse / 1000) +"
                    秒,平均速度: " + ((speed * 1000) / timeUse) +" " +unit +" /秒
                    \r\n\r\n");
        } else if (timeUse >0) {
            jta.append("\r\n\r\n 技术统计: 文件发送管理器共向 " +ID +" 发送文件长度:
                    " +speed +unit +" ,共用时: " + (timeEnd -timeStart) +" 毫秒,
                    平均速度: " + (speed / ((float) (timeEnd - timeStart))) *
                    1000 +" " +unit +" /秒\r\n\r\n");
        } else {
            jta.append("\r\n\r\n 技术统计: 文件发送管理器共向 " +ID +" 发送文件长度:
                    " +speed +unit +" ,共用时: " + (timeEnd -timeStart) +" 毫秒,
                    平均速度: " +speed * 1000 +" " +unit +" /秒\r\n\r\n");
        }
        jScrollPane3. getVerticalScrollBar ( ). setValue ( jScrollPane3.
        getVerticalScrollBar().getMaximum());
    }
}
```

getFilePath 类功能简介：文件选择对话框，返回选择的文件的路径。getFilePath 类的代码如下：

```
package cn.zzuli;
import java.io.File;
import javax.swing.JFileChooser;

public class getFilePath {
    public getFilePath() {
    }
    public String getPath() {
        String path=null;
        File file=null;
        JFileChooser jf=new JFileChooser();
        try {
            int val=jf.showOpenDialog(jf);
            if (val==JFileChooser.APPROVE_OPTION) {
                file=jf.getSelectedFile();
                path=file.getPath();
            }
        } catch (Exception e) {
        }
        return path;
    }
}
```

insertTextPane 类功能简介：代理调用者将调用者的文本窗格的文字和图片显示为调用者指定的值。格式化顶层图形管理界面的文本窗格的文字和图片。insertTextPane 类的代码如下：

```
package cn.zzuli;
import java.awt.Color;
import javax.swing. * t;
import javax.swing.text.BadLocationException;
import javax.swing.text.SimpleAttributeSet;
import javax.swing.text.StyleConstants;
public class insertTextPane {
    private JTextPane textPane;                              //文本窗格
    private Document doc;                                    //文档对象
    private int fontSize=12;                                 //默认字体大小为 12
    //构造方法,接收参数为指定的要格式化的文本窗格
    public insertTextPane(JTextPane textPane) {
        this.textPane=textPane;
    }
    //按照指定的格式向文本窗格中插入文字
    public void insert(String str, AttributeSet attrSet) {
        doc=textPane.getDocument();
        str=str +"\r\n";
        try {
            doc.insertString(doc.getLength(), str, attrSet);
        } catch (BadLocationException e) {
            System.out.println("BadLocationException: " +e);
        }
    }
    public void setDocs(String str, Color col) {             //设置文档格式
        SimpleAttributeSet attrSet=new SimpleAttributeSet();
        StyleConstants.setForeground(attrSet, col);          //字体颜色
        StyleConstants.setBold(attrSet, true);
        StyleConstants.setFontSize(attrSet, fontSize);  //字体大小
        insert(str, attrSet);
    }
}
```

logSave 类功能简介：保存系统运行日志至选定的文件。该类实现将指定数据(文本类型)写入指定文件。在需要保存文本类型数据的地方实例化此类,两行代码即可实现数据的保存。logSave 类的代码如下：

```
package cn.zzuli;
import java.io. * ;
public class logSave {
    private FileWriter fw;
    public logSave() {
```

```
    }
    //log要保存的数据,path指定文件的路径
    public boolean Save(String log, String path) {
        boolean result=false;
        try {
            fw=new FileWriter(new File(path));
            fw.write(log);
            fw.close();
            result=true;
        } catch (IOException ex) {
            System.out.println("将数据写入文件时出错: " +ex);
        }
        return result;
    }
}
```

12.5.3 聊天系统客户端实现

与腾讯 QQ 一样,聊天系统客户端程序有登录页面,如图 12-16 所示。该登录图形用户页面使用 NetBeans 的"Java 桌面应用程序"开发,如图 12-17 所示。该图形用户页面的类是图 12-5 中所示的登录类。

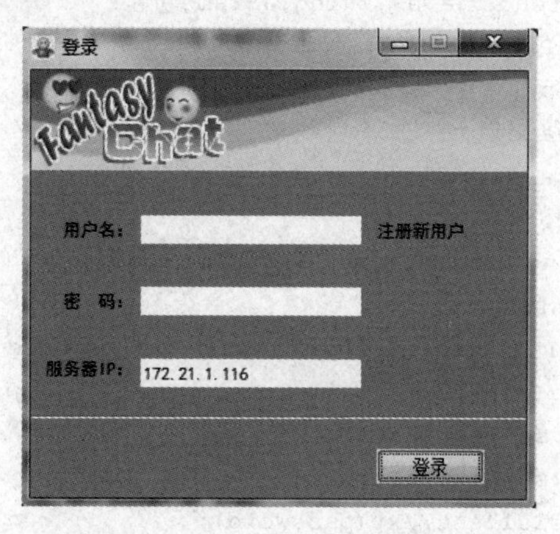

图 12-16　聊天系统客户端登录页面

登录类功能简介:聊天系统客户端启动界面,主类。接收用户登录数据。登录类代码如下:

```
package cn.zzuli;
import java.awt.Color;
import java.awt.Dimension;
import java.awt.Image;
import java.awt.Toolkit;
import java.awt.event.KeyEvent;
import java.net.InetAddress;
```

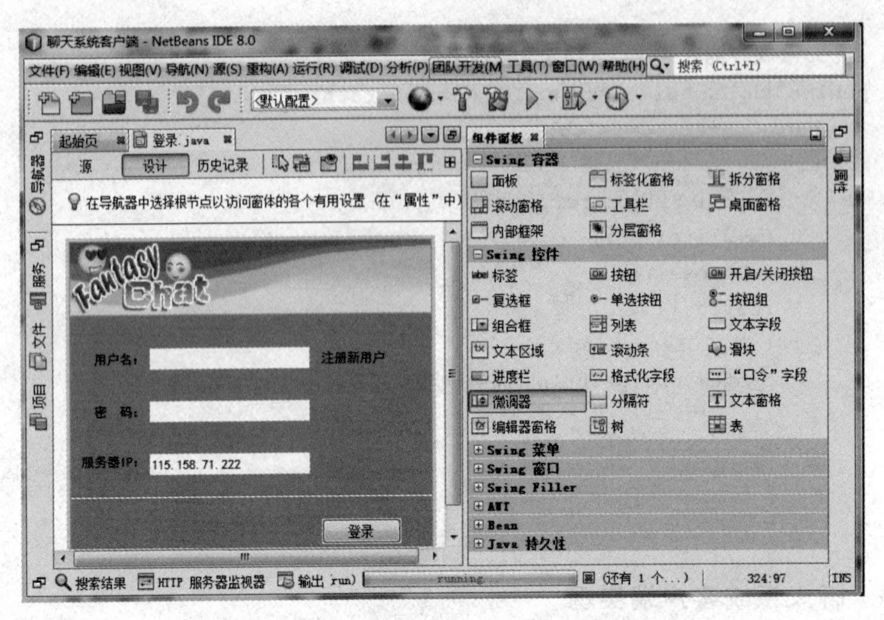

图 12-17 登录图形用户界面的桌面程序

```
import javax.swing.UIManager;

public class 登录 extends javax.swing.JFrame {
    private String IP;
    private String ip;
    private String name;
    private String password;
    private Image ico;
    public 登录(String name,String IP,String password) {
        initComponents();
        ico=getToolkit().getImage(getClass().getResource("/images/tray4.jpg"));
        setIconImage(ico);
        jTextField1.setText(name);
        jTextField2.setText(IP);
        jPasswordField1.setText(password);
        Dimension dim=Toolkit.getDefaultToolkit().getScreenSize();
        int w=getSize().width;                          //获取窗体宽度
        int h=getSize().height;                         //获取窗体高度
        int x=(dim.width-w)/2;
        int y=(dim.height-h)/2;
        setLocation(x,y);
        jButton1.requestFocus();
    }
    public 登录(final String name,final String IP,final String password,int i){
        setFeel();
        java.awt.EventQueue.invokeLater(new Runnable() {
            public void run() {
```

```
            new 登录(name,IP,password).setVisible(true);
        }
    });
}
public static void setFeel() {                    //外观风格
    try {
        UIManager.setLookAndFeel(UIManager.getSystemLookAndFeelClassName());
    } catch (Exception e) {
        e.printStackTrace();
    }
}
//initComponents()是 NetBeans 的"Java 桌面应用程序"自动生成的代码
private void initComponents() {
    jPanel1=new javax.swing.JPanel();
    jLabel2=new javax.swing.JLabel();
    jLabel3=new javax.swing.JLabel();
    jLabel4=new javax.swing.JLabel();
    jTextField1=new javax.swing.JTextField();
    jPasswordField1=new javax.swing.JPasswordField();
    jTextField2=new javax.swing.JTextField();
    jButton1=new javax.swing.JButton();
    jLabel5=new javax.swing.JLabel();
    jSeparator1=new javax.swing.JSeparator();
    jPanel2=new javax.swing.JPanel();
    jLabel1=new javax.swing.JLabel();
    setDefaultCloseOperation(javax.swing.WindowConstants.EXIT_ON_CLOSE);
    setTitle("登录");
    setAlwaysOnTop(true);
    setResizable(false);
    jPanel1.setBackground(new java.awt.Color(60, 184, 250));
    jLabel2.setFont(new java.awt.Font("黑体", 0, 12));
    jLabel2.setText("用户名：");
    jLabel3.setFont(new java.awt.Font("黑体", 0, 12));
    jLabel3.setText("密  码：");
    jLabel4.setFont(new java.awt.Font("黑体", 0, 12));
    jLabel4.setText("服务器 IP：");
    jTextField1.setFont(new java.awt.Font("黑体", 0, 12));
    jTextField1.addKeyListener(new java.awt.event.KeyAdapter() {
        public void keyPressed(java.awt.event.KeyEvent evt) {
            jTextField1KeyPressed(evt);
        }
    });
    jPasswordField1.addKeyListener(new java.awt.event.KeyAdapter() {
        public void keyPressed(java.awt.event.KeyEvent evt) {
            jPasswordField1KeyPressed(evt);
```

```
    }
});
jTextField2.setFont(new java.awt.Font("黑体", 0, 12));
jTextField2.setText("115.158.71.222");
jButton1.setText("登录");
jButton1.addMouseListener(new java.awt.event.MouseAdapter() {
    public void mouseClicked(java.awt.event.MouseEvent evt) {
        jButton1MouseClicked(evt);
    }
});
jButton1.addActionListener(new java.awt.event.ActionListener() {
    public void actionPerformed(java.awt.event.ActionEvent evt) {
        jButton1ActionPerformed(evt);
    }
});
jLabel5.setFont(new java.awt.Font("黑体", 0, 12));
jLabel5.setText("注册新用户");
jLabel5.addMouseListener(new java.awt.event.MouseAdapter() {
    public void mouseClicked(java.awt.event.MouseEvent evt) {
        jLabel5MouseClicked(evt);
    }
    public void mouseEntered(java.awt.event.MouseEvent evt) {
        jLabel5MouseEntered(evt);
    }
    public void mouseExited(java.awt.event.MouseEvent evt) {
        jLabel5MouseExited(evt);
    }
});
javax. swing. GroupLayout jPanel1Layout = new javax. swing. GroupLayout
(jPanel1);
jPanel1.setLayout(jPanel1Layout);
jPanel1Layout.setHorizontalGroup(
    jPanel1Layout.createParallelGroup(javax.swing.GroupLayout.
                Alignment.LEADING).addGroup(javax.swing.
                GroupLayout.Alignment.TRAILING, jPanel1Layout.
                createSequentialGroup()
        .addContainerGap()
        .addGroup(jPanel1Layout.createParallelGroup(javax.swing.
                GroupLayout.Alignment.TRAILING)
            .addComponent(jLabel3)
            .addComponent(jLabel4)
            .addComponent(jLabel2))
        .addPreferredGap(javax.swing.LayoutStyle.ComponentPlacement.
                    RELATED)
        .addGroup(jPanel1Layout.createParallelGroup(javax.swing.
```

```
                GroupLayout.Alignment.LEADING)
            .addComponent(jTextField1, javax.swing.GroupLayout.
                    DEFAULT_SIZE, 154, Short.MAX_VALUE)
            .addComponent(jTextField2, javax.swing.GroupLayout.
                    DEFAULT_SIZE, 154, Short.MAX_VALUE)
            .addComponent(jPasswordField1, javax.swing.GroupLayout.
                    DEFAULT_SIZE, 154, Short.MAX_VALUE))
        .addPreferredGap(javax.swing.LayoutStyle.ComponentPlacement.
                    UNRELATED)
        .addGroup(jPanel1Layout.createParallelGroup(javax.swing.
                GroupLayout.Alignment.LEADING)
            .addComponent(jButton1, javax.swing.GroupLayout.
                    PREFERRED_SIZE, 74, javax.swing.
                    GroupLayout.PREFERRED_SIZE)
            .addComponent(jLabel5))
        .addGap(28, 28, 28))
        .addGroup(jPanel1Layout.createParallelGroup(javax.swing.
                GroupLayout.Alignment.LEADING)
        .addComponent(jSeparator1, javax.swing.GroupLayout.
                DEFAULT_SIZE, 340, Short.MAX_VALUE))
);
jPanel1Layout.setVerticalGroup(
        jPanel1Layout.createParallelGroup(javax.swing.GroupLayout.
        Alignment.LEADING)
    .addGroup(jPanel1Layout.createSequentialGroup()
        .addGap(29, 29, 29)
        .addGroup(jPanel1Layout.createParallelGroup(javax.swing.
                GroupLayout.Alignment.BASELINE)
            .addComponent(jLabel2)
            .addComponent(jTextField1,
                    javax.swing.GroupLayout.PREFERRED_SIZE,
                    javax.swing.GroupLayout.DEFAULT_SIZE,
                    javax.swing.GroupLayout.PREFERRED_SIZE)
            .addComponent(jLabel5))
        .addGap(27, 27, 27)
        .addGroup(jPanel1Layout.createParallelGroup(javax.swing.
                GroupLayout.Alignment.BASELINE)
            .addComponent(jPasswordField1,
                    javax.swing.GroupLayout.PREFERRED_SIZE,
                    javax.swing.GroupLayout.DEFAULT_SIZE,
                    javax.swing.GroupLayout.PREFERRED_SIZE)
            .addComponent(jLabel3))
        .addGap(27, 27, 27)
        .addGroup(jPanel1Layout.createParallelGroup(javax.swing.
                GroupLayout.Alignment.LEADING)
```

```
                .addComponent(jTextField2,
                        javax.swing.GroupLayout.PREFERRED_SIZE,
                        javax.swing.GroupLayout.DEFAULT_SIZE,
                        javax.swing.GroupLayout.PREFERRED_SIZE)
                .addComponent(jLabel4))
            .addPreferredGap(javax.swing.LayoutStyle.ComponentPlacement.
                        RELATED, 38, Short.MAX_VALUE)
            .addComponent(jButton1)
            .addContainerGap())
            .addGroup(jPanel1Layout.createParallelGroup(javax.swing.
                    GroupLayout.Alignment.LEADING)
            .addGroup(jPanel1Layout.createSequentialGroup()
                .addGap(164, 164, 164)
                .addComponent(jSeparator1,
                        javax.swing.GroupLayout.PREFERRED_SIZE,
                        javax.swing.GroupLayout.DEFAULT_SIZE,
                        javax.swing.GroupLayout.PREFERRED_SIZE)
                .addContainerGap(53, Short.MAX_VALUE)))
);
jLabel1.setIcon(new javax.swing.ImageIcon(getClass().getResource
                ("/images/logo.jpg")));//NOI18N
javax. swing. GroupLayout jPanel2Layout = new javax. swing. GroupLayout
            (jPanel2);
            jPanel2.setLayout(jPanel2Layout);
            jPanel2Layout.setHorizontalGroup(
            jPanel2Layout.createParallelGroup(javax.swing.
            GroupLayout.Alignment.LEADING)
            .addGap(0, 340, Short.MAX_VALUE)
    .addGroup(jPanel2Layout.createParallelGroup(javax.swing.
            GroupLayout.Alignment.LEADING)
    .addComponent(jLabel1, javax.swing.GroupLayout.DEFAULT_SIZE, 340,
                Short.MAX_VALUE))
);
jPanel2Layout.setVerticalGroup(
        jPanel2Layout.createParallelGroup(javax.swing.
        GroupLayout.Alignment.LEADING)
    .addGap(0, 66, Short.MAX_VALUE)
    .addGroup(jPanel2Layout.createParallelGroup(javax.swing.
            GroupLayout.Alignment.LEADING)
        .addComponent(jLabel1, javax.swing.GroupLayout.DEFAULT_SIZE,
                66, Short.MAX_VALUE))
);
javax.swing.GroupLayout layout=new javax.swing.GroupLayout
            (getContentPane());
            getContentPane().setLayout(layout);
```

```
                layout.setHorizontalGroup(
                layout.createParallelGroup(javax.swing.GroupLayout.
                Alignment.LEADING)
                .addComponent(jPanel1,
                 javax.swing.GroupLayout.DEFAULT_SIZE,
                 javax.swing.GroupLayout.DEFAULT_SIZE, Short.MAX_VALUE)
                .addGroup (layout.createParallelGroup(javax.swing.
                         GroupLayout.Alignment.LEADING)
                .addComponent(jPanel2,
                 javax.swing.GroupLayout.Alignment.TRAILING,
                 javax.swing.GroupLayout.DEFAULT_SIZE,
                 javax.swing.GroupLayout.DEFAULT_SIZE, Short.MAX_VALUE))
    );
    layout.setVerticalGroup(layout.createParallelGroup(javax.swing.
                          GroupLayout.Alignment.LEADING)
       .addGroup(layout.createSequentialGroup()
          .addContainerGap(67, Short.MAX_VALUE)
          .addComponent(jPanel1,
                         javax.swing.GroupLayout.PREFERRED_SIZE,
                         javax.swing.GroupLayout.DEFAULT_SIZE,
                         javax.swing.GroupLayout.PREFERRED_SIZE))
       .addGroup (layout.createParallelGroup(javax.swing.GroupLayout.
                Alignment.LEADING)
          .addGroup(layout.createSequentialGroup()
          .addComponent(jPanel2,
                         javax.swing.GroupLayout.PREFERRED_SIZE,
                         javax.swing.GroupLayout.DEFAULT_SIZE,
                         javax.swing.GroupLayout.PREFERRED_SIZE)
          .addContainerGap(220, Short.MAX_VALUE)))
    );
    pack();
}
//以下监听器方法是 NetBeans 的"Java 桌面应用程序"自动生成的代码
private void jButton1MouseClicked(java.awt.event.MouseEvent evt) {
}
private void jLabel5MouseClicked(java.awt.event.MouseEvent evt) {
    setVisible(false);
    new 注册();
}
private void jLabel5MouseEntered(java.awt.event.MouseEvent evt) {
    jLabel5.setForeground(Color.red);
}
private void jLabel5MouseExited(java.awt.event.MouseEvent evt) {
    jLabel5.setForeground(Color.BLACK);
}
```

```
    private void jButton1ActionPerformed(java.awt.event.ActionEvent evt) {
        login();
    }
    private void jTextField1KeyPressed(java.awt.event.KeyEvent evt){
        if (KeyEvent.getKeyText(evt.getKeyCode()).equals("Enter")){
            login();
        }
    }
    private void jPasswordField1KeyPressed(java.awt.event.KeyEvent evt) {
        if (KeyEvent.getKeyText(evt.getKeyCode()).equals("Enter")) {
            login();
        }
    }
    //调用相关类,实现登录的实际过程
    public void login(){
        setVisible(false);
        IP=jTextField2.getText();
        name=jTextField1.getText();
        password=jPasswordField1.getText();
        new 登录中(name,password,IP);
    }
    //获得本机 IP
    public void get(){
        try{
            InetAddress addr=InetAddress.getLocalHost();
            ip=addr.getHostAddress();
        }catch(Exception e){
        }
    }
    public static void main(String args[]) {
        setFeel();
        java.awt.EventQueue.invokeLater(new Runnable() {
            public void run() {
                //默认的服务器地址为 115.158.71.222
                new 登录("","115.158.71.222","").setVisible(true);
            }
        });
    }
    …
}
```

在登录的时候,由于要处理相关数据,要用到"登录中"类。"登录中"类功能简介：接收客户端登录的相关数据,托管登录功能。"登录中"类的代码如下：

```
package cn.zzuli;
import java.awt.Image;
```

```
import java.io.*;
import java.net.Socket;
import javax.swing.*;
import java.net.ServerSocket;

public class 登录中 extends javax.swing.JFrame {
    private String name=null;
    private String ID=null;
    private String password=null;
    private String IP=null;
    public Socket client=null;
    private DataOutputStream out=null;
    private DataInputStream in=null;
    private Thread rev=null;
    private Thread link=null;
    private getIP getip=new getIP();
    private ServerSocket testServer;
    private boolean canLogin=false;
    private Image ico;
    //initComponents()是通过 NetBeans 的"Java 桌面应用程序"自动生成的代码
    private void initComponents() {
        jButton1=new javax.swing.JButton();
        jLabel1=new javax.swing.JLabel();
        jLabel2=new javax.swing.JLabel();
        jScrollPane1=new javax.swing.JScrollPane();
        jTextArea1=new javax.swing.JTextArea();
        setDefaultCloseOperation(javax.swing.WindowConstants.EXIT_ON_CLOSE;
        setTitle("正在登录…");
        setMaximizedBounds(new java.awt.Rectangle(0, 0, 263, 1000));
        setMinimumSize(new java.awt.Dimension(220, 500));
        setResizable(false);
        jButton1.setText("取消");
        jButton1.addMouseListener(new java.awt.event.MouseAdapter() {
            public void mouseClicked(java.awt.event.MouseEvent evt) {
                jButton1MouseClicked(evt);
            }
        });
        jLabel1.setFont(new java.awt.Font("黑体", 0, 12));
        jLabel1.setIcon(new javax.swing.ImageIcon(getClass().getResource
                    ("/images/pro.gif"))); //NOI18N
        jLabel2.setFont(new java.awt.Font("黑体", 0, 12));
        jLabel2.setForeground(new java.awt.Color(255, 51, 0));
        jLabel2.setText("正在登录");
        jTextArea1.setColumns(20);
        jTextArea1.setLineWrap(true);
```

```
jTextArea1.setRows(5);
jTextArea1.setOpaque(false);
jScrollPane1.setViewportView(jTextArea1);
javax.swing.GroupLayout layout=new javax.swing.GroupLayout
                    (getContentPane());
getContentPane().setLayout(layout);
layout.setHorizontalGroup(
layout.createParallelGroup(javax.swing.GroupLayout.Alignment.LEADING)
    .addGroup(javax.swing.GroupLayout.Alignment.TRAILING, layout.
            createSequentialGroup()
        .addContainerGap(98, Short.MAX_VALUE)
        .addComponent(jLabel2)
        .addGap(97, 97, 97))
    .addGroup(layout.createSequentialGroup()
        .addGap(80, 80, 80)
        .addGroup(layout.createParallelGroup(javax.swing.GroupLayout.
                Alignment.TRAILING)
            .addComponent(jLabel1,
                    javax.swing.GroupLayout.Alignment.LEADING,
                    javax.swing.GroupLayout.DEFAULT_SIZE,
                    90, Short.MAX_VALUE)
            .addComponent(jButton1,
                    javax.swing.GroupLayout.Alignment.LEADING,
                    javax.swing.GroupLayout.DEFAULT_SIZE,
                    90, Short.MAX_VALUE))
        .addGap(73, 73, 73))
    .addGroup(layout.createParallelGroup(javax.swing.GroupLayout.
            Alignment.LEADING)
        .addComponent(jScrollPane1, javax.swing.GroupLayout.
                DEFAULT_SIZE, 243, Short.MAX_VALUE))
);
layout.setVerticalGroup(
    layout.createParallelGroup(javax.swing.GroupLayout.Alignment.
                    LEADING)
    .addGroup(layout.createSequentialGroup()
        .addGap(78, 78, 78)
        .addComponent(jButton1)
        .addGap(49, 49, 49)
        .addComponent(jLabel1)
        .addGap(18, 18, 18)
        .addComponent(jLabel2)
        .addContainerGap(381, Short.MAX_VALUE))
    .addGroup(layout.createParallelGroup(javax.swing.GroupLayout.
            Alignment.LEADING)
        .addGroup(javax.swing.GroupLayout.Alignment.TRAILING,
```

```
                        layout.createSequentialGroup()
                    .addContainerGap(272, Short.MAX_VALUE)
                    .addComponent(jScrollPane1,
                                javax.swing.GroupLayout.PREFERRED_SIZE, 373,
                                javax.swing.GroupLayout.PREFERRED_SIZE)))
    );
    pack();
}
//以下监听器方法是 NetBeans 的"Java 桌面应用程序"自动生成的代码
private void jButton1MouseClicked(java.awt.event.MouseEvent evt) {
    setVisible(false);
    Closed();
    System.exit(0);
}
//外观风格
public static void setFeel() {
    try {
        UIManager.setLookAndFeel(UIManager.getSystemLookAndFeelClassName());
    } catch (Exception e) {
        e.printStackTrace();
    }
}
public 登录中(final String ID, final String password, final String IP) {
    setFeel();
    java.awt.EventQueue.invokeLater(new Runnable() {
        public void run() {
            new 登录中(ID, password, IP, 1).setVisible(true);
        }
    });
}
public 登录中(String ID, String password, String IP, int i) {
    initComponents();
    ico=getToolkit().getImage(getClass().getResource("/images/tray4.jpg"));
    setIconImage(ico);
    this.ID=ID;
    this.password=password;
    this.IP=IP;
    try {
        testServer=new ServerSocket(6665);
        testServer.close();
        canLogin=true;
    } catch (IOException ex) {
        canLogin=false;
    }
    if (canLogin) {
```

```
            link();
        } else {
            jTextArea1.append("登录失败：每个 IP 仅限单个用户登录,此 IP 已有用户登录!
                                    \r\n");
            jLabel1.setIcon(new javax.swing.ImageIcon(getClass().getResource
                                ("/images/stop.jpg")));
            jLabel2.setText("登录失败");
            jButton1.setText("返回");
        }
    }
    //登录失败时清理资源
    public void Closed() {
        try {
            if (client !=null) {
                client.close();
            }
            if (out !=null) {
                out.close();
            }
            if (in !=null) {
                in.close();
            }
            if (rev !=null) {
                rev.interrupt();
            }
            if (link !=null) {
                link.interrupt();
            }
        } catch (Exception e) {
        }
    }
    public void rev_Thread() {                              //消息接收线程
        rev=new Thread() {
            public void run() {
                try {
                    in=new DataInputStream(client.getInputStream());
                    jTextArea1.append("所有准备已就绪,正在等待服务器响应\r\n");
                } catch (Exception e) {
                    jTextArea1.append("系统错误:" +e);
                    jLabel1.setIcon(new javax.swing.ImageIcon(getClass().
                                    getResource("/images/stop.jpg")));
                    jButton1.setText("返回");
                    Closed();
                }
                while (true) {
```

```java
try {
    String str=in.readUTF();
    if (str.equals("0")) {
        jTextArea1.append("登录失败：密码错误\r\n");
        jLabel1.setIcon(new javax.swing.ImageIcon(getClass().
                        getResource("/images/stop.jpg")));
        Closed();
        jButton1.setText("返回");
        break;
    } else if (str.equals("-1")) {
        jTextArea1.append("登录失败：没有此用户!\r\n");
        jLabel1.setIcon(new javax.swing.ImageIcon(getClass().
                        getResource("/images/stop.jpg")));
        jButton1.setText("返回");
        Closed();
        break;
    } else if (str.equals("-2")) {
        jTextArea1.append("登录失败：此用户已登录!\r\n");
        jLabel1.setIcon(new javax.swing.ImageIcon(getClass().
                        getResource("/images/stop.jpg")));
        jButton1.setText("返回");
        Closed();
        break;
    } else if (str.equals("-3")) {
        jTextArea1.append("登录失败：当前服务器已限制用户登录!\r\
                        n请等待直到管理员开放登录功能!\r\n");
        jLabel1.setIcon(new javax.swing.ImageIcon(getClass().
                        getResource("/images/stop.jpg")));
        jButton1.setText("返回");
        Closed();
        break;
    } else {
        jLabel2.setText("登录成功");
        jTextArea1.append("恭喜：登录成功!\r\n");
        jLabel1.setIcon(new javax.swing.ImageIcon(getClass().
                        getResource("/images/stop.jpg")));
        name=str;
        jButton1.setVisible(false);
        setVisible(false);
        new Manager(ID, name, out, in);
        try {
            if (rev !=null) {
                rev.interrupt();
            }
            if (link !=null) {
```

```
                    link.interrupt();
                }
            } catch (Exception e) {
            }
            break;
        }
    } catch (Exception e) {
        jTextArea1.append("登录失败: " +e +"\r\n");
        jLabel1.setIcon(new javax.swing.ImageIcon(getClass().
                getResource("/images/stop.jpg")));
        jButton1.setText("返回");
        break;
    }
  }
 }
};
rev.start();
}
public void link() {                              //连接服务器,发送登录信息
    link=new Thread() {
        public void run() {
            try {
                jTextArea1.append("正在搜索服务器…\r\n");
                client=new Socket(IP, 6666);
                jTextArea1.append("已与指定服务器建立连接\r\n");
            } catch (Exception e) {
                jLabel2.setText("登录失败");
                jLabel1.setIcon(new javax.swing.ImageIcon(getClass().
                        getResource("/images/stop.jpg")));
                jButton1.setText("返回");
                jTextArea1.append("登录失败: 指定服务器不存在或不提供接入服务!\
                        r\n");
                JOptionPane.showMessageDialog(null, "指定服务器不存在或不提供
                        接入服务!\r\n请检查输入的服务器 IP 地址是否有错!", "
                        提示", JOptionPane.ERROR_MESSAGE);
                setVisible(false);
                System.exit(0);
            }
            try {
                out=new DataOutputStream(client.getOutputStream());
                out.writeUTF("L:" +ID +":" +password +":" +getip.getMyIP());
                jTextArea1.append("身份信息已发送,正在等待服务器认证。\r\n");
                rev_Thread();
            } catch (Exception e) {
                jTextArea1.append("登录失败: 与服务器进行身份认证时出错!\r\n");
```

```
                jButton1.setText("返回");
                jLabel1.setIcon(new javax.swing.ImageIcon(getClass().
                              getResource("/images/stop.jpg")));
                JOptionPane.showMessageDialog(null, "与服务器进行身份认证时
                           出错!");
                setVisible(false);
                System.exit(0);
            }
        }
    };
    link.start();
  }
  ...
}
```

在"登录中"类中,如果登录成功执行"new Manager(ID, name, out, in);"。Manager类功能简介:客户端的主界面,集成了客户端的大部分功能。本类为该系统客户端的主界面,直接实现了客户端最主要的功能并通过接口调用其他类,扩展了部分功能。该类使用NetBeans的"Java桌面应用程序"开发,如图12-18所示。

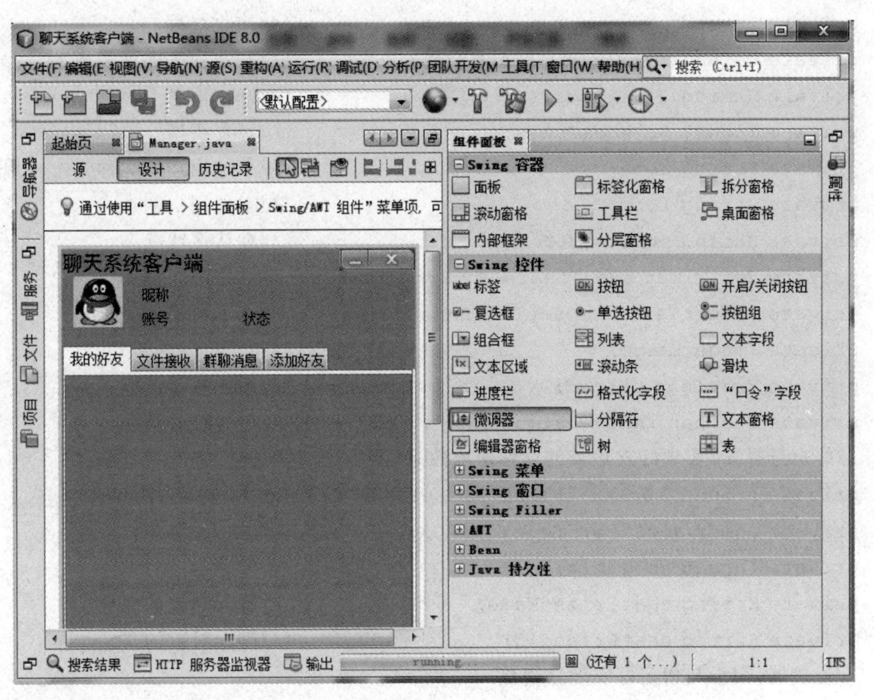

图12-18 客户端主页面的桌面应用程序

Manager类的代码如下:

```
package cn.zzuli;
import java.awt.*;
import java.awt.event.*;
```

```
import java.io.*;
import java.net.*;
import javax.swing.*;

public class Manager extends javax.swing.JFrame implements MouseListener {
    private userInfo userInfo=new userInfo();       //好友信息模型
    private Point mousePoint;                        //自定义窗体拖动的 Point 对象
    private ImageIcon diaIcon=new
            ImageIcon(getClass().getResource("/images/tan.gif"));
    private boolean isTray;                          //系统是否已经托管
    private SystemTray sysT;                         //托盘对象
    private Dimension din;                           //坐标对象
    private JPopupMenu popu;                         //右键菜单
    private JMenuItem itt2;
    private JMenuItem itt1;
    private JMenuItem itt3;
    private DataOutputStream out=null;
    private DataInputStream in=null;
    private Messages message=new Messages();        //消息发送和接收管理器
    private Thread rev;                              //接收线程
    private DefaultListModel listModel;              //好友列表的列表模型
    private String[] friends;                        //好友信息
    private Icon[] friendsIcons;                     //好友头像
    private String name;                             //本地用户的昵称
    private String ID;                               //本地用户的 ID
    private String state="在线";                     //默认在线状态
    private Sys_Timer sys_Tiemr=new Sys_Timer(); //系统时间类
    private insertTextPane setTextPaneString;       //文本窗格的美化
    private Image image;
    private TrayIcon tiIcon;                         //系统托盘图标
    private boolean isRev=true;                      //是否接收消息
    //好友选择器,实现好友焦点的鼠标跟随效果
    private friendChooser friendChooser=new friendChooser();
    private Color docColor=Color.BLACK;
    private Thread showInfo;
    private String chatFriendName;                   //聊天对象的昵称
    private String chatFriendID;                     //聊天对象的 ID
    //连接器,用于与指定好友建立连接
    private getFriendConnec getFriendConnec=new getFriendConnec();
    private Thread createFri_Chat;                   //线程,用于启动好友的私聊模块
    private int listCount=0;                         //好友列表的好友数量
    private ServerSocket server;                     //监听好友连接
    private boolean isExit;                          //是否已离线
    private int infoCount=0;
    private Point pressedPoint;                      //自定义窗体拖动的 Point 对象
```

```
private MouseMove dispositer;           //鼠标移动监听器,实现主界面的上拉和下拉
private boolean isT=true;               //接收文件完成时是否弹出对话框提示用户
private getFilePath fileGetter=new getFilePath();   //获得用户自定义文件存储路径
private String path="C:/";              //默认的文件存储路径
private JPopupMenu pop;
private JMenuItem chat;
private JMenuItem del;
private JMenuItem add;
private JMenuItem refresh;
private JMenuItem qun;
public boolean qunChat=true;            //是否参与群聊
public boolean isUP=false;              //主界面是否已上拉
private Image ico;
/*构造方法,启动整个客户端主界面。为了减轻客户端和服务器负载,以下参
  数除了i都是从上层调用处传下来的实现了资源的有效利用,降低了对系统
  配置的要求,ID是本地用户的ID,name是本地用户昵称,out是客户端与服
  务器的输出流,in是客户端与服务器的输入流。*/
public Manager (int i, String ID, String name, DataOutputStream out,
DataInputStream in) {
    initComponents();
    ico=getToolkit().getImage(getClass().getResource("/images/tray4.jpg"));
    setIconImage(ico);                  //窗体图标
    this.out=out;
    this.in=in;
    this.name=name;
    this.ID=ID;
    jLabel2.setText(name);
    jLabel3.setText(ID);
    jLabel6.setText(state);
    setPlace();
    dispositer=new MouseMove(this);
    //向服务器请求本地用户的好友信息
    message.getFriend(out);
    //启动在线信息认证线程,告知服务器该用户一直在线
    message.LinkServer(out);
    revMessage();                       //启动消息接收线程
    setTextPaneString=new insertTextPane(jTextPane1);
    jPanel9.setVisible(false);
    //开启好友聊天的监听模块
    startFriend();
}
/*监听本地6665端口,若有好友连接,即生成一个好友私聊界面,当然前提是
  与服务器有连接,即在线。*/
public void startFriend() {
    new Thread() {
```

```
            public void run() {
                try {
                    if (server==null) {
                        server=new ServerSocket(6665);
                    }
                    while (jLabel6.getText().equals("在线")) {
                        Socket client=server.accept();
                        createF(client);
                    }
                } catch (Exception e) {
                }
            }
        }.start();
    }
    public void createF(final Socket client) {      //生成一个私聊界面
        new Thread() {
            public void run() {
                /* 只需一条连接以及本地用户的身份信息,一行代码即可实现
                   点对点的聊天功能。需要实例化 FriendChat 类 */
                new FriendChat(client, jLabel2.getText(), jLabel3.getText());
                setState(1);
                this.interrupt();                       //中断线程,释放资源
            }
        }.start();
    }
    /* 构造方法,上层调用者启动该类时调用该构造方法,该方法将接收的参数传
       给了构造方法。 */
    public Manager (final String ID, final String name, final DataOutputStream
    out, final DataInputStream in) {
        setFeel();
        java.awt.EventQueue.invokeLater(new Runnable() {
            public void run() {
                new Manager(1, ID, name, out, in).setVisible(true);
            }
        });
    }
    public static void setFeel() {                      //设置外观风格
        try {
            UIManager.setLookAndFeel(UIManager.getSystemLookAndFeelClassName());
        } catch (Exception e) {
            e.printStackTrace();
        }
    }
    //initComponents()是通过 NetBeans 的"Java 桌面应用程序"自动生成的代码
    private void initComponents() {
```

```
jPanel1=new javax.swing.JPanel();
jLabel1=new javax.swing.JLabel();
jLabel2=new javax.swing.JLabel();
jLabel3=new javax.swing.JLabel();
jLabel6=new javax.swing.JLabel();
jPanel7=new javax.swing.JPanel();
jLabel7=new javax.swing.JLabel();
jLabel8=new javax.swing.JLabel();
jLabel4=new javax.swing.JLabel();
jPanel2=new javax.swing.JPanel();
jTabbedPane1=new javax.swing.JTabbedPane();
jPanel3=new javax.swing.JPanel();
jScrollPane1=new javax.swing.JScrollPane();
jList1=new javax.swing.JList();
jPanel5=new javax.swing.JPanel();
jScrollPane4=new javax.swing.JScrollPane();
jTextArea1=new javax.swing.JTextArea();
jTextField2=new javax.swing.JTextField();
jButton3=new javax.swing.JButton();
jCheckBox1=new javax.swing.JCheckBox();
jPanel6=new javax.swing.JPanel();
jScrollPane2=new javax.swing.JScrollPane();
jTextPane1=new javax.swing.JTextPane();
jScrollPane5=new javax.swing.JScrollPane();
jTextArea2=new javax.swing.JTextArea();
jCheckBox2=new javax.swing.JCheckBox();
jButton4=new javax.swing.JButton();
jButton5=new javax.swing.JButton();
jPanel4=new javax.swing.JPanel();
jTextField1=new javax.swing.JTextField();
jButton1=new javax.swing.JButton();
jPanel9=new javax.swing.JPanel();
jScrollPane3=new javax.swing.JScrollPane();
jTable1=new javax.swing.JTable();
jButton2=new javax.swing.JButton();
jPanel8=new javax.swing.JPanel();
setDefaultCloseOperation(javax.swing.WindowConstants.EXIT_ON_CLOSE;
setTitle("山寨版QQ");
setMaximizedBounds(new java.awt.Rectangle(0, 0, 193, 0));
setMinimumSize(new java.awt.Dimension(193, 300));
setUndecorated(true);
setResizable(false);
jPanel1.setBackground(new java.awt.Color(30, 180, 240));
jPanel1.addMouseListener(new java.awt.event.MouseAdapter() {
    public void mousePressed(java.awt.event.MouseEvent evt) {
```

```
        jPanel1MousePressed(evt);
    }
});
jPanel1.addMouseMotionListener(new java.awt.event.MouseMotionAdapter
() {
    public void mouseDragged(java.awt.event.MouseEvent evt) {
        jPanel1MouseDragged(evt);
    }
});
jLabel1.setIcon(newjavax.swing.ImageIcon(getClass().getResource
                ("/images/1.gif"))); //NOI18N
jLabel1.setBorder (new javax.swing.border.LineBorder
                (new java.awt.Color(51, 255, 51), 2, true));
jLabel1.addMouseListener(new java.awt.event.MouseAdapter() {
    public void mouseEntered(java.awt.event.MouseEvent evt) {
        jLabel1MouseEntered(evt);
    }
    public void mouseExited(java.awt.event.MouseEvent evt) {
        jLabel1MouseExited(evt);
    }
});
jLabel2.setText("昵称");
jLabel3.setText("账号");
jLabel6.setText("状态");
jPanel7.setBackground(new java.awt.Color(60, 184, 250));
jPanel7.addMouseListener(new java.awt.event.MouseAdapter() {
    public void mousePressed(java.awt.event.MouseEvent evt) {
        jPanel7MousePressed(evt);
    }
});
jPanel7.addMouseMotionListener(new java.awt.event.MouseMotionAdapter() {
    public void mouseDragged(java.awt.event.MouseEvent evt) {
        jPanel7MouseDragged(evt);
    }
});
jLabel7.setIcon(newjavax.swing.ImageIcon(getClass().getResource
                ("/images/Button_colse_normal.jpg"))); //NOI18N
jLabel7.addMouseListener(new java.awt.event.MouseAdapter() {
    public void mouseClicked(java.awt.event.MouseEvent evt) {
        jLabel7MouseClicked(evt);
    }
    public void mouseEntered(java.awt.event.MouseEvent evt) {
        jLabel7MouseEntered(evt);
    }
    public void mouseExited(java.awt.event.MouseEvent evt) {
```

```
            jLabel7MouseExited(evt);
        }
        public void mousePressed(java.awt.event.MouseEvent evt) {
            jLabel7MousePressed(evt);
        }
    });
    jLabel8.setIcon(newjavax.swing.ImageIcon(getClass().getResource
                ("/images/Button_min_normalBackground.jpg"))); //NOI18N
    jLabel8.addMouseListener(new java.awt.event.MouseAdapter() {
        public void mouseClicked(java.awt.event.MouseEvent evt) {
            jLabel8MouseClicked(evt);
        }
        public void mouseEntered(java.awt.event.MouseEvent evt) {
            jLabel8MouseEntered(evt);
        }
        public void mouseExited(java.awt.event.MouseEvent evt) {
            jLabel8MouseExited(evt);
        }
        public void mousePressed(java.awt.event.MouseEvent evt) {
            jLabel8MousePressed(evt);
        }
    });
    jLabel4.setFont(new java.awt.Font("黑体", 0, 18));    //NOI18N
    jLabel4.setText("聊天系统客户端");
    javax. swing. GroupLayout jPanel7Layout = new javax. swing. GroupLayout
                (jPanel7);
    jPanel7.setLayout(jPanel7Layout);
    jPanel7Layout.setHorizontalGroup(
    jPanel7Layout.createParallelGroup(javax.swing.GroupLayout.Alignment.
                LEADING)
        .addGroup(javax.swing.GroupLayout.Alignment.TRAILING,
                jPanel7Layout.createSequentialGroup()
            .addContainerGap(174, Short.MAX_VALUE)
            .addComponent(jLabel8)
            .addGap(41, 41, 41))
        .addGroup(jPanel7Layout.createParallelGroup(javax.swing.
                GroupLayout.Alignment.LEADING)
            .addGroup(jPanel7Layout.createSequentialGroup()
                .addContainerGap(199, Short.MAX_VALUE)
                .addComponent(jLabel7)))
        .addGroup(jPanel7Layout.createParallelGroup(javax.swing.
                GroupLayout.Alignment.LEADING)
            .addGroup(jPanel7Layout.createSequentialGroup()
                .addComponent(jLabel4)
                .addContainerGap(187, Short.MAX_VALUE)))
```

```
);
jPanel7Layout.setVerticalGroup(
jPanel7Layout.createParallelGroup(javax.swing.GroupLayout.
            Alignment.LEADING)
    .addGroup(jPanel7Layout.createSequentialGroup()
        .addComponent(jLabel8)
        .addContainerGap(4, Short.MAX_VALUE))
    .addGroup(jPanel7Layout.createParallelGroup(javax.swing.
            GroupLayout.Alignment.LEADING)
        .addGroup(jPanel7Layout.createSequentialGroup()
            .addComponent(jLabel7)
            .addContainerGap(javax.swing.GroupLayout.DEFAULT_SIZE,
                        Short.MAX_VALUE)))
    .addGroup(jPanel7Layout.createParallelGroup(javax.swing.
            GroupLayout.Alignment.LEADING)
        .addGroup(javax.swing.GroupLayout.Alignment.TRAILING,
                jPanel7Layout.createSequentialGroup()
            .addComponent(jLabel4,
                    javax.swing.GroupLayout.PREFERRED_SIZE, 22,
                    javax.swing.GroupLayout.PREFERRED_SIZE)
            .addContainerGap(javax.swing.GroupLayout.DEFAULT_SIZE,
                        Short.MAX_VALUE)))
);
javax.swing.GroupLayout jPanel1Layout=new javax.swing.GroupLayout
            (jPanel1);
jPanel1.setLayout(jPanel1Layout);
jPanel1Layout.setHorizontalGroup(
        jPanel1Layout.createParallelGroup(javax.swing.GroupLayout.
        Alignment.LEADING)
    .addGroup(jPanel1Layout.createSequentialGroup()
        .addContainerGap()
        .addComponent(jLabel1)
        .addGap(18, 18, 18)
        .addGroup(jPanel1Layout.createParallelGroup(javax.
                swing.GroupLayout.Alignment.LEADING)
            .addComponent(jLabel2,
                    javax.swing.GroupLayout.PREFERRED_SIZE, 60,
                    javax.swing.GroupLayout.PREFERRED_SIZE)
                .addGroup(jPanel1Layout.createSequentialGroup()
                .addComponent(jLabel3,
                    javax.swing.GroupLayout.PREFERRED_SIZE, 79,
                    javax.swing.GroupLayout.PREFERRED_SIZE)
                .addGap(10, 10, 10)
                .addComponent(jLabel6,
                    javax.swing.GroupLayout.PREFERRED_SIZE, 50,
```

```
                    javax.swing.GroupLayout.PREFERRED_SIZE)))
            .addContainerGap(30, Short.MAX_VALUE))
        .addGroup(jPanel1Layout.createParallelGroup(javax.swing.
                GroupLayout.Alignment.LEADING)
            .addComponent(jPanel7,
                        javax.swing.GroupLayout.DEFAULT_SIZE,
                        javax.swing.GroupLayout.DEFAULT_SIZE,
                        Short.MAX_VALUE))
);
jPanel1Layout.setVerticalGroup(
jPanel1Layout.createParallelGroup(javax.swing.GroupLayout.
            Alignment.LEADING)
    .addGroup(javax.swing.GroupLayout.Alignment.TRAILING,
            jPanel1Layout.createSequentialGroup()
        .addGroup(jPanel1Layout.createParallelGroup(javax.swing.
                GroupLayout.Alignment.TRAILING)
            .addGroup(javax.swing.GroupLayout.Alignment.LEADING,
                    jPanel1Layout.createSequentialGroup()
                .addGap(23, 23, 23)
                .addComponent(jLabel1,
                            javax.swing.GroupLayout.DEFAULT_SIZE,
                            javax.swing.GroupLayout.DEFAULT_SIZE,
                            Short.MAX_VALUE))
            .addGroup(jPanel1Layout.createSequentialGroup()
                .addContainerGap(javax.swing.GroupLayout.DEFAULT_SIZE,
                            Short.MAX_VALUE)
                .addComponent(jLabel2)
                .addPreferredGap(javax.swing.LayoutStyle.
                            ComponentPlacement.RELATED)
                .addGroup(jPanel1Layout.createParallelGroup
                        (javax.swing.GroupLayout.Alignment.BASELINE)
                    .addComponent(jLabel3)
                    .addComponent(jLabel6))))
        .addContainerGap())
    .addGroup(jPanel1Layout.createParallelGroup(javax.swing.
            GroupLayout.Alignment.LEADING)
        .addGroup(jPanel1Layout.createSequentialGroup()
            .addComponent(jPanel7, javax.swing.GroupLayout.
                PREFERRED_SIZE, 23, javax.swing.GroupLayout.
                PREFERRED_SIZE)
            .addContainerGap(54, Short.MAX_VALUE)))
);
jPanel2.setBackground(new java.awt.Color(30, 180, 240));
jTabbedPane1.setTabLayoutPolicy(javax.swing.JTabbedPane.SCROLL_TAB_
LAYOUT);
```

```
jTabbedPane1.setCursor(new java.awt.Cursor(java.awt.Cursor.DEFAULT_
CURSOR));
jTabbedPane1.setDoubleBuffered(true);
jTabbedPane1.addKeyListener(new java.awt.event.KeyAdapter() {
    public void keyPressed(java.awt.event.KeyEvent evt) {
        jTabbedPane1KeyPressed(evt);
    }
});
jList1.setBackground(new java.awt.Color(30, 180, 240));
jList1.addMouseListener(new java.awt.event.MouseAdapter() {
    public void mouseClicked(java.awt.event.MouseEvent evt) {
        jList1MouseClicked(evt);
    }
    public void mouseEntered(java.awt.event.MouseEvent evt) {
        jList1MouseEntered(evt);
    }
    public void mouseExited(java.awt.event.MouseEvent evt) {
        jList1MouseExited(evt);
    }
});
jList1.addListSelectionListener(new javax.swing.event.ListSelectionListener
(){
    public void valueChanged(javax.swing.event.ListSelectionEvent
    evt) {
        jList1ValueChanged(evt);
    }
});
jList1.addMouseMotionListener(new java.awt.event.MouseMotionAdapter
() {
    public void mouseMoved(java.awt.event.MouseEvent evt) {
        jList1MouseMoved(evt);
    }
});
jScrollPane1.setViewportView(jList1);
javax.swing.GroupLayout jPanel3Layout = new javax.swing.GroupLayout
        (jPanel3);
jPanel3.setLayout(jPanel3Layout);
jPanel3Layout.setHorizontalGroup(
        jPanel3Layout.createParallelGroup(javax.swing.GroupLayout.
        Alignment.LEADING)
    .addGap(0, 236, Short.MAX_VALUE)
    .addGroup(jPanel3Layout.createParallelGroup(javax.swing.
            GroupLayout.Alignment.LEADING)
        .addComponent(jScrollPane1, javax.swing.GroupLayout.
                DEFAULT_SIZE, 236, Short.MAX_VALUE))
```

```
);
jPanel3Layout.setVerticalGroup(
        jPanel3Layout.createParallelGroup(javax.swing.GroupLayout.
        Alignment.LEADING)
    .addGap(0, 525, Short.MAX_VALUE)
    .addGroup(jPanel3Layout.createParallelGroup(javax.swing.
            GroupLayout.Alignment.LEADING)
        .addComponent(jScrollPane1, javax.swing.GroupLayout.
                DEFAULT_SIZE, 525, Short.MAX_VALUE))
);
jTabbedPane1.addTab("我的好友", jPanel3);
jPanel5.setBackground(new java.awt.Color(30, 180, 240));
jTextArea1.setColumns(20);
jTextArea1.setEditable(false);
jTextArea1.setLineWrap(true);
jTextArea1.setRows(5);
jScrollPane4.setViewportView(jTextArea1);
jTextField2.setEditable(false);
jTextField2.setText("C:\\");
    jButton3.setText("选择文件夹");
    jButton3.addActionListener(new java.awt.event.ActionListener() {
        public void actionPerformed(java.awt.event.ActionEvent evt) {
            jButton3ActionPerformed(evt);
        }
    });
    jCheckBox1.setSelected(true);
    jCheckBox1.setText("接收成功弹出对话框提示");
    jCheckBox1.setContentAreaFilled(false);
    jCheckBox1.addChangeListener(new javax.swing.event.ChangeListener() {
        public void stateChanged(javax.swing.event.ChangeEvent evt) {
            jCheckBox1StateChanged(evt);
        }
    });
    javax.swing.GroupLayout jPanel5Layout=new javax.swing.GroupLayout
            (jPanel5);
    jPanel5.setLayout(jPanel5Layout);
    jPanel5Layout.setHorizontalGroup(
            jPanel5Layout.createParallelGroup(javax.swing.
            GroupLayout.Alignment.LEADING)
        .addGap(0, 236, Short.MAX_VALUE)
        .addGroup(jPanel5Layout.createParallelGroup(javax.swing.
                GroupLayout.Alignment.LEADING)
            .addComponent(jScrollPane4,
                    javax.swing.GroupLayout.DEFAULT_SIZE,
                    236, Short.MAX_VALUE))
```

```
                .addGroup(jPanel5Layout.createParallelGroup(javax.swing.
                        GroupLayout.Alignment.LEADING)
                    .addGroup(jPanel5Layout.createSequentialGroup()
                    .addContainerGap()
                    .addComponent(jTextField2,
                                javax.swing.GroupLayout.DEFAULT_SIZE, 216,
                                Short.MAX_VALUE)
                    .addContainerGap()))
                .addGroup(jPanel5Layout.createParallelGroup(javax.swing.
                        GroupLayout.Alignment.LEADING)
                    .addGroup(javax.swing.GroupLayout.Alignment.TRAILING,
                            jPanel5Layout.createSequentialGroup()
                        .addContainerGap(131, Short.MAX_VALUE)
                        .addComponent(jButton3)
                        .addContainerGap()))
                .addGroup(jPanel5Layout.createParallelGroup(javax.swing.
                        GroupLayout.Alignment.LEADING)
                    .addGroup(jPanel5Layout.createSequentialGroup()
                        .addContainerGap()
                        .addComponent(jCheckBox1,
                                javax.swing.GroupLayout.DEFAULT_SIZE,
                                224, Short.MAX_VALUE)
                        .addContainerGap()))
            );
            jPanel5Layout.setVerticalGroup(
                        jPanel5Layout.createParallelGroup(javax.swing.
                        GroupLayout.Alignment.LEADING)
                .addGap(0, 525, Short.MAX_VALUE)
                .addGroup(jPanel5Layout.createParallelGroup(javax.swing.
                        GroupLayout.Alignment.LEADING)
                    .addGroup(javax.swing.GroupLayout.Alignment.TRAILING,
                            jPanel5Layout.createSequentialGroup()
                        .addContainerGap(108, Short.MAX_VALUE)
                        .addComponent(jScrollPane4,
                                javax.swing.GroupLayout.PREFERRED_SIZE, 417,
                                javax.swing.GroupLayout.PREFERRED_SIZE)))
                .addGroup(jPanel5Layout.createParallelGroup(javax.swing.
                        GroupLayout.Alignment.LEADING)
                    .addGroup(jPanel5Layout.createSequentialGroup()
                        .addContainerGap()
                        .addComponent(jTextField2,
                        javax.swing.GroupLayout.PREFERRED_SIZE,
                        javax.swing.GroupLayout.DEFAULT_SIZE,
                        javax.swing.GroupLayout.PREFERRED_SIZE)
                        .addContainerGap(494, Short.MAX_VALUE)))
```

```
        .addGroup(jPanel5Layout.createParallelGroup(javax.swing.
                GroupLayout.Alignment.LEADING)
            .addGroup(jPanel5Layout.createSequentialGroup()
                .addGap(45, 45, 45)
                .addComponent(jButton3)
                .addContainerGap(455, Short.MAX_VALUE)))
        .addGroup(jPanel5Layout.createParallelGroup(javax.swing.
                GroupLayout.Alignment.LEADING)
            .addGroup(jPanel5Layout.createSequentialGroup()
                .addGap(79, 79, 79)
                .addComponent(jCheckBox1)
                .addContainerGap(423, Short.MAX_VALUE)))
    );
    jTabbedPane1.addTab("文件接收", jPanel5);
    jPanel6.setBackground(new java.awt.Color(30, 180, 240));
    jTextPane1.setEditable(false);
    jTextPane1.addKeyListener(new java.awt.event.KeyAdapter() {
        public void keyPressed(java.awt.event.KeyEvent evt) {
            jTextPane1KeyPressed(evt);
        }
    });
    jScrollPane2.setViewportView(jTextPane1);
    jTextArea2.setColumns(20);
    jTextArea2.setLineWrap(true);
    jTextArea2.setRows(3);
    jTextArea2.addKeyListener(new java.awt.event.KeyAdapter() {
        public void keyPressed(java.awt.event.KeyEvent evt) {
            jTextArea2KeyPressed(evt);
        }
    });
    jScrollPane5.setViewportView(jTextArea2);
    jCheckBox2.setText("拒收群消息");
    jCheckBox2.setContentAreaFilled(false);
    jCheckBox2.addChangeListener(new javax.swing.event.ChangeListener(){
        public void stateChanged(javax.swing.event.ChangeEvent evt) {
            jCheckBox2StateChanged(evt);
        }
    });
    jButton4.setText("清空");
    jButton4.addActionListener(new java.awt.event.ActionListener() {
        public void actionPerformed(java.awt.event.ActionEvent evt) {
            jButton4ActionPerformed(evt);
        }
    });
    jButton5.setText("发送");
```

```
jButton5.addActionListener(new java.awt.event.ActionListener() {
    public void actionPerformed(java.awt.event.ActionEvent evt) {
        jButton5ActionPerformed(evt);
    }
});
javax.swing.GroupLayout jPanel6Layout=new javax.swing.GroupLayout
        (jPanel6);
jPanel6.setLayout(jPanel6Layout);
jPanel6Layout.setHorizontalGroup(
            jPanel6Layout.createParallelGroup(javax.swing.
                    GroupLayout.Alignment.LEADING)
        .addGroup(javax.swing.GroupLayout.Alignment.TRAILING,
                jPanel6Layout.createSequentialGroup()
            .addContainerGap(91, Short.MAX_VALUE)
            .addComponent(jButton4)
            .addGap(86, 86, 86))
        .addGroup(jPanel6Layout.createParallelGroup(javax.swing.
                GroupLayout.Alignment.LEADING)
            .addComponent(jScrollPane2,
                        javax.swing.GroupLayout.DEFAULT_SIZE,
                        236, Short.MAX_VALUE))
        .addGroup(jPanel6Layout.createParallelGroup(javax.swing.
                GroupLayout.Alignment.LEADING)
            .addComponent(jScrollPane5,
                        javax.swing.GroupLayout.DEFAULT_SIZE,
                        236, Short.MAX_VALUE))
        .addGroup(jPanel6Layout.createParallelGroup(javax.swing.
                GroupLayout.Alignment.LEADING)
            .addGroup(jPanel6Layout.createSequentialGroup()
                .addComponent(jCheckBox2)
                .addContainerGap(151, Short.MAX_VALUE)))
        .addGroup(jPanel6Layout.createParallelGroup(javax.swing.
                GroupLayout.Alignment.LEADING)
            .addGroup(javax.swing.GroupLayout.Alignment.TRAILING,
                    jPanel6Layout.createSequentialGroup()
                .addContainerGap(167, Short.MAX_VALUE)
                .addComponent(jButton5)
                .addContainerGap()))
);
jPanel6Layout.setVerticalGroup(
            jPanel6Layout.createParallelGroup(javax.swing.
            GroupLayout.Alignment.LEADING)
    .addGroup(jPanel6Layout.createSequentialGroup()
        .addContainerGap(500, Short.MAX_VALUE)
        .addComponent(jButton4))
```

```
    .addGroup(jPanel6Layout.createParallelGroup(javax.swing.
            GroupLayout.Alignment.LEADING)
        .addGroup(jPanel6Layout.createSequentialGroup()
            .addComponent(jScrollPane2,
            javax.swing.GroupLayout.PREFERRED_SIZE, 432,
            javax.swing.GroupLayout.PREFERRED_SIZE)
            .addContainerGap(93, Short.MAX_VALUE)))
    .addGroup(jPanel6Layout.createParallelGroup(javax.swing.
            GroupLayout.Alignment.LEADING)
        .addGroup(javax.swing.GroupLayout.Alignment.TRAILING,
                jPanel6Layout.createSequentialGroup()
            .addContainerGap(435, Short.MAX_VALUE)
            .addComponent(jScrollPane5,
                        javax.swing.GroupLayout.PREFERRED_SIZE,
                        javax.swing.GroupLayout.DEFAULT_SIZE,
                        javax.swing.GroupLayout.PREFERRED_SIZE)
            .addGap(24, 24, 24)))
    .addGroup(jPanel6Layout.createParallelGroup(javax.swing.
            GroupLayout.Alignment.LEADING)
        .addGroup(javax.swing.GroupLayout.Alignment.TRAILING,
                jPanel6Layout.createSequentialGroup()
            .addContainerGap(502, Short.MAX_VALUE)
            .addComponent(jCheckBox2)))
    .addGroup(jPanel6Layout.createParallelGroup(javax.swing.
            GroupLayout.Alignment.LEADING)
        .addGroup(jPanel6Layout.createSequentialGroup()
            .addContainerGap(500, Short.MAX_VALUE)
            .addComponent(jButton5)))
);
jTabbedPane1.addTab("群聊消息", jPanel6);
jPanel4.setBackground(new java.awt.Color(30, 180, 240));
jTextField1.addKeyListener(new java.awt.event.KeyAdapter() {
    public void keyPressed(java.awt.event.KeyEvent evt) {
        jTextField1KeyPressed(evt);
    }
});
jButton1.setText("查找");
jButton1.addMouseListener(new java.awt.event.MouseAdapter() {
    public void mouseClicked(java.awt.event.MouseEvent evt) {
        jButton1MouseClicked(evt);
    }
});
jPanel9.setBackground(new java.awt.Color(30, 180, 240));
jTable1.setAutoCreateRowSorter(true);
jTable1.setModel(new javax.swing.table.DefaultTableModel(
```

```
        new Object [][] {
            {null, null}
        },
        new String [] {
            "ID", "name"
        }
    ) {
        Class[] types=new Class [] {
            java.lang.String.class, java.lang.Object.class
        };
        boolean[] canEdit=new boolean [] {
            false, false
        };
        public Class getColumnClass(int columnIndex) {
            return types [columnIndex];
        }
        public boolean isCellEditable(int rowIndex, int columnIndex) {
            return canEdit [columnIndex];
        }
    });
    jScrollPane3.setViewportView(jTable1);
    if (jTable1.getColumnModel().getColumnCount() >0) {
        jTable1.getColumnModel().getColumn(0).setResizable(false);
        jTable1.getColumnModel().getColumn(1).setResizable(false);
    }
    jButton2.setText("加为好友");
    jButton2.addMouseListener(new java.awt.event.MouseAdapter() {
        public void mouseClicked(java.awt.event.MouseEvent evt) {
            jButton2MouseClicked(evt);
        }
    });
    javax.swing.GroupLayout jPanel9Layout=new javax.swing.GroupLayout
    (jPanel9);
    jPanel9.setLayout(jPanel9Layout);
    jPanel9Layout.setHorizontalGroup(
            jPanel9Layout.createParallelGroup(javax.swing.
            GroupLayout.Alignment.LEADING)
        .addGap(0, 205, Short.MAX_VALUE)
        .addGroup(jPanel9Layout.createParallelGroup(javax.swing.
                GroupLayout.Alignment.LEADING)
            .addGroup(jPanel9Layout.createSequentialGroup()
            .addGap(2, 2, 2)
            .addComponent(jScrollPane3,
                        javax.swing.GroupLayout.DEFAULT_SIZE,
                        203, Short.MAX_VALUE)))
```

```
    .addGroup(jPanel9Layout.createParallelGroup(javax.swing.
            GroupLayout.Alignment.LEADING)
        .addGroup(jPanel9Layout.createSequentialGroup()
            .addContainerGap()
            .addComponent(jButton2,
                            javax.swing.GroupLayout.DEFAULT_SIZE,
                            185, Short.MAX_VALUE)
            .addContainerGap()))
);
jPanel9Layout.setVerticalGroup(jPanel9Layout.createParallelGroup
            (javax.swing.GroupLayout.Alignment.LEADING)
    .addGap(0, 461, Short.MAX_VALUE)
    .addGroup(jPanel9Layout.createParallelGroup(javax.swing.
            GroupLayout.Alignment.LEADING)
        .addGroup(jPanel9Layout.createSequentialGroup()
            .addComponent(jScrollPane3,
            javax.swing.GroupLayout.PREFERRED_SIZE, 404,
            javax.swing.GroupLayout.PREFERRED_SIZE)
            .addContainerGap(57, Short.MAX_VALUE)))
    .addGroup(jPanel9Layout.createParallelGroup(javax.swing.
            GroupLayout.Alignment.LEADING)
        .addGroup(javax.swing.GroupLayout.Alignment.TRAILING,
                jPanel9Layout.createSequentialGroup()
            .addContainerGap(426, Short.MAX_VALUE)
            .addComponent(jButton2)
            .addContainerGap()))S
);
javax.swing.GroupLayout jPanel4Layout=new javax.swing.GroupLayout
            (jPanel4);
jPanel4.setLayout(jPanel4Layout);
jPanel4Layout.setHorizontalGroup(jPanel4Layout.createParallelGroup
            (javax.swing.GroupLayout.Alignment.LEADING)
    .addGroup(javax.swing.GroupLayout.Alignment.TRAILING,
            jPanel4Layout.createSequentialGroup()
        .addContainerGap()
        .addComponent(jTextField1,
                        javax.swing.GroupLayout.DEFAULT_SIZE,
                        147, Short.MAX_VALUE)
        .addPreferredGap(javax.swing.LayoutStyle.
                            ComponentPlacement.UNRELATED)
        .addComponent(jButton1)
        .addContainerGap())
    .addGroup(jPanel4Layout.createParallelGroup(javax.swing.
            GroupLayout.Alignment.LEADING)
        .addGroup(jPanel4Layout.createSequentialGroup()
```

```
                .addContainerGap()
                .addComponent(jPanel9,
                              javax.swing.GroupLayout.PREFERRED_SIZE,
                              javax.swing.GroupLayout.DEFAULT_SIZE,
                              javax.swing.GroupLayout.PREFERRED_SIZE)
                .addContainerGap(21, Short.MAX_VALUE)))
        );
        jPanel4Layout.setVerticalGroup(jPanel4Layout.createParallelGroup
                    (javax.swing.GroupLayout.Alignment.LEADING)
            .addGroup(jPanel4Layout.createSequentialGroup()
                .addContainerGap()
                .addGroup(jPanel4Layout.createParallelGroup(javax.swing.
                        GroupLayout.Alignment.BASELINE)
                .addComponent(jTextField1,
                              javax.swing.GroupLayout.PREFERRED_SIZE,
                              javax.swing.GroupLayout.DEFAULT_SIZE,
                              javax.swing.GroupLayout.PREFERRED_SIZE)
                .addComponent(jButton1))
                .addContainerGap(490, Short.MAX_VALUE))
            .addGroup(jPanel4Layout.createParallelGroup(javax.swing.
            GroupLayout.Alignment.LEADING)
                .addGroup(jPanel4Layout.createSequentialGroup()
                .addGap(54, 54, 54)
                .addComponent(jPanel9,
                              javax.swing.GroupLayout.DEFAULT_SIZE,
                              javax.swing.GroupLayout.DEFAULT_SIZE,
                              Short.MAX_VALUE)
                .addContainerGap()))
        );
        jTabbedPane1.addTab("添加好友", jPanel4);
        javax.swing.GroupLayout jPanel2Layout=new javax.swing.GroupLayout
                 (jPanel2);
        jPanel2.setLayout(jPanel2Layout);
        jPanel2Layout.setHorizontalGroup(jPanel2Layout.createParallelGroup
                 (javax.swing.GroupLayout.Alignment.LEADING)
            .addGap(0, 241, Short.MAX_VALUE)
            .addGroup(jPanel2Layout.createParallelGroup(javax.swing.
                 GroupLayout.Alignment.LEADING)
                .addComponent(jTabbedPane1,
                javax.swing.GroupLayout.DEFAULT_SIZE, 241,
                Short.MAX_VALUE))
        );
        jPanel2Layout.setVerticalGroup (jPanel2Layout. createParallelGroup
                  (javax.swing.GroupLayout.Alignment.LEADING)
            .addGap(0, 556, Short.MAX_VALUE)
```

```
            .addGroup(jPanel2Layout.createParallelGroup(javax.swing.
                    GroupLayout.Alignment.LEADING)
            .addGroup(jPanel2Layout.createSequentialGroup()
                .addGap(5, 5, 5)
                .addComponent(jTabbedPanel,
                               javax.swing.GroupLayout.DEFAULT_SIZE,
                               551, Short.MAX_VALUE)))
        );
        jPanel8.setBackground(new java.awt.Color(30, 180, 240));
        javax.swing.GroupLayout jPanel8Layout=new javax.swing.GroupLayout
                (jPanel8);
        jPanel8.setLayout(jPanel8Layout);
        jPanel8Layout.setHorizontalGroup(
        jPanel8Layout.createParallelGroup(javax.swing.GroupLayout.
                                    Alignment.LEADING)
            .addGap(0, 241, Short.MAX_VALUE)
    );
    jPanel8Layout.setVerticalGroup(jPanel8Layout.createParallelGroup
                (javax.swing.GroupLayout.Alignment.LEADING)
        .addGap(0, 32, Short.MAX_VALUE)
    );
    javax.swing.GroupLayout layout=new javax.swing.GroupLayout
            (getContentPane());
    getContentPane().setLayout(layout);
        layout.setHorizontalGroup(layout.createParallelGroup(javax.swing.
        GroupLayout.Alignment.LEADING)
            .addComponent(jPanel1,
                          javax.swing.GroupLayout.DEFAULT_SIZE,
                          javax.swing.GroupLayout.DEFAULT_SIZE, Short.
                          MAX_VALUE)
            .addGroup(layout.createParallelGroup(javax.swing.GroupLayout.
                    Alignment.LEADING)
                .addComponent(jPanel2,
                               javax.swing.GroupLayout.DEFAULT_SIZE,
                               javax.swing.GroupLayout.DEFAULT_SIZE,
                               Short.MAX_VALUE))
            .addGroup(layout.createParallelGroup(javax.swing.GroupLayout.
                    Alignment.LEADING)
                .addComponent(jPanel8,
                               javax.swing.GroupLayout.DEFAULT_SIZE,
                               javax.swing.GroupLayout.DEFAULT_SIZE,
                               Short.MAX_VALUE))
        );
            layout.setVerticalGroup(layout.createParallelGroup(javax.
                                    swing.GroupLayout.Alignment.LEADING)
```

```
                .addGroup(layout.createSequentialGroup()
                    .addComponent(jPanel1,
                                    javax.swing.GroupLayout.PREFERRED_SIZE,
                                    javax.swing.GroupLayout.DEFAULT_SIZE,
                                    javax.swing.GroupLayout.PREFERRED_SIZE)
                    .addContainerGap(588, Short.MAX_VALUE))
                .addGroup(layout.createParallelGroup(javax.swing.GroupLayout.
                        Alignment.LEADING)
                    .addGroup(layout.createSequentialGroup()
                    .addGap(77, 77, 77)
                    .addComponent(jPanel2,
                                    javax.swing.GroupLayout.PREFERRED_SIZE,
                                    javax.swing.GroupLayout.DEFAULT_SIZE,
                                    javax.swing.GroupLayout.PREFERRED_SIZE)
                    .addContainerGap(32, Short.MAX_VALUE)))
                .addGroup(layout.createParallelGroup(javax.swing.GroupLayout.
                        Alignment.LEADING)
                    .addGroup(javax.swing.GroupLayout.Alignment.TRAILING,
                            layout.createSequentialGroup()
                    .addContainerGap(633, Short.MAX_VALUE)
                    .addComponent(jPanel8,
                                    javax.swing.GroupLayout.PREFERRED_SIZE,
                                    javax.swing.GroupLayout.DEFAULT_SIZE,
                                    javax.swing.GroupLayout.PREFERRED_SIZE)))
        );
        pack();
    }
    private void jLabel1MouseEntered(java.awt.event.MouseEvent evt) {
        jLabel1.setBorder(new javax.swing.border.LineBorder(new java.awt.Color
                    (255, 255, 0), 2, true));
        mousePoint=MouseInfo.getPointerInfo().getLocation();
        int x=mousePoint.y;
        userInfo.up(this.getLocation().x, x, jLabel2.getText(), jLabel3.getText());
        userInfo.setVisible(true);
    }
    private void jLabel1MouseExited(java.awt.event.MouseEvent evt) {
        jLabel1.setBorder(new javax.swing.border.LineBorder(new java.awt.Color
                    (0, 255, 51), 2, true));
        userInfo.setVisible(false);
    }
    private void jList1MouseClicked(java.awt.event.MouseEvent evt) {
        if (evt.getButton()==3) {
            tablePop();
            pop.show(jList1, evt.getX(), evt.getY());
        } else {
```

```
        if (jTabbedPane1.getSelectedIndex()==0) {
            mousePoint=MouseInfo.getPointerInfo().getLocation();
            int x=mousePoint.x;
            if (friendChooser.canChoose(this.getLocation().x, this.getLocation().y,
                this.getLocation().x, this.getSize().width + this.getLocation
                ().x, jList1.getVisibleRowCount())) {
                if ((evt.getClickCount()==2) && (evt.getButton()==1)) {
                    if (jLabel6.getText().equals("在线")) {
                        String friendName=jList1.getSelectedValue().toString();
                        int location=friendName.indexOf("(");
                        chatFriendName=friendName.substring(0, location);
                        chatFriendID=friendName.substring(location +1,
                                   location +10);
                        message.sayBYE(out, "Fri_ip:" +chatFriendID);
                    } else {
                        JOptionPane.showMessageDialog(rootPane, "您已离线,不能与
                                 其他好友聊天!");
                    }
                }
            }
        }
    }
}
private void jList1MouseEntered(java.awt.event.MouseEvent evt) {
}
private void jList1MouseExited(java.awt.event.MouseEvent evt) {
    infoCount++;
    if (infoCount >999999) {
        infoCount=0;
    }
    if (userInfo.isVisible()) {
        userInfo.setVisible(false);
        isExit=true;
    }
}
private void jList1ValueChanged(javax.swing.event.ListSelectionEvent evt) {
    infoCount++;
    if (infoCount >999999) {
        infoCount=0;
    }
    try {
        if (userInfo.isVisible()) {
            userInfo.setVisible(false);
        }
    } catch (Exception e) {
```

```
        }
        try {
            if (showInfo.isAlive()) {
                showInfo.interrupt();
            }
        } catch (Exception e) {
        }
    }
    private void jList1MouseMoved(java.awt.event.MouseEvent evt) {
        if (jTabbedPane1.getSelectedIndex()==0) {
            if (evt.getY() <(listCount * 50)) {
                mousePoint=MouseInfo.getPointerInfo().getLocation();
                int mouseY=mousePoint.y;
                isExit=false;
                if ((evt.getY() / 50) !=jList1.getSelectedIndex()) {
                    jList1.setSelectedIndex((evt.getY()) / 50);
                    int x=this.getLocation().x;
                    if (userInfo.isVisible()) {
                        userInfo.setVisible(false);
                    }
                    showUserInfo(x, mouseY, infoCount);
                }
                if (listCount==1) {
                    int x=this.getLocation().x;
                    if (userInfo.isVisible()) {
                        userInfo.setVisible(false);
                    }
                    showUserInfo(x, mouseY, infoCount);
                }
            }
        }
    }
    private void jPanel1MousePressed(java.awt.event.MouseEvent evt) {
    }
    private void jPanel1MouseDragged(java.awt.event.MouseEvent evt) {
    }
    private void jPanel7MousePressed(java.awt.event.MouseEvent evt) {
        pressedPoint=evt.getLocationOnScreen();
    }
    private void jPanel7MouseDragged(java.awt.event.MouseEvent evt) {
        Point draggedPoint=evt.getLocationOnScreen();
        Point location=SwingUtilities.getRoot(this).getLocationOnScreen();
        int x=draggedPoint.x -pressedPoint.x;
        int y=draggedPoint.y -pressedPoint.y;
        SwingUtilities.getRoot(this).setLocation(location.x +x, location.y +y);
```

```
        pressedPoint=draggedPoint;
    }
    private void jLabel8MouseClicked(java.awt.event.MouseEvent evt) {
        setState(1);
    }
    private void jLabel8MousePressed(java.awt.event.MouseEvent evt) {
        jLabel8.setIcon (new javax.swing.ImageIcon(getClass().getResource
                    ("/images/Button_min_pushedBackground.jpg")));
    }
    private void jLabel8MouseExited(java.awt.event.MouseEvent evt) {
        jLabel8.setIcon (new javax.swing.ImageIcon(getClass().getResource
                    ("/images/Button_min_normalBackground.jpg")));
    }
    private void jLabel8MouseEntered(java.awt.event.MouseEvent evt) {
        jLabel8.setIcon (new javax.swing.ImageIcon(getClass().getResource
                    ("/images/Button_min_highlightBackground.jpg")));
    }
    private void jLabel7MouseClicked(java.awt.event.MouseEvent evt) {
        windowClose();
    }
    private void jLabel7MouseEntered(java.awt.event.MouseEvent evt) {
        jLabel7.setIcon (new javax.swing.ImageIcon(getClass().getResource
                    ("/images/Button_close_highlightBackground.jpg")));
    }
    private void jLabel7MouseExited(java.awt.event.MouseEvent evt) {
        jLabel7.setIcon (new javax.swing.ImageIcon(getClass().getResource
                    ("/images/Button_colse_normal.jpg")));
    }
    private void jLabel7MousePressed(java.awt.event.MouseEvent evt) {
        jLabel7.setIcon (new javax.swing.ImageIcon(getClass().getResource
                    ("/images/Button_close_pushedBackground.jpg")));
    }
    private void jButton1MouseClicked(java.awt.event.MouseEvent evt) {
        searchFriend();
    }
    private void jButton2MouseClicked(java.awt.event.MouseEvent evt) {
        message.sayBYE(out, "ADD_FR:" +jLabel3.getText()+jTable1.getValueAt(0, 0)+
                    jTable1.getValueAt(0, 1));
        jPanel9.setVisible(false);
        jTabbedPane1.setSelectedIndex(0);
    }
    private void jCheckBox1StateChanged(javax.swing.event.ChangeEvent evt) {
        isT=jCheckBox1.isSelected();
    }
    private void jButton3ActionPerformed(java.awt.event.ActionEvent evt) {
```

```
        path=fileGetter.getPath();
        jTextField2.setText(path);
    }
    private void jButton5ActionPerformed(java.awt.event.ActionEvent evt) {
        send_Button();
    }
    private void jCheckBox2StateChanged(javax.swing.event.ChangeEvent evt) {
        qunChat=(!jCheckBox2.isSelected());
    }
    private void jTextArea2KeyPressed(java.awt.event.KeyEvent evt) {
        if (KeyEvent.getKeyText(evt.getKeyCode()).equals("Space")) {
            send_Button();
        }
        if (KeyEvent.getKeyText(evt.getKeyCode()).equals("F2")) {
            jTextPane1.setText("");
        }
    }
    private void jButton4ActionPerformed(java.awt.event.ActionEvent evt) {
        jTextPane1.setText("");
    }
    private void jTabbedPane1KeyPressed(java.awt.event.KeyEvent evt) {
        if (KeyEvent.getKeyText(evt.getKeyCode()).equals("F2")) {
            jTextPane1.setText("");
        }
    }
    private void jTextPane1KeyPressed(java.awt.event.KeyEvent evt) {
        if (KeyEvent.getKeyText(evt.getKeyCode()).equals("F2")) {
            jTextPane1.setText("");
        }
    }
    private void jTextField1KeyPressed(java.awt.event.KeyEvent evt) {
        if (KeyEvent.getKeyText(evt.getKeyCode()).equals("Enter")) {
            searchFriend();
        }
    }
    /*好友查询。在本地实现查询好友 ID 合法性的检查,不能查询自己,不能查
      询已有好友,不能查询系统账号(开放注册的用户 ID 为 9 位,系统用账号少
      于 9 位)。*/
    public void searchFriend() {
        String searchFriendID=jTextField1.getText();
        if (searchFriendID.length()>0) {
            if (searchFriendID.length()>8) {
                if (searchFriendID.equals(jLabel3.getText())) {
                    JOptionPane.showMessageDialog(rootPane, "不能添加自己为自己的
                                                  好友!");
```

```
            } else {
                if (checkFriend(searchFriendID)) {
                    message.sayBYE(out, "Se_Fri:" +searchFriendID);
                } else {
                    JOptionPane.showMessageDialog(rootPane, "该用户已在您的好友
                            列表中!");
                }
            }
        } else {
            JOptionPane.showMessageDialog(rootPane, "非法账号!");
        }
    } else {
        JOptionPane.showMessageDialog(rootPane, "请输入要查找的好友信息!");
    }
    jTextField1.setText("");
}
//发送群消息,实现对群消息的封装和发送
public void send_Button() {
    if (qunChat) {
        String mess=jTextArea2.getText();
        if (mess.length() >0) {
            message.sayBYE(out, "SYSQUN:" +mess);
            setTextPaneString.setDocs("我  " +sys_Tiemr.getSysTime(),
                                Color.GREEN, false, 12);
            setTextPaneString.setDocs("  " +mess, docColor, false, 12);
            jTextArea2.setText("");
        } else {
            JOptionPane.showMessageDialog(rootPane, "不能发送空消息!");
        }
    } else {
        JOptionPane.showMessageDialog(rootPane, "请加入群聊再发送消息!");
    }
}
//显示好友或自身详细信息
public void showUserInfo(final int mouseX, final int mouseY, final int Count) {
    showInfo=new Thread() {
        public void run() {
            try {
                Thread.sleep(1000);
                if (!isExit) {
                    if (infoCount==Count) {
                        if (jTabbedPane1.getSelectedIndex()==0) {
                            String friendName=jList1.getSelectedValue().toString();
                            int location=friendName.indexOf("(");
                            userInfo.up(mouseX, mouseY, friendName.substring
```

```
                            (0, location), friendName.substring(location +1,
                            location +10));
                        }
                        /* 如果鼠标还在刚才好友头像上,就显示该好友的详细信息。 */
                        if (infoCount==Count) {
                            //通过睡眠,增加了系统的灵活性
                            Thread.sleep(2000);
                        }
                        if (userInfo.isVisible()) {
                            userInfo.setVisible(false);
                        }
                    }
                }
            } catch (InterruptedException ex) {
                //showInfo.interrupt();
            }
        }
    };
    showInfo.start();
}
//定位窗体于屏幕中央
public void setPlace() {
    Dimension dim=Toolkit.getDefaultToolkit().getScreenSize();
    int w=dim.width;
    int h=dim.height;
    this.setLocation((w -this.getSize().width)/2, (h -this.getSize().height)/2);
}
//验证本地用户查询的 ID 是否是其好友 ID
public boolean checkFriend(String ID) {
    boolean result=true;
    for (int i=0; i <listModel.getSize(); i++) {
        {
            String friendInfo=listModel.get(i).toString();
            int location=friendInfo.indexOf("(");
            String friendID=friendInfo.substring(location +1, location +10);
            if (friendID.equals(ID)) {
                result=false;
                break;
            }
        }
    }
    return result;
}
public void Pop() {                                     //系统托盘的右键菜单
    popu=new JPopupMenu();
```

```
        itt3=new JMenuItem("离线");
        itt2=new JMenuItem("退出");
        itt1=new JMenuItem("打开主面板");
        popu.add(itt1);
        popu.add(itt3);
        popu.addSeparator();
        popu.add(itt2);
        itt1.addMouseListener(this);
        itt2.addMouseListener(this);
        itt3.addMouseListener(this);
    }
    public void tray() {                                    //系统托盘,实现系统的托盘化
        if (!isTray) {
            if (SystemTray.isSupported()) {
                isTray=true;
                sysT=SystemTray.getSystemTray();
                din=sysT.getTrayIconSize();
                //定义托盘图标的图片
                image=
                    Toolkit.getDefaultToolkit().getImage(getClass().getResource
                            ("/images/tray4.jpg"));
                tiIcon=new TrayIcon(image);
                tiIcon.setToolTip("郑州轻工业学院\r\n山寨版 QQ\n \r\n" +jLabel2.
                        getText() +"( " +jLabel3.getText() +" )");     //托盘信息
                try {
                    sysT.add(tiIcon);
                    Pop();
                    tiIcon.addMouseListener(this);
                } catch (AWTException e) {
                    Exit();
                }
            }
        }
    }
    //正常退出时告知服务器,本地用户离线,同时调用 clear()方法清理占用的资源
    public void Exit() {
        message.sayBYE(out, "BYE_BYE");
        clear();
        System.exit(0);
    }
    public void revMessage() {                              //消息接收
        rev=new Thread() {
            public void run() {
                while (isRev) {
                    //调用 Messages 类的对象接收消息并实现少部分的消息解析
```

```
            Message_Spot(message.rev_Thread(in));
        }
      }
    };
    rev.start();
}
//真正的消息解析器,实现大部分的消息解析以及解析后消息的处理
public void Message_Spot(final String Message) {
    if (this.getState()==1) {
        setState(0);
    }
    if (Message.startsWith("F_List")) {              //消息为好友信息
        listModel=new DefaultListModel();
        friends=message.friendList(Message);
        for (int i=0; i<friends.length; i++) {
            listModel.add(i, friends[i]);
            listCount++;
        }
        jList1.setModel(listModel);
        friendsIcons=message.friendIcon(friends.length +1);
        //使用自己的 CellRenderer
        jList1.setCellRenderer(new MyCellRenderer(friendsIcons));
        //设置单一选择模式(每次只能有一个元素被选中)
        jList1.setSelectionMode(ListSelectionModel.SINGLE_SELECTION);
        } else if (Message.equals("BYE_BYE")) {     //服务器关闭服务
        jLabel6.setText("离线");
        message.isOnLine=false;
        jLabel6.setForeground(new java.awt.Color(255, 51, 0));
        isRev=false;
        if (rev !=null) {
            rev.interrupt();
        }
        JOptionPane.showMessageDialog(null, "服务器升级,您处于离线状态!");
        } else if (Message.startsWith("Fil_ReV")) {          //文件接收
        String fileName=Message.substring(7, Message.length());
        /*启动文件接收模块,该模块实现文件的接收、存储,以及自身资源
          的释放和对象的销毁。*/
        new fileRev(jTextArea1, jScrollPane4, fileName, isT, path);
        } else if (Message.startsWith("Se_Fri")) {          //好友的查找结果
        String[][] search=new String[1][2];
        search[0][0]=Message.substring(7, 16);
        search[0][1]=Message.substring(16, Message.length());
        jTable1.setValueAt(search[0][0], 0, 0);
        jTable1.setValueAt(search[0][1], 0, 1);
        jPanel9.setVisible(true);
```

```
} else if (Message.startsWith("NONESE")) {
    JOptionPane.showMessageDialog(rootPane, "查找失败,\r\n未找到指定用户!");
} else if (Message.startsWith("true")) {                //添加好友
    message.getFriend(out);
    JOptionPane.showMessageDialog(rootPane, "恭喜!\r\n添加成功!");
} else if (Message.startsWith("DEL_FR_ACCESS")) {      //删除好友成功
    message.getFriend(out);
    JOptionPane.showMessageDialog(rootPane, "恭喜!\r\n删除好友成功!");
} else if (Message.startsWith("DEL_FR_FAILE")) {       //删除好友失败
    message.getFriend(out);
    JOptionPane.showMessageDialog(rootPane, "抱歉!\r\n删除好友失败!");
} else if (Message.startsWith("false")) {
    JOptionPane.showMessageDialog(rootPane, "抱歉!\r\n添加失败!");
} else if (Message.equals("SYS_CAN")) {                //被服务器端强制注销
    jLabel6.setText("离线");
    message.isOnLine=false;
    jLabel6.setForeground(new java.awt.Color(255, 51, 0));
    isRev=false;
    if (rev !=null) {
        rev.interrupt();
    }
    JOptionPane.showMessageDialog(rootPane, "该用户已在服务器端被注销!");
} else if (Message.equals("LostHost")) {               //与服务器失去联系
    jLabel6.setText("离线");
    message.isOnLine=false;
    jLabel6.setForeground(new java.awt.Color(255, 51, 0));
    isRev=false;
    if (rev !=null) {
        rev.interrupt();
    }
    JOptionPane.showMessageDialog(null, "服务器已关闭!");
} else if (Message.startsWith("Fri_ip")) {              //请求的好友 IP
    if (Message.length() >13) {
        new Thread() {
            public void run() {
                String ip=Message.substring(7, Message.length());
                Socket friendClient=getFriendConnec.getConnec(ip);
                if (friendClient !=null) {
                    new FriendChat(friendClient, jLabel2.getText(), jLabel3.
                    getText());
                    setState(1);
                } else {
                    JOptionPane.showMessageDialog(rootPane, "好友离线或隐身,
                    不能与您聊天!");
                }
```

```
                }
            }.start();
            } else {
            JOptionPane.showMessageDialog(rootPane, "好友离线或隐身,
            不能与您聊天!");
        }
    } else if (Message.startsWith("QUN_ME:")) {                    //群消息
        if (qunChat) {
            if (dispositer.isUP) {
                dispositer.down();
            }
            docColor=Color.black;
            String mes=Message.substring(7, Message.length());
                setTextPaneString.setDocs(mes.substring(mes.length() -9,
                mes.length()) +" " +sys_Tiemr.getSysTime(), Color.GREEN, false,12);
                setTextPaneString.setDocs(" " +mes.substring(0, mes.length() -9),
                docColor, false, 12);
        }
    } else {                                                       //系统消息,不能拒绝
        if (dispositer.isUP) {
            dispositer.down();
        }
        jTabbedPane1.setSelectedComponent(jPanel6);
        if (userInfo.isVisible()) {
            userInfo.setVisible(false);
        }
        if (Message.startsWith("系统提示")) {
            docColor=Color.RED;
        }
        setTextPaneString.setDocs("系统消息 " +sys_Tiemr.getSysTime(),
                                    Color.GREEN, false, 12);
        setTextPaneString.setDocs("  " +Message, docColor, false, 12);
    }
}
public void clear() {                                              //清理资源
    try {
        if (out !=null) {
            out.close();
        }
        if (in !=null) {
            in.close();
        }
        if (rev !=null) {
            rev.interrupt();
```

```
        }
    } catch (IOException ex) {
        System.exit(0);
    }
}
public void tablePop() {                                    //好友列表的右键菜单
    pop=new JPopupMenu();
    chat=new JMenuItem("跟他聊天");
    del=new JMenuItem("删除好友");
    add=new JMenuItem("添加好友");
    refresh=new JMenuItem("刷新列表");
    qun=new JMenuItem("我要群聊");
    pop.add(chat);
    pop.add(del);
    pop.add(add);
    pop.addSeparator();
    pop.add(refresh);
    pop.addSeparator();
    pop.add(qun);
    chat.addMouseListener(this);
    del.addMouseListener(this);
    add.addMouseListener(this);
    refresh.addMouseListener(this);
    qun.addMouseListener(this);
}
//覆盖父类中的方法,实现窗体关闭事件的拦截处理,用于自定义的窗体实现
protected void processWindowEvent(WindowEvent e) {
    if (e.getID()==WindowEvent.WINDOW_CLOSING) {
        windowClose();
    }
}
public void windowClose() {                                 //最小化到托盘或直接退出
    int trayCheck=JOptionPane.showConfirmDialog(rootPane, "您单击了退出按钮,
    您是想: \r\n 最小化到托盘?", "最小化到托盘", 1, 1, diaIcon);
    if (trayCheck==0) {
        tray();
        setVisible(
            false);
        } else if (trayCheck==1) {
            Exit();
    }
}
//以下 5 个方法为接口 MouseListener 的实现方法
public void mouseClicked(MouseEvent e) {
```

```
    if (e.getButton()==3) {
        popu.show(null, e.getX() -popu.getSize().width,
        e.getY() -popu.getSize().height);
    }
    if (e.getClickCount()==2 && e.getSource()==tiIcon) {
        if (isShowing()) {
            setVisible(false);
        } else {
            setVisible(true);
        }
    }
    if (e.getSource()==itt1) {                              //托盘的右键菜单——打开管理面板
        setVisible(true);
        popu.setVisible(false);
    }
    if (e.getSource()==itt3) {                              //托盘的右键菜单——离线
        message.sayBYE(out, "BYE_BYE");
        message.linkServer.interrupt();
        jLabel6.setText("离线");
        jLabel6.setForeground(Color.RED);
    }
    if (e.getSource()==itt2) {                              //托盘的右键菜单——退出
        Exit();
    }
}
public void mousePressed(MouseEvent e) {
    pop.setVisible(false);
    if (e.getSource()==chat) {
        if (jLabel6.getText().equals("在线")) {
            String friendName=jList1.getSelectedValue().toString();
            int location=friendName.indexOf("(");
            chatFriendName=friendName.substring(0, location);
            chatFriendID=friendName.substring(location +1, location +10);
            message.sayBYE(out, "Fri_ip:" +chatFriendID);
        } else {
            JOptionPane.showMessageDialog(rootPane, "您已离线,不能与其他好友聊天!");
        }
        } else if (e.getSource()==del) {
            String friendName=jList1.getSelectedValue().toString();
            int location=friendName.indexOf("(");
            chatFriendID=friendName.substring(location +1, location +10);
            message.sayBYE(out, "DEL_FR:" +chatFriendID);
            } else if (e.getSource()==add) {
                jTabbedPane1.setSelectedIndex(3);
```

```
            } else if (e.getSource()==refresh) {
                message.getFriend(out);
            } else if (e.getSource()==qun) {
                jTabbedPane1.setSelectedIndex(2);
        }
    }
    public void mouseReleased(MouseEvent e) {}
    public void mouseEntered(MouseEvent e) {}
    public void mouseExited(MouseEvent e) {}
}
```

限于篇幅，对于图 12-15 中所示的其他类，请根据前述内容以及 16.5.4 节中功能演示部分自行编写代码。

12.5.4 聊天系统功能演示

功能演示如下：启动聊天系统服务器，如图 12-19 所示（必须先启动服务器方可用）。服务器运行后，运行聊天系统客户端，如图 12-20 所示。

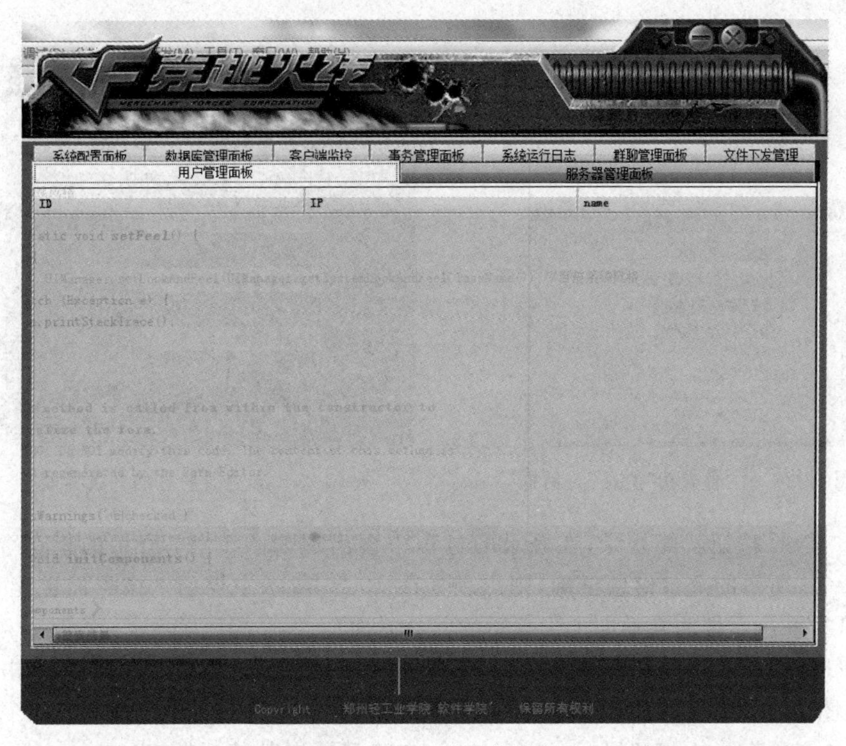

图 12-19 聊天系统服务器启动

备注：因为聊天系统服务器运行在哪个计算机上不确定，所以在“登录”界面上，可以输入服务器的 IP 地址。演示时聊天系统服务器运行在 IP 地址为 172.21.1.116 的这台计算机上，所以下面的服务器 IP 地址是 172.21.1.116。下面先介绍客户端。

单击图 12-20 所示界面中的“注册新用户”，出现如图 12-21 所示的新用户注册界面。

注册后弹出如图 12-22 所示对话框。

图 12-20 聊天系统客户端启动

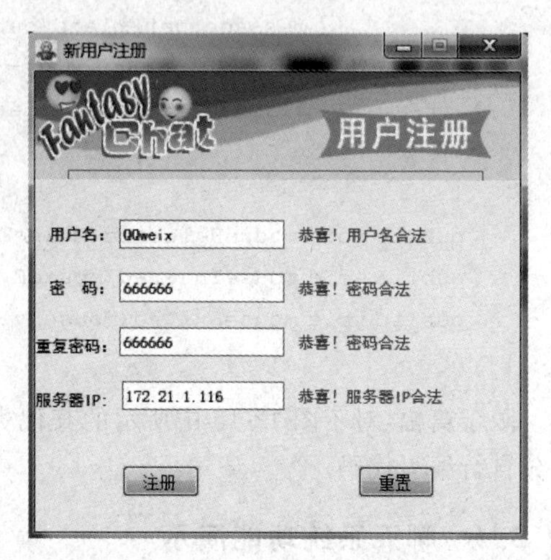

图 12-21 新用户注册界面

单击图 12-22 所示对话框中的“确定”按钮，出现如图 12-23 所示的有显示注册信息的登录界面。

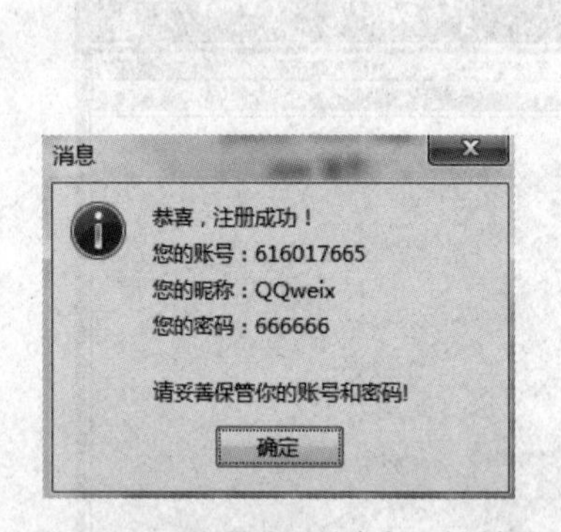

图 12-22 注册成功“消息”对话框

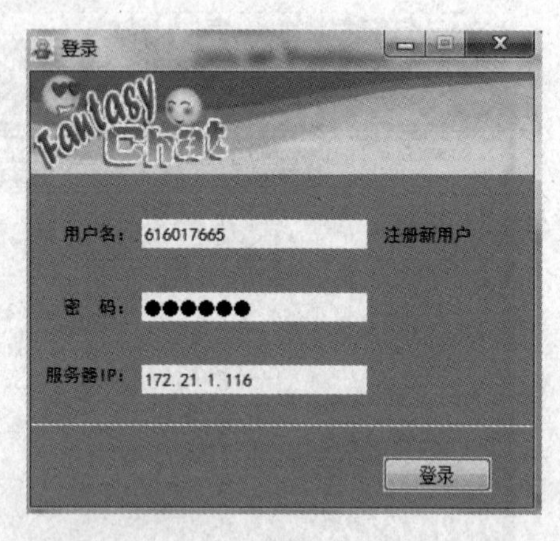

图 12-23 有注册信息的登录界面

单击“登录”按钮就能登录，在登录的过程中会出现如图 12-24 所示的正在登录界面。如果图 12-23 所示的登录信息正确，则出现如图 12-25 所示主界面。该界面也能自动向上隐藏，图 12-26 所示即为自动向上隐藏后的部分界面。

在图 12-25 所示主界面中输入 QQ 号查找好友，结果如图 12-27 所示，单击“添加好友”，出现图 12-28 所示提示信息。单击图 12-28 中的“确定”按钮，出现图 12-29。

如果在某个好友上停留鼠标会出现如图 12-30 所示的快捷浮动窗口。

在好友上右单击会出现如图 12-31 所示的快捷菜单，能够和选定的好友聊天、删除选定的好友、添加其他好友、刷新好友列表与所有好友群聊。聊天时可以双击好友。如图 12-32 所示。并能对字体进行设置，也能发送表情。而且可以与多个好友同时聊天，如图 12-33 所示。

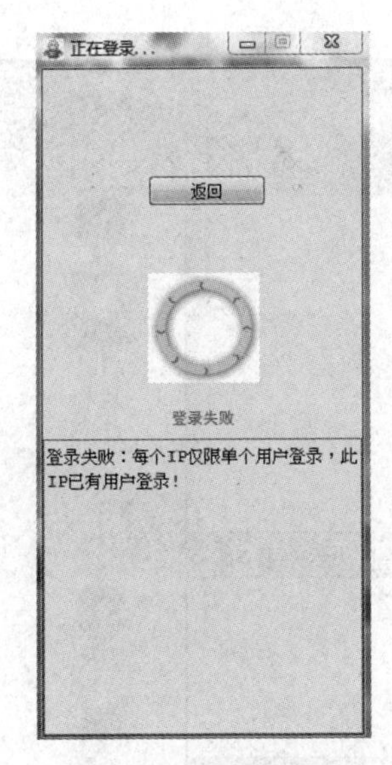

图 12-24　正在登录

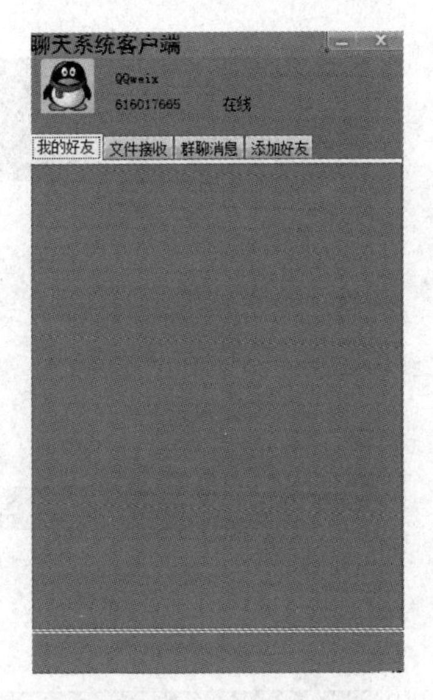

图 12-25　客户主界面

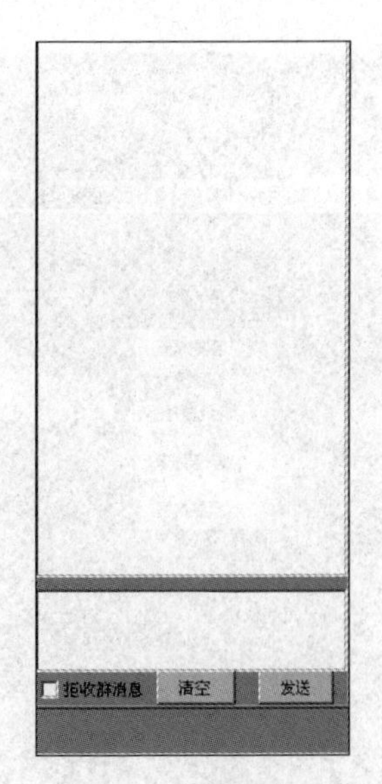

图 12-26　自动隐藏功能

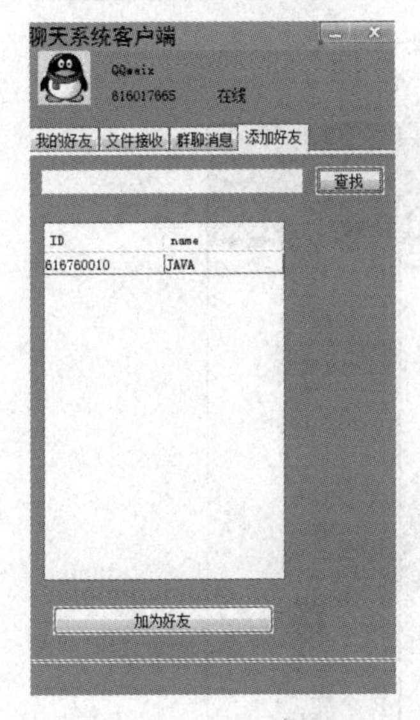

图 12-27　添加好友

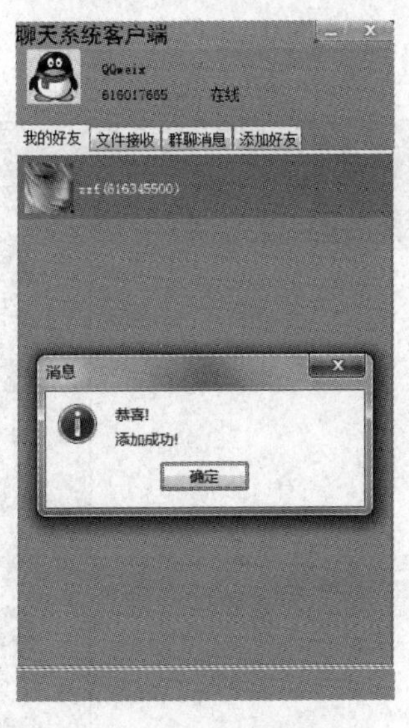

图 12-28　提示信息

图 12-29　添加好友成功

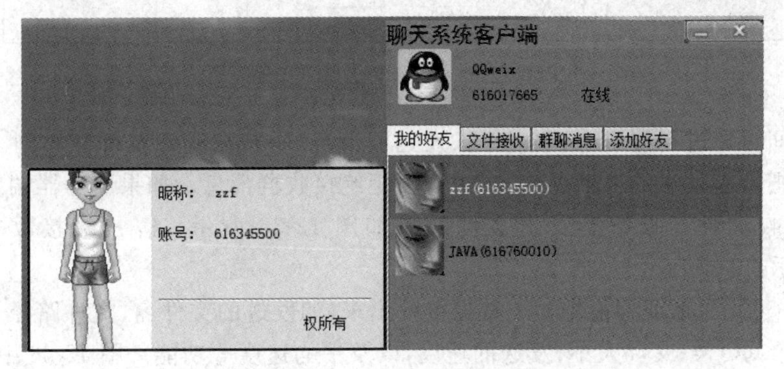

图 12-30　快捷浮动窗口

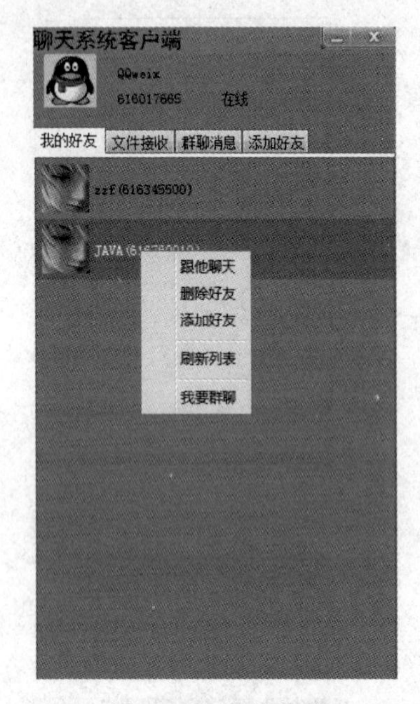

图 12-31　快捷菜单

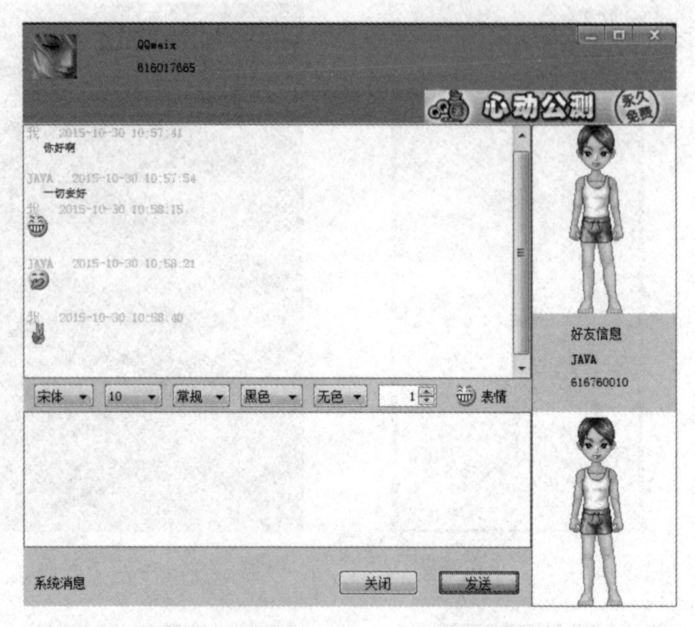

图 12-32　和好友聊天

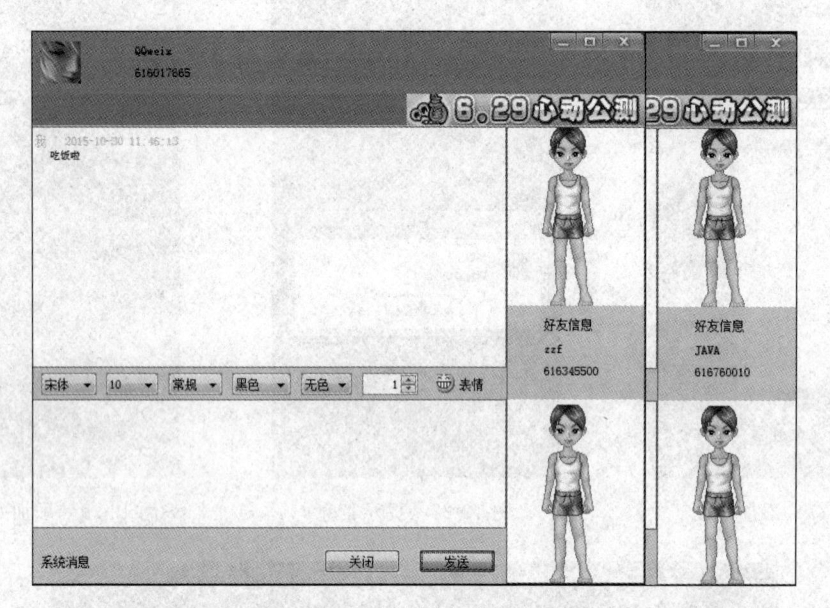

图 12-33　两个好友聊天界面

好友之间可以进行群聊，只要一个人发送群消息，所有在线好友都能看到。如图 12-34 所示。可以把所有发送的群消息清空，也可以拒绝接收群消息。如果服务器端发送文件，客户端可以接收文件。服务器发送文件效果如图 12-35 所示。客户端接收文件效果如图 12-36 所示。

由图 12-36 可见服务器能把相关数据统计出来，如发送的文件名、文件路径、文件大小以及发送给哪个 QQ 号、文件大小、发送的速度，以及平均速度等功能。图 12-36 中所示的文件接收完成后的提示对话框也可以不出现，并且可以由用户自行选择接收文件存放的路径。

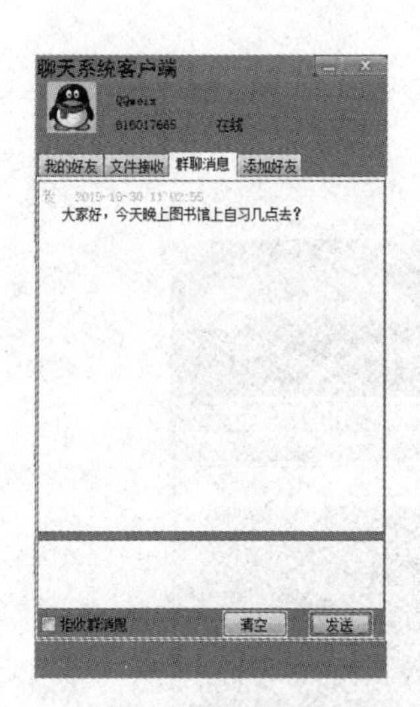

图 12-34　群聊

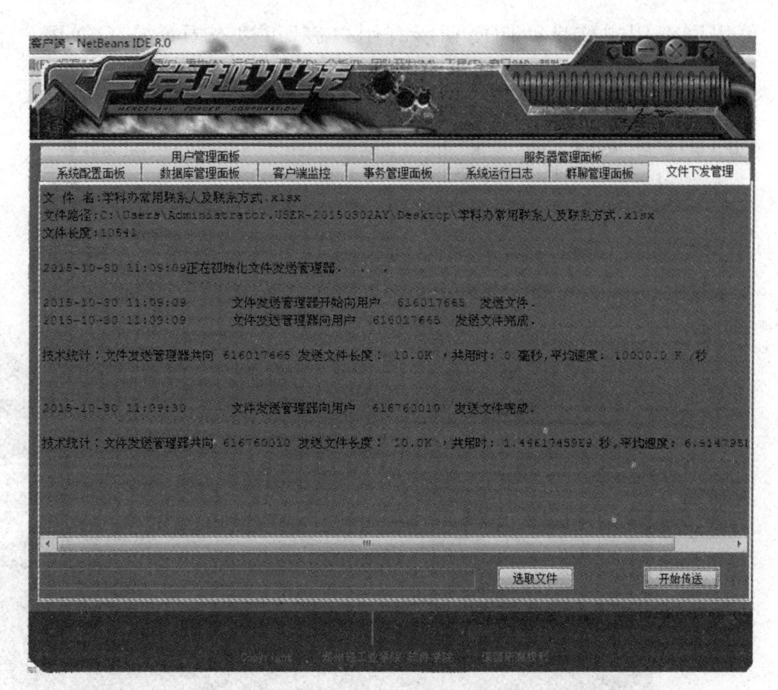

图 12-35　服务器发送文件

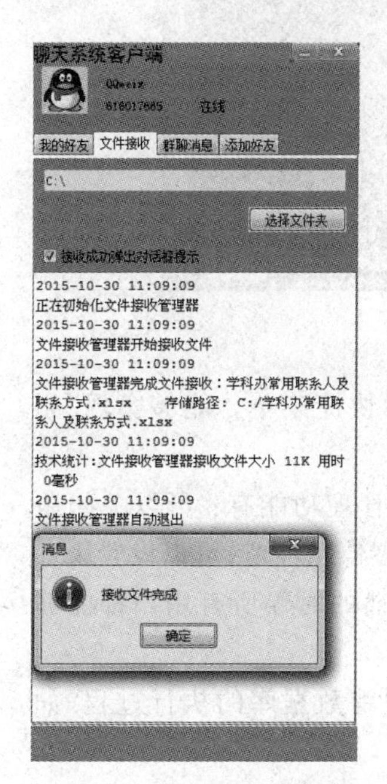

图 12-36　客户端接收文件

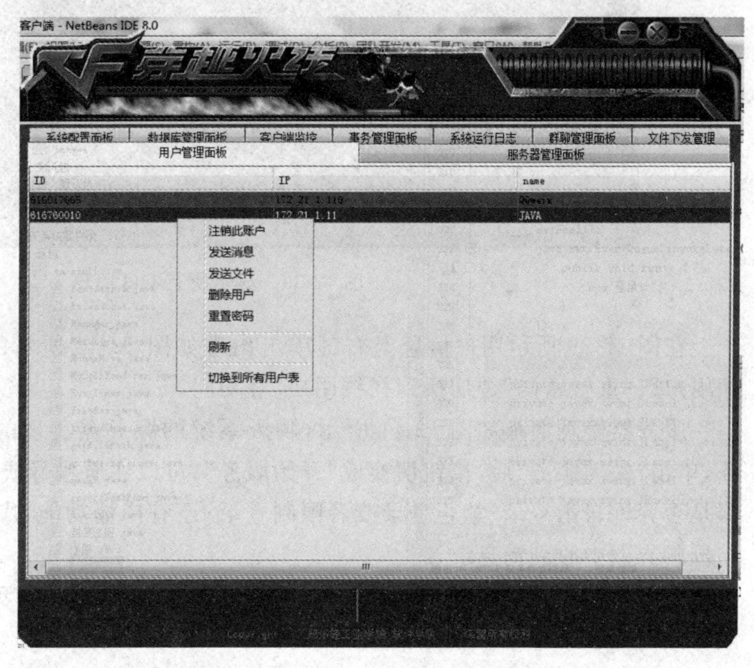

图 12-37　用户管理的功能

下面介绍聊天系统服务器端的功能。服务器端“用户管理”功能，可以实现如图 12-37 所示快捷菜单的功能。启动服务器后，可显示在线用户。使用“注销此账户”功能可将该 QQ 用户注销，要想聊天需要用户重新登录；“发送消息”可以给一个账号发送消息，如图 12-38 所示；“删除用户”可以删除某个账号；“重置密码”可以为用户设置新密码；“刷新”

可以刷新用户信息；“切换到所有用户表”可以查看所有 QQ 用户信息，如图 12-39 所示。

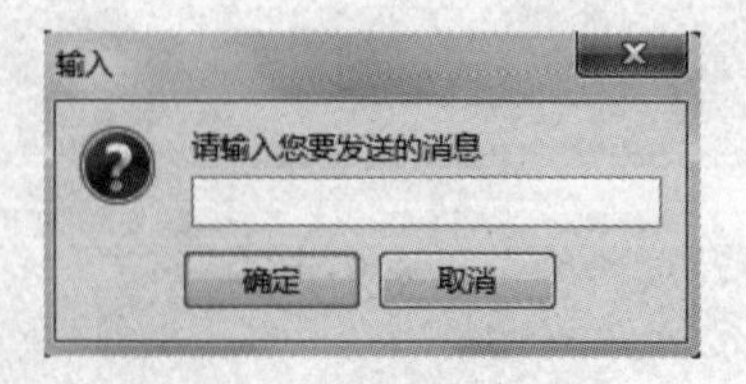

图 12-38　发送消息

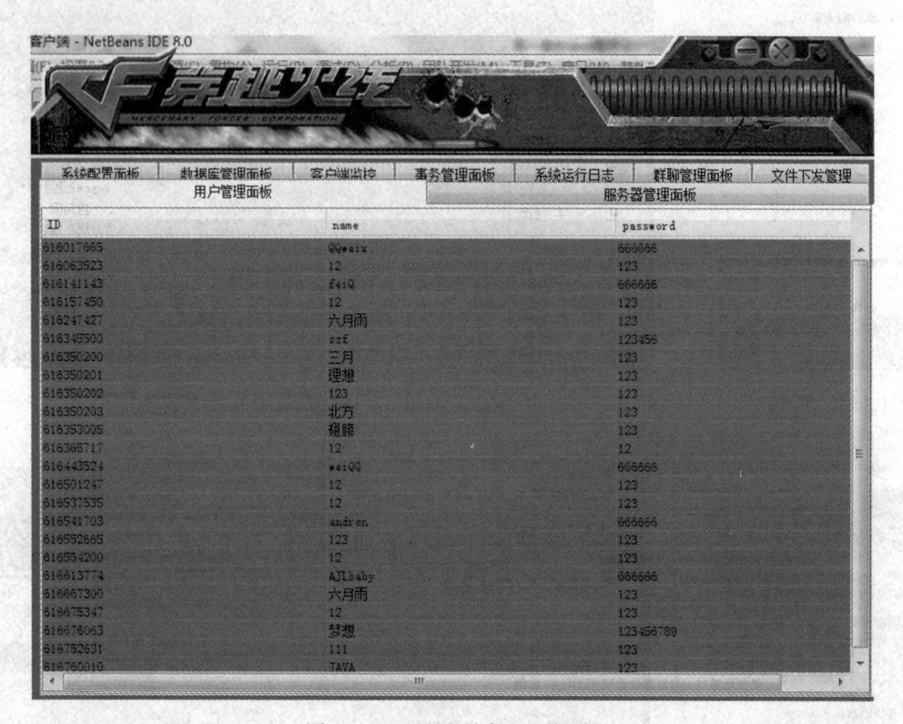

图 12-39　显示所有 QQ 用户

在图 12-39 所示用户信息上右键单击出现如图 12-40 所示的快捷菜单。能够实现“删除用户”、“重置密码”、“切换到在线用户”等功能。

服务器管理面板如图 12-41 所示，聊天系统的服务器实现的管理功能有：可以关闭服务，单击“关闭服务”后，按钮切换成“开始服务”；可以注册账号或者停止注册；可以设置服务器是否允许自由登录、禁止登录或者限制登录；还有广播功能，广播的时候所有用户都能够在群聊界面中收到消息。

服务器系统配置功能，如图 12-42 所示。数据库管理能够跟踪数据库的执行过程，如图 12-43 所示。

图 12-44 所示为对客户端的掉线或者离线监控功能。图 12-45 能够实现事务管理，管理服务器所有事务处理。

系统运行日志管理功能，如图 12-46 所示。能够实现客户端业务功能操作的跟踪。可以跟踪也可停止跟踪，并能把跟踪结果保存或者清空。单击“保存”按钮出现如图 12-47 所示文件对话框，可选择保存路径和命名文件。

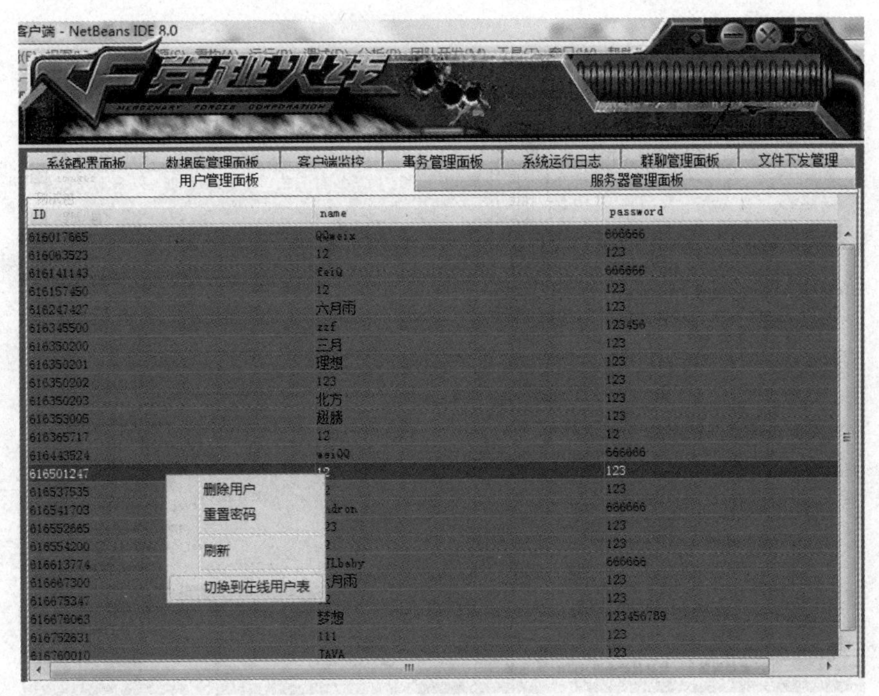

图 12-40　对用户的操作

图 12-41　服务器管理面板

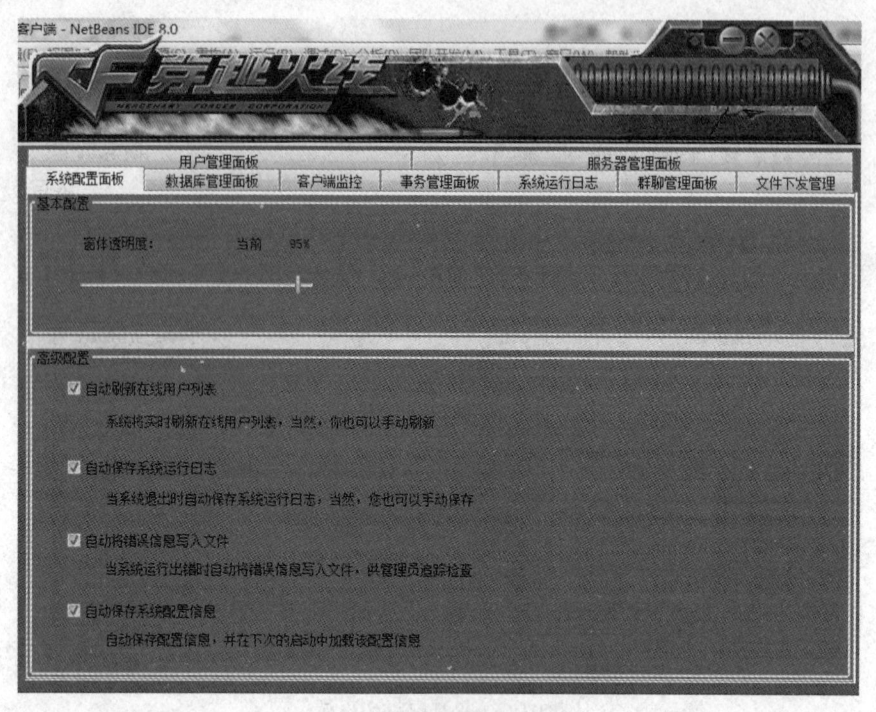

图 12-42　服务器系统配置功能

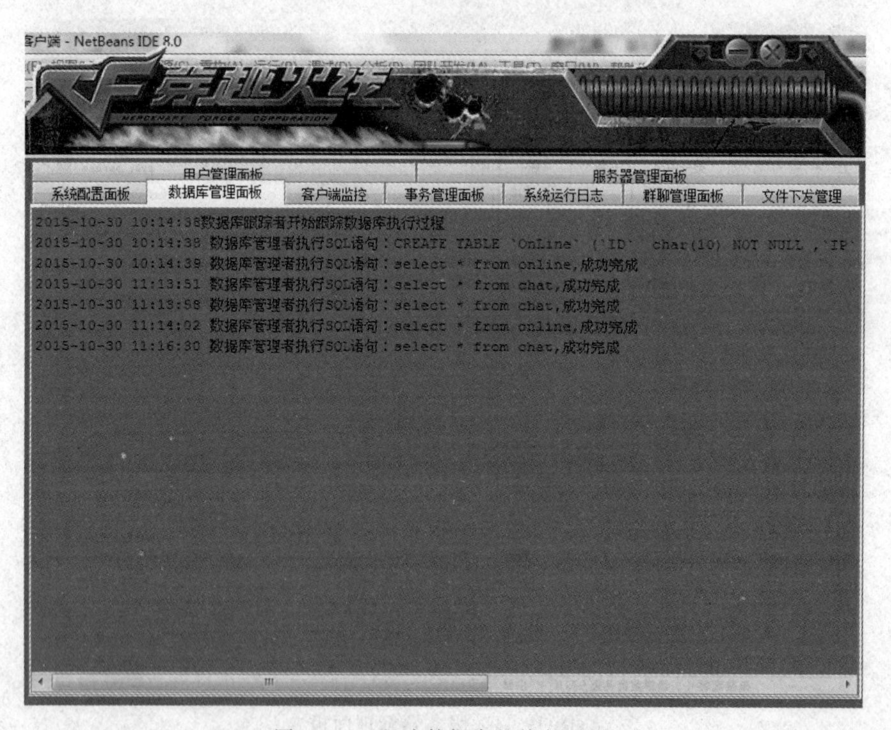

图 12-43　跟踪数据库的执行过程

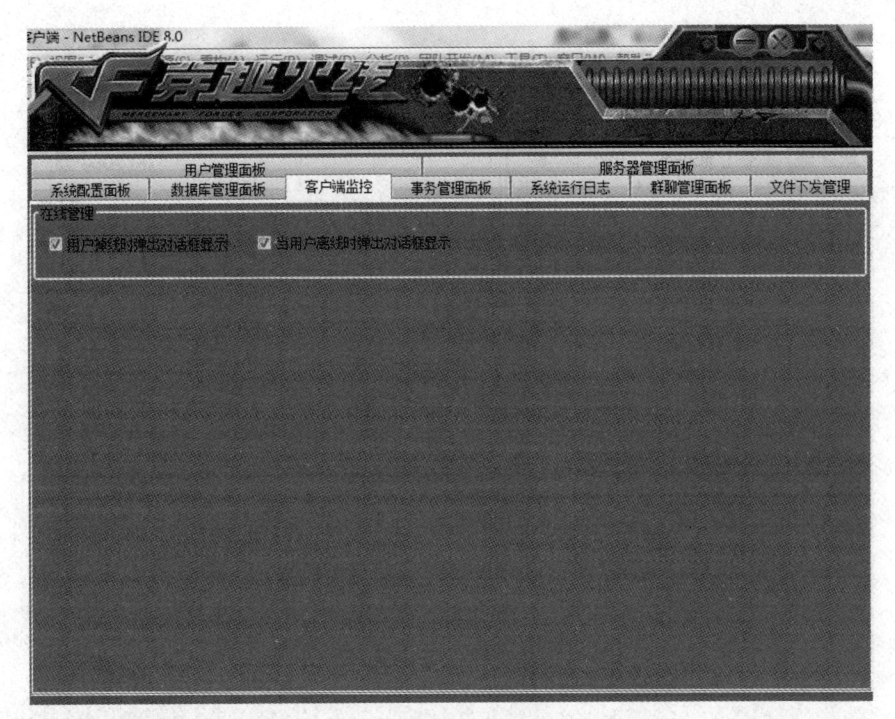

图 12-44　客户端监控

图 12-45　实现事务管理

图 12-46 系统运行日志功能

图 12-47 保存

群聊管理提供自由群聊、限制加入和管理群聊功能，如图 12-48 所示。

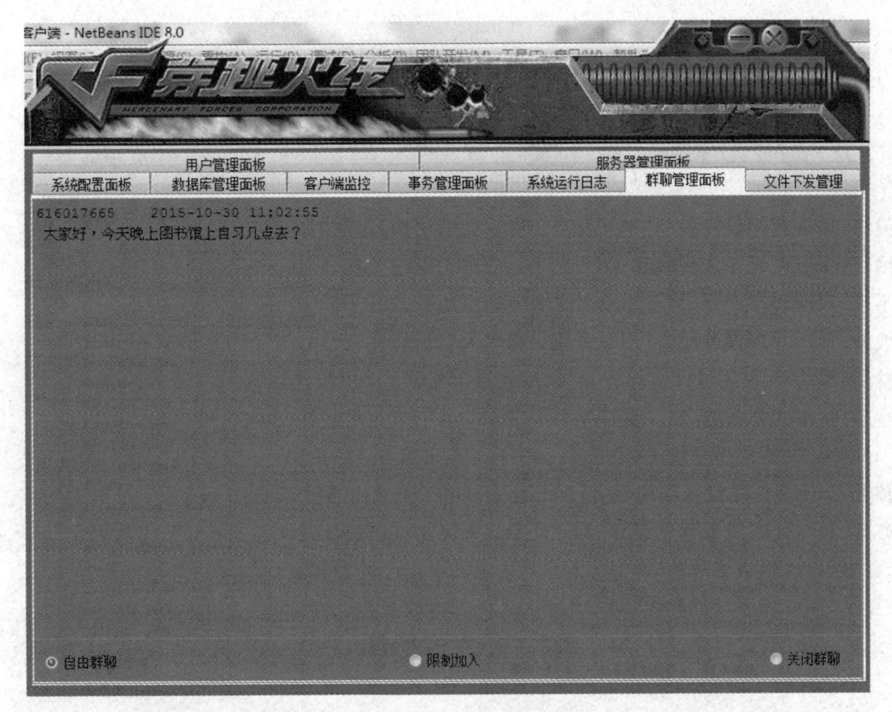

图 12-48 群聊管理

12.6 常见问题及解决方案

每个人的编程风格和思路不同，在编程的时候会遇到各种各样的问题，请在下面记录遇到的问题以及解决方案，为今后的项目开发积累经验。

12.7 本章小结

通过本章 10 000 多行代码的聊天系统的开发，能够帮助读者在掌握所学理论知识的同时，培养项目设计、开发能力。本项目综合运用了 Java 语言程序设计中常用的技术并对所学知识提出了更高的要求。

总之，通过本实训的训练，读者能够更加熟悉和进一步掌握项目开发的流程，提高项目实践能力，迅速成为一个合格的软件工程师。

12.8 习　　题

根据所学知识开发出功能完善的聊天系统。

参考文献

[1] 雍俊海. Java 程序设计教程[M]. 北京：清华大学出版社，2007.
[2] 肖艳. Java 程序设计实用教程[M]. 北京：清华大学出版社，2010.
[3] 娄不夜. Java 程序设计[M]. 北京：清华大学出版社，2010.
[4] 许焕新. Java 程序设计精讲[M]. 北京：清华大学出版社，2010.
[5] 陈轶. 新编 Java 程序设计实验指导[M]. 北京：清华大学出版社，2010.
[6] 戴特尔. Java 大学教程[M]. 奚红宇，译. 北京：电子工业出版社，2005.
[7] Deitel. Java 大学教程[M]. 6 版. 北京：电子工业出版社，2008.
[8] 叶核亚. Java 2 程序设计实用教程[M]. 北京：电子工业出版社，2008.
[9] 张亦辉. Java 面向对象程序设计[M]. 北京：人民邮电出版社，2008.
[10] 朱喜福. Java 网络编程基础[M]. 北京：人民邮电出版社，2008.
[11] 张克军. Java 程序设计教程[M]. 北京：人民邮电出版社，2009.
[12] 辛运帏. Java 语言程序设计[M]. 北京：人民邮电出版社，2009.